中国防灾减灾之路

2015

高建国　万汉斌　耿庆国　李建明　主编

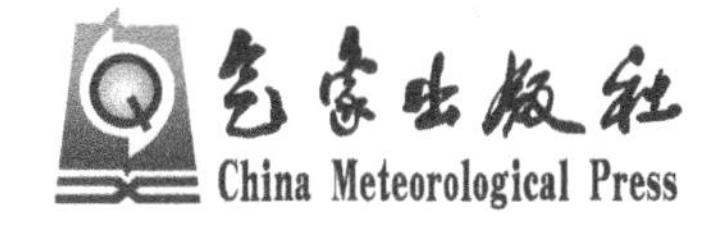

图书在版编目(CIP)数据

中国防灾减灾之路. 2015/高建国等主编. —北京：气象出版社，2015.10

ISBN 978-7-5029-6268-5

Ⅰ.①中… Ⅱ.①高… Ⅲ.①灾害防治-中国-文集 Ⅳ.①X4-53

中国版本图书馆 CIP 数据核字(2015)第 235529 号

出版发行:气象出版社

地　　址:北京市海淀区中关村南大街 46 号　　**邮政编码**:100081

总 编 室:010-68407112　　**发 行 部**:010-68409198

网　　址:http://www.qxcbs.com　　**E-mail**: qxcbs@cma.gov.cn

责任编辑:王萃萃　　**终　　审**:汪勤模

封面设计:易普锐创意　　**责任技编**:赵相宁

印　　刷:北京京华虎彩印刷有限公司

开　　本:787mm×1092mm 1/16　　**印　　张**:22

字　　数:560 千字

版　　次:2015 年 10 月第 1 版　　**印　　次**:2015 年 10 月第 1 次印刷

定　　价:80.00 元

第二届中国防灾减灾之路研讨会

主办单位

中国可持续发展研究会
中国灾害防御协会
北京清华同衡规划设计研究院有限公司
浙江省减灾协会
浙江省现代科普宣传研究中心
中国留学人才发展基金会巨灾灾害链预测研究中心
中国地球物理学会天灾预测专业委员会
中国灾害防御协会灾害史专业委员会

协办单位

浙江省台州市防汛防台抗旱指挥部办公室
浙江省现代设计法研究会

筹备组名单

组　长：
周海林　中国可持续发展研究会副秘书长
成　员：
万汉斌　北京清华同衡规划设计研究院有限公司安全所所长
夏明方　中国人民大学清史研究所所长
李福田　中国水利学报教授级高级工程师
耿庆国　中国地球物理学会天灾预测专业委员会名誉主任

刘　艳　中国留学生基金会巨灾灾害链研究中心副主任
陈维升　中国地球物理学会天灾预测专业委员会副主任
王泽温　中国人民财产保险股份有限公司灾害研究中心处长
姜　艺　中国可持续发展研究会办公室
李建梁　中国灾害防御学会秘书处副处长
张　英　北京市地震局宣教中心助理研究员
高建国　中国地震局地质研究所研究员
王萃萃　气象出版社编辑

审稿者名单

组　长：

高建国　中国地震局地质研究所研究员
万汉斌　北京清华同衡规划设计研究院有限公司安全所所长
耿庆国　中国地球物理学会天灾预测专业委员会名誉主任

成　员：

李建梁　中国灾害防御学会秘书处副处长
张孝奎　北京清华同衡规划设计研究院有限公司安全所副所长
夏明方　中国人民大学清史研究所所长
李福田　中国水利学报教授级高级工程师
陈维升　中国地球物理学会天灾预测专业委员会副主任
李志永　中国地球物理学会天灾预测专业委员会副秘书长
刘　艳　中国留学生基金会巨灾灾害链研究中心副主任
罗兴华　北京清华同衡规划设计研究院有限公司安全所室主任
张德义　中共中央党校中共党史教研部研究生
王萃萃　气象出版社编辑

前 言

2014 年 10 月 20—22 日金秋之际，50 余位代表汇聚北京香山饭店，围绕“中国防灾减灾应当怎么走”这个主题进行热烈的研讨，畅所欲言。会前出版《中国防灾减灾之路》论文集，会后向中国科学技术协会提交了“关于国家发生大灾后公布灾害白皮书的建议”、“关于推进我国西部地区农房抗灾能力建设的建议”两份科技工作者建议（见本书附件 1、附件 2）。

一年多以来，灾害事故从未停歇。较小的灾害事故不繁叙了，有广泛影响的是：2014 年3 月 8 日马来西亚航空公司 MH370 航班失踪，150 多名同胞下落不明；8 月 2 日 7 时 34 分，江苏昆山中荣金属制品厂发生特别重大铝粉尘爆炸事故，造成 97 人死亡、163 人受伤；8 月 3 日云南鲁甸发生 6.5 级地震，截至 8 日 15 时，617 人死亡，112 人失踪，3143 人受伤，死亡人数达当年全世界地震死亡人数的 93%；12 月 31 日 23 时 35 分，上海外滩陈毅广场发生拥挤踩踏事故，致 36 人死亡，49 人受伤，伤者多数是学生。2015 年 4 月 23 日尼泊尔发生 8.2 级地震，截至 5 月 2 日 18 时统计，地震共造成西藏自治区日喀则市、阿里地区 14 个县（区）近 30 万人不同程度受灾，26 人死亡，3 人失踪，856 人受伤，2699 户房屋和 1 座寺庙倒塌；6 月 1 日 21 时 28 分，“东方之星”客轮倾覆，导致以老人为主的 400 多人不幸离世；8 月 12 日 0 时 30 分，陕西有色集团五洲公司山阳分公司生活区发生山体滑坡，约 60 人失踪；同日 23 时 30 分，位于天津滨海新区塘沽开发区的天津东疆保税港区瑞海国际物流有限公司所属危险品仓库发生爆炸，截至 9 月 6 日下午 3 时，共发现遇难者 161 人。

从上述几个案例证明，出国、上班、游玩、旅游、居家，无不带有风险。天灾人祸，扰乱了正常生活，“平安”已成为公众最起码的诉求。上一届中国防灾减灾之路研讨会，关键字是“防为上”；本届研讨会关键字变成“平安”。“平安”，一个简简单单的词，现在看起来，“平安是福”是多么的正确！在改革开放前，人民生活简单辛苦，并没有感到“平安”是那么重要。如今，中国经济腾飞，走到世界前列，人民生活发生了翻天覆地的变化，想要的都有了，反而渴求“平安”，向往“平安”，祈求社会安定，祈求少发生些天灾人祸。看来，人民的幸福指数与经济发展两者并不是简单的正相关关系。

中国防灾减灾之路应该怎么走呢？在上一届中国防灾减灾之路研讨会上，浙江省台州市水利局王显勤先生的学术报告引起了与会者的广泛关注，在他的报告中，透露了曾任浙江省委书记的习近平多次听取防汛防台工作汇报，提出了“不死人、少伤人”、“不怕兴师动众、不怕劳民伤财、不怕十防九空”等防汛防台科学理念。2007 年 3 月 5 日，习近平做客中央人民广播电台时指出：“我们把‘不死人、少伤人’作为首要目标”。“一个目标，三个不怕”体现出负责任、具有担当精神的领导作风。面对天灾人祸，一切为人民的利益为出发点的各级领导和人民群众一起，一定能够度过难关，减轻灾祸。

2015 年 5 月 29 日下午，中共中央总书记习近平在主持中共中央政治局进行第二十三次集体学习时就健全公共安全体系强调，公共安全连着千家万户，确保公共安全事关人民群众生命财产安全，事关改革发展稳定大局。要牢固树立安全发展理念，自觉把维护公共安全放在维护最广大人民根本利益中来认识，扎实地做好公共安全工作，努力为人民安居乐业、社会安定有序、国家长治久安编织全方位、立体化的公共安全网。

中国可持续发展研究会、中国灾害防御协会、北京清华同衡规划设计研究院有限公司、浙江省减灾协会、浙江省现代科普宣传研究中心、中国留学人才发展基金会巨灾灾害链预测研究中心、中国地球物理学会天灾预测专业委员会、中国灾害防御协会灾害史专业委员会等几个部门经过商议，“平安”之路，中国防灾减灾之路，正是“一个目标，三个不怕”。决定今年第四季度在浙江省台州市召开第二届中国防灾减灾之路学术研讨会，研究学习习近平总书记有关防灾减灾的重要论述。

2015 年 6 月 16 日下午，筹备组在中国可持续发展研究会召开第一次筹备会议，确定了研讨会的主题和 11 个议题。会后，发出了第一号通知。

2015 年 5 月 12 日，浙江省减灾协会在安吉县召开浙江减灾之路学术研讨会，为本次研讨会打下了很好的基础。

截至 8 月 31 日，会议共计收到 62 篇论文，经过专家认真评审，选取了其中的 54 篇。根据收文情况，将议题调整为 9 个：1.“一个目标，三个不怕”和东方智慧，6 篇；2.巨灾灾害链预测方法，9 篇；3.“五水共治”和青山绿水，8 篇；4.五代地震区划和城市抗灾规划，7 篇；5.灾害应急和应急管理，6 篇；6.灾后重建和灾前补强，3 篇；7、校园科普教育和平安校园，7 篇；8.科普宣传和提升防灾意识，4 篇；9.动员社会力量参与防灾减灾，4 篇。这些文章汇编成此论文集。由于时间紧迫，审稿、编辑时间短，难免存在错误。欢迎读者指出，并参与以后的研讨。

感谢姜艺、李建梁、张孝奎在征集稿源作出的贡献。

高建国

2015 年 9 月 9 日于浙江省德清县

目　录

四、五代地震区划和城市抗灾规划

五、灾害应急和应急管理

六、灾后重建和灾前补强

七、校园科普教育和平安校园

八、科普宣传和提升防灾意识

九、动员社会力量参与防灾减灾

一、“一个目标，三个不怕”和东方智慧

台州市积极践行“一个目标，三个不怕”的防台思想

李鹏春　赵挺　陈昶儒　王显勤

（浙江省台州市水利局，台州 318000）

摘　要

习近平总书记高度重视防汛防台工作，提出了“不死人、少伤人”，“不怕兴师动众、不怕劳民伤财、不怕十防九空”等防汛防台科学理念。台州市积极践行“一个目标，三个不怕”的防台思想，不断提高防汛防台抗旱工作水平，保障了人民群众生命财产安全和经济社会的发展。

关键词：一个目标　三个不怕　防汛防台

习近平总书记一直高度重视防汛防台及水利工作，他曾指出，治国必先治水，治水对民族发展和国家兴盛极端重要。在担任浙江任省委书记期间，多次听取防汛防台工作汇报，提出了“不死人、少伤人”、“不怕兴师动众、不怕劳民伤财、不怕十防九空”等防汛防台科学理念。这些“以人为本”的防汛防台、民生水利发展理念已成为浙江全省乃至全国防汛和水利工作最重要的指导思想。台州市积极践行“一个目标，三个不怕”的防汛防台思想，不断提高防汛防台抗旱和水利工作水平，有力地保障了人民群众生命财产安全和经济社会的发展，在近年来的台风正面袭击中创下了零死亡的纪录。

1　基础设施防御标准稳步提升

1.1　水利基础，“标准海塘”、“百库保安”，“强塘工程”筑牢工程防线

台州以“标准海塘”、“百库保安”和“强塘工程”为抓手，全面开展了标准海塘和病险水库除险加固工作，夯实了水利工程基础。一是自 1998 后提出“冲而不垮、越浪不毁坝”高标准海塘的建设，用了 5 年时间，投资 17 亿元，建成 50 年一遇以上标准海塘 397 千米，其中一线标准海塘 330 千米。2008 年以后，台州市加大海塘除险加固力度，投入 6.4 亿元，加固（新建）海塘约 161 千米，筑起了沿海的“生命保障线”，经受住了强台风的考验。

二是2003年以来累计投入资金12亿元，完成水库除险加固169座，其中有3座大型水库，6座中型水库，39座小(一)型，121座小(二)型水库。结合农田水利、小流域综合整治工作，共投入资金2.7亿元，完成458座万方以上山塘的除险加固工作。通过除险加固，水库安全的工程基础有了较好的保障。有效提高了防洪标准和水资源保障能力。水库的病险率由过去63.6%下降到“十二五”期末的3%以内，万方以上山塘由过去82%下降到46%，增加拦洪库容1.2亿立方米，有效提高水库兴利库容0.4亿立方米，消除了2.6万人次面临的屋顶山塘的威胁，累计减轻洪涝灾害损失数十亿元。

1.2 “五水共治”，保障城市防洪排涝安全，综合治理水环境

台州市将城市防洪排涝作为重要工作来抓，不断加大资金投入，加强雨水强排设施建设，完善城市防洪工程体系，提高城市防洪基础设施，切实增强防范和应对台风等自然灾害的能力。一是先后投入百亿元，建成永宁江治理等骨干工程，基本形成防洪排涝格局。二是先后共投入9.33亿元，基本建成城市防洪工程体系，城市整体防洪御潮能力达到50年一遇标准，并在抗御2004年14号台风中经受了考验，发挥了巨大作用。三是按照“河畅、水清、岸绿、景美”的总体要求，先后投资14.1亿元，整治城区河道112千米，疏浚河道832千米，打通防洪排涝通道。

习总书记在浙江任省委书记时，多次对治水工作作出重要指示，一再强调要用科学发展的理念和方法来研究用水、治水、节水工作，认真抓好安全饮水、科学调水、有效节水、治理污水等“四水工程”建设。2013年，浙江省委、省政府作出了治污水、防洪水、排涝水、保供水、抓节水“五水共治”这一重大决策部署。台州强势推进“五水共治”工作，根据实施方案，到2020年，台州将投资345亿元，实施“强库”、“固堤”、“扩排”三类防洪水和“开源”、“引调”、“提升”三类保供水工程建设。如洪家场浦排涝调蓄工程总投资21.7亿元，拟将河面拓宽至60～100米，形成排涝高速通道。栅岭汪排涝调蓄工程蓄排结合，开挖调蓄湖区1.8平方千米，建设排涝隧洞1.5千米，总投资近20亿元。

1.3 部门合力，建设全方位的防台风工程体系

一是做好地质灾害隐患点的搬迁治理，台州是地质灾害隐患较为严重的地区，突发性地质灾害易发区约占陆域面积的68%。自2006年开始，对排查发现的地质灾害隐患点，实施搬迁和工程治理。多年累计对全市390余处隐患点采取避险搬迁和治理排险，地质灾害防治面积90余公顷，使得2万人脱离了地质灾害的威胁。

二是做好民房防风普查和防御对策。民房防风是防台风过程中极易造成人员伤亡的重点工作，2004年“云娜”台风影响期间，全市倒塌房屋4.21万间，造成了大量的人员伤亡。2006年开始，台州对全市沿海30个乡镇，965个村，357179户农村住宅防灾能力进行了普查，并确定农居房的抗风能力和防御对策。今年又分水利、建设、国土、教育四条线，开展山洪危房、结构危房、地灾危房、危险校舍大排查，将危房户头、人口、联系方式等分类建档入库。

三是标准渔港建设保障渔船防风安全。台州各类渔船众多，但避风港湾及锚地不足。为了做好渔船避风管理工作，台州大力开展避风港的建设，先后建设了中心渔港等15个渔船避风港。

四是加强避灾场所建设。为了做好人员转移安置工作，台州投入建设资金5534万元，建成的各类避灾场所共219个，建筑面积约18万平方米，可容纳避灾安置人数12万。

2 非工程防御措施深化推进

2.1 扎实“百乡和汛”为载体的基层防汛体系

基层防汛工作是基础，也是薄弱环节，基层防汛防台风能力的强弱，直接关系着平安社会、和谐社会、新农村建设的成果。为更好的应对台风、洪涝等自然灾害，近年来，台州市开展了以“百乡和汛”工程为载体的基层防汛体系建设，将防汛工作的重点转向基层，并坚持“以人为本、关注民生、创新发展、夯实基础、科学指挥、全面防御”的防御理念，逐步完善基层防汛体系建设，提高基层防汛能力。基层防汛体系建设包括：组织指挥体系、责任制体系、岗位制度体系、监测预警体系、预案体系、避灾设施、抢险队伍、防汛物资、防汛信息化、培训宣传等方面。台州市将基层防汛体系建设列入政府目标考核，2009 年市政府出台《台州市基层防汛体系建设规定》，作为地方性政策法规来实施，使基层防汛体系建设能够长期、有效地延续。通过建设，有效地提高了基层防汛组织、各类防汛工程设施、监测预警体系、预案体系、防汛物资和抢险队伍建设、信息化保障程度、宣传教育等各方面的能力，夯实了基层防汛的各项基础工作，使基层防汛工作更加规范化、制度化、科学化。在多次台风、暴雨的实战经历中，基层防汛体系发挥了巨大的社会效益和经济效益。

2.2 建立科学有效的防汛防台工作机制

防台防汛工作责任重、应急性强、体系庞大，需要建立一套完善的机制体系才能更好地应对。防台防汛机制是将防台防汛工作原则、内容、环节、预案等进行系统化、理论化，作为制度、流程固定下来，形成一套科学、有效的运行管理方法，保障防台防汛工作流程正常运转，从而发挥积极作用。2013 年，台州市根据防台风工作实际，经过梳理和提炼，形成了《台州市防台防汛工作机制》，全面系统地提出了防台防汛工作的指导性意见。《机制》规范了组织指挥，如规定应急响应等级，规范防指组织指挥流程，严密应急事件处置程序等；工程设施防台管理，如加强防台基础设施建设，加强水库山塘管理，城市防台防洪排涝及危房管理，加强避灾安置点管理等；以及非工程措施管理，如人员梯次转移，强化危化企业危险品管理，严格船只避风管理，预警管理，公共场所流动人员防台治安管制，灾后救助管理，媒体宣传管理等，使防台防汛工作更加科学、规范、严谨。

2.3 探索形成《防台风公共规则》等社会共防法规体系

2006 年在全国首次以地方人大法定形式确定了每年 7 月 10 日为“台州防台风日”；2013 年政府出台了《防汛防台公共规则》，指导社会公众防汛行为。经过多年努力，主动参与防台风已成为干部群众的一种行为习惯，《公共规则》引导社会各行各业有针对性地自主防避，防台风工作有效开展。当Ⅲ级响应启动后，乡镇（街道）干部到村居、企业指导工作，由片长分片包干负责；台风登陆前后，乡镇“一把手”给所有自然村主任（书记）和规模以上企业负责人打电话层层落实责任。社会各行各业有针对性地进行自主防避，对可能造成严重影响的台风，启动Ⅱ级或Ⅰ级响应后，所有危险地段人员全部转移，学校停课、市场停市、工地停工，所有客车、港口、码头和航线停运，所有景区、农家乐关闭，所有商场、网吧、娱乐场所停业，所有企业、工厂停产；在强风到来前，所有跨江、跨海大桥进行封闭，市区街道、道路的车辆和人员提前疏散，必要时实行交通管制，尽可能减少人员流动。今年第13号台风“苏迪罗”对台州造成严重影响，由于政府组织有序、社会参与有效，实现了大灾面前无人员死亡的佳绩。

2.4 监测预警信息流畅，群众自防自救自觉高效

一是2013年出台《防汛防台社会公众预警发布规范》，实施点一线一面结合的“立体式”发布各类防台预警信息，通过运用现代通信技术、互联网、广播电视，以及在公共场所悬挂汛情预警图牌等，尽快将汛情和危机信号告知社会公众。防台风Ⅳ级响应（提前3～5天）后，向社会公众预警告知，Ⅲ级响应后，电视台滚动播放预警信息，Ⅱ级响应加密播放宣传，Ⅰ级响应后广播电视全天候播放电视讲话、防台知识，及现场直播防台动态。2012年以来，在台风即将登陆时，已经3次通过防空警报鸣笛方式向群众进行及时预警。

二是将防灾减灾知识纳入国民教育培训体系，全民普及防台自救灾知识。结合“台州防台风日”、“全国防灾减灾日”等开展宣传活动，编写发行了100万册《全民防台风知识读本》；制作防台风常识宣教片，开展防汛防台数字电影进村活动38000余场次；在全国率先开展以“铭记灾史、警示后人，彰显抗台减灾人文精神”为主题的16座台风登陆地标志物。

三是开展多元应急救助。投资1.15亿元建设市防汛应急指挥中心，健全政府—社会防汛防台抢险体系，发展“一队多用、专兼结合、军民结合”的应急救援队伍，其中市—县—乡共有防汛防台专业抢险队伍700多支约1.67万人，且以村居和企事业单位为单元组成防汛抢险小分队有6000支约12万人。坚持“政府主导、社会储备”原则，足额储备应急抢险物资，建立与相关工程建设单位或施工队、企业抢险机械建立登记预备制度，实现物资储备的社会化。同时积极引导社会资金参与建设海上搜救中心，建成海上志愿搜救网络，在台州沿海建成15个基点、21艘社会志愿者船舶、124名志愿者的海上搜救志愿者队伍。其中以郭文标为首组建了全国规模最大的民间救助站——温岭市石塘镇海上平安民间救助站，每年台风季节冒死救回无数艘脱锚的渔船，累计救起300多人。

3 “智慧水务”提升防汛防台信息化和智慧化

从2000年开始，台州市逐步建设了水雨情的遥测系统；在全市135个乡镇建立了气象LED显示系统；在全市135个乡镇和重要水利工程管理单位建设了高清的防汛会商系统；建设了台州市防汛组织指挥系统，在手机PDA上搭建信息化防汛平台；建立了小(二)型以上水库和重要的万方以上山塘、屋顶山塘巡查定位系统；整合公安、海洋、承建等部门的远程图像监控，应用于防汛指挥；对185匹以上动力的船只安装GPS卫星监控系统，65匹马力以上的渔船均安装船舶自动识别系统等。

2013年台州开展了“智慧水务”建设，将先进的物联网、互联网技术与传统的水利水务及防汛防台管理进行深度融合，依靠科技，提升管理水平。“智慧防汛”作为重点子项目，包括建设1500余个综合监测站点；覆盖5000多个乡镇村和约1000个水利工程管理单位的查询预警终端；5600个基层防汛水利巡查定位监测；全市5000多个村居防汛会商频道，实现了市—县—乡—村四级防汛会商等。再借助现代信息监测、云计算和大数据分析等技术，建立网格化模型，通过实时监测和在线计算分析，为辅助决策和组织指挥提供科技保障，实现智慧防汛防台。

减灾的重要目标是减少人员的伤亡

高建国

（中国地震局地质研究所，北京 100029）

摘　要

“平安”，已成为公众最起码的诉求。“平安”能不能成为社会主义核心价值观的一部分？社会主义核心价值观建设是国家立心、为民族铸魂的工作。人民的安全，是首要之本。安康，乐居，其基础是“平安”。没有“平安”，一切皆空。没有“平安”，就没有小康。没有“平安”，就没有“中国梦”。

关键词：平安　一个目标，三个不怕　减灾

1　“不死人、少伤人”是减灾的首要目标

2007 年 3 月 5 日，时任中共浙江省委书记习近平做客中央人民广播电台时指出：“我们把‘不死人、少伤人’作为首要目标”。要求防台风工作做到“不怕十防九空、不怕劳民伤财、不怕兴师动众”。“三个不怕”体现出负责任、具有担当精神的领导作风。面对天灾人祸，一切为人民的利益为出发点的各级领导和人民群众一起，一定能够渡过难关，减轻灾祸。

2014 年 12 月 31 日，国家主席习近平发表了二〇一五年新年贺词。他指出，这一年，我们也经历了一些令人悲伤的时刻。马来西亚航空公司 MH370 航班失踪，150 多名同胞下落不明，我们没有忘记他们，我们一定要持续努力、想方设法找到他们。这一年，我国发生了一些重大自然灾害和安全事故，不少同胞不幸离开了我们，云南鲁甸地震就造成了 600 多人遇难，我们怀念他们，祝愿他们的亲人们都安好。

2015 年 3 月第三次联合国世界减灾大会《2015－2030 年仙台减灾框架》提出的未来 15 年全球七大减灾目标是：大幅减少全球灾难死亡率；大幅减少受影响的民众人数；减少与全球国内生产总值相关的经济损失等。

可见，中国减灾的目标与世界减灾的目标是一致的，都是通过各种防灾减灾的手段，减少因灾造成的人员伤亡和财产损失。

2　了解历史，“亡羊补牢”

中国是世界上自然灾害最严重的国家之一。我们对于灾害的历史研究得很不够，“亡羊补牢”，造成从中吸取的教训不够、方法不多、重视欠缺。灾害事故刚发生后的一段时间里，得到关注。时间长了，容易遗忘。即使最严重的灾害，如 1976 年唐山地震、2008 年汶川地震，5 年后这些字眼就很少从媒体上出现了。所以，国务院批准每年的“5・12”是防灾减灾日，在那几天里我们还能对灾害进行回顾，做些科普宣传、防灾演练的工作。但是，从灾害事故发生的现状看来，

每年设立一两个纪念日是很不够的。

时任中共浙江省委书记习近平非常重视对地情的研究，重视读志用志，每到一地，都会调阅当地志书，从中了解古今概况，熟悉地情，并常常运用志书中的史料记载，分析问题，探寻规律。苍南县是2006年夏季“桑美”超强台风登陆的重灾区。2006年12月20日，习近平书记在苍南县考察调研灾后重建工作时，调阅了《苍南县志》，并在座谈会上，饶有兴致地给在座的温州市委、市政府和苍南县委、县政府领导朗读了大段志书中有关历代台风登陆苍南的记述，告诫大家要以史为鉴，认清台风活动以及影响浙江的规律，科学决策，不断提高防台抗台和处置各类自然灾害的能力，做好长期抗台的准备[1]。

我查阅了新编地方志2000余部，分析了古人记录灾情的习惯。对于灾情中死亡人数的描述，定量的少，如：

湖北峡州(今宜昌县)：至大三年六月，峡州路大水、山崩，坏官廨民居21829间，死者3467人[2]。

而定性的多，如：

陕西临潼县：光绪三年(1877年)，秦晋自去冬今春及夏不雨，赤地千里，人相食，道殣相望，其鬻女弃男者不计其数，为百年之奇灾[3]。

湖北洪湖县：民国二十年(1931年)入夏以来，霪雨连绵，经月不止．8月份全月平均雨量361毫米，外洪内涝，发生特大洪水，死者枕藉，瘟疫大作[4]。

福建福清县：清康熙元年(1662年)，大水，田、屋被淹，溺死人无数[5]。

其中，“不计其数”、“死者枕藉”、“死人无数”等描述，尽管没有明确的数目，但应该是一个大数目。姑且定义在100人以上。联合国救灾署把场次灾害死亡人数100人以上，定义为大灾。

经过初步搜集、整理，共计找到有史以来灾情整理9600余条，并按照时间进程作图(图1)，其中1800年以来，以时段来说，1918(85县)—1946年(109县)为最严重时期；以年度来说，1877年(180县)为最严重年份。

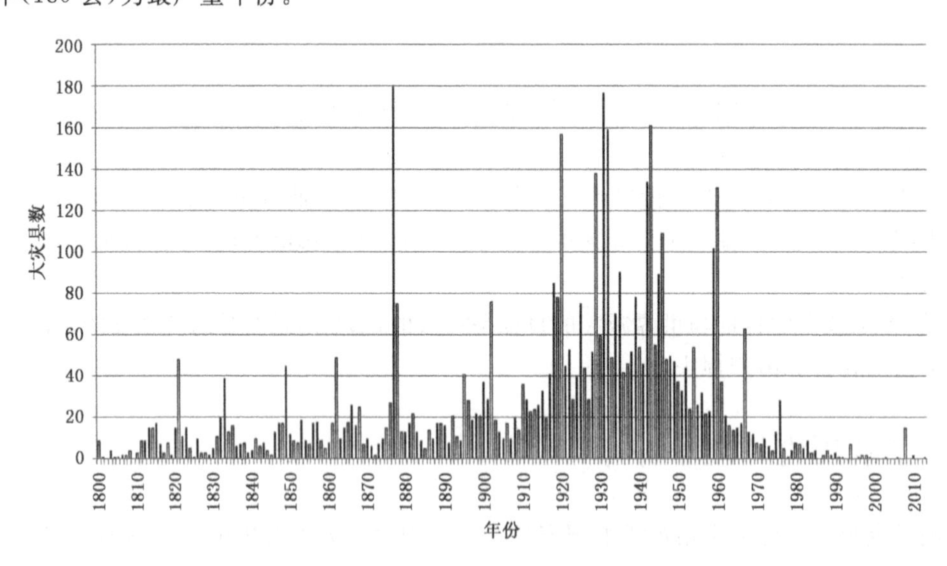

图1　1800—2013年中国大灾县数直方图

清代晚期，灾情较大年份具有一定的周期性；民国时期这种周期性已经消失；新中国成立后，可以分成两个时期，1949年(47县)到1976年(28县)为灾害多发期，1977年(5县)到2007

年(0 县)为灾害少发期。多发期共发生 859 县,年平均 30.7 县;少发期共发生 74 县,年平均 2.4 县,减少了 28.3 县,效果十分显著。2008 年(12 县)是转折期,还是个别现象,有待进一步分析。

3 了解成灾原因,不能“好了伤疤忘了痛”

“天要下雨娘要嫁人”,最近,灾害事故不断发生。上海外滩踩踏事件,江苏昆山中荣金属制品厂爆炸事故,“东方之星”沉没事件。2015 年 8 月 12 日 0 时 30 分,陕西有色集团五洲公司山阳分公司发生山体滑坡,致约 60 人失踪。同日 23 时 30 分,位于天津滨海新区塘沽开发区的天津东疆保税港区瑞海国际物流有限公司所属危险品仓库发生爆炸。一天时间里,发生的 2 次灾害事故造成逾 200 人死亡。从大量的分析报道中可以看到,如果事先防范得当,这两次灾害事故都是可以避免的。山阳分公司的建筑物建在采空区,建筑物上方的山体情况没有被监视,良好的植被掩盖了由于重力活动出现的裂缝。如果建筑物没有建在风险极高地区,如果山体被地质仪器监视并设立预警设施,后果就不是现在这样。瑞海公司在距离住宅小区不足 1 千米的地方建设危化品仓库、违规取得危化品储运的资质行为注定了事故发生的必然性。

《新华每日电讯》2015 年 8 月 19 日发表新华社评论员文章“铭记逝去的生命,筑牢安全的底线”,文中写道:“不少人常常以为安全是本应该就有的‘常态’,而放松了对‘常态’的精心维护和有力保障。”如果换一种思维,不安全是目前的“常态”如何? 什么叫“常态”? 经常发生,称“常态”。现在灾害事故不是经常发生吗? 这样才能真正建立起“常备不懈”的精神,而不是如清钱彩《说岳全传》:“其时天下太平已久,真个是:马放南山,刀枪入库,五谷丰登,万民乐业。”

《朱子治家格言》:“宜未雨而绸缪,毋临渴而掘井。”与灾害事故相比,人的生命还是脆弱的。“七灾八难”,人一生中总要经历多次与灾难死神相遇的生死搏斗。如果我们缺乏自我保护的意识,没有自我保护的防范预案,不具备一些防灾技能,是很容易受到灾害事故的侵害,遇到危险的时候就会束手无策。人的防灾减灾经验,都是后天学习到的。每经历一次灾害事故,就可能增强一份自信,增添一份经验,锤炼一次生存意志,提高一次生存技能,提高一次生命质量。“不经历风雨怎能见彩虹”。要珍惜生命,尊重生命,这些经验除了亲身经历外,更多的可以从他人的教训中得到。

我们不能够“好了伤疤忘了痛”,不能犯重复性的错误。所以,灾害事故的教训要经常讲,年年讲,月月讲,日日讲,如何避免灾害事故的方法要多总结、科学防灾减灾知识要多宣传、规范、具有实效的防灾减灾动作要多演练。“熟能生巧”,如果能这样做,防灾减灾技能就能上升一个层次。

4 自然灾害是防灾减灾的原动力

在多年的思考后,我逐渐发现一个道理,即防灾减灾的知识来自于灾害。自然灾害是地球常见的一种自然现象。自然灾害发生后,人们发现很多时候可以避免损失,造成这么大破坏的主因是灾害太大了,但我们的工作没有做到位,也是不可推脱的理由。如果房屋建造得坚固一些,如果灾害事先被预测出,如果预警发挥出作用,如果被困者及时得到救援,这一系列的如果都是假定,也都是能够做到的。能够看到这一点,并于此进行改进,就是很大的进步。“吃一堑,长一智”,从自然灾害中学习灾害,就像“从战争中学习战争”一样。

“大灾后大治”。这是最具中国特色的防灾标志性口号。中国人口众多，人均土地面积小，经济底子薄弱，不允许自然灾害随意施虐。大灾过后，必然会引起反弹，就是掀起新的建设高潮。将弘扬抗灾精神，激励着广大干部和群众夺取灾后重建、发展经济的新胜利。

大灾后方针政策的调整。1981 年 7 月、8 月，四川省发生严重洪灾，沱江、岷江、嘉陵江，洪水暴涨 33 m，汇集重庆，长江洪水暴涨 20 多 m，强大的洪水柱横扫江河两岸数十余里，倾泻直下[6]。

对于四川水灾，省委第一书记谭启龙写的《从四川洪灾看保护森林发展林业的重要性》一文中一开头就写道：“1981 年四川省连续发生历史上罕见的特大洪灾，大气环流形成的暴雨固然是不可抗拒的自然因素，但洪水来得这样迅猛，涉及的地区如此广大，造成的损失这么严重，究其原因，同长江上游和川中盆地的森林植被遭到人为破坏、自然生态环境恶化是分不开的。”

此事引起了全国人大的关注。1981 年 12 月 13 日第五届全国人大会第 4 次会议发出了《关于开展全民义务植树运动的决议》。该“决议”指出：“中华人民共和国第五届全国人民代表大会第四次会议，审议了国务院提出的关于开展全民义务植树运动的议案。会议认为，植树造林，绿化祖国，是建设社会主义，造福子孙后代的伟大事业，是治理山河，维护和改善生态环境的一项重大战略措施。”“凡是条件具备的地方，年满十一岁的中华人民共和国公民，除老弱病残者外，因地制宜，每人每年义务植树三至五棵，或者完成相应劳动量的育苗，管护和其他绿化任务。”[7]

1998 年我国长江、松花江、嫩江流域发生大洪水之后，党中央、国务院作出了“灾后重建、整治江湖、兴修水利”的战略决策。在这项决策中，最重要的是停止长江、黄河流域上中游天然林采伐。

其原因是我国水患频繁，国土生态环境遭到严重破坏。长江流域洞庭湖、鄱阳湖等几大湖泊的泥沙淤积不断增加，泥沙的 60%以上来自上中游开垦的坡地，仅四川、重庆每年流入长江的泥沙就达 5.33 亿吨。陕西每年流入黄河的泥沙达 5 亿吨以上。云南、山西、内蒙古、甘肃、宁夏的水土流失也相当严重。不解决长江、黄河流域上中游水土流失问题，不仅水患难以防治，而且也会因泥沙淤积，影响湖泊、水库的调蓄洪能力。森林植被是陆地生物圈的主体，是维持水、土、大气等生态环境的屏障。积极推行封山植树，对过度开垦的土地，有步骤地退耕还林，加快林草植被的恢复建设，是改善生态环境、防治江河水患的重大措施。

所以，中央决定停止长江、黄河流域上中游天然林采伐。从现在起，全面停止长江、黄河流域上中游的天然林采伐，森工企业转向营林管护。各级党委、政府要采取措施，坚决制止国有和集体单位及个人对天然林的砍伐。同时，妥善安置林业分流转产职工。除利用人工培育的工业原料林和利用枝桠材、间伐材外，停止建设消耗天然林资源的木材加工项目。关闭采伐区域内的木材交易市场。为了解决国内木材的需要，要在适合种植的地区，因地制宜地选择速生树种，大力营造速生丰产林基地。同时，要抓好木材节约代用，努力稳定木材市场价格[8]。

1976 年“7·28”唐山 7.8 级地震，使京东重镇毁于一旦，原因是建筑物不抗震。国家基本建设委员会发布 TJ 11—78《工业与民用建筑抗震设计规范》。首页附国家基本建设委员会关于颁布《工业与民用建筑抗震设计规范》的通知((78)建发设字第 468 号)说明，“在唐山地震后，我委建筑科学研究院会同有关单位对原 TJ 11—74《工业与民用建筑抗震设计规范》进行了修订，并经有关部门会审。现批准修订后的 TJ 11—78《工业与民用建筑抗震设计规范》为全国通用设计规范，自 1979 年 8 月 1 日起实行”[9]。

2008 年“5·12”汶川 8 级地震后，更使得人们感到群测群防是具有中国特色的防震减灾有效的方法，群测群防是1966年河北邢台地震时群众创造的，周恩来总理大力推进。1975年2月4日，辽宁海城7.3级地震的临震预报群测群防发挥了重大作用，国务院对5个典型单位进行表彰。但群测群防一直没有写到法律中。2008年12月修订、2009年5月1日起全国人大常委会决定开始施行的《中华人民共和国防灾减灾法》的第八条规定："国家鼓励、引导社会组织和个人开展地震群测群防活动，对地震进行监测和预防"。

自然灾害推动防灾科学的发展。1975年8月，河南中部出现了特大暴雨，两座大型水库失事，对国民经济影响极大，引起了各方重视。1976年2月，水利电力部和中央气象局联合组织各省(市、区)编制全国可能最大暴雨等值线图，3月组成"编制全国可能最大暴雨等值线图组织协调小组办公室"(简称"雨办")。经全国各地水利、气象部门800多人合作，于1977年11月完成了全国和各地区的可能最大24 h点雨量等值线图、年最大24h点雨量均值及变差系数等值线图以及实测和调查最大24 h点雨量分布图。1978年8月，水利电力部又组织全国进行暴雨洪水分析工作，组成了"全国暴雨洪水分析计算工作协调小组办公室"(简称"雨洪办")。1981—1987年，先后完成了中国年最大1 h、6 h、10 min和3 d点暴雨量统计特征等值线图和分布图。这样，在10年时间内完成了历时从10 min到3 d共5种历时点雨量的统计参数等值线图，基本上满足了各种中小流域水利水电工程所需历时的设计暴雨计算的要求。

1977年12月，水利电力部成立了南京水文研究所(1985年改名为南京水文水资源研究所)，从建所开始就将暴雨研究列为重要课题之一。一方面配合"雨洪办"组织协调全国的设计暴雨研究，完成各历时暴雨量统计参数等值线图，编制了包括504次暴雨在内的《中国暴雨历时面积雨深资料》(1984年)；另一方面对雨量历时关系、设计暴雨时面雨型、暴雨季节变化、江西雨量站网密度实验等进行专门研究，对暴雨时深关系，点面关系等计算方法作了改进，特别是在1979—1988年期间，重点开展了"中国暴雨特性的研究"(1978年国家科研重点项目，1979年水利部、电力工业部8年科技规划项目)，对与水利水电工程有关的暴雨内容作了全面系统的分析。20世纪90年代以来，为配合大江大河防洪决策的需要，又开展"暴雨演变"等课题，对大范围长历时暴雨的演变过程作了深入分析研究[10]。

5 扩大"平安"理念

近年来，各地都在开展"平安"活动。例如，"平安北京"项目是为了保证北京市区的治安稳定，沿二环、三环、四环、五环及多条进京线路架设监控探头，利用光纤互联到北京安保运营中心，实现对北京治安的监控和管理。也就是说，要找出不安全的苗头，而这不安全的苗头有人为的，也有自然的，譬如"7·21"水灾就不属于此列。是否可以扩大"平安"理念？将一切不安全的苗头都找出来，并设法予以解决。

2015年5月29日下午，中共中央总书记习近平在主持中共中央政治局就健全公共安全体系进行第二十三次集体学习学习时强调，公共安全连着千家万户，确保公共安全事关人民群众生命财产安全，事关改革发展稳定大局。要牢固树立安全发展理念，自觉把维护公共安全放在维护最广大人民根本利益中来认识，扎实做好公共安全工作，努力为人民安居乐业、社会安定有序、国家长治久安编织全方位、立体化的公共安全网。

要切实增强抵御和应对自然灾害能力，坚持常态减灾和非常态救灾相统一。要切实抓好安全生产，坚持以人为本、生命至上，全面抓好安全生产责任制和管理、防范、监督、检查、奖惩措施的落实，细化落实各级党委和政府的领导责任、相关部门的监管责任、企业的主体责任。

习近平指出，维护公共安全，必须从建立健全长效机制入手，加快健全公共安全体系。各级党委和政府要切实承担起“促一方发展、保一方平安”的政治责任，明确并严格落实责任制。要坚持标本兼治，坚持关口前移，加强日常防范，加强源头治理、前端处理，建立健全公共安全形势分析制度，及时清除公共安全隐患[11]。

灾害事故不断，已经严重地威胁着人民群众的生命安全，扰乱了正常生活，“平安”，已成为公众最起码的诉求。“平安”能不能成为社会主义核心价值观的一部分？社会主义核心价值观建设是国家立心、为民族铸魂的工作。人民的安全，是首要之本。安康，乐居，其基础是“平安”。没有“平安”，一切皆空。没有“平安”，就没有小康。没有“平安”，就没有“中国梦”。维护好“平安”，除了依靠个人、家庭努力以外，更需要依靠集体、军队、国家的力量。做到“平安”，需要科学、智慧、法律、制度、技能的支撑。“平安”是福。“平安”高于一切。“平安”，需要日日“平安”，月月“平安”，年年“平安”；“平安”，需要出行“平安”，旅游“平安”，出国“平安”，居家“平安”。无时无地，无不需要“平安”。有了个人“平安”，才能有家庭“平安”，集体“平安”，国家“平安”；同样，有了国家“平安”，才能做到集体“平安”，家庭“平安”，个人“平安”。

参考文献

[1] 浙江省地方志办公室.中国地方志年鉴(2007).

[2] 湖北省宜昌县地方志编纂委员会.宜昌县志·卷二　自然环境.北京:冶金工业出版社.1993.113.

[3] 陕西省临潼县志编纂委员会.临潼县志·卷四　自然灾害志.上海:上海人民出版社.1991.

[4] 洪湖市地方志编纂委员会.洪湖县志·自然环境.武汉:武汉大学出版社.1992.85.

[5] 福清市编纂委员会.福清市志·卷二 自然地理·第八章　自然灾害.厦门:厦门大学出版社.1994.

[6] 尧绍裕.战胜1981年特大洪水灾害的斗争.中国经济年鉴（1982）专文.经济管理杂志社，1982.Ⅳ-115-Ⅳ-119.

[7] 中央绿化委员会办公室.全民义务植树.北京:中国林业出版社.1983.

[8] 中共中央、国务院关于灾后重建、整治江湖、兴修水利的若干意见(1998年10月20日).

[9] 国家基本建设委员会建筑科学研究院.TJ 11—78　工业与民用建筑抗震设计规范.北京:中国建筑工业出版社.1979.

[10] 王家祁.中国暴雨.北京:中国水利水电出版社.2002.3-4.

[11] 5月29日下午就健全公共安全体系进行第二十三次集体学习.新浪网.2015年5月31日8:22:04.

从多灾到天堂
——浙江减灾之路及其在全国的地位

高建国

（中国地震局地质研究所，北京 100029）

摘　要

浙江已被认为是全国最具安全感的省份之一。浙江省的自然条件并不乐观，是中国超强台风登陆地区之一。浙江人以"敢为天下先"的精神，不仅在经济发展上作出了举世瞩目的成就，在防灾减灾上不等不靠，1080千米高标准海塘保护着沿海人民生命财产的安全，"五水共治"工程证明了青山绿水也是金山银山。

关键词：浙江省　台风　敢为天下先　五水共治

1　浙江已被认为是全国最具安全感的省份之一

2007年3月5日，时任中共浙江省委书记习近平做客中央人民广播电台，他强调要"强化安全生产责任制等制度。同时，加强公共突发事件应急管理，提高防灾减灾能力。特别是2004年的'云娜'强台风、2005年连续4次强台风、2006年超强台风'桑美'正面袭击浙江，我们把'不死人、少伤人'作为首要目标，把台风造成的损失减小到了最低程度。目前，浙江已被认为是全国最具安全感的省份之一。"

"上有天堂，下有苏杭"，是中国人称颂的话语。杭州是个适宜生活的地方。

其实从地理位置来看，浙江省容易遭受台风的袭击。

风险等级：较高度风险。

主要依据：据统计，1949—2007年西北太平洋共生成超强台风158个，平均每年2.67个。将所有热带气旋强度达超强台风时其定时位置点在图1中，可见超强台风生成或维持的地理位置分布情况。我国仅120°E以东、30°N以南沿海即福建宁德、浙江宁波之间沿海及台湾岛可能受到超强台风的袭击，其他海域则未见有超强台风生成[1]。

2　浙江的多灾

浙江省除了地震灾害较轻外，台风、风暴潮、洪涝、干旱、崩塌、滑坡、泥石流、森林火灾、农作物病虫害、赤潮等都很严重。

历史上死亡万人以上的灾害有以下30次，除民国四年(1915年)为"沿海死伤数万人"，其中死亡数不清外，可计算29次。另外，严重干旱、瘟疫死亡数记录不清。我国其他沿海省(区)如江苏、福建、广东、广西等，历史上也经常发生巨灾，但还没有像浙江省灾害死亡这么密集的。

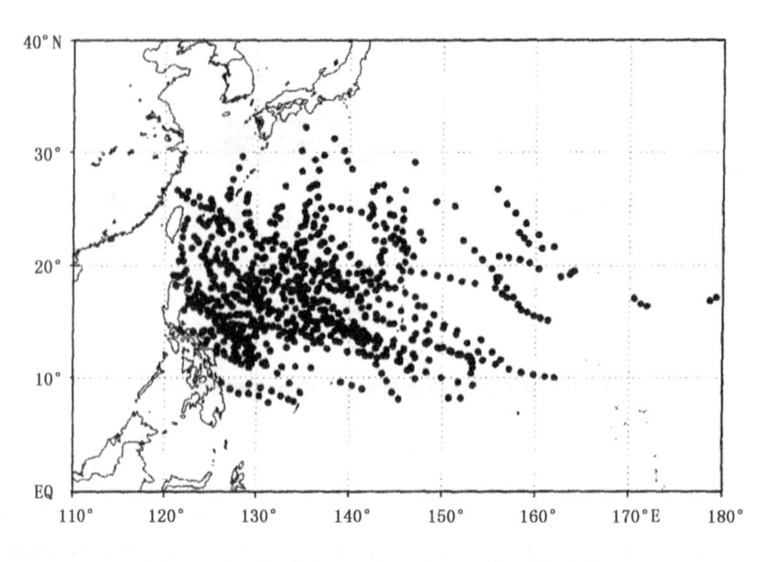

图 1　西北太平洋超强台风中心所在区域分布图

建武十四年，会稽大疫，死者万数（《后汉书·列传第三十一·钟离意》）。

显庆元年(656 年)九月，括州(唐复置，治丽水，领县 6)暴风雨海溢，坏永嘉(今温州)、安固(今瑞安)2 县，损户口 4000 余；丽水九月大风雨，溺死 7000 余人[2]。

庆历五年(1045 年)太平(今温岭)夏海溢杀人万余，台州夏六月大水，人溺死千余[3]。

绍兴五年(1135)五月此后，婺州及山阴、诸暨两县大水成灾溺死万余人(《宋史》卷 66)。

绍兴十四年(1144 年)六月，杭、严、衢、处、婺等州大水，死者数万，损失惨重(《宋史》卷 66)。

乾道二年(1166 年)八月十七日，温州飓风挟雨，溺死者二万余人，江边胔骼 7000 余人；温州夜潮入城，沉浸半壁，存者什一；(玉环)溺死万人，市肆皆尽；湖、秀二州及上虞县水(《宋史》卷 61，《宋会要》卷 159，《文献通考》卷 297，《续通志·灾祥略》卷 2，弘治《温州府志》卷 17，光绪《永嘉县志》卷 36，康熙《绍兴府志》卷 13，光绪《玉环厅志》卷 14)。

宋绍定二年(1229 年)九月朔，台州府大雨，天台、仙居水自西来，海自南溢，俱会于城，平地水高丈有七尺，死人民逾两万；黄岩大水，九月，仙居平原皆水，冲坏田地一万七千多亩(康熙《临海县志》卷一一、万历《黄岩县志》、《仙居县志》)。

淳祐十二年(1252 年)六月，建宁府、严、衢、婺、信、台、处、南剑州、邵武军大水，冒城郭，漂室庐，死者万数(《浙江灾异简志》)。

至正十七年(1357 年)六月，温州飓风挟雨，海潮涨溢，死者万数[3]。

洪武二十三年(1390 年) 七月，海盐海溢溺死壮丁 2 万余人[3]。

正统九年冬，绍兴、宁波、台州瘟疫大作，及明年，死者三万余人(《明史一志第四·五校行一》疾疫篇)。

天顺二年(1458 年) ，海盐海溢，溺死万余人[3]。

成化三年(1467 年)，嘉兴海溢败稼，溺死万人[3]。

成化八年(1472 年)七月又风潮大雨海溢，钱塘江下游两岸各县海塘尽坏，平地水深丈余，淹官民田无算，溺死二万八千余人[3]。

正德二年(1507 年) 山阴县飓风海溢，濒海居民死者万计，苗穗淹溺(万历《绍兴府志》卷 13)。

正德七年(1512 年) 年七月，飓风大作，海水涨溢，顷刻高数丈许，并海居民漂没，男女枕藉以死者万计。苗穗淹溺，岁大歉(《嘉庆山阴县志·饥祥》)。

嘉靖二十年(1541年)七月十八日，飓风，拔树走石，大雨如注，洪潮骤溢，平地水深数丈。温黄沿海民死数万。潮水比寻常倍咸，风雨亦咸而毒，虽禽、畜、蛇、虫触之皆死[4]。

隆庆二年(1568年)七月二十九日，台州、温州飓风，海潮大涨，挟天台山水入城三日，溺死三万余人，没田十五万亩，淹庐舍五万区。金、衢、严、处四府大旱，自五月不雨至于八月(雍正《浙江通志》，卷109；《明史》，卷28)。

万历三年(1575年)五月，嘉兴大风，海潮涌入海盐城，平地水深3尺；盐官海溢，势高于城；嘉善飓风，海水涌入；平湖海啸；定海大风雨，溺死兵民万余；余姚海溢。六月，浙江海溢；杭州怪风震涛，决钱塘江岸数十丈，漂官民船千余艘；山阴、会稽、上虞大风雨海溢[2]。

万历十九年(1591年) 六月，杭州海溢，大水，溺水人数万计[5]。

崇祯元年(1628年)七月壬午，杭、嘉、绍三府海啸，坏民居数万间，溺数万人，海宁、萧山尤甚(《明史》卷28)。

乾隆三十五年(1770年)七月二十三日，萧山飓风大雨，海水溢入西兴塘，海塘大决，塘外业沙地者男女溺死一万余口，尸多逆流入内河，同日西兴三都二图西江塘也决，淹毙人口、漂浮庐舍及殡厝、棺木无算，内河不能通船[3]。

乾隆三十六年(1771年)七月，萧山暴风大雨，海塘圮，龛山一带溺死数万人[2]。

乾隆四十一年(1776年)海水骤溢，萧山被患尤酷，居民死以万计[2]。

道光十四年(1834年)春，缙云县大疫，死者万余人[6]。

咸丰四年(1854年) 夏，湖州大水；闰七月初，台州大风雨海溢，太平漂没居民3万余人，黄岩淹死男妇五六万；海潮冲[上虞]海塘，决口16丈；[临海]海潮泛滥，沿海庐舍多被淹没[2]。

宣统三年(1911年) 乐清七月十一日狂风，十四日继以大雨，山洪暴发，城内没灶。两乡没膝，晚禾漂根浮叶，除大荆外，其他平原，海边不见寸稻，全县十余万亩颗粒无收。瑞安，七月、八月两次飓风暴雨。来安乡、嘉安乡、广镇、南岸镇共有十五个乡，都受灾最严重。漂没居民有数万之多，浮尸蔽江，喊救得生者不过少数。田园、房屋、牲畜、器具漂失难以统计。平阳，七月初三日飓风大水。9月台风在温州登陆[7]。

民国元年(1912年)永嘉，八月二十八日、二十九日、三十日飓风暴雨，西溪一带山洪暴发，瀑流无数，老弱男女蔽流而下。溺死者多逾巨万，数日之内海外港捞尸不下千具。瑞安曹许乡七月十七日大风雨。夜间水没屡檐际，港乡一带人畜田禾淹没无数。较一九一一年七月尤甚。八月二十八日、二十九日飓风大雨，镇乡各区山水横溢，人、房屋及什粮，损失甚巨。三十日飞云江横尸蔽江。平阳：八月二十八日、二十九日两日飓风暴发，大雨如注，城内外一片汪洋。平阳八区受灾。以南港镇为最重。温、处两府淹死十数万人[7]。

民国四年(1915年)7月，飓风大潮袭击浙江，覆舟倒塘毁屋，沿海死伤数万人[3]。

民国九年(1920年) 9月6日，永嘉县上塘雨量超过300毫米。上塘调查水位9.72米，山洪暴发，男女老幼漂流而下，溺死者逾万[8]。

将灾害死亡人数按照1万人以上、1千至1万人、1百至1千人三挡，将灾害点在浙江省地图上，可见灾害最密集的地区，首选温台地区。其次为杭嘉湖地区，再次为宁绍地区。中西部地区也很严重，但不如上述三个地区密集，死亡人数档次(指死亡万人以上)也不多(图2)。

新中国成立后，由于国家重视防灾减灾，浙江省灾害少了很多。没有发生1次死亡1万人以上的灾害。其分布仍与图2一致，即频次多的地区为温台地区、杭嘉湖地区、宁绍地区(图3)。

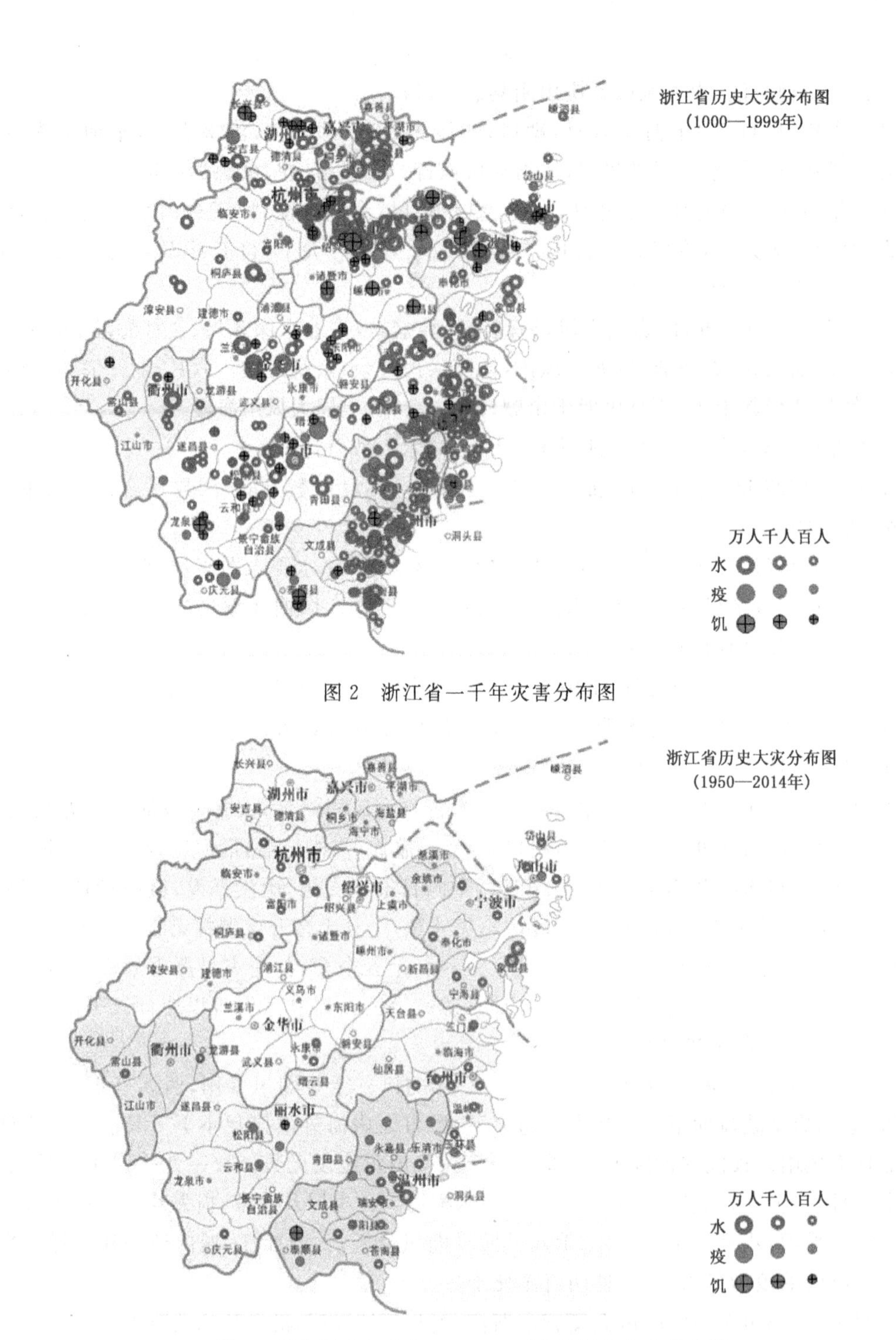

图 2 浙江省一千年灾害分布图

图 3 新中国成立后(1950—2014 年)浙江省灾害分布图

3 “减灾”一词出自浙江

一般认为,“减灾”一词来自于国外,是舶来品,在“国际减灾十年”(1990—2000 年)开始流行。实际上提出时间更早,我们在“国际减灾十年”初期就发现在 20 世纪 50 年代初期我国已经用过“减灾”一词,我著短文发表在《中国地震报》上。如 1954 年 6 月,中央气象局在北京召开全国气象工作会议，确定了“要为国防现代化、国家工业化、交通运输业及农业生产、渔业生产等服务，防止或减轻人民生命财产和国家的损失，积极支援国家各种建设”的五年气象工作总方针。(《当代中国的农业·大事记》)

对于灾害的认识，不是一个简单的称谓问题。2000年，有的省还提出“再造山川秀美，根治自然灾害”的口号，再回想1955年7月30日，第一届全国人民代表大会第二次会议审议通过邓子恢副总理代表国务院所作的《关于根治黄河水害和开发黄河水利的综合规划的报告》(《当代中国的农业·大事记》)中也都用“根治”一词。1958年，广东省提出“消灭中小灾害”，用了“消灭”一词。

自然灾害能根治得了得吗？消灭得了吗？恐怕在一万年以后，洪涝还是有的，干旱还是有的，地震还是有的，火山爆发还是有的，台风还是有的。既然，人与自然处于和谐、共存的关系，那么，对待自然灾害最好不用“根治”，而是用“减轻”较好。

最近据文献记载发现，中国近代“减灾”一词最早出现在民国14年(1925)，上海华洋义赈会提出《浙江省防洪减灾专题报告》。主要是对曹娥江、奉化江、椒江及诸暨县等洪水灾害进行分析，提出防治对策[9]。民国25年(1936)编纂的《内政年鉴》在水利编第二章全国水道系统中，“浙江流域历年举办之水利工程”的浙西旧杭嘉湖属16县河道疏浚河道机开辟新河工程一项中“备考”记载道“通航行，利灌溉，减灾害”(内政部年鉴编纂委员会，内政年鉴，商务印书馆，民国25年，(E)398，图4)，此处用的是“减灾害”，比“减灾”多了一字，意思是一样的，为了与前面的两句话对称，所以用了三个字。

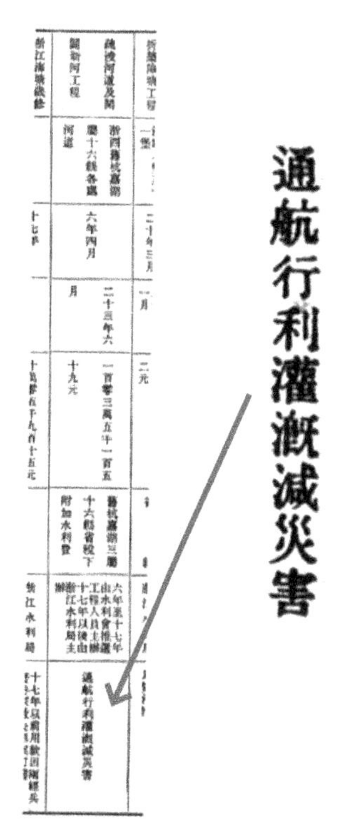

图4 《内政年鉴》(公元1936年)出现“减灾”一词

4 灾情表以县为单位

现在，全国和各省每年年底都要集中各个涉灾部门，统计当年的灾情，再上报政府。民国时期已有此工作。发现当时的灾情表有劣于和优于现在的特点。

《中国经济年鉴》(第三编)刊民国二十三年(1934年)七月至二十四年(1935年)九月之灾情(图5)。劣于现在的是缺乏省级灾情统计，以及其跨年度的统计方法为现在不可接受之；优于现在是以列表方式详尽各县灾情。

自然灾害具有强烈的地域性、灾种性和防御性，其分布画在地图上是极端不均匀的。因此，用一个省行政区的脸孔来描述灾情是远远不够的。《中国经济年鉴》(第三编)显然是发现了自然灾害这一特点，将灾情表设计为以县为单位。分述县别、被灾区域或村庄、何种灾、起迄月日、灾情概要、救济情形、报灾机关共计七项。篇幅也不大，以浙江省为例，也就是5页多。读了之后，轻重缓急，一目了然。其灾情描述也接地气。

建议，今后各省灾情表可按照此方式，附上以县为单位的灾情及减灾情况。对于上级了解当地的灾情，采取的救助措施、救助力度，可以更有针对性。

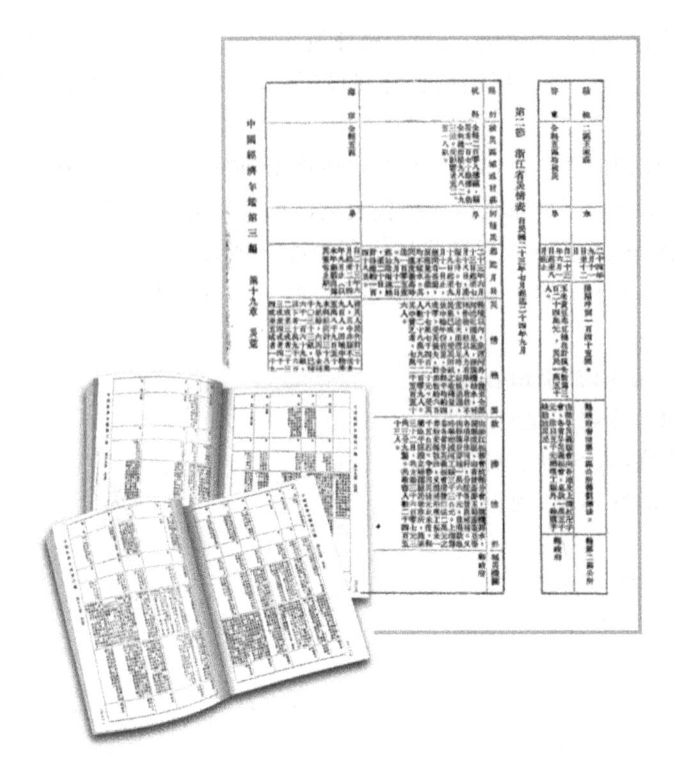

中國經濟年鑑第三編 第十九章 災荒

第二節 浙江省災情表

图 5 《中国经济年鉴》(第三编)中浙江省灾情表

5 浙江先人减灾之路

浙江防灾减灾之路,是从古代走来的,有必要简单回顾一下。

在尧舜时,今之宁绍平原尚为一片浅海,滔滔洪水,民堪其忧。大禹治水功成之日,仍是茫茫沼泽,一日两度海潮侵袭,土地盐渍,斥卤千里,草莱丛生。故《管子·水地》云“越之水浊重而洎”。《越绝书·记地传》亦谓:“夫越性脆而愚,水行而山处.以船为车,以楫为马,往若飘风”,而山地崎岖,溪短流急,春夏洪泛,秋冬干涸,难以为用,禹已“教民鸟田,一盛一衰”,聊以为生。《墨子·节葬》曰:“禹葬会稽,衣衾三领,桐棺三寸”,名为薄葬爱民,实为生产力低下,越民贫困。“坟高三尺,土阶三等,无改亩”,乃是对耕地之宝贵[10]。

五代吴越时期的防灾新有考古证据。

让人们意外的是,在一千多年前的唐代,那时的杭州,只有如今的上城区大小,是个“繁雄不及姑苏、会稽三郡”(《玉照新志·卷五》)的“腰鼓城”。

在传说中,五代时,潮水侵袭杭郡,百姓苦不堪言,钱镠就让人造箭三千支,募强弩五百人以射涛头,使“潮回钱塘,东趋西陵”,至今仍然被后人所津津乐道。

但在历史上,钱镠可不是用箭射涛抵挡住了钱江大潮的侵袭,而是修建了海塘。就是上面提到的五代吴越国捍海塘遗址。这个遗址,不仅抵挡了钱江大潮,还确保了五代杭州城墙的扩建,奠定了杭州在五代乃至南宋临安城时期的城市格局[11]。

2014 年 6 月 5 日至 11 月 15 日,杭州市文物考古研究所配合杭州市上城区基本建设,在上城区江城路以东原江城文化宫进行了考古发掘,发现了五代吴越国捍海塘遗址。本次发掘地点位于 1983 年发掘地点以北 1 千米处,距离勘探发现的临安城东城墙遗址东侧约 80 米。

吴越国捍海塘遗址呈南北走向,横截面呈梯形,自东向西分布着迎水面、顶面和背水面三部分,已发掘部分的总宽度约 34 米,迎水面宽约 14 米,顶面宽约 18 米,背水面因发掘面积所限仅发掘 2 米。

通过对海塘地层进行分析,对五代吴越国海塘土木结构和修建工程工序做法有较为直观的了解外,还首次发现了海塘表面铺垫柴草加固等海塘埽工做法,据文献记载,该做法在北宋大中祥符年间才在海塘工程上使用,这一发现对研究唐五代海塘结构和工程技术发展提供了新材料。

通过发掘揭露的地层关系,首次明确了海塘修建、使用、修缮和废弃的相对年代。五代吴越海塘建于五代后梁开平四年(910)。从五代到北宋初年经过三次不同规模的修缮增筑。北宋中期吴越捍海塘所处位置已成为陆地，海塘完全废弃并逐渐湮没。南宋以后已经完全成为杭州城市的一部分。

据史料记载，由于传统的版筑土塘无法抵挡钱塘江大潮的冲击，后梁开平四年(910)钱镠通过此次“造竹络，积巨石，植以大木”的兴建捍海塘，确保了五代杭州城墙的扩建，奠定了杭州在五代乃至南宋临安城时期的城市格局。五代吴越国捍海塘遗址是我国迄今为止发现并保存的最早海塘实物，对研究唐五代土木工程技术和海塘修筑技术具有重要价值，同时作为历史地理坐标对研究杭州古代城市发展史也有着重要意义[12]。

宁波、温州因海上贸易发展，城市规模先后超过绍兴。但因明成化十三年(1477)知府戴琥拆除浦阳江下游碛堰，钱清江水患根治；嘉靖十六年(1537)知府汤绍恩主持三江闸建造，近海农田彻底免受咸潮影响，农业生产有较大幅度提高，手工业继续得到发展，故绍兴始终是浙东一个重要商业城市[10]。

康熙二十七年(1688)钱塘人陈潢卒，陈为著名黄河治理专家，所著《河防摘要》、《河防述言》中提出流量的计算方法，即以河道断面面积乘流速即为流量。

乾隆五年(1740)浙江巡抚每月向清帝上报雨情水情和水旱灾害，此后形成定制。

光绪九年(1883)海关在温州设立浙江省第一个雨量站。

民国元年(1912)4 月浙江督军蒋尊簋设陆军测量局，该局成立后至 21 年(1932)止，完成全省三角测量和地形测量，并制成全省 1∶50000 地形图，沿海地区为 1∶25000 地形图。

民国 4 年(1915)3 月 1 日沪、杭、甬铁路局在杭州闸口首设潮位站，观测钱塘江潮位。同年上海浚浦局在杭州湾口绿华岛设立潮位站。

民国 7 年(1918)10 月上海浚浦局在柘林、乍浦二站作同步潮位观测至 1919 年底结束。同年 8 月该局在澉浦、盐官、闸口三站作短期潮位同步观测。

民国 8 年(1919)9 月 3 日至 18 日海关在杭州湾大戢山、东洗山、柘林、乍浦、澉浦、海宁(盐官)、闸口七站作同步潮位观测。

12 月 5 日至翌年 11 月上海浚浦局在严州下游 6 英里处设流量站，先后用浮标法、流速仪法施测钱塘江流量。

民国 9 年(1920)2 月间上海浚浦局在澉浦与盐官之间设立水位站 6 处，同步观测潮位历时半月，同年 2—3 月间还在杭州湾北岸八个站进行巡回测流，每个站连续施测 25 小时，部分站还施测含沙量。

是年冬大总统特命内务部长钱能训兼办苏浙太湖水利，督办苏浙太湖水利工程局在苏州成立。

太湖水利机构从民国 10 年(1921)至民国 26 年(1937)期间在浙江省杭嘉湖平原及苕溪布设了一批水文测站。

民国 18 年至 26 年(1929—1937)浙江省水利局在省内各河流布设水文测站，初具水文站网的雏形。

民国 18 年(1929)5 月杭州自来水厂筹备委员会在钱塘江的徐村、周家浦两处设站，汲取钱塘江水进行含氯度化验，历时 2 年 3 个月。7 月该会又在杭州九溪理安寺设立三角薄壁量水堰，观测流量，同时观测降水量历时 2 年。

民国 18—19 年(1929—1930)省陆地测量局在玉环县坎门镇建立坎门验潮站，用自动验潮仪记录潮位，历时 5 年(1930—1934)，得出平均海平面在水尺零点以上 3.80 米。

民国 19—24 年(1930—1935)参谋本部陆地测量总局用瑞士威尔特精密水准仪进行南京—

杭州、上海—杭州、杭州—坎门三条干线作一等水准测量，将坎门高程引测到南京，民国25年(1936)启用坎门高程。经过新中国成立后接测，坎门基面比吴淞基面高1.86米。

民国21年(1932)9月浙江省政府参照《全国气候规划规程》的要求，授命浙江省水利局筹建浙江省气象测候工作，于民国22年(1933)1月在杭州成立二等测候所，命名为浙江省水利局测候所，并在有关县成立测候站。民国24年(1935)又扩建为一等测候所。民国26年(1937)随省会南迁，民国27年(1938)1月在松阳古市镇重建省测候所，民国34年(1945)5月所迁云和，同年10月迁回杭州，民国35年(1946)省水利局成立，恢复省水利局测候所，编制30人左右，民国36年(1947)2月改属教育厅，更名为省气象测候所，5月改属建设厅，更名为省气象所。

民国26年(1937)12月24日，日军侵占杭州，浙江省水利局内迁，翌年1月撤销，并入浙江省农业改进所，全省水文工作也归农业改进所领导。由于省内各县相继沦陷，绝大多数水文测站停测，八年抗战中全省水文工作处于停顿状态。

民国30年(1941)汪伪政府的浙江省塘工水利局曾要求浙北各县恢复雨量观测，当时有14个站恢复(余杭、武康、德清、吴兴、长兴、临平、崇德、桐乡、嘉兴、嘉善、平湖、海宁、海盐、杭州)，仅维持1～2年即行停测。

民国31年(1942)是年由行政院水利委员会派遣，华北水利委员会第四测量队分派到浙江工作，驻温州，曾在瓯江恢复一些站进行水文观测。民国33年(1944)9月，温州沦陷，华北水利委员会第四测量队撤销[3]。

民国36年(1947)6月水利部中央水利实验处在浙江省水利局内成立浙江省水文总站，统管全省水文工作[3]。

以一个县为例。温州市乐清市属沿海县级市。晋孝武宁康二年(374年)，分永嘉郡之永宁县置乐成县。开皇十二年(592年)，乐成县入永嘉县。乐清地形属浙南中山区和沿海丘陵，东南部为沿海平原，地势平坦、河网交叉。乐清历史上以洪涝、干旱最为频繁。如遇台风、大潮、暴雨同时袭击，可能毁堤倒塘，海溢农田，中断交通、电讯，甚至出现家破人亡等灾难。若遇大旱，禾苗干枯，赤地千里，人民亦是苦不堪言。

乐清自291年至1911年共发生洪涝、风潮灾害有记载的计78次。民国时期，共发生洪涝灾害15次，其中发生严重海溢1次。自新中国成立至1994年，共发生大小洪涝95次，因强台风、大暴雨又遇上天文大潮顶托而造成灾难或较大面积农田受淹成灾的有24次。最早记述干旱灾害于唐开成四年(839年)，至清代所记述的造成严重饥荒的干旱共有34次。民国时期发生干旱灾害9次。新中国自1950年—1994年有26年发生干旱[13]。旱涝几乎无年不发生。

对此，乐清人并不消沉，他们世世代代治水，通过改善自然环境。来赢得较好收成。有明确记载的已长达2000多年的历史，以下是简单的记述。

熙宁三年(1070年)知县管滂，率民于县治东西两溪筑堤防洪，导水塘南入海，越18年无水患。

绍兴二年(1132年)知县刘默，始役西乡民众分界修筑乐清塘河，自县治至琯头五十余里，改泥塘为石塘，增高广益固为塘岸，内浚河深广通舟楫，为乐清第一条相连的古海塘，西运河形成，名"刘公塘"。

绍兴十六年(1146年)知县赵敦临，率民重修县城西溪，曲而南至迎恩桥；东溪自东溪桥至望来桥，计400丈，用石筑固旧塘，用工5000，耗财百万，二塘则合，境无水患。王宾著有《筑赵公塘记》。

淳熙年间(1174—1188年)知县袁采，率长安乡民，筑黄花(华)东西二大埭，并筑护埭，下设暗沟，建涵闸 2 间(孔)。

至正廿七年(1367 年)县尹刘敬存，率民浚深城内河，修复东西两渠与二溪连通，引山泉入城，导洪水由东塘入海。

洪武初(1368—1372 年)引白龙山、瑶岙诸山之水；疏浚柳市、新市(虹桥)沿海河道 27 条。

洪武六年(1373 年)县故城外，开护城濠河，通金、银两溪接西运河及东河。

洪武廿八年(1395 年)新开大小河道 37 条：县西 8 条，县东 29 条。

弘治十三年(1500 年)蒲岐筑塘 784 丈。

正德五年(1510 年)知县徐宏，率乡民修建大荆龙滩至蔗湖埭，长两里，名“徐公埭”。

隆庆二年(1568 年) 是年永康乡一都里人赵汝铎，倡筑屿南大埭 40 丈，下用松椿，上叠砌条石，夹岸加固海塘 245 丈，泄水处建陡门 5 间(孔)，旁筑石达(有闸门的涵洞)3 个。旧志云：“县西三乡之水，尽会于此入海。”

万历二十三年(1595 年)县令张子埕，捐俸重筑白沙塘 700 丈，自鸣阳门抵白沙岭，又有七宝塘自东山址与白沙塘连。

康熙十三年(1674 年)长安乡七都项浦埭，遭“耿变”毁埭通船外海，卤潮入内伤田禾，康熙十六年县丞王枢役民重筑。

康熙四十年(1701 年)知县陈大年，发动大兴水利，几年内浚河溪、筑塘埭四十余处，陡门三十余座。

雍正四年(1726 年)知县唐传钰，率民大举疏浚峡门滩、上岙滩河道。

雍正六年(1728 年)知县唐传钰，又役民拓浚东乡河：自钱家烊至南坪、蒲岐等地。《浙江通志》云：“东乡河，自黄塘、窑岙诸山溪汇流而出，流经新市(虹桥)分注瑞应乡溉田十余万亩。”

雍正十三年(1735 年)福建省福鼎县陈汝白偕其弟陈肖云，来乐清南塘向海筑涂造田，至乾隆四十三年，围筑 6 处，计八千余亩。

乾隆六年(1741 年)七月，洪涝海溢，灾而贫民，涂田仍难垦种。民力负担采用“丁归地征，以工代赈摊抵课银，发给卤民银，支持民力。”由是塘、埭始成。

乾隆二十七年(1762 年)温州府置粮捕水利通判署，各县吏通判掌管水利。

嘉庆二十二年(1817 年)贡生郑兰，筑白溪免渡塘，下塘小平原形成，行人免渡往返。

道光十二年(1832 年)八月，章岙、沙角二塘决崩，董事王启安率民重筑。

咸丰三年(1853 年)六月，永康乡梅溪塘毁，后经乡民重筑。

光绪五年(1879 年)永康乡民，开发南草烊涂田 3000 亩，里人监徐遇清率乡民开河 570 丈。

光绪二十九年(1903 年)后所坝头村西筑拦河坝，船只经绞坝往来。

民国元年(1912 年)竹屿河道开成，靠西南河岸上筑堰坝，内河船只可经绞坝而过，乐成、虹桥间河运沟通。

民国 2 年(1913 年)郑济周集民股，县参议会拨款补助，筑清阳塘，经年余，围成涂田三千余亩。

民国 5 年(1916 年)石马南岸人叶从宏，发动民众疏浚万岙前运河；修建万新、添仙桥；修筑县城至虹桥干路 6 千米。

民国 7 年(1918 年)白石冯地造配合温州杨雨农等，筹建永、乐交界的乌牛、邓桥之埭、陡，外御咸潮，内蓄淡水，提高永、乐两岸农田的抗旱能力。

民国 17 年(1928 年)永乐轮船公司改道古运河，开辟县城至琯头内河新航线。

民国 30 年(1941 年)柳市区署派员督导疏浚峡门滩。

民国32年(1943年)12月1日,由副团杨燮衡总督,凡118岁—45岁壮丁,一律参加浚河,柳市、湖横、盐盆3个乡镇拓浚峡门滩;乐成、石湖、白沙、竹林、西联、蒲岐、天成、临海、石帆、东联、五权、淡溪、虹桥共疏东运河。

民国33年(1944年)8月19日,乐清县政府公布《市县工程受益费征收条例》,共8条。

民国35年(1946年)12月27日,成立"温州第八区水利参事会",专员余森文兼主任,参事员共计35人,并颁发51号训令:县设立水利协会。第二年颁发《第八区水利参事会组织章程》。

是年,吴佐臣倡导,攻疏虹桥南侯宅至杏庄、下侯宅至杏庄河段,接中干河。

民国37年(1948年)3月10日,乐清县参议会第七次大会通过公布施行《乐清县各镇乡陡门管理养护办法》和《管理水利事业暂行办法》。

1950年8月下旬连续暴雨成灾后,8月29日至11月5日又大旱69天,全县掀起水利建设高潮,共兴修陡门、堤塘、疏浚河道等工程计101处。

1955年,乐清第一座小型水库——大荆镇仙烊谢坑口水库建成。

1959年11月21日,翁烊幸福塘围垦工程动工,塘长5250米,南北两片总面积为5991亩。11月28日,福溪水库动工,1979年8月竣工。12月,钟前水库动工,1960年8月竣工。

1964年柳市电灌工程竣工,架设10千伏高压线路88千米,低压线路90千米,电灌覆盖面积达8.4万亩。在平原河网地区,全面组织民众平整土地和建设长条格子农田,大搞渠系配套。在坝头、竹屿原过船坝边,建引水、通航船闸。二闸间挑河5.2千米,实现东西水系水量引调。

1970年12月17日,方江屿围垦工程动工,主体工程于1979年5月18日完工。

1973年12月22日,大荆双峰溪治理工程动工。

1983年6月,清江南塘标准海塘工程动工兴建。

1989年10月,胜利塘批准复工续建,总面积为8633亩,第一期先围南片的4507亩。

1994年4月,乐清市引水供水工程开工[13]。

6 浙江今人减灾之路

浙江省的标准海塘(规范称谓"海堤","海塘"是南方人民的称呼)建设,是一个成功范例。长期以来,限于财力和物力,浙江省海塘总体防御能力偏低,钱塘江海塘多数为20～50年一遇,浙东海塘为5～10年一遇标准,频遭台风暴潮破坏。浙江海塘保护全省近2000万人民生命安全、80%经济总量及财政收入,是沿海人民的"生命线、幸福线"。9417号强台风在温州瑞安登陆,毁坏温州等地海塘530千米,直接经济损失124亿元。9711号强台风又在台州温岭石塘登陆,台州、宁波等地又毁损了776千米海塘,直接经济损失近200亿元。

为了提高海塘防台潮能力,保障人民的生命和财产安全,适应经济社会发展的需要,浙江省委、省政府痛定思痛,作出了"全民动员兴水利,万众一心修海塘"的决定。决心用三到四年时间,投资50亿元,把防御能力偏低的1000千米重要海塘建设成高标准海塘。这一决定深得民心,自1997年10月以来,沿海各级党委、政府把建设标准海塘作为为民造福的德政工程来抓,在沿海地区掀起了兴建高标准海塘的热潮。省委、省政府号召全省干部群众用"砸锅卖铁,也要修好海塘"的精神修海塘。省长柴松岳曾为此立下过军令状,全省沿海人民和省级机关干部曾每年为此捐资并投劳过。到2000年12月底,基本建成标准海塘1020千米,完成土方2925万立方米、石方2890万立方米、砼404万立方米。

通过三年大规模的海塘建设,大大提高了浙江省沿海1000千米重要海塘的防台御潮能力,基本解除了历来困扰当地人民群众的台风大潮灾患。标准海塘在抗御台风暴潮中发挥了显著的效益，据浙江省防办统计分析，已建成标准海塘 2000 年的减灾效益达 25 亿元。当年 5 次台风袭击浙江，其中杰拉华、碧利斯、桑美台风在浙江省无一人死亡。

以下介绍两类海塘：缓斜坡式海塘工程和陡斜坡式海塘工程。

缓斜坡式海塘工程。台州涌浪海岸采用缓斜坡为主的海塘，主要有玉环县五门围垦工程的数条海塘和三门县虎门孔塘的海塘，以五门的大门坝海塘最为典型。

大门坝海塘外坡护面采用原 75 厘米长的条石丁向灌砌，以提高整体性和抗磨蚀能力：上部由于条石数量不足，采用相互咬合的预制块护面。护面上设置了外缘高 0.9～1.4 米、沿坝轴线方向宽 8 米的重力式墩台，形成 4 级错位布置的台阶，增加了防护结构的整体强度和消浪效果，并可阻挡石块在坡面上滚动。上部直立挡墙的外侧采用钢筋混凝土贴面，形成挑浪的反弧面。堤顶和内坡采用现浇混凝土护面.并设置了排泄越浪水量的设施（图 6）。

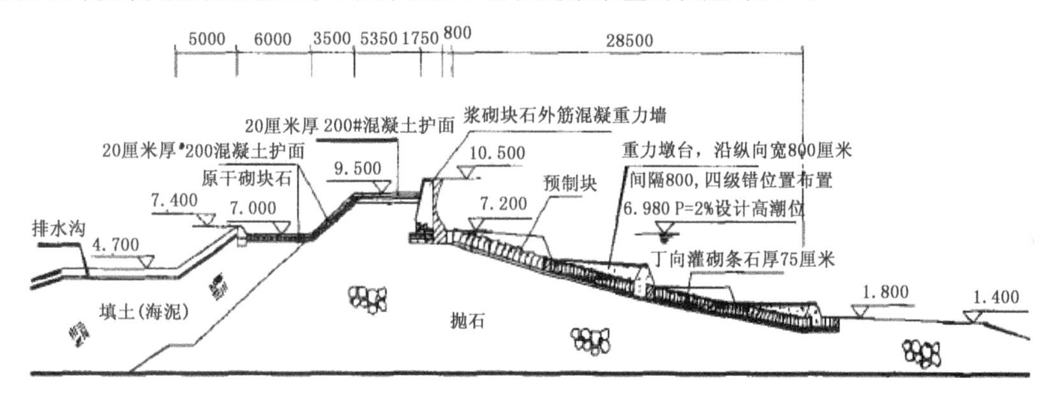

图 6　大门坝海塘结构断面图

陡斜坡式海塘工程。台州的陡斜坡式海塘主要有三处防波堤和在建的部分围垦海塘。其中温岭市的石塘防波堤于 1996 年建成。经历了多次强台风过程涌浪的打击，总体情况良好。

石塘防波堤主堤体为堆石结构.由于淤泥质软基不厚，通过爆破和爆夯挤淤，主石堤的基础落在下部坚硬的土基和岩基上。外坡分为两级，坡比均为 1:1.5，中间设 3.0 米宽的平台：下级坡在抛理大块石垫层上随机安放两层 4 吨重的扭工块：平台和上级坡.在干砌块石和抛理大块石垫层上规则地叠排安放一层 8 吨重的扭工块：顶部为大体积毛石混凝土重力墙，形成复式断面：内坡上部的坡比为 1:1.5，采用浆砌块石和混凝土梁格护面（图 7）[14]。

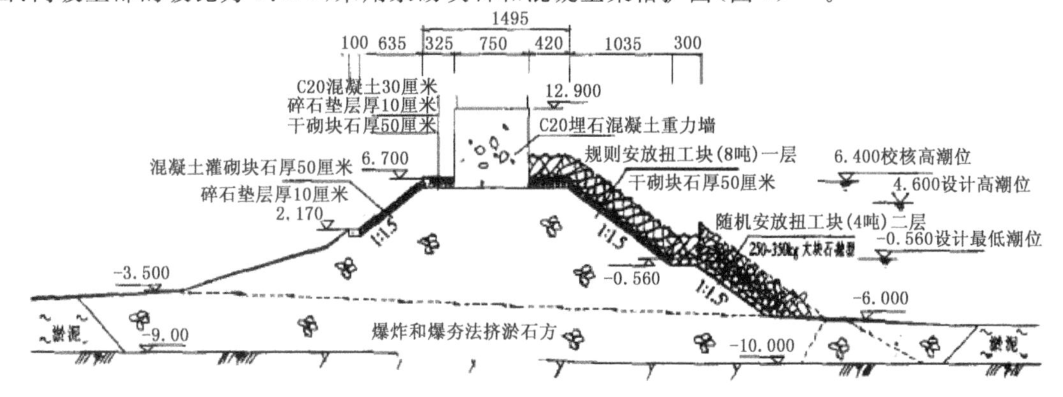

图 7　石塘防波堤结构断面图

海塘建设的主要成效为：一是为浙江省社会和经济持续发展提供了重要基础保障。浙江省大陆和海岛多数重要闭合区已基本闭合，对于保护沿海地区生产力发展，推动促进沿海经济社会全面发展将起到重要作用。二是产生了一系列的综合经济效应。标准海塘的建成，改善了沿海城镇投资环境，台州、温州、宁波等地海塘保护区内的工业园区又成了投资热土；促进了农村产业结构调整和优化，宁海、三门、乐清等地在海塘保护区滩涂挖塘养殖，大力发展水产养殖，海塘保护区内土地年租金成倍提高，农民增收，推动了效益农业的发展；海塘建设结合渔港建设，促进了海洋渔业经济发展；海塘建设注意与周围景观协调，带动了旅游资源的开发，推动了旅游业的发展；海塘后的护塘林带随塘伸长，成了沿海地区防护林中的第一条防线，改善了生态环境。三是探索了水利建设新路子，创造出了海塘建设精神。在社会主义初级阶段，在政府引导下，依靠社会力量，运用市场机制，筹巨资、短时间、高质量地建成千里标准海塘（图 8，图 9），在浙江省历史上是前所未有的。海塘建设的经验，为其他大规模水利建设提供了有益的借鉴。更为可贵的是，在千里标准海塘建设过程中创造的精神成果，被沿海人民概括为“海塘建设精神”：人民利益高于一切的负责精神，自力更生、万众一心的自强精神，兢兢业业、不畏艰辛的奉献精神，质量第一、科学管理的求实精神，积极探索、锐意改革的创新精神。千里海塘建设精神，是浙江人民的宝贵财富。这种精神，正激励着全省人民加快水利建设，有力地推动着全省的经济建设和现代化进程[15]。

千里海塘修起来后，浙江省沿海地区的人民生命和财产得到了保障，台风灾害风险大为降低（图 10）。按照灾度测算，在海塘修建前的灾害风险大灾轻度（4.0～4.9），到修建完后 10 余年，灾害风险已经降低到中灾轻度（3.0～3.9）。

图 8　钱塘江江堤

图 9　萧山海塘

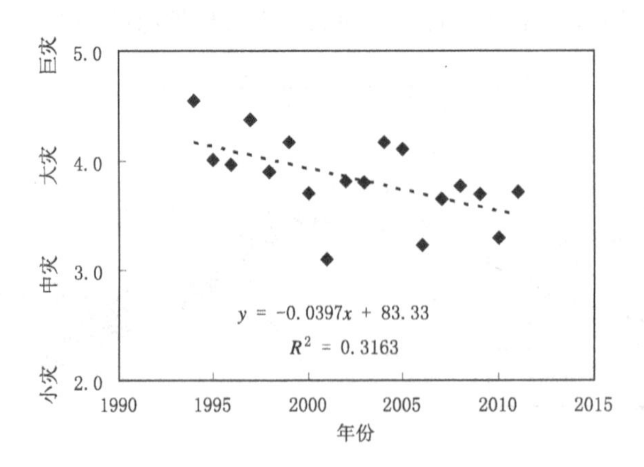

图 10　1980—2011 年浙江海洋经济发展示范区灾度时序图

参考文献

[1] 郑文荣，李江南，蔡建春，等. 西北太平洋超强台风时空分布特征及其成因. 海洋预报，2009. **26**(4)：19-24.

[2] 浙江省水利志编纂委员会. 浙江省水利志 · 第二编 水旱灾害 · 第六章 灾情. 北京：中华书局. 1998.

[3] 浙江省地方志编纂委员会. 浙江省水文志编纂委员会. 浙江省水文志 · 大事记. 北京：中华书局. 2000.

[4] 椒江市志编纂委员会. 椒江市志 · 第二编　自然环境. 杭州：浙江人民出版社. 1998. 70-82.

[5] 浙江省农业志编纂委员会. 浙江省农业志(上册) · 大事记. 北京：中华书局. 2004.

[6] 缙云县志编纂委员会. 缙云县志 · 大事记. 杭州：浙江人民出版社. 1996. 3.

[7] 温州市江河水利志编纂委员会. 温州水利史料汇编 · 第四章 风潮. 1999. 26.

[8] 浙江省水利学会，浙江省水力发电工程学会. 地方水利技术的应用与实践 第 5 辑. 北京：中国水利水电出版社，2006. 242.

[9] 浙江省水利志编纂委员会. 浙江省水利志. 北京：中华书局. 1989. 57-58.

[10] 绍兴县地方志编纂委员会. 绍兴县志　第 1 册. 北京：中华书局. 1999. 5.

[11] 裘晟佳，李蜀蕾. 五代捍海塘奠定了杭州千年繁华. 新民晚报数字报. 2015 年 1 月 26 日.

[12] 俞倩. 上城区江城路五代捍海塘遗址. 杭州日报. 2015 年 1 月 21 日.

[13] 乐清市水利水电局. 乐清市水利志 · 第四章 水旱灾害 . 南京：河海大学出版社. 1998.

[14] 梅一民，叶锋. 台州海堤工程防范涌浪影响的研究探讨. 中国水利，2009，(14)：46-47.

[15] 赵法元，周黔生. 浙江沿海标准海塘建设情况综述. http://www.rcdr.org.cn/Index/message.asp? MessageID=907.

为“编织全方位、立体化的公共安全网”创造条件

汤木生

（中铁十七局集团第五工程有限公司，太原 030032）

摘　要

中国需要安全！中国人需要安全！要使中国人活得更有尊严！正视过去把握当下的反腐防腐，全面理解贯彻执行习总书记指示：“公共安全连着千家万户，确保公共安全事关人民群众生命财产安全，事关改革发展稳定大局。要牢固树立安全发展理念，自觉把维护公共安全放在维护最广大人民根本利益中来认识，扎实做好公共安全工作，努力为人民安居乐业、社会安定有序、国家长治久安编织全方位、立体化的公共安全网”。我们不能眼看着我们这个国家发生灾难，为中国可持续发展我们大家应尽力。

关键词：公共安全　反腐防腐　大众创业　万众创新　持续发展

中国需要安全！中国近代史告诉我们，除了汉奸卖国贼，我们谁都不愿意做亡国奴！被美国搞乱了的伊拉克、阿富汗、利比亚、叙利亚和埃及，老百姓家破人亡流离失所成难民……您手里再有的是票子，那！又有什么用？

中国人需要安全！要使中国人活得更有尊严！习总书记指示，“公共安全连着千家万户，确保公共安全事关人民群众生命财产安全，事关改革发展稳定大局。要牢固树立安全发展理念，自觉把维护公共安全放在维护最广大人民根本利益中来认识，扎实做好公共安全工作，努力为人民安居乐业、社会安定有序、国家长治久安编织全方位、立体化的公共安全网”。

2015 年 7 月 11 日，强台风“灿鸿”从浙江省舟山市登陆。狂风过境，刮断了百年大树，山体滑坡堵住了高速公路，但浙江省受灾最重的五地市无人伤亡，24 小时内水、电、路全通。

近年来，无论台风如何肆虐，浙江的千里海塘、万座水库稳如磐石，没有发生一起较大人员伤亡事件。这一奇迹何来？时任浙江省委书记的习近平同志曾明确要求：不怕“兴师动众”、不怕“十防九空”、宁听群众一时骂声，不听群众事后哭声。从此浙江确立了先进的防台理念；关键不在损失，而在生命安全。浙江历届党委、政府筑起了一张覆盖城乡的防灾、减灾、抗灾“安全网”。“力争不死人、少伤人”的先进抗台风理念，让浙江人民的生命安全有了最大保障。“力争不死人、少伤人”应成为灾前防御的主题指导思想！

面对地球各种恶劣自然现象给人类构成潜在的威胁、危化企业存在各种安全隐患、粮食安全、食品药品安全以及社会治安的不安全因素客观存在，提高公共安全水平刻不容缓，为编织全方位、立体化的公共安全网很有必要扫除前进道路上的障碍，创造有利条件。

1　建立“全方位、立体化的公共安全网”体系

1.1　明确主管部门，“国家安全委员会”的常设机构

负责编织全国的全方位、立体化的公共安全网的决策、领导。

1.2　在国务院，组建“防灾减灾应急管理总局”

职能：按“国家安全委员会”制定的编织全方位、立体化的公共安全网要求监督管理公共安全体系建设履行职能，维护公共安全体系正常运转。定期检讨、检查，不断提高全国公共安全全方位、立体化程度与公共安全水平。

协调；与全方位、立体化的公共安全网相关的安全管理部门之间的公共安全体系建设与职能作用。全国一盘棋统筹使各省（自治区、直辖市）公共安全体系资源高效利用。

各省（自治区、直辖市）、县在应急管理办公室的基础上改建成“防灾减灾应急管理局”。

各企（事）业单位要在原来主管安全部门基础上改为“防灾减灾应急管理办公室”。

1.3　成立防灾减灾应急科学技术研究院

（1）职能：负责研究我国公共安全体系方面存在的问题；掌握我国已有防灾减灾应急科技状态；国际防灾减灾应急科技动态发展水平；针对目前急需要解决的“不全信人”事故预控科技的研发；承担防灾减灾应急管理总局下达的科研任务。

不定期向社会征集防灾减灾应急，安全生产方面的科技成果，技术方案。

不定期把某个具体的技术难点，某个实际需要解决的问题向社会招标。

应对战争破坏与影响，政府、全社会应该怎么面对。

应对地球各种恶劣自然现象给人类形成的各种威胁。

应对各种危化品对人类健康的影响与危害。研究对象必须涵盖目前所有的化工原料的危险性分析，生产、运输、储存、使用中的安全技术。重点放在对人的健康影响，危及生命的危化品上，化学中和的最终目的是针对泄漏或失控的各种危化品实现无害化处理。

针对涉及危化品工作的人对危化品消防知识普遍匮乏如何教育、培训。

研制对各种危化品的生产、运输、储存、使用、实行“不全信人”监控科技；以及对具体的危化品相克的化学中和无害化处理技术所需的备用原料。制定应急预案。

应对各行业的安全生产存在的隐患。分行业、分项目、分岗位的安全生产实行“不全信人”的安全预控技术。

食品、药品安全。规范食品生产工艺，保证质量措施；利用食用植物为原料研制安全食品添加剂取代无机化工原料生产的食品添加剂。禁用、销废现有有害的食品添加剂。

如：对分散的个体食品生产者按品种分类组成生产合作社实施区域卫生质量规范化管理。社区参与监督。

研制《食物有害元素试纸》利用科技对食品消费安全性认定权交给广大经营者、广大消费者。比如能对地沟油等食品内含有害物质敏感性反应的试纸。

利用各种媒体向社会公众宣传安全科普知识，提高公众防灾减灾意识与自救互救能力。

关注小学、中学教科书中的公共安全知识教育。

（2）根据任务应有如下机构设置。

战争条件下的民援、民生研究所；

地球自然现象预测、预报、预控、预防、应急技术研究所；

危化品的生产、运输、储存、使用、“不全信人”安全技术研究所；

食品、转基因食品、食品添加剂、药品安全研究所；

安全生产“不全信人”的预控技术研究所。

有利于加快公共安全体系建设、有利于迅速提高公共安全水平的硬件与软件研究采用开放式运作模式。

2 公共安全体系的建立需要以发展经济为支撑

（1）按安全发展理念，全方位、立体化涉及行业多、面广，公共安全无所不在。编织全方位、立体化公共安全网对中国公共安全体系的健全过程会引导、拉动大众理性安全消费，促大众创业。经济发展可以为公共安全体系的建立不断提供更多的投入。公共安全体系的健全又会为经济发展提供更科学、更人道、更经济的安全环境。

（2）国人消费坚持用国货就是爱国的具体体现。这种民间自发性的爱国消费方式将给我国经济发展产生不可估量的作用。消费能刺激生产，正常生产能保护企业员工少失业。产品功能一样的，尽可能选用国货！

（3）国家在保护消费者利益的同时，国家引导、鼓励国人安全理性消费的方面有很多。诚心诚意为人民大众消费服务市场不会失去，保护好现有企业全靠经营者自己，减少浮躁扎扎实实创出自己一流的技术服务与产品，经营好现有品牌，支持民族产业！就是最好最大的创业。防灾减灾应急是一种新型阳光产业。

3 为提高公共安全体系水平需广泛开辟万众创新领域

（1）国家需要安全，中国人需要安全，公共安全无所不在。提高公共安全体系水平必须打破发生公共安全事件就用应急办法去处理的传统应对公共安全事件理念。2015年新华网北京5月30日电：中共中央政治局5月29日下午就健全公共安全体系进行第二十三次集体学习。习总书记指出公共安全“要坚持标本兼治，坚持关口前移，加强日常防范，加强源头治理，前端处理，建立健全公共安全形势分析制度，及时清除公共安全隐患”。要构建公共安全人防、物防、技防网络，实现人员素质、设施保障、技术应用的整体协调。要认真吸取各类公共安全事件的教训，推广基层一线维护公共安全的好办法、好经验。按这种安全发展理念编织全国的全方位、立体化的公共安全网急需观念更新、体制、机制创新。在防灾减灾应急科技创新要注重向“不全信人”方向发展，历史事实已经反复教训过我们无数次。虽每次都追究了责任人的法律责任，但公共安全事件造成的巨大损失已经形成，对人民群众的生命伤害却是长期存在。这充分证明传统的依靠人有很多不确定的因素会影响工作质量。同样的公共安全事件可重复发生安全隐患并没有消除。要依靠防灾减灾应急科技治本，关口前移实现源头治理，前端自动化处理。公共安全“不全信人”科技创新大可为。

（2）创新与创新体制有关。公有制经营者的短期行为追求的是短、频、快的获得经济利益。企业喜好投入少、见效快的项目，一般不会从事研究周期时间长、投入比较多、不确定的未知数太多、成功概率小的创新项目上，这种创新项目应由国家投入向研究院(所)、大学课题组招标。从单位所拥有的各种专业人才，测试仪器设备也不可能齐全。类似行业(产业)协会的社团组织最好能利用协会会员之间与院校之间合作、资源互助共赢方式，承担起创新项目技术攻关协作平台。鼓励、支持社会创新合作。

(3)创新与机制有关。国家号召万众创新！国家实行什么路线、政策直接影响着创新效果。创新要有创新的政策环境和条件，鼓励、支持万众创新，要为创新者解忧排难。万众创新知识产权产业化将给大众创业创造机会和条件。

1)创新者的创新项目技术属性与本单位的经营项目有关，创新者可以从单位获得技术与资金支持与帮助，国家从单位所得税应税额中给予支持帮助。

2)创新者以自然人身份可根据创新项目技术属性找到相对应的行业社团组织提出立项申请，在行业社团组织专业工程技术人员对创新项目审查认可后可向本社团组织所属企业推荐该项目，从承接该项目的企业获得支持与帮助。如一时找不到合适的承接企业，该社团组织可将受理项目报中国科学技术协会，中国科学技术协会以代理国家对行业社团组织的创新项目实施资金支持帮助创新者"专款专用"。

(4)创新无范围无禁区。"以愁字为市场，以解愁立课题，以消愁成技术，以愁消出效益"。

(5)纠正错误的创新概念。"不注重功能，只在意技术含量，一味追求技术拔高复杂化"。能解决实际问题的功能达到预定目标，其结构越简单，技术安全可靠，使用方便、制造费用低、经济实用都属于创新。

(6)影响创新的积极性的思想有顾虑认为，公开的技术产品他人能仿制，对知识产权的法律保护效果持怀疑。国家要加大治理创新环境力度，维护创新者的积极性。对创新者维权提供法律援助。

(7)国家实施万众创新策略，国家发改委应设立"万众创新网"为全国科学院(所)、大学院校与企业、社会自然人提供免费服务。功能内容：刊登技术成果展示、查询、交流，技术难题求助协作、维权求助、侵权举报、合作平台等。创新目的是推动社会生产力发展，除有保密要求的国防科技不上网公开，所有专利技术与科技成果按行业、专业划分，按行业社团组织、企业列举成果其公开内容：项目名称，技术涉及领域，行业，项目主要功能，技术状态，用途范围，产品投放应用时间，项目负责人与联系方式。实物照片，使用视频演示。交流协作平台。

(8)创新中有好项目理论上能讲得通，设计方案通过技术论证能成立，但还存在制造工艺行不行，材料能否满足技术条件要求，这些既是创新的难题，又是创新课题，高新技术需要全方位人才，各个领域里的各种人才都应该有，国家教育在专业设置方面要有意识地培养稀缺专业人才。

(9)我国的科学技术资源丰富，应科学组织、充分利用，如：中国科学院，各领域专业研究院(所)，各大学的专业人才、实验室、课题组，各行业(产业)协会，各大中企业的创新机构组织，以及社会上的自然人。形成合作资源互助共赢机制，分系统将提高我国创新能力、水平，效率，减少创新盲目性，减少浪费，降低创新成本。

4 编织公共安全网注重全方位、立体化程度实现公共安全网全覆盖

(1)面对地球恶劣的自然现象我们该怎么办？山西晚报 2015 年 4 月 27 日 08 版报道的地震专家曾预言尼泊尔强震"一周前，他们还在研究如何防震"。尼泊尔 4 月 25 日遭遇强震，死伤

惨重。一些地震专家预料到尼泊尔会发生这样的灾难性强震，只是，他们无法预测灾难何时降临。没有想到来得这么快……1934 年一场 8.0 级地震袭击尼泊尔，加德满都几乎被夷为平地，这又一次教戒人类绝不能不把恶劣地球自然现象当回事……我国地震专家的预测研究分析能力远比他们强。

(2)什么时间、震中在什么地点、深度是多少、会发生多大级别的地震、影响范围有多大的精确短期地震预报将是自然科技界人士的终身奋斗目标。但是地震的中、长期地震预测分析基本上是知道的，现阶段把现有的地震预测中的可能分析作为防地震的预报工作来做会有错吗？按灾前防御要求做，“力争不死人、少伤人”住宅抗灾能力提高了会造成浪费吗？关键是如何将地震专家预测分析实况实话实说作为地震预报告诉社会，使民众心理承受应像天气预报一样坦然应对，而不引起人们恐慌。

(3)自然现象不可能以人类意识为转移，人类只能正确认识、勇敢接受、认真面对、主动适应地球自然现象，通过努力提高自身在地球的生存适应(避险)能力，如住宅生活、生产等设施即使受到恶劣的地球自然现象影响人们也能安然无恙，以实现“与地球自然现象和谐共存”。

(4)若全国能重视灾前防御，各项灾前防御措施能做到位，就能实现“力争不死人、少伤人”如：对“豆腐渣工程”及时查处、严控；对民间自建房目前不具备改建条件的可以采用各种简单经济方式加固，以防地震垮塌；棚户区改造能统一规划避开不宜建房的地点、统一设计满足地震设防要求；对早年低标准设计无抗灾能力的危房及时改建实行政策性优惠。如此，试想在震灾中可以减少多少人伤亡？灾后应急救援、灾后重建可以节约多少资金？

5　面对危化品多样化威胁与隐患该怎么办

危化品、易燃物是人类社会中不可缺少的生产资料，由于其易燃、易爆、剧毒、有害、高污染和辐射等固有特性，时刻威胁着人类的生命与财产安全。所以只有在安全使用的前提下，它才能发挥其积极良性的作用，反之，就会给人类酿成大灾难。危化品在生产、运输、储存、使用等过程中，不论哪个环节出现问题，都有可能发生突发特大灾害及连锁性次生灾害。近些年来，因危化品防控措施出现漏洞而酿成血的教训的案例不胜枚举。2015 年 8 月 12 日天津港危化品仓库发生特大火灾爆炸事故又一次给全中国人民敲响了警钟！

(1)正确认识和掌握危化品、易燃物特性。以工程质量保证，采用物理措施防止泄漏事故发生。采取备用化学中和化险自动无害化处理，万一泄漏不致灾，成灾不连锁，污染可控。实现人与危化品、易燃物科学相处。危化企业必须坚持标本兼治，坚持关口前移，加强日常防范，加强源头治理，前端处理，建立健全公共安全形势分析制度，及时清除公共安全隐患。

(2)大型油库，化工工业园等危化企业每年都会发生好几起火灾，爆炸(特大)事故，消防官兵冒生命危险第一时间来到事发现场进行救灾，危化品的消防技术要求各异且复杂，加之目前受交通因素影响很难实现有效快速，火灾引发连锁次生灾害趋势很难控制，含消防官兵在内的伤亡难以避免。事后由企业的责任人承担事故法律责任，企业财产遭受重创，保险公司理赔，虽受到伤害的人民群众损失多由政府买单，但是给人民群众家庭造成的伤害却是永久的。这种现象多少年来重复发生损失多大？令人心疼并难受……

(3)设计规范，国家标准不应限制高新科技在安全生产方面的应用。

1)各种产业建设项目的设计规范，国家标准与促进社会生产力发展有着至关重要的作用。因此，负责编制设计规范、国家标准的单位应及时掌握国内外科学技术发展动态，要做推动科技进步的促进派。

2)防灾减灾应急,危化品企业的设计规范(国家标准)不应成为阻碍社会生产力发展的理由。设计单位可以向建设单位推荐,建设单位可以向设计单位提出根据现有安全防事故的科技发展水平选择采用超越现执行的设计规范(国家标准)功能更好、更安全、更环保、更人道、更经济的技术与产品。如:采用按生产化工品种的特性相对应能中和消灾无害化处理的安全生产技术。生产工艺流程各部分使用自动监控技术,自动化学中和应急无害化处理技术。辅助性管道运输与储存部分使用不用电的危化品对环境温度的自动监控技术,地震设防区应在监控环境温度的同时增加对地震横波、纵波灾前应急自动控制以及化学中和消灾无害化处理技术。设计单位或建设单位向设计单位提出的超出设计规范(国家标准)所采用的新技术新产品,由设计单位负责向制定设计规范(国家标准)单位报告备案。

3)负责制造有特殊要求的安全设备生产厂家应根据安全科技水平发展动态、有权采用现有比原来国家标准更安全、技术更可靠的专用辅助元件以提高设备的总体安全性能,创新重点"不全信人",消除有可能因人为责任形成的事故因素。

(4)工业项目的消防设计专业性很强,特别是危化品企业,由于生产的产品化学性能不同,多种化学性能的原材料不同,生产工艺、自动化监控化学中和消灾无害化处理方式不同,运输方式不同、储存方式不同、生产设备不同,安全操作规程要求也不同,岗位制度应严格要求。各项管理制度要求应非常严密,政府消防主管部门面对危化品品种多样性复杂很难具备审批能力,只能实行设计备案制度。让有设计资格的设计单位实行对设计终身负责制。工程竣工验收要有设计单位参加。危化品最高峰储存量有多大,一旦发生泄漏事故会引发的什么次生灾害的危害性有多大,有哪些预防措施,应急预案建设单位应在当地消防部门备案,并取得当地消防部门的认可。

(5)施工单位、工程监理的工程质量对建设单位终身负责。

(6)国家保险监督管理委员会对各保险公司的经营模式赢利思路必须参与国家安全提出的编织公共安全网的工作,积极督促配合投保企业尽可能采用"不全信人"的科技防灾减灾应急,实现减少、消除事故隐患该承担的社会责任和义务。提高投保企业安全生产保障能力,实现企业可持续发展。这种减少承保单位理赔损失将成为提高承保保险公司的经济效益的主要形式,同时是对公共安全高度负责的充分体现,实行这一措施保险公司将在公共安全体系建设方面起到积极作用。

(7)2015 年 8 月 12 日天津港特别大火灾爆炸事故告诉人们,安全问题是政府的事,也是自己的事,全社会应树立全民消防理念。"安全第一"充分被人们所认识!安全是"1"其他都是"0"安全的"1"没有了,后面原来有多少个"0"全都没有意义了。从事危化品业务只知道如何实现利益最大化,相关人都无危化品安全知识、只是为"钱"盲目蛮干。追究责任不能只追究事故单位的责任,还有各级相关部门工作人员工作不到位,部门领导、政府主管(分管)领导都有监管不到位与决策失误的责任,这些都必须追究。这种"学费"交得太大,全国人民都应从中吸取教训。

6 消防市场主体超过 6000 万家,全国高层建筑有 33 万余栋,火灾隐患时刻都有可能爆发,消防力量严重不足,怎么办

(1)设置在高层建筑内的轻工业车间,写字楼,大酒店,宾馆,医院,娱乐场所的消防应该像飞机、客船那样重视逃生,必须按定员配备防毒口罩与双保险的逃生装置。高层建筑内的住宅

提倡每个家庭配备一套可以往复使用的双保险逃生装置与按家庭成员配备防毒口罩，应急器材放在什么地方，危急情况下怎么使用，什么情况下从哪个窗口撤离，平时对全员有个交代。大酒店、宾馆、医院、娱乐场所服务员每天定时对待新顾客要像飞机起飞前那样向旅客面授危急情况下掌握怎么使用应急器材，如何正确利用消防高层逃生技术。

(2)全社会应树立全民消防理念——在消防主管部门指导下扩展消防社会化！住宅区以单元为单位组成消防小组，小区物业公司由水电工、保安兼职消防员。工厂以车间为单位，由工班长兼职消防员，车间主任为消防组组长。工厂由分管安全的领导担任本厂消防队队长。消防员必须了解本单位的消防重点目标是什么，消防方法是什么，出了火灾险情怎么处置，消防器材如何使用，如何组织人员疏散。区域消防部门派消防员固定以社区为单位组织开展日常消防工作，在平时把防范工作做到位，万一遇到火灾险情能及时处理，尽最大可能做到“不死人、少伤人”。

(3)“总结历史、把握未来”。如今，各种灾害与事故频发严重危及人们的安全与制约着社会的可持续发展。历史事实证明，凡是缺乏防灾能力与安全生产的社会，不论其经济发展到什么程度，人们的生活水平达到了什么高度，都避免不了给人们生命与财产造成伤害。

习主席早已设计好治国理政策略，关键在落实。我们不能眼看着我们这个国家再发生重大灾难！不失时机编织好、建设好全方位、立体化的公共安全网，不断提高我国公共安全水平。

参考文献

[1] 黄勇超.石化园区消防力量测算及平面布置.//高建国，万汉斌等.中国防灾减灾之路.北京：气象出版社，2014.

健全群策群防体系，抓好县、乡、村防灾减灾的建议

潘文灿　刘　炎

（国土资源部咨询研究中心，北京 100035）

摘　要

我国灾害事故多发，造成大量人员、财产损失。作者以一个土地管理者的视角，在综合分析我国地质灾害防治工作基本情况的基础上，得出我国正面临严峻的地质灾害困境的结论，并提出群策群防的研究思路。作者认为应从结合实际，因地制宜，从源头上改变被动防灾、抗灾的思路出发，按照提炼全国性土地资源开发与地质灾害防治相关工作关键问题与分析重点区域问题的"点面结合"的方法开展地质灾害群策群防的研究。经过研究，作者提出我国防灾减灾工作发展的主要途径为从科学技术层面、社会需求层面和管理政策层面三个关键问题入手，树立地质灾害防治综合效益思想，把地质灾害防治与国土资源开发利用有机结合起来。作者从土地资源管理的角度出发提出群策群防的防灾减灾发展方向，为我国相关政府及研究发展起到咨询参考的作用。

关键词：地质灾害　土地资源开发　群策群防　加强管理

1　引言

一年多来，我国灾害事故不断。云南鲁甸地震死亡人数达当年全世界地震死亡人数的93%；江苏昆山中荣金属制品厂发生粉尘爆炸；震动全国的"东方之星"客轮颠覆；陕西山阳"8·12"特大滑坡灾害；天津港"8·12"特别重大火灾爆炸事故；地矿灾害时有发生，天灾人祸，扰乱了正常生活，"平安"已经成为公众最起码的诉求。

2007年3月5日，时任中共浙江省委书记习近平做客中央人民广播电台时指出："我们把"不死人，不伤人"作为首要目标"。要求防台风工作做到"不怕十防九空，不怕劳民伤财，不怕兴师动众。""三个不怕"体现出负责任，具有担当精神的领导作风。面对天灾人祸，一切为人民利益为出发点的各级领导和人民群众一起，一定能共渡难关，解决或减轻各种灾祸。

2　目前我国地质灾害防治工作基本情况

2.1　我国地质环境复杂

（1）我国山地丘陵占国土面积的65%，特别是在雨季具有极易发生滑坡、崩塌、泥石流等地质灾害的基础条件。

（2）我国地震活跃，气候条件时空差异大，气候变化和地震均处于活跃期，极端天气和气候事件增多，地震活动频繁，强降雨过程和地震作用成为地质灾害多发频发的引发因素。山地丘陵区经济社会快速发展，不合理的人类工程活动干扰破坏地质环境，加剧了地质灾害的危害，使

之呈不断上升趋势。

2.2 全国地质灾害形势仍然严峻

(1)截止2014年底,全国共记录崩塌、滑坡、泥石流、地面塌陷、地裂缝和地面沉降等地质灾害隐患295402处,威胁人员1917.15万人。2003—2014年12年间,地质灾害共造成9739人死亡或失踪,直接经济损失约557亿元。中央财政自2009年设立特大型地质灾害防治专项以来,每年的资金安排已从2009年的8亿元提高到2014年的50亿元。2014年,全国各级财政投入资金接近200亿元,其中,陕西、四川、云南分别达30.6亿元、28.1亿元和20.7亿元。

(2)2015年1—7月全国(地质灾害应急管理办公室获悉)共发生地质灾害6158起,共导致124人死亡,1人失踪,78人受伤,造成直接经济损失11.4亿元。1—7月共成功预报地灾341起,避免人员伤亡11007人,避免直接经济损失2.4亿元。

根据多年来的地灾发生规律,8月份地灾高发期,防灾减灾形势依然严峻。8月是主汛期,也是台风登陆频繁期。据中国气象局预计,黑龙江东部、吉林东部、辽宁东北部、山东东南部、安徽、江苏、上海、海南东南部、湖北东北部、浙江西北部、四川西南部、云南西北部、西藏东南部、广西西部、贵州东南部等地区暴雨洪涝及强降雨引发滑坡、崩塌、泥石流等次生灾害,应做好地灾防治工作。2015年8月12日,陕西省山阳县发生特大滑坡,党中央、国务院十分关心,习近平总书记、李克强总理分别指示要全力救人、救灾,国土资源部启动地灾一级响应。

2.3 全国地质灾害防治规划顺利实施

通过实施“十一五”、“十二五”规划、三峡库区、四川省汶川、玉树、芦山、鲁甸地震区和甘肃省舟曲、东乡县城及湖北省五峰县城搬迁等专项规划等。如重庆市云阳县新城库岸综合治理工程,抛弃了单纯防护库岸的鸡爪状设计,采取切脊填沟拉直“一”字形库岸防护工程,充分利用新城区地灾治理工程弃渣填沟、造地。形成地质灾害治理加造地的工程,把地质灾害防治与国土开发利用有机结合起来,创造了成功的经验。

2.4 中央和地方财政地质灾害防治资金投入大幅增加

矿山地质环境治理成效显著:2000—2013年投入治理资金730亿元,实施项目1934个,截至2009年恢复土地面积49.6万公顷,治理地灾8232处。当前进入调整完善阶段,项目投入重点方向转向支持重大项目,实现资源开发与地质环境保护协调发展,推进“和谐矿区”建设。

2.5 法规建设稳步推进

《地质灾害防治条例》(2003年)、《国家突发地质灾害应急预案》(2005年)、《国务院关于加强地质灾害防治工作的决定》(2011年)要求到2020年,全面建成地质灾害调查评价体系、监测预警体系、防治体系和应急体系,基本消除特大型地质灾害隐患点的威胁,使灾害造成的人员伤亡和财产损失明显减少。

2.6 政府行为更加规范

依据“一案三制”(应急预案,法制,体制,机制),应急管理在树立政府正面形象、取得社会公信、专家权威和当事人权益等方面稳步推进,对增强社会凝聚力,消除社会不安定因素发挥了积极作用。

2.7 建立行政机关内部重大决策合法性审查机制

十八届四中全会决定提出“把公众参与、专家论证、风险评估、合法性审查、集体讨论决定确定为重大行政决策法定程序，确保决策制度科学、程序正当、过程公开、责任明确。建立行政机关内部重大决策合法性审查机制。项目未经合法性审查或经审查不合法的，不得提交讨论。”对地质灾害防治战略提出了新要求。中国经济新常态新形势下，改革增效，转方式，调结构，创新驱动，生态文明建设、山水林田湖一体化对地质下垫面的安全性也提出了新要求，需要国家从顶层设计或宏观层面调查研究已取得的经验、存在问题，提出新形势下的对策措施。

2.8 在党中央、国务院领导下，各部、委、办大力支持下，多年来，地质灾害防治，减灾已有很多经验和好做法及新的认识、创新

(1)应急演练：解决地灾防治“最后一公里”的问题；

(2)排查、巡查、复查：基层地灾防治的必须要求；

(3)应急避险：地灾防治最重要的环节；

(4)工程治理：地灾防治的“外科手术”；

(5)地质灾害防治：建设“高标准十有县”是提高基层地灾防御能力上新台阶的举措；

(6)“五条线建设”：提高地灾防治能力的抓手；

(7)“五到位”工作：力保群众生命、财产安全一个又实际、又切实可行的举措；

(8)地灾防治工程行业，且行且规范，将尽快建立行业年报制度，完善行业数据库；

(9)地灾调查评价体系建立需做好三件事。《国务院关于加强地质灾害防治工作的决定》从“加强调查评价，强化重点勘查，开展动态巡查”三个方面提出了要求；

(10)规范地质灾害防治资质管理：目前，全国有已申请近3000家各级地质灾害资质单位，需要在工作中不断完善资质管理，保工程质量，有效保护人民生命、财产安全；

(11)在四川省丹巴县东谷乡举办“地灾博物馆”学避灾，全国20个省市200多名国土资源一线工作者到现场，到博物馆看“8·9”特大泥石流的避险经历。

(12)国土资源报“评论”版刊登出：“认真反省，是避免灾难重演的开始”等文章。

3 严峻的地质灾害面临困境及研究群策群防的思路

3.1 严峻的地质灾害形势，使防治工作面临诸多困难

中国地质环境的复杂性造就了中国是世界上地质灾害最严重的国家之一。中国广大的山地丘陵区是崩塌、滑坡和泥石流灾害多发区，严重危害山地居民的生命安全，严重制约中国经济、社会、环境、人文和生态等方面的可持续发展。自然地质环境脆弱，国土资源有限，区域气候多变、地震活动等引发作用频繁，人类活动不规范，经济社会可持续发展需要建立地质灾害防治与国土开发利用协调发展机制。严峻的地质灾害形势使防治工作面临诸多困境。

(1)地质灾害调查研究与社会防灾减灾体制机制结合需要开拓，要加强群策群防机制和体系；

(2)地质灾害工程治理和搬迁避让与土地开发利用潜力培育的结合需要提倡推广；

(3)地质灾害防治与国土、建设、水利、交通、地震、气象、农业、林业等行业的协调联动体制

机制需要加强；

(4)地质灾害防治法规与地震、洪水、气象建设等方面法律的衔接，逐步形成国家层面的自然灾害防治法，进一步强化大气环境、生态环境和地质环境合理保护与科学利用；

(5)为地质灾害防治、土地开发整治和扶贫开发三结合提出对策支撑。要研究服务于《全国地质灾害防治"十三五"规划》编制及实施工作。为统筹地质灾害调查、监测预警、防治工程和应急处置等四大体系的顶层设计、生态地质环境保护，地质灾害风险的群策群防的社会管理，推动防灾减灾社会保险制度建立等提供重要依据。

3.2 研究思路要结合实际，因地制宜，从源头上改变被动防灾、抗灾理念

研究思路方面：突出以生态环境安全为出发点，强调自然资源、地质环境的科学开发利用，社会经济和工程建设活动有序适度，从源头上改变被动防灾和工程抗灾的理念。通过重点地区正面的经验归纳、梳理、提升，同时总结存在的问题或教训，分析深层次原因，在科学论证基础上，提炼可推广应用的主要对策措施。通过聚焦研究，提出地质灾害防治与国土开发利用协调发展机制或兴利防灾的总体思路、实现途径和具体对策措施。

研究方法路线方面采取点面结合，面上概括评述全国性国土资源开发与地质灾害防治相关工作，提炼关键问题，点上以重点区域调查、分析解剖为突破口，重点聚焦关注地质灾害防治与国土开发利用二者结合相关的科学技术、政策法规和管理体制机制方面的问题。

4 主要途径和建议

4.1 主要途径是解决关键问题

主要抓科学技术层面、社会需求层面和管理政策层面三个问题。

(1)科学技术层面，地质灾害防治工作需要新思维

1)在指导思想上，地质灾害防治与地质环境科学利用是一体两面，主要涉及区域、场址和地基三个尺度的地质安全问题，都需要整体论与分割论方法的有机结合。

2)在区域尺度上，要考虑多个地质环境单元，区域边界是多个局域水系的共同分水岭。围绕"地形、地质、水文"三个基本要素开展工作，分析研究地质灾害的识别、评价和预测，评价区域地质安全性和环境稳定性，提出人类活动或灵生地质作用的合理方式及限度。研究成果服务于区域地质环境合理开发利用与防灾减灾规划，支撑土地利用、城镇建设和生态环境保护相关的立法、决策和监管，避免过度向山要地，进沟发展，甚至挺进洪泛区，造成被动抗灾的困境。

3)在场址尺度上，一般涉及单个地质环境单元的内外地质灾害风险，考虑问题的范围到该地质单元的局域分水岭。研究的主要问题包括避免把沟河流路如河床、河漫滩等规划为建设工程区或人类居住区，评价预测远程地质灾害风险，服务于工程场址安全，并作为风险管理或风险调控的依据。

4)在单个地质块体或地基稳定尺度上，要避免民居建筑物和工程设施规划建设在危险地质体上。工作重点是建筑所在地质块体及其上工程地基的稳定性，确保避开所在区段的单体滑坡、山洪泥石流灾害风险。

以自然灾害的突出主导引发因素为切入点，如分为：①地震—山体破坏—堵塞河道—溃决洪水泥石流—冲淤作用—损毁土地、村镇及工程设施；②台风/强降雨—山体破坏—堵塞河道—

溃决洪水泥石流—冲淤作用—损毁土地、村镇及工程设施;③不当工程经济活动—山体破坏—堵塞河道—溃决洪水泥石流—冲淤作用—损毁土地、村镇及工程设施等几条线,系统地考虑防灾减灾目标。针对地震、强降雨、人类工程经济活动等主导性引发因素细化综合防灾减灾目标,分解确定对应的任务。风险评估与调控以人为本、以历史灾害点为本、以斜坡为本、以引发因素(初始条件、边界条件、激发条件)变化为本,走向多方耦合、综合考虑地质存在、临界组合、冲击路径、危害对象、遭遇风险、调控可能性。

(2)社会需求层面,当地人对自己所处的地质环境需要培养正确的认知

正确认识与处理人与自然的关系,尤其在地质灾害易发多发地区开展新农村建设、居民点搬迁和小城镇化系列工作中,既要选择相对安全合理地带、地质灾害治理与造地相结合,也要注意城镇化的适度问题。例如,四川达州天台乡滑坡治理创造了三个空间的结合,即居住、生产(耕地)、生态三者功能兼顾;三峡库区重庆云阳县造地千亩,张飞庙造地60亩为绿地和停车场等。

(3)管理政策层面,政府与社会的行为要与我国的经济社会发展阶段相适应

1)防灾减灾研究要处理好政府、企业、社会和公众等的分层次承担责任,正确培育、推进地质灾害防治产业(行业)健康发展。

2)重点研究地质灾害防治与土地利用相关法规,如工程建设地质灾害危险性评估制度不能简单地取消;土地利用规模与地质条件相适应的规划审查;扶贫开发与地质环境、土壤条件的适宜性;不同行政区域、地质环境、地质灾害类型、经济水平之不同经验、问题、对策等。

3)地质灾害治理应当有意识地将地质灾害与新增耕地或建设用地结合起来,开展"减灾—造地—生态涵养—发展产业"工程,建设美好家园。

4.2 对策建议

(1)要树立地质灾害防灾与治理讲求综合效益的指导思想,把地质灾害防治与国土资源开发利用有机结合起来。今后,地质灾害防治、减灾在指导思想上要变单一的追求安全效益为讲求综合效益,实现由原来的"只为治理"到"不仅治理,而且为城市发展创造亮点,带来益处"的思想转变;实现地灾治理,减灾与国土资源开发利用的有机结合。

第一,通过地灾治理,实现土地资源的保值增值。

第二,将地质灾害防治、减灾与城、镇、乡、村的环境建设相结合。

第三,将地质灾害治理和减灾与旧城改造、新农村建设、标准化农田建设、城镇的市政建设等相结合。通过整合项目,统一规划、集中资金、综合治理,既消除安全隐患,又改善老百姓生活、生产环境,使人民群众安居乐业。

第四,通过地质灾害综合治理与减灾,促进当地土地节约集约利用。对整体搬迁后存在地质灾害隐患的土地,进行彻底的整治和全面的开发利用,提高土地利用效率,使紧缺的土地资源得到更为科学、合理的使用。

(2)建立政府挂帅、国土部门牵头、有关部门和单位积极参加的领导协调体制和工作机制,保证地灾治理与国土开发利用的有机结合得到落实。并要确立政府主管、国土部门主办的地位和职责,建立相关的工作机制与考核办法,使这项工作具有强有力的领导。要组织财政、发改、国土、城建、城管、林业、环保等部门参加,建立相应的会商和协调机制,充分发挥各部门的职能作用;同时,还要调动地灾防治工程设计和施工单位的积极性,加强与他们的沟通与协商,激发工程技术人员的聪明才智,群策群力搞好防灾减灾工作。

(3)国土资源部已加强，希望更加加强对这项工作的领导和指导。发动各省(区、市)群众对地灾治理与国土开发利用有机结合这一新的工作目标，对地灾防治和治理工作提出具体要求，对地灾防治和治理的技术规范和验收标准进行修订，特别是要对因新增土地而可能导致的次生灾害或新的灾害加以防范，以免造成新的损失。同时，要将新增土地进行规范管理，及时发现和纠正出现的问题。

在地灾治理和防治与国土开发利用过程中，一定要因地制宜、讲究科学、尊重客观规律，切不可好大喜功、胡干蛮干、人为地造成新的灾害。

(4)国家要在政策层面给以支持和指导。

1)在财政资金上予以支持。有的地灾治理工程采取裁弯取直等方法新增土地，能够减少工作量而节省资金，而有的工程则会增加投资，如果能收到明显的土地效益，适当增加投资是可行的，因为，地质灾区的土地资源是最为宝贵的。

2)对于地方政府提出的新增土地在非农使用时不占或少占建设用地指标的诉求，可以考虑，利用防灾减灾整治的土地指标搞建设，以调动地方政府的积极性。

3)统筹各项规划，整合地质灾害防治、减灾与生态文明建设、土地整治、土地利用、新型城镇化建设、水利防汛、脱贫致富、灾后恢复重建等相关规划和资金，做好顶层设计，从根本上确保山、水、林、田、湖、村的全面系统更加科学合理利用。

4)建立常态化多部门协作、数据资料共享的协调机制、责任分担机制，提高统筹协调能力。

5)推行地质灾害或灾区土地整治的风险管理和保险制度；积极推动地质灾害防治；群策群防、土地整治开发治理与扶贫开发一体化，在地质灾害多发区、高危地区和土地整治、新型城镇化建设、资源、能源开采和生态保护等热点、难点、重点地区先行先试等工作。

东方智慧对防灾减灾的启发和借鉴①

章慧蓉[1]　杨庆生[2]　兰双双[1]

(1. 北京工业大学建工学院，北京 100124；2. 北京工业大学机电学院，北京 100124)

摘　要

本文总结了中国传统文化中的"天人合一"理念和儒道文化中可借鉴的部分，通过系统的分析都江堰水利工程，包括鱼嘴分水堤、飞沙堰溢洪道、宝瓶口引水口三大主体工程的设计特色和成功经验，以期就合理保护和利用资源，化害为利，防灾减灾提供启发和借鉴。

关键词：中国传统文化　都江堰水利工程　科学决策　合理开发利用　化害为利　防灾减灾

1　引言

中华民族自古就是一个非常智慧的民族，在古代，当欧洲大陆还在沉睡时，"中国就出现了诸子百家的盛况，老子、孔子、墨子等思想家上究天文、下穷地理，广泛探讨人与人、人与社会、人与自然关系的真谛，提出了博大精深的思想体系。他们提出的很多理念，如孝悌忠信、礼义廉耻、仁者爱人、与人为善、天人合一、道法自然、自强不息等，至今仍然深深影响着中国人的生活。"(2014 年 4 月 1 日习近平在比利时欧洲学院谈中华文明)。坦普尔在《中国：发明和发现的国度》一书中曾经提到：现代世界赖以建立的基本发明创造，一半以上源于中国。中国在现代农业、航运、石油、气象、音乐、十进制数学、纸币、高级火箭、枪炮、载人飞机、蒸汽机设计等领域创造了 100 个世界第一……古中国有四大发明，有都江堰、赵州桥、北京故宫等伟大的工程，现在看来属于科技创新的项目。习近平主席在山东考察时也提到："一个国家、一个民族的强盛，总是以文化兴盛为支撑的，中华民族伟大复兴需要以中华文化发展繁荣为条件。他指出，国无德不兴，人无德不立。"为我们指出了重视东方文化的重要意义。中华文化博大精深，长期以来，中国古人通过内向思维，内心领悟，结合对外部世界观察，这样的思维和认识世界的方式，使得中国古人在认识世界时，偏重综合而不是分析，直觉而不是归纳，取象比类而不是逻辑推演，整体观察而不是分割实验，注重研究的是世界和万物的生成、演化和持续，而不是其实体构成及其空间中的展开。

中国传统文化崇尚"天人合一"，也就是人与自然的和谐统一，《周易》有"天、地、人"之"三才"之学说。古人认为，天、地、人三个因素非常重要，并有古训："天时不如地利，地利不如人和"。"天时"可理解为机遇或时机，在古代的军事战争中也指气候条件，"地利"为有利的地理条件，"人和"则是最重要的，意为众人团结和谐、和睦、和气。三者皆为利益不同的相关方在博弈较量中取胜的重要因素，而"人和"又是其中最主要的因素，三国时期的诸葛亮草船借箭是巧用

① 基金项目：国家科技支撑计划项目(2012BAK29B00)。

天时，火烧赤壁是巧用天时、地利、人和，都江堰工程是巧用地利。这三者处理好可以化害为利，为我所用，具体到防灾减灾上也有很多启发，现以都江堰工程为例，详细说明。

2 都江堰水利工程的成功经验

纵观人类文明史，都江堰是当今世界唯一留存的以无坝引水为特征的宏大的古代水利工程。它的创建，正确处理鱼嘴分水堤、飞沙堰溢洪道、宝瓶口引水口等三大主体工程的关系，使其相互依赖，功能互补，巧妙配合，浑然一体，形成布局合理的系统工程，联合发挥分流分沙、泄洪排沙、引水疏沙等的重要作用，使其枯水不缺，洪水不淹，消除了水患，并且变害为利，使天(泛指总的自然生态)、地、人、水四者高度协和统一。[1] 建堰 2300 多年至今一直发挥效益。与之兴建时间大致相同的古埃及和古巴比伦的灌溉系统，以及中国陕西的郑国渠和广西的灵渠，都因沧海变迁和时间的推移，或湮没、或失效，唯有都江堰至今还滋润着天府之国的万顷良田，对后世依然有着很好的启发和借鉴。

面对水害和其他自然灾害，现代人类常常束手无策，或者“兵来将挡，水来土掩”，而从防灾的角度上看，将自然界已有的资源加以疏导和重新调整，化害为利可以说是防灾、减灾的最好目标，是化被动为主动、化消极为积极的最好举措，而要达到这一点，就要尊重自然，顺势利导，达到与自然的双赢。在这一点上都江堰水利工程给了我们很好的启示。以下将系统地分析和总结都江堰水利工程，主要是鱼嘴分水堤、飞沙堰溢洪道、宝瓶口引水口这三大主体工程的设计特色和成功经验。

都江堰，位于四川省都江堰市城西，由秦国蜀郡太守李冰及其子率众于公元前 256 年左右修建，见图 1。

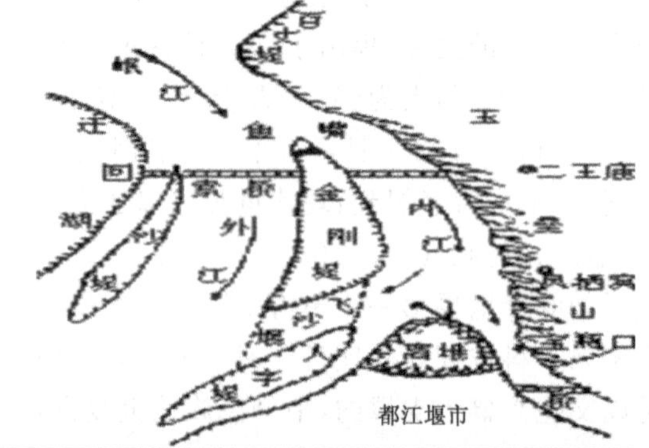

成都平原本是一块盆地，它的西北是绵延的岷山山系。发源于成都平原北部岷山的岷江，沿江两岸山高谷深，水流湍急；到灌县附近，进入一马平川，水势浩大，往往冲决堤岸，泛滥成灾；从上游挟带来的大量泥沙也容易淤积在这里，抬高河床，加剧水患；特别是在灌县城西南面，有一座玉垒山，阻碍江水东流，每年夏秋洪水季节，常造成东旱西涝。李冰父子设计的都江堰从根本上解决这一水患。

图 2 都江堰水利工程“鱼嘴”分水工程

从总体看，都江堰的结构设计极为简单纯朴，它充分利用当地西北高、东南低的地理条件，根据江河出山口处特殊的地形、水脉、水势，乘势利导，无坝引水，自流灌溉，使堤防、分水、泄洪、排沙、控流相互依存，共为体系，保证了防洪、灌溉、水运和社会用水综合效益的充分发挥。[2] 都江堰工程主要包括鱼嘴分水堤(见图 2)、飞沙堰溢洪道、宝瓶口引水口等，其中主体“鱼嘴”是都江堰的分水工程，因其形如鱼嘴而得名，它昂首于岷江江心，把岷江分成内外二江。西边叫外江，俗称“金马河”，是岷江正流，主要用于排洪；东边沿山脚的叫内江，是人工引水渠道，主要用于灌溉；鱼嘴的设置在洪、枯水季节不同水位条件下，起着自动调节水量的作用。

鱼嘴所分的水量有严格的比例。春天，岷江水流量小；灌区正值春耕，需要灌溉，这时岷江主流直入内江，水量约占六成，外江约占四成，以保证灌溉用水；洪水季节，二者比例又自动颠倒过来，内江四成，外江六成，使灌区不受水潦灾害。在壁上刻的治水《三字经》中说的“分四六，平潦旱”，就是指鱼嘴这一天然调节分流比例的功能。

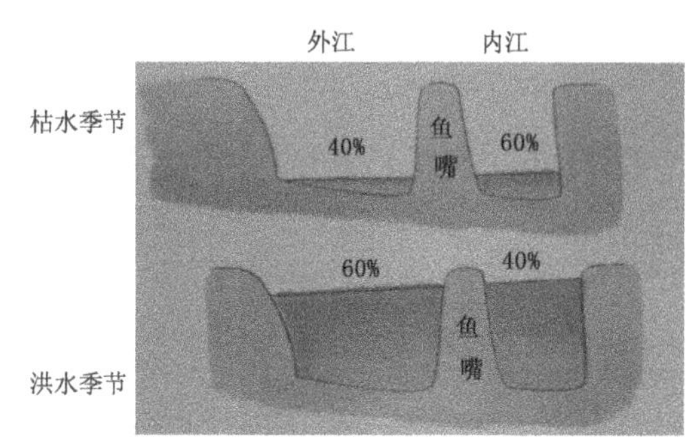

图 3　都江堰水利工程“鱼嘴”分水工程分水原理示意图

0.618，称之为黄金数。“分四六”正好是黄金分割。

分入内江的水，流下去约一千米，就到了“宝瓶口”。“宝瓶口”是人工从玉垒山凿开的一个二十米宽的口子。由于象瓶口，就叫它宝瓶口。一进此口，水就被引向东，灌溉川西平原。分水堰两侧垒砌大卵石护堤，靠内江一侧的叫内金刚堤，外江一侧叫外金刚堤。分水堰建成以后，内江灌溉的成都平原就很少有水旱灾了。此后，为了进一步控制流入宝瓶口的水量和防治泥沙淤积在宝瓶口的入水口，在鱼嘴分水堤的尾部，又修建了分洪用的平水槽和飞沙堰溢洪道。

飞沙堰溢洪道位于金刚堤尾部、离堆前端，长约 200 米，高 2.15 米，其作用是当内江水量较小的时候，拦水进入宝瓶口，起着河堤的作用，保证灌区水量。当洪水季节水量较多时，大量的江水由于受到宝瓶口的阻拦并在此淤积，当超过溢洪道的高度时，多余的水就自动排泄到外江，如遇特大洪水的非常情况，它还会自行溃堤，让大量江水泄入外江。“飞沙堰”的另一作用是“飞沙”，岷江水流从万山丛中急驰而来，挟着大量泥沙、石块，如果让它们顺内江而下，就会淤塞宝瓶口和灌区，李冰巧妙地利用宝瓶口前面三道崖的弯道环流地形和水势，利用弯道流体力学原理——离心力作用和漫过飞沙堰流入外江的水流的漩涡作用，简单易行地解决了河沙淤集这个国际上水利工程的难题，让飞沙堰自动排去内江泥沙量的 75%。甚至重达千斤的巨石，也能从这里抛入外江，确保内江通畅。

“深淘滩，低作堰”是都江堰的治水名言。淘滩是指飞沙堰一段、内江一段河道要深淘，深淘的标准是古人在河底深处预埋的“卧铁”。岁修淘滩要淘到卧铁为止，才算恰到好处，才能保证灌区用水。低作堰就是说飞沙堰堰顶不可修筑太高，以免洪水季节泄洪不畅，危害成都平原。古时飞沙堰，是用竹笼卵石堆砌的临时工程；如今已改用混凝土浇筑。

宝瓶口是节制内江水量的口门。为了控制内江流量，李冰父子作石人立在江中，作为观测水位的标尺，古时叫水则，要求水位竭不至足，盛不没肩。《宋史》就有“则盈一尺，至十而止；水及六则、流始足用。”《元史》有“以尺画之、比十有一。水及其九，其民喜，过则忧，没有则困”的记载。石人就相当于今天的水文站了。

都江堰没有修一道坝横截洪水，而只是用由流笼筑成。所谓流笼，是用青竹，剖开以后，浸过桐油或石灰，增加它的纤维拉力，以及防水渍的腐蚀力。再将这种处理过的青竹，编织成长数丈、直径一米多、有六角形空洞(俗称胡椒眼)的竹笼。然后把大大小小圆形、近似鹅卵的石块

(俗称鹅卵石)，填到竹笼内，就做成了流笼。流笼每年需要检查一下，发现了腐朽的流笼，就更换新的，流笼的一大优点就是能收集砂砾和小块卵石。如今为了一劳永逸的解决问题，用混凝土坝取代流笼，就失去了流笼积聚细沙和碎石的功效。

修建都江堰的一切都直接取之于自然，借助于自然，而又完全融于自然。建成后的都江堰不是一个独立于自然的新建工程，而是成为自然的协调而不可分的一部分。

3 都江堰水利工程的综合效益和对现代防灾减灾理念的启发和借鉴

总结都江堰水利工程的综合效益如表 1 所示。

表 1 都江堰水利工程的综合效益

	综合效益
寿命期	至今，约 2300 多年
社会效益	1. 防洪、灌溉，成就了成都平原的“天府之国”的美誉，工程至今依然发挥效益，社会效益巨大 2. 工程完工后每年两度的岁修仪式，成为传统的民俗和节日，传承了中华文化中“敬天，感恩”的思想内涵，在北京“世界园林博览会上”都江堰的岁修仪式是展示项目之一
经济效益	成本低，主要体现为： 1. 工程建设期内工程材料就地取材，占工程项目主要成本的材料费较低 2. 每年有两度的岁修费用，但是排沙费用低
风险	由于工程类型为无坝引水工程，因此： 1. 军事风险一无 2. 对自然环境，包括气候、水文等负影响一无 3. 对长江水域鱼类等生物种群等的影响一无 4. 对航运的影响一无

而都江堰的成功对我们在正确处理灾害上也出了很多有价值的启示。

(1)都江堰水利工程的成功得益于古人朴素的“天人合一”的理念。

中国古人崇尚：“人法地，地法天，天法道，道法自然。”“天人合一”的思想说明了人与自然、人与人、人与周围的一切的关系。[4] 从都江堰的成功经验可知，都江堰工程的设计不仅仅在空间上与周围环境相协调，在时间上也考虑到了四季的水量变化对堰体的要求。所以这种“天人合一”的理念所蕴含的系统观层面博大精深，不仅仅体现在一时一处和一事，而是时空上的全面考量。

“天人合一”的系统观理念化血于肉于整个民族的思维模式，也创造了中华文化五千年辉煌的文明史，治河治水、治国治民、建筑风水、中医、武术、预测、军事等无不得益于这种东方哲学理念。清华大学的水利工程教授黄万里曾经总结古人提出治江四策，分别是蓄、拦、疏及抗，其中疏导为上策，也就是“因地制宜，因势利导”。中国的古人说：“君子施恩不图报，知恩不报是小人”，“受人滴水之恩，他日当涌泉相报。”这种敬天感恩的文化理念是儒道文化的精髓。[3] 报恩体现在方方面面，对待自然(天、地)，要像对待父母一样，按其本性来敬养它，这样就能够得到自然的恩惠。孟子说，不违农时，粮食就吃不完；不把细密的网撒向大湖深池，鱼类水产就吃不完；伐木砍树能遵守规定的季节，木材就用不完。现在一谈到开发，就要以牺牲自然环境为代价，这是没有根据的。[4]

现在提倡的可持续发展，低碳生活，这些先进的理念，中国早在公元前就有，它使得中国拥有过发达的传统农业，支撑了灿烂的传统文明。

(2)面对灾害，加以疏导，化害为利。

面对水害和其他自然灾害，现代人类常常束手无策，或者“兵来将挡，水来土掩”，而从防灾的角度上看，将自然界已有的资源加以疏导和重新调整，化害为利可以说是防灾减灾的最好目标，是化被动为主动，化消极为积极的最好举措。以都江堰工程为例，飞沙堰的排沙功能利用的是洪水本身的冲击力，用洪水自身的冲力自动排沙，中国古人智慧中的“四两拨千斤”，太极中的云手，借力打力在都江堰的设计中也有体现。而要达到这一点，就要改正那种征服自然、改造自然的妄自尊大的想法，要尊重自然，顺势利导，达到与自然的双赢。

(3)现代科学技术和手段，过度依赖于数值分析，忽视自然与生命相关联的一面，对自然的感悟能力不断减弱，从而，如此巧借天力的水利工程设计在现代近乎绝迹。相反，2300 多年前的都江堰设计者李冰并不知晓现代物理学的诸多名词，凭借对自然和生命的观察和感悟，设计出了如此完美的都江堰，虽经 12 次 6 级以上地震，三大主体工程依然完好，创造出了水利工程史上的奇迹。由此也启发我们，受着传统文化滋养的中国民间，在灾害预测和防治上有不少好的经验，群测群防的预测专家不一定有很高的学历和学位，不一定受过系统的现代科学体系的教育，但是他们长期在生活和实践中积累的经验非常宝贵，因此在防灾减灾用人上要尊重事实，尊重效果，不拘一格用人才。

4 结论和展望

现代科学技术受工业化发展思想的影响，生产出来的多是规格化的产品，这种模式也体现在一些大型的工程建设，以水利工程为例，一律的拦河建坝，而忽视周围环境是否适合这种水利建设模式，造成对环境的迫害，甚至有些破坏是不可逆的。

中华传统文化主张对待环境要“因地制宜”，对待灾害要“因势利导”，而这方面的最成功实例就是都江堰水利工程，其成功经验得益于古人朴素的“天人合一”的理念。大道致简致易，博大精深的儒、释、道文化缔造了中华民族数千年的璀璨文明，也为我们留下了宝贵的物质和精神财富。本文系统分析了都江堰水利工程三大主体工程的设计特色和成功经验，总结了中国传统文化中的“天人合一”理念和儒道文化中可借鉴的部分，以期就合理保护和利用资源，化害为利，防灾减灾提供启发和借鉴。

参考文献

[1] 章慧蓉，王家斌. 中国传统文化对水利建设的启发和借鉴. 第九届中国项目管理大会. 电子工业出版社. 2010:260-262.

[2] Zhang Huirong, Zhang Yameng. The implication of Chinese traditional open－minded universe philosophy for construction project management. The proceedings 2012 International Conference on Business Management and Electronic Information (BMEI2012), IEEE press. 2012, 2.

[3] 章慧蓉，黄晓. 都江堰工程的成功启示. 工程经济，2012，**4**:19-23.

[4] 章慧蓉，李国重，杨庆丽. 中国传统文化对现代项目管理的启示. 中国管理科学，2006，**14**:133-136.

[5] 杨淑子. 中华民族文化之我见. 中国高等教育，2005，(5):5.

二、巨灾灾害链预测方法

旱震关系对海城、唐山大地震的中期预报回顾

耿庆国

(中国地震预测咨询委员会,中国地球物理学会天灾预测专业委员会,北京 100124)

摘　要

海城大震前八个月,1974 年 6 月 29 日中华人民共和国国务院以国发〔1974〕69 号文件形式,批转了中国科学院关于华北及渤海地区地震形势的报告。历史事实证明:国务院〔1974〕69 号文件,在中国防震减灾史上是一座光彩夺目的里程碑。海城地震的成功预报预防体现了国家领导人和地震科技工作者认真贯彻地震工作"以预防为主"的方针,对国家、对人民、对地震预报科学事业极端负责的求真务实精神和高超的决策水平。努力攻克地震预报科学难题,这是当代中国地震预报科学工作者的崇高使命和不可推卸的历史责任。

关键词:国务院〔1974〕69 号文件　旱震关系　海城地震　唐山地震　中期预报

1　中国防震减灾史上一座光彩夺目的里程碑

海城大震前八个月,1974 年 6 月 29 日中华人民共和国国务院以国发〔1974〕69 号文件形式,批转了中国科学院关于华北及渤海地区地震形势的报告。

历史事实证明:国务院〔1974〕69 号文件,在中国防震减灾史上是一座光彩夺目的里程碑。

1971 年 8 月 2 日国务院批准成立国家地震局,作为中央地震工作小组的办事机构,由中国科学院代管。

国家地震局于 1974 年 6 月 7—9 日,召开了华北及渤海地区地震形势会商会议。参加会议的有北京、天津、河北、山西、内蒙古、山东、辽宁七个省(市、自治区)的地震部门和有关的研究机构共二十个单位。会上对华北及渤海地区的地震形势,进行了分析。

中国科学院在 1974 年 6 月 15 日呈报国务院的《关于华北及渤海地区地震形势的报告》中,客观表述了会商会议对华北及渤海地区地震形势有三种不同的预报意见。

(1)"多数人认为:京津一带,渤海北部,晋、冀、豫交界的邯郸、安阳一带,山西临汾盆地,山东临沂一带和黄海中部等地区,今明年内有可能发生五至六级地震,内蒙古的包头、五原一带可

能发生五级左右地震。

其主要根据是：京津之间近来小震频繁，地形变测量、重力测量和水氡观测等都显出较集中的异常。

渤海北部有四项较突出的异常：金县的水准测量前几年变化很缓慢，年变化率仅 0.11 毫米，但 1973 年 9 月以来，累计变化量却达 2.5 毫米；大连出现 22 伽码的地磁异常；渤海北部 6 个潮汐观测站，1973 年都测出海平面上升十几厘米的变化，为十几年来所未有；小震活动也明显增加。

晋南临汾盆地近年出现地震波速异常。晋、冀、豫交界区和黄海中部小震活动都有所增强。鲁南临沂一带 1668 年发生 8.5 级地震前，外围地区活动频繁，近年这个地区周围又开始出现类似情况。”

(2)“还有一些同志根据强震活动规律的历史情况及大区域地震活动的综合研究，并考虑到西太平洋地震带和四五百千米深源地震对华北的影响，认为华北已积累 7～8 级地震的能量，加之华北北部近年长期干旱，去年又出现建国以来少有的暖冬、冷春，干湿失调的气象异常，提出华北有发生 7 级左右强震的危险。”

(3)“但是也有人根据地球转速去年开始变快，和以往在此情况下华北很少发生强震，以及华北强震依次发生的时间间隔一般较长的情况，认为华北近年不会发生大于 5.5 级地震。”

在对华北及渤海地区地震形势有三种不同的中期预报意见争议的情况下，国务院〔1974〕69 号文件给出的最终结论意见是：“为了落实毛主席‘备战、备荒、为人民’的伟大战略思想，贯彻执行中央关于地震工作‘以预防为主’的方针，接受江苏溧阳和云南昭通连续发生破坏性地震的教训，虽然会议对北方一些地区发生强震的分析不尽准确，但要立足于有震，提高警惕，防备六级以上地震的突然袭击，切实加强几个危险地区的工作。”“加强有关地区的协作。成立京、津、唐、张和渤海地区两个协作组”。

凡事预则立，不预则废。知患贵能防患，忠来免致茫然。国务院〔1974〕69 号文件给出的最终结论意见对京、津、唐、张地区和渤海地区地震形势的中期预报是“要立足于有震，提高警惕，防备六级以上地震的突然袭击”。请注意：是“防备六级以上地震”，而不是“防备六级以下地震"。而“六级以上地震”当然包括七级左右乃至八级强震在内。国务院〔1974〕69 号文件特别强调：“要立足于有震，做到有备无患。”

20 世纪 70 年代中期，华北及渤海地区的大地震活动确实空前地活跃起来，辽宁、河北、北京、天津、山西、内蒙古、山东七省(市、自治区)都在不同程度上受到了强烈地震的袭击和波及，相继发生了 1975 年 2 月 4 日辽宁海城 7.3 级强震，1976 年 4 月 6 日内蒙古和林格尔 6.3 级地震和 1976 年 7 月 28 日河北唐山 7.8 级强震、滦县 7.1 级强震。众所周知：海城 7.3 级强震和唐山 7.8 级强震、滦县 7.1 级强震，恰恰是发生在渤海地区和京津唐张地区这两个协作组的工作范围内。

历史证明：中华人民共和国国务院〔1974〕69 号文件的巨大功绩是不可抹杀的。

必须指出的是，在国务院〔1974〕69 号文件的形成过程中，在日理万机、鞠躬尽瘁的周恩来总理领导和指示下，当时主持中国科学院常务工作的周荣鑫同志、主持国家地震局工作的胡克实同志和主持北京市科技局工作的白介夫同志，在各自的岗位上忠于职守、尽心尽责，都发挥了对国家、对人民、对地震预报科学事业极端负责的求真务实精神和高超的决策水平。在纪念海城大地震成功预报 40 周年的时候，使我至今难以忘怀的是：周荣鑫同志、胡克实同志和白介夫同志等行政领导干部，在当年高度重视和认真受理来自地震预测第一线科研人员的大地震中期预报意见;亲自听取汇报,鼓励和支持中国学者对地震预报科学的自主创新研究,使本人深受鼓舞。

表1　1974年7月—1976年7月,华北及渤海地区地震活动实况($M_S \geqslant 6.0$)

发震时间						震中位置			震级	震源深度 h (千米)	备　注
年	月	日	时	分	秒	纬度	经度	地　点	M_S		
1975	2	4	19	39	06	40°39′N	122°48′E	辽宁海域	7.3	12	地震发生在国务院〔1974〕69号文件规定的渤海地区协作组工作范围内
1976	4	6	00	54	37.8	40.2	112.1	内蒙古和林格尔	6.2	18	
1976	7	28	03	42	56	39°38′	118°11′	河北唐山市区	7.8	11	地震发生在国务院〔1974〕69号文件规定的京津唐张地区协作组工作范围内
1976	7	28	07	17	32	39°27′	117°47′	天津宁河镇	6.2	19	
1976	7	28	18	45	37	39°50′	118°39′	河北滦县商家林	7.1	10	

2　旱震关系对海城、唐山大地震的中期预报回顾

2.1　确立旱震关系(大地震中期预报方法)的事实依据

(1)1972年盛夏,本人在研究孕震过程中的气象效应问题时,发现:6级以上大地震的震中区,震前一至三年半时间内往往是旱区。旱区面积随震级大小而增减。在旱后第三年发震时,震级要比旱后第一年内发震增大半级[1]。

1)6级以上大地震的震中区,震前一至三年半时间内,往往是旱区。在系统查阅、整理全国地震区降水量资料的基础上,列出了近百年来中国6.0级以上的大地震的旱震震例二百余例。

2)从公元前231年(秦始皇十六年)至公元1971年,在这2202年间,华北及渤海地区(34°—43°N,108°—125°E)共发生6.0级以上大地震69次,其中除1337年9月8日河北怀来(M6.5级)地震,震前两年大饥、灾因不详及1368年7月8日山西徐沟(M6级)地震,震前一年大风雹外,其余67次地震,都是旱震震例。其中,震前一年大旱者为27次,震前两年大旱者为15次,震前三年大旱者为16次,震前三年半大旱者为9次。震前一至三年半时间内大旱者为67次,占6.0级以上大地震总次数的97.1%。

3)旱区面积随震级大小而增减。震前旱区面积越大,旱后相应的地震震级越高。发生6级地震所需的震前旱区面积为25.2万平方千米,发生7级地震所需的震前旱区面积为43.2万平方千米。1956—1971年,全国共出现46个旱区(旱区面积均大于25.2万平方千米),其中有39个旱区。在旱后的一至三年半时间内发生6级以上地震。即有84.8%的大旱区,在旱后一年至三年半时间内有6级以上地震发生。还有15.2%的大旱区,旱后三年半内没有发生6级以上地震。

4)干旱异常持续时间随震级大小而增减。大旱年后,如马上发震,震级小些;旱后第三年发震时,震级将增大半级。中国历史上,几个7.5级或8级的大地震,多是在大旱后第二年至三年半时间内发生的(表2)。

(2)根据中国1956—1970年6级以上大地震旱震关系分析统计结果,1972年10月本人正

式提出旱震关系大地震中期预报方法。在中国科学院郭沫若院长的关怀下，在国家地震局董铁成同志支持下，本人出席了1972年11月16日于山西临汾召开的全国地震中期预报科研工作会议，并做了旱震关系研究报告。

运用旱震关系进行大地震中期预报的方法原则如下。

1)依据旱区面积确定震级：

①发生6级地震所需的震前旱区面积为25.2万平方千米；

②发生7级地震所需的震前旱区面积为43.2万平方千米。

表2 中国历史上几个大震($M \geqslant 7.5$)震前大旱年份一览表

地震日期			震中地区	震级 M	震前旱情
年	月	日			
512	5	21	山西代县	7.5	震前二年(510)大旱
156	1	23	陕西华县	8	震前三年(1553)大旱
1654	7	21	甘肃天水	7.5	震前二年(1652)大旱
1668	7	25	山东郯城	8.5	震前三年(1665)大旱
1695	5	18	山西临汾	8	震前三年(1692)大旱
1830	6	12	河北磁县	7.5	震前三年半(1826)大旱
1879	7	1	甘肃武都	7.5	震前二年(1877)大旱

2)依据特旱区位置确定发震危险区：所谓特旱区，是指在大面积旱区内，找出突破历年降水量最低值的点或区域，构成该旱区内的特旱区。

3)在发震时间的预报上，一般先报旱后1～2年；如第三年再报时，须将震级提高半级。

2.2 预报依据

下面简略回顾一下旱震关系对我国华北及渤海地区1972年特大干旱提出的大地震中期预报意见的基础依据和分析结论。

(1)1972年我国华北及渤海地区遭受到几十年不遇的特大干旱。

1972年我国华北及渤海地区大旱区的面积达113万4千平方千米，这是一个足以发生两组7级大地震，甚至可能发生一组8级强震的旱区面积。

1972年华北及渤海北部大旱区，主要由辽宁、河北、山西、内蒙古四省(自治区)构成。此外吉林、陕西、宁夏、河南及甘肃等省(自治区)也有一部分旱区。

山东省1972年并不干旱，江苏、安徽两省1972年也不干旱；因此华北及渤海地区1972年大旱后的一至三年或稍长一些时间内(即1973—1976年)，可能发生的7级以上强震的震中区，不会落在苏鲁皖地区。

取1954—1972年华北及渤海地区(35.0°—45.0°N，110.0°—125.0°E；包括北京、天津两市及辽宁、河北、山西、山东四省全部以及内蒙古自治区东部地区，65个气象台站观测的历年降水量资料，求取平均值，并据此绘出华北及渤海地区历年降水量图。

1954—1972年，华北及渤海地区总共出现三个大旱年，即1965年、1968年和1972年。

1972年是我国华北及渤海地区的特大干旱年，无论从干旱程度还是旱区面积而言，都是与1965年和1968年的特大干旱情况相似，甚至有过之而无不及。而1965年大旱后，发生了1966年3月22日河北邢台7.2级大地震；1968年大旱后，发生了1969年7月18日渤海7.4级大地震。

因此，鉴于1972年华北及渤海地区出现了与1965年大旱和1968年大旱相似的严重干旱，这自然预示着在 1972 年大旱后的一年至三年或稍长时间内(1973—1976 年),在华北及渤海北部地区,特别是辽宁、河北、山西、内蒙古四省(自治区)旱区范围内,将会发生 7 级以上($Ms>7.0$)的大地震。

(2)为了进一步确定华北及渤海北部地区 1972 年大旱后一至三年或稍长时间内可能发生的 7 级以上大地震的发震危险区,考虑到山东省 1972 年并不干旱及内蒙古自治区东部 1972 年旱情一般比辽宁、河北、山西的旱情要弱的情况,故把山东和内蒙古除外,只考虑包括京津在内的河北、山西、辽宁三省 38 个气象台站的历年降水量,并绘出京津及河北、山西、辽宁地区平均历年降水量图(1954—1972 年)(图 1)。

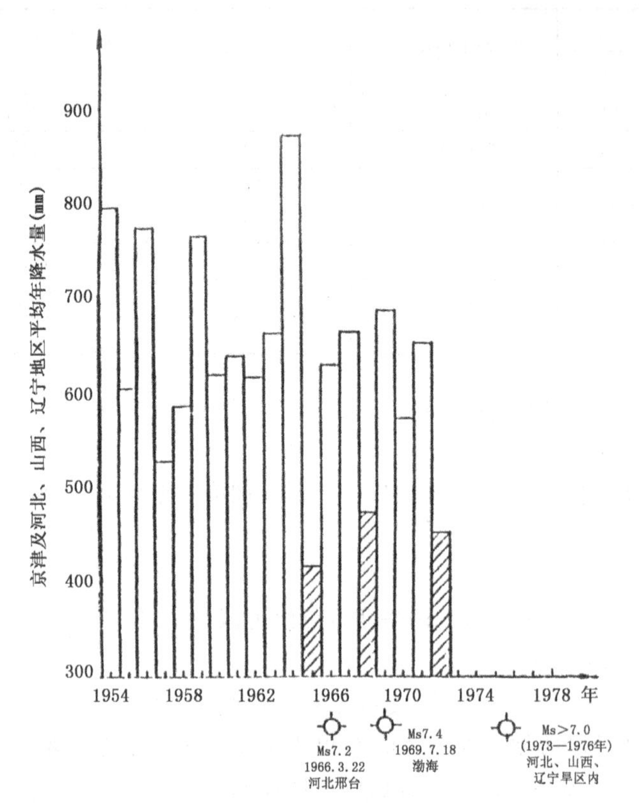

图 1　京津及河北、山西、辽宁地区平均历年降水量图

由图 1 得知:对京津及河北、山西、辽宁地区而言,1972 年同 1965 年和 1968 年一样,是一个大旱年。而 1965 年大旱后发生的邢台 7.2 级大震和 1968 年大旱后发生的渤海 7.4 级地震,震中区都落在本地区内。

因此,1972 年大旱后可能发生的 7 级以上大震震中区仍会落在本地区内。即 1973 年至 1975 年或稍长一些时间(可看到 1976 年底),可能在包括京津在内的河北、山西、辽宁三省 1972 年旱区范围内发生 7 级以上强震!

(3)华北及渤海地区 1972 年大旱区的特旱带有三条(图 2)。

1)辽宁南部的锦州—台安—营口—岫岩一带;2)河北北部的唐山地区;3)河北、山西交界的石家庄—邢台—太原—忻县一带。

上述三条特旱带分布在辽宁、河北、山西三省内。因此,辽宁锦州—岫岩一带、河北唐山以及石家庄—忻县一带及其附近地区,在 1972 年大旱后的一至三年或稍长时间内(即 1973—

1976 年)发生 7 级以上强震的危险性不容忽视!

在《关于对我国华北及渤海地区 1972 年特大干旱提出的旱震关系中期预报意见的基础依据和分析结论(1974 年 5 月 31 日)》研究报告的最后部分,本人曾大声疾呼,请有关方面"切实加强京津唐张地区和华北及渤海北部地区的防震抗震和群测群防、专群结合的测报工作,特别要时刻警惕可能发生的波及北京、天津、石家庄、太原和沈阳的震级在 7 级以上,甚至 7.5 级以上强震的危险性,几百天之内强震就有到来的可能!!!"

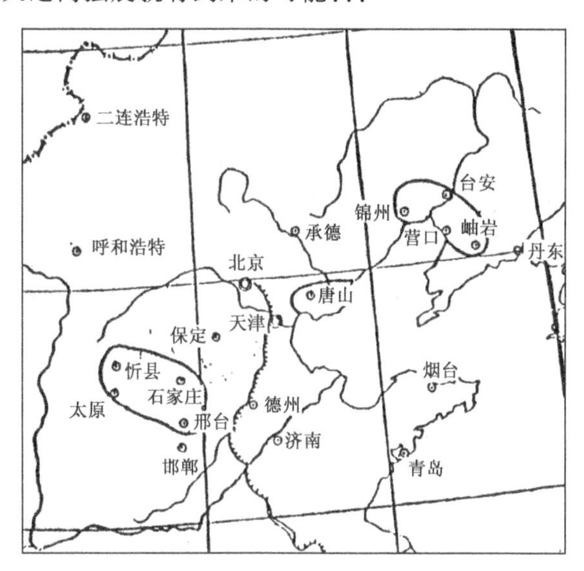

图 2　1972 年华北及渤海地区大旱区的特旱带

本人认为地震中期预报所要解决的问题,主要是发震危险区(地区)和地震强度(震级)的正确判定。地震短临预报所要解决的问题,主要是在中期预报基础上,对具体发震危险时间(日期)的正确判定。

我们必须认真贯彻执行周恩来总理指示的"地震工作要以预防为主"的方针。在对未来震情判断(尤其是对可能发生的地震的震级预报方面)有争议的地区,为了正确贯彻"以预防为主"的方针,我郑重建议:不妨以最坏的情况,即可能发生 7 级以上强震的危险性来考虑部署地震预防工作,这样做于人民的事业是有利的。

2.3　预报经过

1972 年我国华北及渤海地区出现了几十年不遇的大面积旱区,其中辽宁锦州—台安—营口—岫岩一带、河北唐山地区及山西河北之交的石家庄、邢台、太原、忻县一带为特旱区。

早在 1972 年 11 月在山西临汾由董铁成同志主持召开的全国地震中期预报科研工作会议上,本人依据对旱震关系的研究,首次郑重提出:"1972 年华北及渤海地区大旱后的一至三年半时间内,将在河北、山西、辽宁、内蒙古四省(自治区)范围内发生 7 级以上强震。"

1974 年 5 月又进一步提出,可能的发震地点包括辽宁锦州—岫岩一带、河北唐山地区及石家庄、邢台、太原、忻县一带。并吁请有关方面"切实加强京、津、唐、张地区和华北及渤海北部地区的防震抗震和群测群防、专群结合的测报工作,特别要时刻警惕可能发生的波及北京、天津、石家庄、太原和沈阳的震级在 7 级以上,甚至 7.5 级以上强震的危险性,几百天之内强震就有到来的可能!!!"[2]

1974 年 6 月 29 日，在《国务院批转中国科学院关于华北及渤海地区地震形势的报告》(即国务院〔1974〕69 号文件)中，明文登载了本人的观点："华北北部近年长期干旱，去年又出现建国以来少有的暖冬、冷春，干湿失调的气象异常，提出华北有发生七级左右强震的危险。"

1975 年 1 月 15 日，在全国地震趋势会商会上，本人继续强调华北及渤海地区在 1972 年大旱后一至三年半时间内面临着发生 7 级以上强震的紧迫危险性。我当时就受到了与会的傅承义教授的鼎力支持和鼓励。

在 1975 年全国地震趋势会商会上，顾浩鼎代表沈阳地震大队发言时，强调金县台短水准曲线出现了大幅度异常，其变化形态与岩石破裂实验曲线的不稳定阶段极为类似，给我留下了深刻印象。沈阳地震大队认为参窝水库 4.8 级震群表明辽宁地震活动在进一步增强，同时辽南地区自 1974 年 12 月中旬以来出现了大范围的宏观异常现象，据此提出："辽东半岛及附近海域域，1975 年上半年，甚至在一二月份，可能发生 6 级左右地震"的预报意见。

我对沈阳地震大队的上述预报意见，给予了坚定支持。在会商讨论时，我拿着一张涂满红颜色的辽宁特旱区图对沈阳地震大队领导朱凤鸣同志说："你们沈阳地震大队的预报意见是有水平的。辽宁锦州—岫岩一带是特旱带，今年辽南肯定有强震发生，而且整个辽东半岛及邻近海域都是旱区，都会有感。"

结果于 1975 年 2 月 4 曰，即 1972 年华北及渤海地区大旱后两年零一个月，在辽南锦州—岫岩特旱区内发生了海城 7.3 级地震；于 1976 年 7 月 28 日，即 1972 年华北及渤海地区大旱后的三年半，在河北唐山特旱区内，发生了唐山 7.8 级大地震和滦县 7.1 级地震。而对 1972 年华北及渤海大旱区的另一个特旱区(即山西河北之交的石家庄、邢台、太原、忻县一带)则没有发生 7 级以上强震，故对该特旱区构成虚报。

1975 年 12 月 21 日，在国家地震局上报国务院和中国科学院的《海城地震科技经验交流和一九七六年全国地震趋势会商会议简报》第 6 期中，作为海城地震科技经验之一，有如下明文记述："据历史记载和对一些震例的剖析，发现一些大震多在大旱之后一至三年半内发生。一九七二年华北及渤海地区发生特大干旱，锦州、营口、岫岩一带正是这一旱区中的特殊旱带之一，海城大地震的震中区出现在这条特旱带上，并不是偶然的。因此，在中长期地震预报中，对于旱震关系的研究值得注意。"

自 1972 年华北及渤海北部地区出现几十年不遇的特大干旱以来，本人所日夜兼勤地潜，心研究的旱震关系，作为大地震中期预报方法之一，在海城大地震和唐山大地震的中期预报上取得了显著成效[1],[2],[3]。

祖国的荣誉高于一切，人民的安危重于泰山。我们要时时刻刻把人民放在心上，严密监测地震，努力做好防震减灾工作。我们要永远铭记并坚决贯彻敬爱的周恩来总理生前对我们的宝贵指示和亲切教诲："地震工作要以预防为主。""地震预报问题，你们要好好攻。人口这么多的国家，攻不破这点怎么能行啊！要有雄心壮志"。努力攻克地震预报科学难题，这是当代中国地震预报科学工作者的崇高使命和不可推卸的历史责任。我愿与努力拼搏和奋战在地震监测预报第一线的同事们共勉！

参考文献

[1] 耿庆国. 旱震关系与大地震中期预报. 中国科学 B 辑，1984，(7).

[2] 耿庆国. 中国旱震关系研究. 北京：海洋出版社. 1985.

[3] 卫一清，丁国瑜. 当代中国的地震事业. 北京：当代中国出版社. 1993.

2014年云南强震短临预测实录

耿庆国　陈维升

(中国地球物理学会天灾预测预测专业委员会,北京工业大学地震研究所,北京 100124)

摘　要

2014年8月3日鲁甸发生6.5级强震,笔者和强祖基、曾小苹、林云芳于2014年3月20日向国家有关方面提交了2014年度云南强震的中期预测意见,受到国家领导人的高度重视。震前,2014年7月9—12日,耿庆国、陈维升、曾小苹、林云芳一行四人专程赴昆明向有关方面打招呼,特别是与云南省地震局同行就2014年7月28日前后在昭通—东川—昆明一带,以(26.6°N,103.2°E)为中心,200千米为半径的地区,可能发生的震情和分析预测意见进行了充分、认真、深入地交流和讨论。事实表明:强地震是可以预测的;但要为此付出极大的努力。

关键词:强震中期预测　强磁暴组合法　地磁极值环　次声波　卫星热红外

1　2014年3月20日预测文件实录

2013年4月20日四川芦山7.0级强震后,我国西南滇川藏地区强震形势依然严峻。2014年2月中下旬至3月中旬,中国地球物理学会天灾预测专业委员会在北京工业大学地震研究所,召集部分地震预测专家,聚精会神、埋头研究、认真会商、缜密研判我国西南滇川藏地区近期可能发生8级左右强震的危险性。于2014年3月20日形成强震短临预测意见,并通过有效途径向国家领导人及时报告,受到高度关注、予以重要批示。

所提预测意见如下。

"一、预测意见是:2014年内(特别是2014年3月下旬),在云南省东川地区(±200千米)可能发生8级左右强震。

二、预测依据是:

(1)2009年9月以来,云南省及周边地区持续大旱已长达四年之久。在云南省东北部和贵州、四川交界一带构成特旱区。

耿庆国研究员依据对我国两千多年旱震关系研究和强震活动空间有序性研究,提出大地震中期预测意见:在我国云南省昆明市、曲靖市、昭通市交界处,即以巧家—东川附近(26.6°N,103.2°E)为中心,200千米为半径的地区,近年内存在发生8.0级左右巨震的危险性。震中烈度可达XI度(11度)。云南省巧家—东川—嵩明—玉溪一带为强破坏区。

(2)耿庆国研究员在2013年2月4日紧急建议中强调提出:在出现旱震关系大地震中期异常的大旱区内,一旦发生4级以上中等地震和出现大型滑坡、崩塌地质灾害,都是特别值得关注的、将会发生大地震的重要短临前兆。

果然,2013年2月19日至3月9日,云南、四川大旱区内相继发生8次4.5～5.5级地震;

接着,2013 年 4 月 20 日发生四川芦山 7.0 级强震。

事实表明:大旱与强震有关;中小地震活动与强震的发生相关。

我们认为:2013 年 4 月 20 日四川芦山 7.0 级强震后,我国西南地区强震形势依然严峻,仍须继续高度警惕我国西南地区发生 7.5 级以上乃至 8 级巨震的危险性。特别值得密切监视和高度关注的地区是:云南巧家—东川(26.6°N,103.2°E)附近(±100 千米)地区。

(3)耿庆国研究员依据强磁暴组合法提出:2014 年 3 月 24 日(±10 天),即 2014 年 3 月 17 日—4 月 4 日前后,为中国大陆周边地区 8.0 级强震发震时间的危险点。对起倍磁暴和被倍磁暴资料所做的研究表明:云南通海地磁台出现明显异常。

(4)曾小苹研究员、林云芳研究员依据地磁异常极值环方法,利用全国 88 个地磁台站提供的每日地磁垂直分量日变幅 ΔZ 数据,扣除正常背景值之后得到差值 dZ,绘制每日 dZ 等值图。若某地区出现极值环月频次 $f \geqslant 0.85$(相当于 26 个环/月)时,则该地区在未来 6 个月之内,将有可能发生震级大于 6.8 级的强震。据此,提出强地震的中短期预测意见。

通过研究中国西南"大拐弯"地区地磁极值环月频次异常与强震对应关系,发现 2013 年 12 月以来至今,我国西南"大拐弯"地区地磁极值环月频次异常已大于汶川地震前地磁极值环月频次异常,表明:我国西南滇川藏区域严重缺震。未来半年内(2014 年 3 月下旬至 9 月底),存在发生 Ms8.0 级左右巨震的危险性。其中,特别值得注意的地区是:①巧家—东川—昆明一带;②迪庆—昌都—波密一带。

(5)陈维升副研究员依据对中国天气网提供的《近 10 天全国气温距平实况图(中央气象台)》资料和气温资料所做的分析表明:云南巧家—东川一带 2013 年 12 月以来,气温距平反复变化剧烈、经常出现夜间反常升温。

北京工业大学地震研究所于 2014 年 3 月 15 日、3 月 17 日分别收到两次 2900mV 次声波异常信号。据此判断:2014 年 3 月 31 日前,中国大陆及全球存在发生 8 级左右巨震的可能。

(6)强祖基研究员依据卫星热红外资料提出:2014 年 3 月底前,中国大陆存在发生 7.5 级强震危险性;可能发震的危险区是:云南昭通永善地区(27.8°—28.8°N,102.7°—103.7°E)。

(7)耿庆国研究员依据对气压图资料(韩国气象资料)所做的分析表明:北京时间 2014 年 3 月16 日 15 时开始至 3 月 20 日 09 时,在包括云南昆明在内的地区持续出现低气压区。须知:出现低压闷热异常,是强震临震前兆的典型表现之一。因此,对以云南昆明为中心的地区多次呈现低气压异常事件,必须高度关注、严密监视。

三、综上所述,我们给出的结论性建议是:

鉴于目前的科学研究能力还不能准确预测地震的发震时间,在可能发震、也可能不发震的两难决策关头,建议:立足于有震,落实地震工作以预防为主的方针。这样做,对人民是负责的、对国家是有益的。

知患贵能防患,患来免致茫然。要以人为本,防患于未然。务请国家有关方面在内紧外松前提下,做好做细防震抗灾准备、以防万一。

2013 年 4 月 20 日芦山地震前,由于国家领导人高度重视并做了缜密安排,取得了防灾减灾的重大实效。

据悉:2013 年 4 月 19 日,四川雅安、云南会泽地区搞了消防演习。由于军队事先有所准备,2013 年 4 月 20 日 8 时芦山发生 7.0 级强震时,消防官兵和救援部队在 2 小时内火速来到震中区救人抢险。我国军队英勇顽强的优秀作风和爱民情怀,得到了国际社会的一致好评。

鉴于云南省东川附近地区的极其重要性,如果强震一旦发生,后果不堪设想。为防患于未然，做到有备无患，建议中央和主管领导采取妥善的应急措施。”

中国地球物理学会天灾预测专业委员会(2014 年 3 月 20 日 15:00)

2　2014 年 3 月 17 日短临预报卡片实录

在此之前 2014 年 3 月 17 日，耿庆国、曾小苹、林云芳曾填写“短临预报卡片”，按规定通过中国地震台网中心预报部备案给中国地震局。

具体内容如下：

时间：未来半年内，特别是当前 2014 年 3 月 17 日至 2014 年 4 月 4 日；

震级(Ms)：7.5 级至 8.0 级；

地域：在中国西南滇、川、藏区域，其中尤应注意：

(1)巧家—东川—昆明一带；

(2)迪庆—昌都—波密一带。

上述预报内容的依据和方法：

(1)旱震关系、可公度信息预测；

(2)地磁异常极值环方法；

(3)强磁暴组合法、气象要素异常方法。

填卡须知

1. 预报实现所属级别的确认，只须将○涂实为●

2. 预报内容，必须按照确认的级别所规定的等级标准填写：

等级标准	一级		二级		三级	
	时间	地域(最大直距)	时间	地域(最大直距)	时间	地域(最大直距)
≥7级	≤40天	≤200Km	≤60天	≤250Km	≤60天	≤250Km
6.5—6.9级	≤30天	≤150Km	≤40天	≤200Km	≤40天	≤200Km
6.0—6.4级	≤15天	≤120Km	≤20天	≤150Km	≤20天	≤150Km
5.5—5.9级	≤10天	≤100Km	≤15天	≤120Km	≤15天	≤120Km
	仅适于东部地区或西部大城市附近					
5.0—5.4级	无		≤10天	≤90Km	≤10天	≤90Km
			限首都圈地区			

3. 单位或集体的预报应填全称，一式二份，一份寄所在省、自治区、市地震局(办)分析预报中心(室)，另一份寄北京市166信箱第一研究室收，邮政编码100036。个人的预报应填所在单位全称和姓名及联系地址和邮政编码，只寄所在省、自治区、市地震局(办)分析预报中心(室)一份。

4. 本卡片是专家评审的有效卡片，自制的、复印的均无效。

以下接收部门填写

收到卡片时间：　　　　收卡人签字：

初审意见：

初审人：　　　　年　月　日

短临预报卡片

预报实现所属级别：○一级　⊙二级　○三级

预报内容：未来半年内，特别是当前

1. 时间：2014年3月17日至2014年4月4日

2. 震级(Ms)：7.5级至8.0级

3. 地域：用封闭图形绘于下面经纬网内，并标注其图形拐点的经纬坐标。在中国西南滇川藏区域，其中尤应注意 (1)巧家—东川—昆明一带；(2)迪庆—昌都—波密一带。

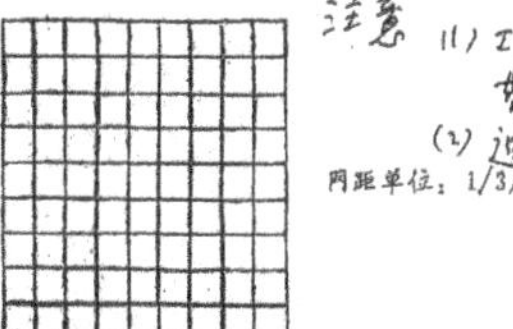

网距单位：1/3度(20分)

上述预报内容的依据和方法：

(文字简明，图件清晰，提供定量公式，可填写在背面或附页)

(1)旱震关系、可公度信息预测；

(2)地磁异常极值环方法

(3)强磁暴组合法、气象要素异常方法。

预报的单位或集体签章：耿庆国　曾小苹　林云芳

个人的预报签字：　　　　所在单位签章：

填报时间：2014年3月17日15时

通讯地址：　　　　邮政编码：

注：耿庆国提出：2014 年 3 月 24 日(±10 天)是全球发生 8 级巨震的危险时间点。中国大陆应当高度警惕云南通海台为中心 300 千米为半径地区，发生 8 级巨震的危险性。

依据旱震关系[1][2]、可公度信息预测方法[3]，特别值得密切监视和高度的地区是：云南巧家—东川—昆明一带，以(26.6°N，103.2°E)附近 100 千米地区。

注：陈维升依据北京工业大学地震研究所的次声波异常、京都大学的 Kp 指数以及全球强震活动的态势分析，提出：2014 年 3 月 31 日前，南美洲智利存在发生 8 级左右巨震的可能。

3 实际对应情况说明

对上述强震预测意见（2014 年 3 月 17 日、3 月 20 日）的实际对应情况说明如下。

3.1 2014 年 4 月 2 日南美洲智利发生 8.1 级巨震

在 2014 年 3 月 24 日（±10 天）为发生 8 级巨震的危险时间点内，于 2014 年 4 月 2 日北京时间 7 时 46 分，在南美洲智利（19.6°S，70.7°W）发生 8.1 级巨震。这是 2014 年迄今（2014 年 10 月 21 日）为止的全球最大地震。

耿庆国依据强磁暴组合法[4]提出：2014 年 3 月 24 日（±10 天），为全球、特别是中国大陆及周边地区 8 级巨震发震时间危险点。对起倍磁暴和被倍磁暴资料所做的研究表明：云南通海地磁台出现明显异常。

形成该意见的一项主要预测依据如下。

北京工业大学地震研究所于 2014 年 3 月 15 日、3 月 17 日分别收到两次 2900 mV 次声波异常信号[5][6]。陈维升副研究员据此判断：2014 年 3 月 31 日前，中国大陆及全球存在发生 8 级左右巨震的可能。

在上述预测意见酝酿形成过程中，陈维升依据 2014 年 3 月 15 日北京工业大学地震研究所接收到的 2900 mV 次声波异常信号和京都大学 Kp 指数以及全球强震活动性分析，坚持认为：2014 年 3 月 31 日前，在南美洲智利将发生 7.8～8.0 级地震。

在讨论时耿庆国认为：依据强磁暴组合法给出的 8 级巨震发震时间的危险点为 2014 年 3 月24 日（±10 天），即 2014 年 4 月 4 日之前，有个 8 级巨震发生在智利也是有可能的。历史上 1833 年 9 月 6 日在云南嵩明发生 8 级巨震，1833 年 9 月 18 日智利发生 8 级巨震。它们之间的地理位置彼此存在对跖点的关系。因此，当前在智利也存在发生 8 级巨震的可能。所谓对跖点（也称对趾点），是地球同一直径的两个端点。二者的经度相差 180°；纬度值相等，而南北半球相反。例如，40°N，120°E 的对跖点是 40°S，60°W。

耿庆国担心：鉴于云南省巧家东川昆明附近地区的极端重要性，如果强震一旦发生在中国云南，后果不堪设想。为防患于未然，必须做到有备无患。

2014 年 3 月 21 日，陈维升在中国地震局地壳所应邀作次声波观测及异常分析学术报告时，重申 2014 年 3 月 31 日前，在南美洲智利将发生 7.8～8.0 级巨震的预测意见（见附件）。

3.2 2014 年 4 月 5 日云南省昭通市永善县发生 5.3 级地震

2014 年 4 月 5 日云南永善 5.3 级地震，确实发生在我们所预测的发震危险地区内（巧家与永善都属于昭通市）；发震时间误差为 1 天；但震级误差为 2.7 级。

其中，强祖基事前依据卫星热红外资料提出：2014 年 3 月底前，中国大陆存在发生 7.5 级强震危险性；可能发震的危险区是：云南昭通永善地区（27.8°—28.8°N，102.7°—103.7°E）。2014 年 4 月 5 日云南省昭通市永善县（28.1°N，103.6°E）5.3 级地震，与实际预测的震中位置基本相符。

实践表明：强地震是可以预测的。

证　明

2014 年 3 月 21 日，应我单位杨选辉研究员的邀请，北京工业大学地震研究所陈维升副研究员来中国地震局地壳应力研究所做次声波监测与异常分析方面的学术交流。在交流会上，陈维升用次声波、全国气温高温图、卫星红外云图、电离层等多学科的预测方法，介绍了用这些方法对 2014 年 2 月 12 日新疆于田发生 7.3 级地震判定预测的全过程。针对 2014 年 3 月 15 日北京工业大学地震研究所接收到的幅度达 2900mV 次声波异常信号，陈维升与杨选辉及参会的科研人员进行了现场讨论和交流。陈维升提出：根据次声波异常的幅度，以及京都大学的 Kp 指数和全球地震的活动性，2014 年 3 月 31 日前在南美智利，将发生 7.8—8.0 级地震。

预测实况：中国地震台网正式测定：2014 年 4 月 2 日 7 时 46 分，在智利北部沿岸近海（南纬 19.6 度，西经 70.7 度）发生 8.1 级地震，震源深度 10 公里。

特此证明！

中国地震局地壳应力研究所

2014 年 4 月 4 日

这次破坏性地震发生前 10 多天，由于中央高度重视、云南省地方部门预防准备措施得当，2014 年 4 月 5 日昭通市永善 5.3 级地震，震中地区没有死亡一人；取得了防灾减灾实效。

地震预测意见回执

天灾委员会同志（单位）：

中国地震台网中心于 2014 年 3 月 24 日收到您（单位）2014 年 3 月 20 日通过（√邮寄；□传真；□转寄；□其它）报告的包含 1 条预测信息的地震预测意见。该预测意见已予登记，登记编号为 201401010067，特此回执。

联系人：李纲　联系方式：010-59959333

受理单位或部门（章）

2014 年 3 月 24 日

地震预测意见回执

耿庆国　曾小苹　林云芳同志（单位）：

中国地震台网中心于 2014 年 3 月 21 日收到您（单位）2014 年 3 月 21 日通过（□邮寄；□传真；□转寄；√其它）报告的包含 1 条预测信息的地震预测意见。该预测意见已予登记，登记编号为 201401010063，特此回执。

联系人：李纲　联系方式：010-59959333

受理单位或部门（章）

2014 年 3 月 24 日

4　2014 年 5 月 5 日短临预报卡片实录

2014 年 5 月 5 日，耿庆国、强祖基、林云芳、曾小苹、陈维升填写“短临预报卡片”，按规定通过中国地震台网中心预报部备案给中国地震局。

具体内容如下：

时间：2014 年 5 月 6 日至 2014 年 5 月 20 日；

震级(Ms)：7.0 级至 8.0 级；

地域：我国云南省东中部永善—东川—昆明一带；

上述预报内容的依据和方法：

多手段、多方法综合预测研究(具体内容见附页)。

注：曾小苹、林云芳研究员依据地磁极值环近期在预测地区反复出现异常点和小环，强调危险区包括滇中之保山—大理一带。

填卡须知

1. 预报实现所属级别的确认，只须将○涂实为●

2. 预报内容，必须按照确认的级别所规定的等级标准填写：

等级标准	一级		二级		三级	
	时间	地域(最大直距)	时间	地域(最大直距)	时间	地域(最大直距)
≥7级	≤40天	≤200Km	≤60天	≤250Km	≤60天	≤250Km
6.5—6.9级	≤30天	≤150Km	≤40天	≤200Km	≤40天	≤200Km
6.0—6.4级	≤15天	≤120Km	≤20天	≤150Km	≤20天	≤150Km
5.5—5.9级	≤10天 仅适于东部地区或西部大城市附近	≤100Km	≤15天	≤120Km	≤15天	≤120Km
5.0—5.4级	无		≤10天 限首都圈地区	≤90Km	≤10天	≤90Km

3. 单位或集体的预报应填全称。一式二份，一份寄所在省、自治区、市地震局(办)分析预报中心(室)，另一份寄北京市166信箱第一研究室收，邮政编码100036。个人的预报应填所在单位全称和姓名及联系地址和邮政编码。只寄所在省、自治区、市地震局(办)分析预报中心(室)一份。

4. 本卡片是专家评审的有效卡片，自制的、复印的均无效。

以下接收部门填写

收到卡片时间：　　　　收卡人签字：

初审意见：

初审人：　　　　年　　月　　日

短临预报卡片

预报实现所属级别：○一级　○二级　○三级

预报内容：

1. 时间：2014 年 5 月 6 日至 2014 年 5 月 20 日

2. 震级(Ms)：7.0 级至 8.0 级

3. 地域：用封闭图形绘于下面经纬网内，并标注其图形拐点的经纬坐标。我国云南省东中部永善—东川—昆明一带

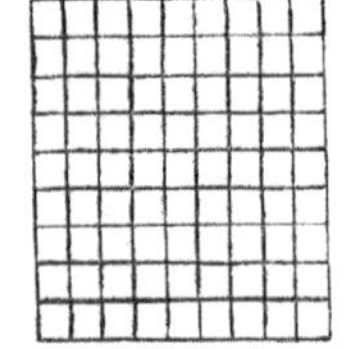

网距单位：1/3度(20分)

上述预报内容的依据和方法：

(文字简明，图件清晰，提供定量公式，可填写在背面或附页)

多手段、多方法综合预测研究(具体内容见附页)

预报的单位或集体签章：耿庆国　强祖基　林云芳

个人的预报签字：曾小苹　陈维升

所在单位签章：

填报时间：2014年 5 月 5 日 16时

通讯地址：　　邮政编码：

中国地球物理学会天灾预测专业委员会

多手段、多方法综合预测研究

（一）耿庆国依据

1. 旱震关系大地震中期预测、
2. 强震活动空间有序性研究、
3. 信息预测多公度方法、
4. 强磁暴组合法

由2006年4月14日K=7磁暴和1998年3月21日K=6磁暴组合，给出：2014年5月7日（±10天），为云南通海300公里范围内$M_S \geq 7.5$级强震的发震危险时间点。

5. 2014年4月中旬以来，昭通—昆明一带出现特殊降水。

（二）强祖基依据

热红外异常研究，2014年5月4日在未来震中和其附近，云层覆盖；在云缝隙中还在持续升温。

（三）曾小苹、林云芳依据

1. 地磁极值环近期在预测地区反复出现异常点和小环。
2. 地磁预警器2014年5月3日至5月5日偏西2°，异常尚未结束。在2011年3月11日东日本M9.0级巨震前，该预警器偏东2°，震后恢复正常指北。

（四）陈维升依据

1. 次声波异常：北京工业大学2014年5月1日～5月3日收到次声异常信号。内蒙通辽地区2014年5月3日17时收到4000mV次声波异常信号。
2. 虎皮鹦鹉2014年5月1日跳动14254次，有明显异常。
3. 磁三针2014年5月3日出现明显异常。

中国地球物理学会天灾预测专业委员会

委员专家天灾预测信息清样（短临预测）

灾情种类：☑强震 □大洪水 □大旱 □强台风 □其他

天灾预测专业委员会编号：006

姓名	曾小苹 林云芳	联系电话	64860726
单位	地震局地球物理所	电子邮箱	zengxp@vip.163.com

预报内容

1.时间：2014.5.10.—5.20

2.强度（震级）：Ms 7.0—8.0

3.地域：① 川滇交界之永善、盐源—宁蒗—迪庆
② 滇中之保山—大理
③ 滇南之孟连—普洱—峨山

4.本次预测成功把握度的自我评估：30%

预报依据与方法（文字简明、图件清晰、提供定量公式、可填写在背面或附页）

1、地磁极值证近期在云南川地区的突出异常正在加强。
2、地磁预警器 5.3—5.5 偏西2°，异常尚未结束。
2011年3月11日东日本M9.0级巨震前，该预警器偏东2°，震后恢复正常。特此

填报人签名：曾小苹 林云芳　　填报日期：2014年5月5日

通信地址：北京市朝阳区双泉堡林萃西里5-7-501　　邮政编码：100192

接收人签名：陈维升　　签收日期：2014年5月5日16时

邮寄地址：北京市朝阳区平乐园100号 北京工业大学机电学院 转陈维升　　邮编：100124

5　实际对应情况说明

对上述(四)强震预测意见(2014 年 5 月 5 日)的实际对应情况说明：

(1)2014 年 5 月 24 日云南盈江发生 5.6 级地震；

(2)2014 年 5 月 30 日云南盈江发生 6.1 级强震；

(3)云南盈江地区包括在滇中之保山－大理一带；

(4)云南保山盈江一带，是近三年云南省特旱区之一；

(5)在 2014 年 5 月 6—30 日期间内，我国云南省东中部永善－东川－昆明一带没有发生 5 级以上地震。

6　2014 年 6 月 14 日短临预报卡片实录

2014 年 6 月 14 日，耿庆国、强祖基、林云芳、曾小苹、陈维升填写“短临预报卡片”，按规定通过中国地震台网中心预报部备案给中国地震局。

具体内容如下：

时间：2014 年内、特别是当前 6 月 15 日至 7 月 28 日；

震级(Ms)：7.0 级至 8.0 级；

地域：中国云南省昭通－东川－昆明一带，以(26.6°N，103.2°E)为中心，200 千米为半径的地区。

上述预报内容的依据和方法：

多手段、多方法综合预测研究(具体内容见附页)。

填卡须知

1.预报实现所属级别的确认，只须将○涂实为●

2.预报内容，必须按照确认的级别所规定的等级标准填写：

等级标准	一级		二级		三级	
	时间	地域(最大直距)	时间	地域(最大直距)	时间	地域(最大直距)
≥7级	≤40天	≤200Km	≤60天	≤250Km	≤60天	≤250Km
6.5—6.9级	≤30天	≤150Km	≤40天	≤200Km	≤40天	≤200Km
6.0—6.4级	≤15天	≤120Km	≤20天	≤150Km	≤20天	≤150Km
5.5—5.9级	≤10天	≤100Km	≤15天	≤120Km	≤15天	≤120Km
	仅适于东部地区或西部大城市附近					
5.0—5.4级	无		≤10天	≤90Km	≤10天	≤90Km
			限首都圈地区			

3.单位或集体的预报应填全称。一式二份，一份寄所在省、自治区、市地震局(办)分析预报中心(室)，另一份寄北京市166信箱第一研究室收，邮政编码100036。个人的预报应填所在单位全称和姓名及联系地址和邮政编码。只寄所在省、自治区、市地震局(办)分析预报中心(室)一份。

4.本卡片是专家评审的有效卡片，自制的、复印的均无效。

以下接收部门填写

收到卡片时间：　　　　收卡人签字：

初审意见：

初审人：　　　　年　月　日

短临预报卡片

预报实现所属级别：●一级　○二级　○三级

预报内容：2014年内，特别是当前

1.时间：2014 年 6 月 15 日至 2014 年 7 月 28 日

2.震级(Ms)：7.0 级至 8.0 级

3.地域：用封闭图形绘于下面经纬网内，并标注其图形拐点的经纬坐标。中国云南省昭通－东川－昆明一带以(N26.6度，E103.2度)为中心，200公里为半径的地区。

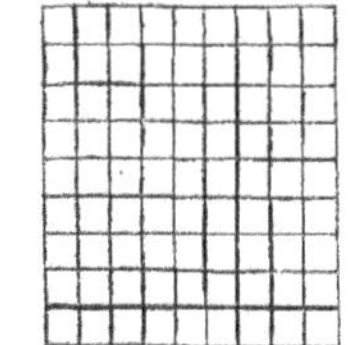

网距单位：1/3度(20分)

上述预报内容的依据和方法：

(文字简明，图件清晰，提供定量公式，可填写在背面或附页)

多手段、多方法综合预测研究(具体内容见附页)。

预报的单位或集体签章：

个人的预报签字：耿庆国　强祖基　林云芳　曾小苹　陈维升　所在单位签章：

填报时间：2014 年 6 月 14 日 21时

通讯地址：　　　　邮政编码：

多手段、多方法综合预测研究

(一) 耿庆国依据

1. 旱震关系大地震中期预测、强震活动有序性研究、信息预测可公度方法给出强震中期预测意见。

2. 2014年6月上旬以来，昭通—东川—嵩明—昆明一带在经过四年长期连旱异常基础上，出现了大量降水、暴雨使特旱区瓦解的现象，对此必须严密监视，高度警惕强震短临前兆异常。2014年6月15日至7月28日期间要严加注视。

3. 强磁暴组合法，

由1992年5月10日 K=8 磁暴和2003年6月2日 K=6-7 磁暴组合，给出：2014年6月24日(±10天)，为云南通海地磁台300公里范围内 $M_S \geq 7.5$ 级强震的发震危险时间点。

(二) 强祖基依据

热红外异常研究、卫星热应力场和地球排气现象，2014年6月上旬以来，云南东川、昭通巧家一带存在排气异常，在2014年6月14日至7月28日期间，应警惕发生 M_S 7.0~7.5级强震的危险性。

(三) 林云芳、曾小苹依据

1. 地磁极值跃迁期在预测地区反复出现异常点和小环。

2. 地磁预警器2014年5月出现的偏西2°异常，经常反复存在，对此应警惕云南预测地区发生 M_S 7.0~8.0级强震的危险性。

(四) 陈维升依据

1. 磁三针异常。

2. 地倾斜异常。

3. 云南昆明周边降雨情况，认为2014年6月20日~6月28日，云南昆明—东川，特别是嵩明，可能发生 M_S 7.5级±0.5级强震。

7　实际对应情况说明

对上述(六)强震预测意见(2014 年 6 月 14 日)的实际对应情况说明：

(1)震前，2014 年 7 月 9—12 日，耿庆国、陈维升、曾小苹、林云芳一行四人专程赴昆明与云南省地震局同行就 2014 年 7 月 28 日前后在昭通－东川－昆明一带，以(26.6°N，103.2°E)为中心，200 千米为半径的地区，可能发生的震情和分析预测意见进行了充分、认真、深入地交流和讨论；并且耿庆国特别强调：依据强磁暴组合法，2014 年 7 月 26 日(±10 天)是发生 7 级强震的危险点。在 2014 年 8 月 5 日前，要对强震高度警惕；内紧外松，注意收集宏观异常现象，特别是大动物、地声、地光等临震异常。

返京后，耿庆国又于 2014 年 7 月 14 日上午与云南省昭通市地震局相关科技人员进行了电话沟通。

(2)2014 年 8 月 3 日 16:30 在云南省昭通市鲁甸县发生的实际强震震级是 Ms6.5 级，震中位于 27.1°N，103.3°E。该强震实际震中位置距震前预测的位置误差约 50 千米左右；发震时间误差为 6 天；发震震级误差大于 0.5 级。

(3)此外，预测期间 2014 年 6 月 24 日在美国境内阿拉斯加州拉特群岛发生 Ms7.9 级大地震，这是 2014 年内迄今为止全球发生的第 2 个大地震。与耿庆国强磁暴组合法给出的发震时间和发震震级相一致；但地点有误。也与陈维升提出的 2014 年 6 月 20—26 日，可能发生 Ms7.5(±0.5)强震相吻合；但地点有误。

地震预测意见回执

耿庆国 强祖基 林云芳 曾小苹 陈维升同志（单位）：

中国地震台网中心于2014年6月18日收到您（单位）2014年6月14日通过（√邮寄；☐传真；☐转寄；☐其它）报告的包含1条预测信息的地震预测意见。该预测意见已予登记，登记编号为2014010100142，特此回执。

联系人：李纲　联系方式：010-59959333

受理单位或部门（章）

2014 年 6 月 18 日

填卡须知

1. 预报实现所属级别的确认，只须将○涂实为●
2. 预报内容，必须按照确认的级别所规定的等级标准填写：

等级标准	一级		二级		三级	
	时间	地域(最大直距)	时间	地域(最大直距)	时间	地域(最大直距)
≥7级	≤40天	≤200Km	≤60天	≤250Km	≤60天	≤250Km
6.5—6.9级	≤30天	≤150Km	≤40天	≤200Km	≤40天	≤200Km
6.0—6.4级	≤15天	≤120Km	≤20天	≤150Km	≤20天	≤150Km
5.5—5.9级	≤10天	≤100Km	≤15天	≤120Km	≤15天	≤120Km
	仅适于东部地区或西部大城市附近					
5.0—5.4级	无		≤10天	≤90Km	≤10天	≤90Km
			限东部地区			

3. 单位或集体的预报应填全称。一式二份，一份寄所在省、自治区、市地震局（办）分析预报中心（室），另一份寄北京市166信箱第一研究室收，邮政编码100036。个人的预报应填所在单位全称和姓名及联系地址和邮政编码。只寄所在省、自治区、市地震局（办）分析预报中心（室）一份。
4. 本卡片是专家评审的有效卡片，自制的、复印的均无效。

以下接收部门填写

收到卡片时间：　　　　收卡人签字：

初审意见：

初审人：　　　　年　月　日

短临预报卡片

预报实现所属级别：●一级　○二级　○三级

预报内容：

1. 时间：2014年8月8日至2014年8月17日
2. 震级（Ms）：6.5级至7.5级
3. 地域：用封闭图形绘于下面经纬网内，并标注其图形拐点的经纬坐标。云南省巧家－会泽－东川－一带，

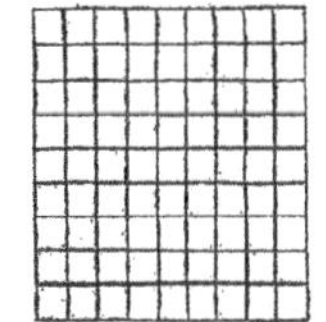

以(N26.7°，E103.2°)为中心，50公里为半径地区。

网距单位：1/3度（20分）

上述预报内容的依据和方法：

（文字简明，图件清晰，提供定量公式，可填写在背面或附页）

多手段、多方法综合预测（具体内容见附页）。

预报的单位或集体签章：中国地球物理学会天灾预测专业委员会

个人的预报签字：耿庆国　林云芳　曾小苹　陈维升　强祖基　在单位签章：

填报时间：2014年8月7日17时

通讯地址：　　　　邮政编码：

多手段、多方法、多角度综合分析预测研究

(一) 耿庆国依据：

1. 旱震关系大地震中期预测、强震活动空间有序性研究、信息预测可公度方法研究，给出强震中期预测意见。

2. 强磁暴组合法：给出面向全球 $M_S \geq 7.5$ 级强震发震时间危险点是：2014年8月5日（±10天）和2014年8月14日（±10天）。

3. 2014年6月上旬以来，云南省巧家—东川—嵩明一带，出现了特强降水抱团并大旱区得以改解的局面，使强震处于短期临震的危险时段。

4. 2014年8月3日云南鲁甸6.5级地震，其能量释放并不充分。云南巧家—会泽—东川一带仍有发生 $M_S \geq 7.0$ 级强震的紧迫危险性。2014年8月8日—8月17日，特别是8月10日至8月12日，尤应警惕。

(二) 林云芳、曾小苹依据：

1. 地磁极值跳跃异常（2013.12—2014.7）；

2. 2014.1.1～7.22，地磁极值跳跃在预测地区（巧家—会泽—东川、鲁甸、昭通、攀枝花）多次出现（20次）；

3. 昭通地区出现临震异常信息。

据此提出：①（26.7°N，103.2°E）±2°；2014.8.8—8.17；M_S 7.0（±0.5）。巧家—会泽—东川一带；

②（28.5°N，99.8°E）±2°；2014.8.8—2014.9.30；M_S 7.5±0.5。滇西北永胜、丽江、迪庆、四川得荣一带。

地震预测意见回执

耿庆国等同志（单位）：

中国地震台网中心于2014年8月8日收到您（单位）2014年8月7日通过（√邮寄；□传真；□转寄；□其它）报告的包含1条预测信息的地震预测意见。该预测意见已予登记，登记编号为2014010100160，特此回执。

联系人：李纲 联系方式：010-59959333

受理单位或部门（章）

2014年8月8日

地震活动实况是：

2014年8月17日在云南昭通市永善发生5.0级破坏性地震。

8 必要的结论

事前，我们于2014年3月20日认真负责地向国家有关方面提交了2014年度云南强震的中期预测意见，受到国家领导人的高度重视。震前，2014年7月9日至7月12日，耿庆国、陈维升、曾小苹、林云芳一行四人专程赴昆明向有关方面打招呼，特别是与云南省地震局同行就2014年7月28日前后在昭通—东川—昆明一带，以(26.6°N，103.2°E)为中心，200千米为半径的地区，可能发生的震情和分析预测意见进行了充分、认真、深入地交流和讨论；并且耿庆国特别强调：依据强磁暴组合法，2014年7月26日(±10天)是发生7级强震的危险点。在2014年8月5日前，要对强震高度警惕；内紧外松，注意收集宏观异常现象，特别是大动物、地声、地光等临震异常。返京后，耿庆国又于2014年7月14日上午与云南省昭通市地震局相关科技人员进行了电话沟通。

2014年8月3日16:30在云南省昭通市鲁甸县发生的实际强震震级是Ms6.5级，震中位于27.1°N，103.3°E。该强震实际震中位置距我们震前预测的位置(26.6°N，103.2°E)误差约50千米左右；发震时间误差为6天；发震震级误差大于0.5级。

因此，我们有理由确认：强地震是可以预测的；但要为此付出极大的努力。

人民的安危重于泰山，祖国的利益高于一切。坚持地震工作以预防为主的方针，力争在强震前向地震危险区的老百姓打一声招呼，是我国地震科学工作者义不容辞的责任。

参考文献

[1] 耿庆国. 中国旱震关系研究[M]. 北京：海洋出版社. 1985.

[2] 耿庆国. 汶川巨震的预测和思考[J]. 中国工程科学，2009，**11**(6)：123-128.

[3] 王明太，耿庆国. 中国天灾信息预测研究进展[M]. 北京：石油工业出版社. 2004.

[4] 天文与自然灾害编委会. 天文与自然灾害[M]. 北京：地震出版社. 1991.

[5] 陈维升，李均之等. 依据临震前兆预测2004-10-23在日本发生的Ms7.0级地震[J]. 北京工业大学学报，2008，**34**(增刊)：112-116.

[6] Xia Yaqin，Jann-Yenq Tiger Liu，Cui Xiaoyan，*et al*. Abnormal Infrasound Signals before 92 M≥7.0 Worldwide Earthquakes during 2002—2008. *Journal of Asian Earth Sciences*，2011，(41)：434-441.

对 2015 年 5 月日本 8 级大地震的成功预测及其意义

徐道一　郭增建　汪成民

（中国地震预测咨询委员会，北京 10029）

摘　要

在 2015 年 5 月 15—16 日中国地震预测咨询委员会召开的“2015 年年中全国地震形势讨论会”上，有四人提出：今年 5 月下旬可能在日本或中国台湾附近海域发生 8 级大地震，其中一个预测意见的发震时间点是 5 月 30 日。一人提出在日本将发生的 8 级大地震可能位于 2011 年 9 级地震以南 300～800 千米范围内。2015 年 5 月 30 日在日本小笠原群岛地区发生了 8.0 级地震，震中位置是：27.9°N，140.5°E。震源深度为 690 千米。文中列出它与四个预测意见的对应情况，表明上述中短期（中期）预测意见一定程度是正确的。

关键词：8 级地震　地震预测　日本

2015 年 4 月 25 日在尼泊尔发生 8.1 级地震后，有人担心：会不会在中国发生 8 级大地震。在 5 月中旬一次有关地震预测会议上，有五人提出：今年 5 月下旬（或 1～2 年内）可能在日本或中国台湾附近海域发生 8 级大地震。2015 年 5 月 30 日在日本的小笠原群岛地区发生 8 级地震。这表明上述预测意见一定程度是正确的。本文对此次预测及对应情况作一简介。

1　5 月中旬预测情况

2015 年 5 月 15—16 日中国地震预测咨询委员会①召开“2015 年年中全国地震形势讨论会”，参加人数 20 余人，中国地震局监测预报司车时副司长到会并讲了话，对咨询委员会开展地震预测研究表示支持。

在回顾了不久前发生在尼泊尔的 8.1 级地震的预测后，会上对近期会不会发生 8 级大地震的问题进行了集中讨论。在本次会议上有五位学者对此做出了一定程度的较好预测。

（1）北京工业大学地震研究所陈维升副研究员在“2015 年全球震情研判及国内震情形势分析”报告中提出：在 2015 年 5 月 12 日出现次声波异常信号，另从地磁的 Kp 指数变化看，全球今年应有 2～3 个 8 级以上地震，很可能有一个 9 级地震。在讨论中，陈维升认为，在 5 月 12 日以后的 18 天内可能会发生 8.5 级左右大震，发震地区可能在日本。

（2）根据“磁暴月相二倍法”，上海地震局沈宗丕高工、林命周研究员报告了在“2015 年度全球可能发生 8 级左右大地震”文中所作出的预测：2015 年 5 月 24 日±5 天或 10 天左右，可能发生一次 7.5～8.5 级左右的大地震，预测发震时间的依据是：

① 中震发测[2004]29 号文：关于成立中国地震预测咨询委员会的通知，文中规定它的工作职责是“关注地震预报的发展，努力开展地震预测研究。”

起倍磁暴日：1991 年 06 月 05 日阴历五月初二（朔日）磁暴日最大扰动 $K=8$；

被倍磁暴日：2003 年 05 月 30 日阴历四月三十（朔日）磁暴日最大扰动 $K=7$；

上述两磁暴日相隔 4369 天，把被倍磁暴日加 4369 天，得预测日期为 2015 年 05 月 24 日。

预测发震的第一地区是："环太平洋地震带内，特别要注意我国台湾省及邻近海域"。

(3)中国地震台网中心耿庆国研究员在会上提出：依据强磁暴组合法，在 2015 年 5 月 30 日（前后 10 天），是中国大陆内及周边地区发生 $Ms\geqslant 8.0$ 级地震的危险时间点。5 月 30 日的确定是依据：1992 年 5 月 12 日磁暴（$K=8$）与 2003 年 11 月 20 日磁暴（$K=9$）的相隔时间为 11 年 6 个月 10 天，把后一磁暴日期加上相隔时间，得出预测日期为：2015 年 5 月 30 日。在会上报告时，有关预测未来的震中位置，他提到：可能发生在日本本州（含关东地区）及以东近海地区。

(4)中国地震局地质研究所徐道一研究员报告了在"从大形势看 2015 年中国地震趋势"文中提出的预测意见：笔者在前两年已提出：在日本有可能发生 8 级或更大地震，至今还没有发生。现在还坚持这一看法：今后 1～2 年内可能发生 8 级或更大地震，发震地区以 2011 年 9 级地震以南 300～800 千米范围内的可能性较大。

2015 年 5 月 20 日，上述预测意见中的部分意见（耿庆国研究员和陈维升教授意见）通过媒体，上达国家领导层，并转到中国地震局有关部门。车时副司长与陈维升教授及时交流了为什么预测发震地点在日本的依据。

2 对应情况

2015 年 5 月 30 日在日本小笠原群岛地区发生了 8.0 级地震，震中位置是：27.9°N，140.5°E，震源深度为 690 千米。它与上述四个预测意见的对应情况见表 1。

表 1 四个预测意见的三要素与 2015 年 5 月 30 日的日本 8 级地震的对应情况

预测者	预测意见			对应情况		
	时间	震级	地区	时间	震级	地区
陈维升	5 月 30 日前	8.5 级左右	日本	正确	正确[①]	正确
沈宗丕 林命周	5 月 24 日±5 天 或±10 天	7.5～8.5 级	环太平洋地震带内， 特别是台湾及邻近海域	正确	正确	正确
耿庆国	5 月 30 日±10 天	≥8 级	中国大陆内及周边地区	正确	正确	大体正确
徐道一	1～2 年内 *	≥8 级	31°～35°N，142.6°E *	大体正确	正确	−3.1°N，−1.2°E

* 2011 年 3 月 11 日的日本 9 级地震的震中位置是：38.1°N，142.6°E，据此把预测意见的发震地区转换为经纬度。

由表 1 可见：

(1) 预测地震的震级都为 8 级或更大，都是正确的。

(2) 四个预测发震时间有 3 个预测时间跨度在 21 天以内，实际地震发生在预测发震时间范围以内，尤其难能可贵的一个预测意见的中心点就是 5 月 30 日。另一个预测意见的中心点为 5 月 24 日，与发震时间点仅差 6 天。

(3)四个预测发震地区，有两个明确提出发震地区在日本，其中一个还指出在日本南部（31°—35°N），与实际地震的 27.9°N 仅差 3.1°。另一个预测发震地区强调"台湾及邻近海域"，

---

① 日本地震部门对此次地震的震级定为 8.5 级。

与实际震中位置也相差不太远。

新华社据日本《产业新闻》2015年2月16日报道，日本政府地震调查委员会公布了最新版日本地震长期预测图，对日本各地在未来30年间发生6级以上地震的概率进行预测。此报道中强调：东京所在的关东地区发生大地震的概率大幅度上升。

显然，至今还没有见到日本方面报道有学者提出过有关2015年5月30日日本8级大地震的较好的中期或短期预测意见。

3 讨论

(1)在4月25日尼泊尔8.1级大地震后，许多人对其后可能发生另一个8级地震进行研究和预测，以上述中国地震预测咨询委员会5月中旬会议上提出的短期、中期预测意见最为接近实际地震情况。上述几位学者长期(几十年)从事地震预测研究，所应用的思路和方法在以往多次8级(以及7级以上)地震有过良好对应的预测记录。类似的对国内外7～8级地震的较好的预测在近2～3年内已有好几次。因此，此次的一定程度的成功预测不是偶然的。

(2) 此次和多次预测的成功是应用了“相关性思维”、“取象比类”等的结果。这又一次证明，从20世纪70年代起，我国走中国特色的地震预测发展道路是完全正确的。

近期突发地震、滑坡、翻船灾难的地下高压天然气体成因

岳中琦

（香港大学土木工程系，香港）

摘　要

2014年8月3日在云南鲁甸6.5级地震的死亡人数达当年全世界地震死亡人数的93%。而2014年10月7日在云南省景谷发生的6.6级地震，却仅造成了1人死亡。2013年1月11日在云南省镇雄突发的山体滑坡掩埋46人。2013年3月29日在西藏墨竹突发的山体滑坡掩埋了83名矿工。2015年8月12日在陕西山阳突发的山体垮塌又掩埋了64人。2015年6月1日，长江客轮极快速翻沉，造成442人水中遇难。这是中国有记录以来死亡人数最多的船难。笔者论证，这些重大自然灾害的成因都与地下高压或极高压天然气体突然喷出岩土体有关。这个成因机理的认识与研究将有利于我们有效、合理和正确地预测、预报和预防这些突发自然灾害的发生。

关键词：地震　滑坡　山崩　翻船　高压天然气　甲烷　岩土力学　岩土破坏　灾难

1　引言

多少年来，在全球各地，时常都会突然地发生一些地震、滑坡、翻船、山火、火山喷发等自然事件与灾难。但是，它们的成因与机理依然都没有被研究清楚。

一般而言，一旦某一地表发生这样的突发事件，总会造成严重的人员伤亡或重大的经济损失。主要原因在于，它们瞬间发生，人们来不及反应、预防和逃脱。它们快速结束、完成，人们来不及观测与调查。它们可造成固体物质的破坏极大，而且，破坏集中、孤立（四周破坏小或无），附近的人们遭殃、设施破坏。最为重要的是，至今人们还没有能力和技术对它事先预测。2014年3月22日10点37分，美国华盛顿州的Oso突然发生了一大型快速远程滑坡。滑坡与土石堆积体范围约2.6平方千米，体积约8百万方，滑坡体最大高度约180米，最大水平距离约1700米（比值0.105）。它掩埋了43人。这是美国历史上造成死亡人数最多的单一滑坡事件。美国滑坡专家声称，“这是一次完全没有预料到的滑坡。无处可寻到它的来历”（“This was a completely unforeseen slide. This came out of nowhere.”）。

本人认识到了造成这个困境的主要原因在于以下两点。第一，人们对造成这些在地表岩土与水体中突发巨变现象的成因和机理，建立有各种各样的假说、理论和观点。这造成了各持己见，相互争论不休。第二，人们对地下存在大量高压天然气体和它们在地壳岩土内部的运移与力学作用的认识不足，完全缺乏研究。在多年的学习与研究基础上，我提出了一种能够造成这些地表突发巨变和灾难的共同原因和机理[1-16]。这个共同成因就是地下高压气体。这个机理就是高压气体所拥有的巨大的体积膨胀能和力。这是一种物理能。同时，某些高压气体（如甲烷）又有能力，来快速与氧气进行化学反应、释放大量的热能、冲击能和气体膨胀能。本文将利

用近期突然发生的地震、滑坡和翻船等事件与灾难，来介绍这个地下高压气体的成因和机理。

2 近期突发地震灾难与成因

2.1 云南鲁甸地震[17-22]

2014 年 08 月 03 日 16 时 30 分在云南鲁甸发生了 6.5 级地震。这次地震造成了重大的人员伤亡。它的死亡人数达当年全世界地震死亡人数的 93%。表 1 对比了 2010—2014 年中国西南地区 4 次地震灾难数据。

表 1 2010 年以来西南四次地震伤亡受灾人数和震级余震数据统计

地震事件	主震	人数				余震	
	震级	死亡	失踪	受伤	受灾	次数	最大震级
2012 年 9 月 7 日彝良地震	5.7	80	0	795	744000	161	4.4
2014 年 8 月 3 日鲁甸地震	6.5	615	114	3143	1088400	741	4.2
2013 年 4 月 20 日芦山地震	7.0	196	21	11470	1520000	5531	5.4
2010 年 4 月 14 日玉树地震	7.1	2698	270	12135	246842	3358	6.3

这些数据和对比明确地表明，鲁甸地震的死亡和失踪人数的确远大于芦山地震的死亡和失踪人数，分别是 3.1 倍和 5.4 倍。但是，芦山地震的受伤人数却远大于鲁甸的受伤人数，是 3.6 倍。这是为什么呢？同时，玉树地震的死亡和失踪人数也远远大于芦山地震的死亡和失踪人数，分别是 13.8 倍和 12.9 倍。但是，芦山地震的受伤人数却相当于玉树地震的受伤人数，是 0.9 倍。这又是为什么呢？第三，鲁甸、芦山和玉树地震的受伤人数分别是彝良地震的 4.0 倍、14.4 倍和 15.3 倍。这更是为什么呢？

这四次地震的受伤人数是能够较为合理地用地震波测定和估算的地震震级来解释，它们之间是相当一致的。因此，地震波所造成的建筑物破坏是较为轻微和有限度的。鲁甸地震造成的受伤人数不算多，相对于彝良、芦山和玉树地震仍属正常。

但是，鲁甸、玉树和彝良地震造成的死亡和失踪人数多，相对于芦山地震是极其不正常的。特别地，鲁甸地震造成的死亡和失踪人数更是极不正常。这是为什么？难道是芦山地震灾区的建筑物和山坡就特别地有能力抵抗垮塌或滑坡吗？这些现象里面是否隐含着重大科学问题呢？

我认为，这个隐含的重大科学问题就是，造成这四次地震的能量是地壳深部极高压和极高密度的天然甲烷气体体积膨胀能。这些高压气体在地下深部断裂或断层带快速运移、挤胀地层或岩土体，在地层和岩体中产生地震波，造成了广大地区的地震震动和波动。这体现在这四次地震受伤人数同地震震级的一致性上。

但是，这些高压气体是否能够大量地挤胀出、喷出地表是造成鲁甸、彝良和玉树地震同芦山地震的死亡和失踪人数相差巨大的根本动力因素。可据此将这四次地震分成 A 和 B 两类。鲁甸、玉树和彝良地震属于 A 类。造成它们的大量高压气体从断裂和地层层面等破裂或松散带极快速地挤胀逃出或喷出地表，迅速将建筑物或山坡岩土体摧毁垮塌，瞬间将建筑物内或坡地上面和前方的人砸死或掩埋。这造成了它们的死亡或失踪人数多。

芦山地震属于 B 类。造成芦山地震的高压气体没有能够大量地从断裂和地层层面等破裂或松散带极快速地挤胀逃出或喷出地表。因此，建筑物或山坡岩土体瞬间摧毁或垮塌现象很少，被砸死或掩埋的人也就相应的少。

根据在这四个地震现场观察到的各种现象报道，对彝良、鲁甸、芦山和玉树地震的宏观地震现象做简单对比(表 2)。这些宏观现象表明，彝良、鲁甸和玉树地震是属于 A 类，芦山地震属于 B 类。

表 2　彝良、鲁甸、芦山和玉树地震的宏观地震现象对比

宏观现象	地震事件			
	彝良	鲁甸	芦山	玉树
大型山坡崩塌和滑坡	有	有	少/无	有
大型地表同震断裂	?	?	无	有
建筑物瞬时孤立垮塌	有	多	少	很多
震后立即天空变暗	有	有	无	有
震后立即天空降温	?	?	无	有
震后立即降大雨	有	有	无	?
震后有较大洪水	有	有	无	?
震后有堰塞湖	无	有	无	无
震时发大风	?	有	无	?
地震类别	A	A	B	A

在另一方面，根据云南省民政厅公告，鲁甸地震 615 人的总死亡人数在各县的分布是：鲁甸县 526 人，巧家县 76 人，会泽县 12 人，昭阳区 1 人。114 人的总失踪人数在各县的分布是：鲁甸县 109 人和巧家县 5 人 。因此，总死亡人数 86%和失踪人数 96%都是在鲁甸县。同时，它们主要集中在鲁甸县震中龙头山镇和其附近的高山峡谷坡地(图 5)。那么，鲁甸地震的死亡和失踪人数极其集中于龙头山镇的原因何在?

图 1　鲁甸地震造成的甘家寨巨型山崩的中上部分

在统计意义上，龙头山镇地区房屋质量应该同鲁甸地震受灾区其他地方的房屋质量相当或一致。因此，造成这种死亡和失踪人数极其集中于龙头山镇的原因就在于鲁甸地震的能量能够集中地在龙头山镇地区和地表释放。这异常集中、在地表释放的动能就是高速运移的高压气体体积膨胀能。大量极高压气体从龙头山镇地区山坡和谷地地层和岩土体极其随机或离散地、高速地挤胀和喷出地面，造成了大量房屋孤立垮塌和大型山坡垮塌和滑坡(图 1)。从而，死亡和失踪人数就集中在这个地区了。

特别地指出，在感到大地晃动之前，有人突然感觉到一阵大风吹过。记者报道中写道："男孩叫李怀雄今年 8 岁，地震发生当天，放假在家的他正在家里玩耍，母亲吴丰翠则在房后的花椒地里忙碌着。吴丰翠告诉记者，正摘着花椒，她突然感觉到一阵大风吹过，随后大地跟着晃动起来，站不稳几乎要跌倒。当回过神来，她意识到这是地震了，想着孩子还在屋里，她发了疯地往家的方向跑去。然而，眼前的家房屋主体已经开始倒塌，瓦片不断往下落。"这个大风就是地下高压甲烷气体极快速喷出地表的一个证据。

因此，造成鲁甸 6.5 级地震重大死亡和失踪凶手是极高压天然气喷出地表。正确地认识地震灾害成因和机理，对地震预测和抗震救灾，有极为有效和合理的指导作用与意义。

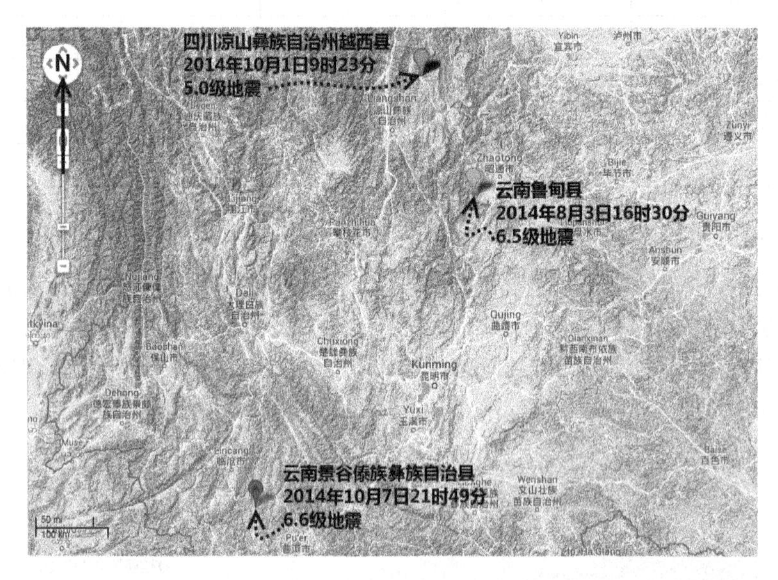

图 2　鲁甸地震、景谷地震和越西地震位置图

2.2　云南景谷地震[23]

2014 年 10 月 7 日 21 时 49 分，云南省普洱市景谷傣族彝族自治县发生 6.6 级地震，震中位于永平镇的芒费村，震源深度离地表 5 千米，地震破裂机制属于走滑行破裂。2014 年 8 月 3 日16 时 30 分，云南省昭通市鲁甸县发生 6.5 级地震，震源深度离地表 12 千米，地震破裂机制属于走滑行破裂(图 2)。景谷 6.6 级地震比鲁甸 6.5 级地震的震级高 0.1，地震释放能量大 3 倍，并且震源深度浅 7 千米。因此，景谷 6.6 级地震应该比鲁甸 6.5 级地震造成的地表破坏和烈度大很多。

但是，实际情况却恰恰完全相反。景谷 6.6 级地震最高地震烈度为 VIII，比鲁甸 6.5 级地震最高地震烈度为 IX 小一度。云南省民政厅统计，截至 10 月 8 日 16 时，地震造成景谷县、思茅区、镇沅县、临翔区、双江县 5 个县(区)12.46 万人受灾，1 人死亡，324 人受伤(其中 12 人重伤)，紧急转移安置 58980 人，倒塌房屋 6988 间，严重损坏房屋 13842 间。道路畅通无阻，没有任何道路损坏和滑坡泥石流现象。但是，如上段所介绍和论述，云南昭通鲁甸 6.5 级地震造成了大量人员伤亡，8.09 万间房屋倒塌，12.91 万间严重损坏，46.61 万间一般损坏。并且，道路不通，大量滑坡泥石流现象。两者之间存在巨大的差异。

这种巨大差异原因在于，景谷 6.6 级地震属于 B 类，而鲁甸 6.5 级地震属于 A 类。这两个地震释放的能量是极高压气体体积膨胀能。

这些高压气体在地下深部断裂或断层带快速运移、挤胀地层或岩土体，在地层和岩体中产生地震波，造成了广大地区的地震震动和波动。这体现在这两次地震受伤人数同地震震级和人口密度分布的一致性上。景谷地震有千分之 2.6 人受伤(＝324 受伤人数/12.46 万受灾人数)，鲁甸地震有千分之 2.9 人受伤(3143 受伤人数/108.84 万受灾人数)，这两者极其相当。

造成景谷 6.6 地震的高压天然气体没有挤胀出、喷出地表(B 类)。但是，造成鲁甸 6.5 级地震的高压天然气体却挤胀出、喷出了地表(A 类)。这个差别是景谷地震同鲁甸地震的死亡和失踪人数，道路损坏，滚石，和滑坡相差巨大的根本动力因素。景谷地震仅有百万分之 8.0 人死亡和失踪(＝1 死亡失踪人数/12.46 万受灾人数)，鲁甸地震却有百万分之 669.8 人死亡和失踪((617＋112)/108.84 万受灾人数)，这两者相差极大。

这两个地区的岩体和地质结构存在很大的不同。景谷地震地下覆盖岩体可能多为火成岩(例如花岗岩)，抗破坏强度高，无大面积地层层理面。鲁甸地震地下覆盖岩体为沉积岩(砂岩和石灰岩)，抗破坏强度较低，且存在大量大面积贯通地层层理面。两地的河流沟谷断裂情况也不一样。景谷地区河流沟谷远比鲁甸地区浅缓。因此，造成地震的极高压气体不能在景谷火成岩地区沿断裂节理岩体不连续面挤胀逃出到达地表，不能将高压气体体积膨胀能在地表释放，不能造成地表山体和建筑物的破坏。相反，它们在鲁甸就可沿断裂和层理挤胀逃出到达地表，能够在地表释放，造成地表山体和建筑物的巨大破坏。

震中附近的永平镇位于一个小盆地内部。这次地震又将大量原来位于地壳深部圈闭的极高压、极高密度的甲烷气体逃移出来，进入了盆地内部较为浅层的圈闭和孔隙之中，又为盆地内部油气田充气。由于它们没有造成任何地表岩土体的破裂，因此，它们还没有进入大气圈，还存在于可开采的盆地油气田圈闭之中。盆地内部可开采的油气资源就大大增加了。从地震安全岛地区发现和油气资源开采增加角度看，这样的地震是件好事。

3 近期突发滑坡灾难与成因

3.1 云南镇雄山坡崩溃灾难[24－25]

2013 年 1 月 11 日 8 时 20 分许，云南省昭通市镇雄县果珠乡高坡村赵家沟发生一起特大型山体高速远程滑坡灾难：14 户民宅被埋，2 户受损，被掩埋房屋 63 间，厩厕 31 间，46 人被埋，2 人受伤，59 头猪和 5 头牛被埋，毁坏耕地 500 余亩。这 16 户累计户籍人口 67 人。当时在家 46 人全部被埋：男 27 人，女 19 人(含 11 男童，8 女童，7 人 60 岁以上)。自 11 日 8 时 30 分，当地政府组织救援，调动了千人，大量挖掘机、装载机、铲车、铁锹和搜救犬。由于土石覆盖面积大和深度厚(达到 13 米)，救援极其困难。直到第二天中午，才找到被埋 46 人，全部遇难。

自 2013 年 1 月 11 日中午开始，我一直在关注和研究这次滑坡灾难。带着疑问，我在 1 月 18 日赶到滑坡灾害现场调查(图 3)。我观察到更多的现象：1)滑坡主体是第四纪坡积，是粉沙泥质黏土和泥质粉沙质页岩碎块的土石混合体;2)土石混合体在主通道两侧百米宽的广大山坡地面散落分布;3)土石混合体堆积地带露出大量原来干燥、松散坡面泥土和植被;4)土石混合体堆积物大多数呈松散裂开状态和低含水量;5)部分饱水泥状土石混合体呈分离的团块状分布;6)在土石混合体堆积物中很难找到长距离的摩擦、滑移和流水痕迹。

图 3　镇雄赵家沟缓倾山坡崩溃后的状况

这次灾难性滑坡多种现象与经典滑坡或泥石流所造成的各种现象极不相符合。这次灾难性高速远程滑坡是地下高压天然气体体积膨胀喷出造成的。这个高压天然气体成因简述如下。它能基本吻合现场滑坡状况和目击者描述。

那个被破坏了的、坡积山坡上部的、汇水面积极小的冲沟能够长期汇水和渗透到下方坡地内部。这使得下方坡体内部的泥质黏土和页岩块体混合体长期处于饱和状态。进而,形成了一个同山坡倾向和倾角一致的、较厚的带,形成一个较厚的饱和水黏土石混合层。这层饱和土石很致密柔软、抗拉强度大、渗透性极差。它成了地下深部运移上来的高压气体的封闭盖层和闭圈。它使得从深部运移来的高压气体能够在其下面聚集。其下覆基岩地层应该是近水平的页岩、泥岩和煤层。深部基岩存在天然气体。从而,在其下部高压气体的膨胀体力和面力作用下,这层致密软弱盖层闭圈体要大变形。它的软弱连续大变形可导致上覆山坡含水量低的土石混合体表面出现拉张裂缝和裂纹。在地下深部运移和提供的高压气体不断增多的条件下,这个饱水软弱大变形黏土石混合体层密封盖层终于不能够抵抗下方更多高压气体的膨胀力。

终于,它突然地被拉断和裂开。失去了拉力牵制的饱水土石混合层和上覆极其非饱和土石混合体就快速地被抛起,沿着盖层底面的正交方向(即山坡坡面倾向)向前上方喷出、抛物飞出和远程运移。在它高速远移过程中,表层土石混合体向主体运移通道两侧转向、运移和散落。因坡地地形变化和影响,两侧散落和堆积的土石混合体分布是不对称的。同时,中部土石混合体和底部的饱水软如泥土石盖层一直继续沿北东东方向向前方飞移。在运移 300 多米后,一部分位于中尾段的高速飞移的土石混合体遇到了梯田陡坡上部的一个小山包而开始堆积和撞击,直到梯田陡坡。另一部分位于前端的高速飞移的土石混合体在跨越过小山包和梯田陡坡后,呈抛物降下，撞落到村庄和公路，造成了瞬间巨大灾难(图 4)。

图 4　镇雄赵家沟缓倾山坡崩溃造成的远处下方坡地与村庄被土石混合体掩埋状况

3.2　西藏甲玛矿区泽日山碎石流灾难[26]

2013 年 3 月 29 日 6 时左右，西藏墨竹工卡县扎西岗乡斯布村普朗沟泽日山，发生了岩体山体崩滑灾害。发生灾害的地方处于两座山之间的普朗沟里，是中国黄金集团华泰龙公司甲玛矿区内的一个矿区钻探队的生活区。

崩塌滑坡山坡岩体体积有 200 余万立方米，岩石碎屑沿沟谷高速运移，总长度达 3 千米。崩滑碎石流掩埋了位于破坏山坡下方约 2 千米的居住帐篷、房内 83 名矿工和 11 台施工机械。他们当时可能还在睡觉休息。灾害发生后，在崩塌泽日山沟谷里，可见有一道长长的白色土石带。沟谷两岸底部山坡被岩石碎屑流铲刮形成的光滑表面，堆积和铲刮总高度可能有 30 米。

碎石土渣堆积厚度和面积均大，给搜救工作增加了很大的难度，只能靠机械來挖掘援救。山体崩滑发生时，空气温度大约 4 摄氏度，天气干燥。

崩滑山坡海拔可能在 4600～4780 米，山顶最高海拔 5360 米。根据 Google 地图普朗沟底部的高程有 4300 米。因此，崩滑碎屑流在沟谷高速运移铲刮的最小平均坡度是 5.7 度，中间平均坡度是 9.1 度，最大平均坡度是 19.5 度。根据崩滑碎石体的高角前沿或开挖边坡，可推知，它们的自然修止角为 40 度左右。

假设，山坡岩体分别从海拔 4600 米，4780 米和 5360 米按照平均坡度滑下，碎石流滑坡体与沟谷的摩擦角为 40 度。那么，总势能同摩擦力做功的比值将分别是 12%，19%和 45%。如果碎石流滑坡体与沟谷的摩擦角为 30 度，那么，总势能同摩擦力做功的比值将分别是 17%，28%和 65%。因此，单凭重力和重力势能是不能将崩滑山体碎石体沿沟谷面向下方滑移动3 千米。

甲玛矿区是以铜为主的多金属矿区，已发现的主要矿种有金、银、铜、铅等。根据金属矿床成因理论，这个地方是地下深部热液上升的通道或断裂带。因此，地下高压天然气也可从这个地方的断裂带挤胀流出、汇聚喷发，造成大型岩质山体的高速远程岩石碎屑流。

综合上面各方记者报道的山体崩滑情况和分析，这次山体崩塌高速远程碎石流灾难的真实成因可能是地下高压天然气体的膨胀和喷出。地下高压气体所具有的海量体积膨胀能和膨胀力是山体岩体拉剪破裂、高速抛移、碎石体高速远程运移的主动能和力。

3.3 陕西山阳县山体滑坡灾难[27－28]

2015 年 8 月 12 日零时 30 分，陕西省商洛市山阳县中村镇烟家沟村，陕西五洲矿业股份有限公司，中村钒矿区突发山体垮塌(图 5)。垮塌山体 168 万立方米，塌方面积 9.76 万平方米，塌方堆积 230 万方。滑坡造成厂区 3 个工棚 15 间宿舍及一户村民房屋(3 间)掩埋。目前已有 14 人获救，仍有 64 人(男 49 女 15)失踪。

“据工人讲述，当时天色已晚，山体滑坡的一瞬间，工人开始四处逃散。因为天黑，很多人不知道方向，而往山上逃亡的 9 人有轻伤但无大碍，往山下逃亡的工人几乎全被掩埋。”“当时我听见山石滚落往下滑的声音后，逃出门不到两分钟，几乎半个山体便垮塌了下来。”

我不禁要问，这样的巨大山体地层瞬间破裂、移动、高速远程崩滑，到底是如何形成的呢？

图 5　山阳烟家沟矿区山坡垮塌远移(根据网上图片修改)

2015 年 8 月 16 日，刘继顺在科学网发表了题目为“陕西山阳矿山垮塌与中村钒矿问题”的博文 http://blog.sciencenet.cn/blog-97739-913355.html。在该文中，刘继顺较为详细地介绍了垮崩高速远程山体区域的地层、矿石、地质构造、大地构造等资料和情况。他介绍了中村钒矿井下矿石自燃灾害。他写道：“据报道，2010 年五洲矿业因八个矿块井下 CO 超标，而引发矿石自燃，商洛市矿山救护队对相关矿井进行了封堵，直到 2013 年才重新开启相关矿井……黑色页岩系由黑色碳质页岩、黑色碳泥质硅质岩和黑色碳质硅岩组成。以含较高的有机碳为特征，含碳量一般为 8%～12%，细分为石煤层、磷块岩层、钒矿层和镍钼多元素富集层，通称为“石煤”。”

“由于钒矿层所含碳、硫化铁、硫等和空气中的氧和水分作用放出热量，如果通风不畅导致热量蓄积，而引起矿石自燃。黄铁矿(FeS_2)与空气中的水分和氧相互作用放出热量易引起矿石自燃，而且在井下潮湿环境里与被氧化产生 SO_2，CO_2，CO，H_2S，CH_4 等气体的反应而放热。当黄铁矿氧化时，体积增大，对矿石产生胀裂，使矿石裂隙扩大增多，与空气接触面积增加，导致氧气更多地渗入。此外硫的着火点温度低，在200℃左右，易于自燃；FeS_2 产生的 H_2SO_4 使矿石处于酸性环境中，亦能促进煤的氧化自燃。矿石中含碳量高，矿石表面分子活性结构种类繁多，也是矿石自燃原因之一。”

“中村钒矿629采空区的碳质矿岩自燃，排出有毒气体，致使1166中段、1015中段、967中段有害气体超标。采空区一旦发现自燃征兆，矿石已储存了大量热能，火区周围岩体温度也很高，要降低如此大范围高温岩体的温度很困难。随温度升高，高温点逆着风流发展速度快，有害气体顺着风流方向流动，时常是只见有毒有害气体而不见明火，采空区高温区域相对隐蔽，高温区域难以准确判定。”

因此，如图6所示，我的一个最为可能的答案可简述如下。

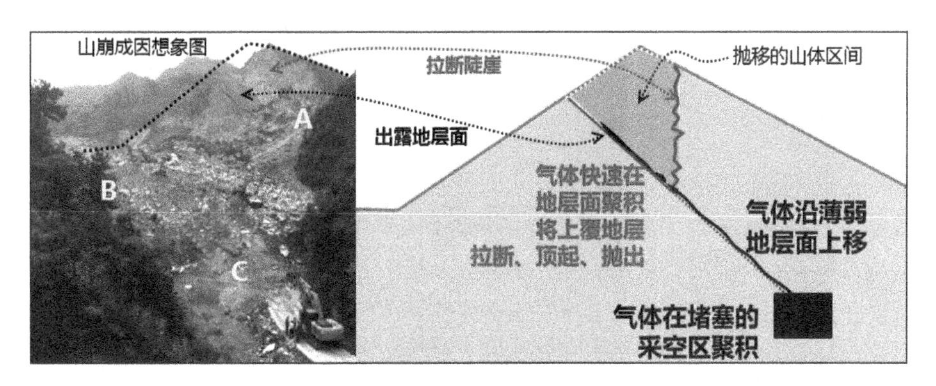

图6　山阳烟家沟矿区山坡垮塌远移的地下高压气体成因模型

矿井巷道的地层复杂、容易跨塌。相关矿井采空区的自然垮塌和人为封堵，造成了大量气体在采空区聚积。同时，夏季降雨，较多雨水渗流、充填和饱和表层山体岩土缝隙、裂隙、孔隙等。这也可堵塞了地下气体向山坡地表外部空气的流动和排放。聚积在采空区的气体质量和压强也就越来越高。它们对上覆地层的物理、化学和力学作用也就不断增强。它们可在裂开上覆地层，顺着胀裂开的地层面(倾角为40°到55°)，快速地向上胀挤涌流、移动到垮塌山体的底部。第二种可能性：CO，CH_4 等可燃气体，与留存在地下岩层空隙中的空气(氧气)混合，发生自燃和爆炸)，产生巨大气体膨胀力。

它们(高压气体)瞬间把山体顶起(克服重力)、拉断裂(克服岩石抗拉强度)、推开和抛出(克服重力和形成初始加速度和速度)。与永远向下的重力一道，它们把这些断开、抛出的山体碎石向前方和山坡下方溃流。高速溃流的破碎岩石可能碰撞到对面山坡(图6中A点)，而转向高速流向下方大沟(碾沟)。之后，它们很快又再碰撞到大沟对面的山坡(图6中B点)，再转向沿大沟方向，高速移动一段距离。由于沟底和两侧山坡的巨大摩擦阻力，它们(碎石土固体)就煞然停止，拥堵堆埋沟道(图6中C点后方)。气体也就迅速升空、逐渐消失了。从而，巨大滑坡灾难就形成了！

3.4　山阳县山体滑坡类似于汶川地震山体破坏[28]

图5所示的山体岩层和其破坏与运移形式，与我在汶川地震滑坡灾害调查时所见到不少山体岩层崩溃和高速远程滑溃极为类似。众所周知，2008年5月12日发生在川西龙门山的8.0级汶川大地震造成了大量上体岩层破坏、崩溃和滑坡。图7是安县肖家桥的一个大型山体破坏和滑坡，破碎岩石体形成了肖家桥堰塞湖。

对比图5和图7中的山体岩层的破坏形式，我们可见，它们极为相似。它们有一个较为平直缓倾的地层面，有一个近直立的、极高的拉张断裂剖面。另外，它们都是岩层山坡。它们的破碎地层岩石都被破碎、且高速运程向下方运动。

肖家桥山体滑坡拦堵了茶坪河，形成了一宽198米、长200多米和深60多米碎石坝。之后，这个堰塞湖蓄水量超过了1千万立方米，仅次于唐家山堰塞湖的汶川地震第二大高危堰塞湖。

图7　汶川地震时肖家桥山体快速垮塌远移的上部破坏山体和中部碎石堆积

4　最近突发翻船灾难与成因

4.1　造成重大死亡的长江客轮翻沉灾难[29]

2015年6月1日21时约28分，一艘从南京驶往重庆的客船(东方之星)在长江中游湖北监利水域翻沉。出事船舶载客454人。最后确定，生还14人，遇难442人。这是中国有记录以来死亡人数最多的船难。事件真正原因还正在彻底查明之中。

本文研究和分析了这次客轮翻沉事故，提出了客轮翻沉原因的一种可能动力因素。即，这次客轮翻沉事故可能是长江河床第四系浅层高压天然气囊的突然喷发所造成。

我为什么要做这个研究与分析呢?

原因在于，“据幸存的乘客称，船翻只用了半分钟到一分钟，更糟的是，这么短的时间无法全员穿救生衣。”(网址：http://news.sina.com.cn/c/2015-06-02/232831906337.shtml)

这么快的船翻速度必定需要极大的某种外部动力来推动、翻动这个2000多吨重的客轮。因此，我对现有的第一种可能动力因素(即，江面局部龙卷风)和第二种可能动力因素，进行了简单的力学稳定性定量分析。

4.2 第一种可能动力因素的客轮稳定性力学分析

表 3 给出了风力等级和实际风速的对应关系。同时,它也给出了一个风速与相对应风速正面垂直打到一面不透气的墙面所造成的理论压强的定量关系。

2015 年 6 月 1 日 21 时 06 分,监利县气象站检测到最大瞬时风力为 9.2 米/秒。它对应的施加在不透气墙面的压强为 0.05078 千帕。6 月 1 日 22 时 03 分,监利县东南方向靠近长江边一个叫赤坝(尺八)的自动气象站,距离出事地点大约 35 千米左右,检测到最大瞬时风力为 16.4 米/秒。它对应的施加在不透气墙面的压强为 0.16138 千帕。6 月 2 日,气象部门组织了专家来到事发现场附近进行查看,再结合气象观测、雷达资料的分析,认为事发时段当地出现了龙卷风,风力达到 12 级以上。根据理论分析,风力达到 12 级时,风速在 32.6～37.0 米/秒。它对应的施加在不透气船墙面的压强仅为 0.64～0.82 千帕。这些风力压强值应该难以将这艘较大客轮瞬间翻沉。

表 3 风级、风速和理论压强的对应关系

风级	名称	风速(米/秒)		风打墙压强(千帕)	
		下限	上限	下限	上限
0	无风	0.0	0.2	0.00000	0.00002
1	软风	0.3	1.5	0.00005	0.00135
2	轻风	1.6	3.3	0.00154	0.00653
3	微风	3.4	5.4	0.00694	0.01750
4	和风	5.5	7.9	0.01815	0.03745
5	清风	8.0	10.7	0.03840	0.06869
6	强风	10.8	13.8	0.06998	0.11426
7	劲风	13.9	17.1	0.11593	0.17545
8	大风	17.2	20.7	0.17750	0.25709
9	烈风	20.8	24.4	0.25958	0.35722
10	狂风	24.5	28.4	0.36015	0.48394
11	暴风	28.5	32.6	0.48375	0.63766
12	台风	32.6	37.0	0.63766	0.82140

据网上记者报道,翻沉客轮长度为 76.5 米,型宽为 11 米,型深 3.1 米,吃水深度为 2.5 米,高度约为 12 米。它有四层客舱位于水位线以上,一层机舱位于水位线以下。客船重量为 2000 吨。图 8 给出了一个在风一水载荷作用下简化的客轮横剖面力学稳定平衡图。

做最不安全的假设,龙卷风完全垂直地吹向客轮侧面。风的压强假定是 p。因此风作用在船整个侧面的合力 F 为 pLH,其中 L 为船长(76.5 米),H 为水面上的船高。再假设,刚刚开始启动翻船的旋转中心在图 1 中的 A 点。风合力 F 到 A 点的垂直距离(力臂)为 z。客船重力的重心到 A 点的垂直距离(力臂)为 x。再假设,在风力刚刚推动轮船时,船底河水压强的作用可能是平衡。因此,风力能够开始以 A 点为旋转中心将客船转动的合力矩要大于客船重力的稳定力矩。因此,以下公式应该成立。

$$p = \frac{F}{LH} \geqslant \frac{xW}{zLH} \tag{1}$$

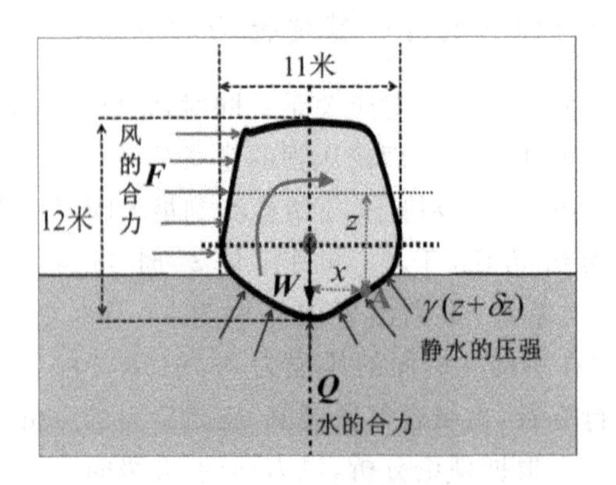

图 8　风一水载荷作用下简化的客轮横剖面力学稳定平衡

再假设,风合力 F 的力臂是船在水面上高度 H 的一半,即,$z = 0.5H$。因此,风吹打客船的最小压强 p 可用以下公式计算。z 应该比 $0.5H$ 大(加上水下高度)。

$$p \geqslant \frac{xW}{2LH^2} \tag{2}$$

图 9 给出了翻动客船的最小风的压强 p 与客船重力的力臂 x 之间的线性关系。

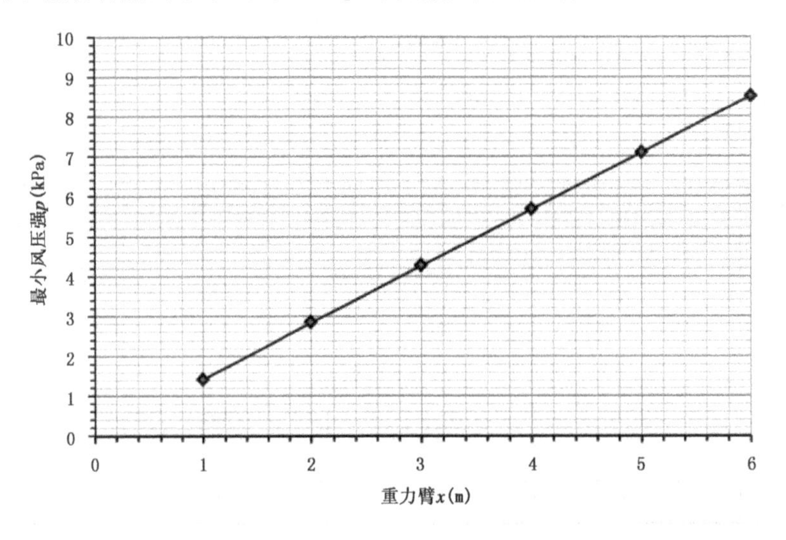

图 9　翻动客船的最小风压强 p 与客船重力臂 x 之间的线性关系

由图 9 所示,在重力臂距离从 1 米到 6 米之间,翻动客船的最小风的压强为 1.42～8.52 千帕。这个最小压强是远大于表 3 中的风打压强值。因此,或许可以判断,单纯在风力的作用下,客船是难以被启动翻转的。

4.3　第二种可能动力因素的客轮稳定性力学分析

如图 10 所示,由于种种待查明原因,浅层天然气囊内的突然顶起、拉断上覆盖层和地层。囊内部分高压气体快速地逃出其盖层,进入上覆沉积物、喷入江水之中,再喷入大气中。这些高压气体快速地喷出膨胀,造成江水涌浪海啸,又在局部江面造成大风。客船高压气体快速地推动江水,产生涌浪,快速掀起翻动客船,使得客船重心快速偏离和变化。

因此,可以建立如图 11 所示的,高压气体造成的水浪压强启动客船翻动旋转的简单力学稳定性模型。

做最不安全的假设,水浪流动完全垂直地冲击客轮侧面。水浪的压强假定是 q。因此水浪作用在船整个侧面的合力 Q 为 qLB,其中 L 为船长(76.5 米),B 为水浪作用的船底恒截面长度。再假设,刚刚开始启动翻船的旋转中心在图 11 中的 A 点。水浪合力 Q 到 A 点的垂直距离(力臂)为 d。客船重力的重心到 A 点的垂直距离(力臂)为 x。水浪推翻客船的最小压强 q 可用以下公式计算。

$$q=\frac{Q}{LH}\geqslant\frac{xW}{dLB} \tag{3}$$

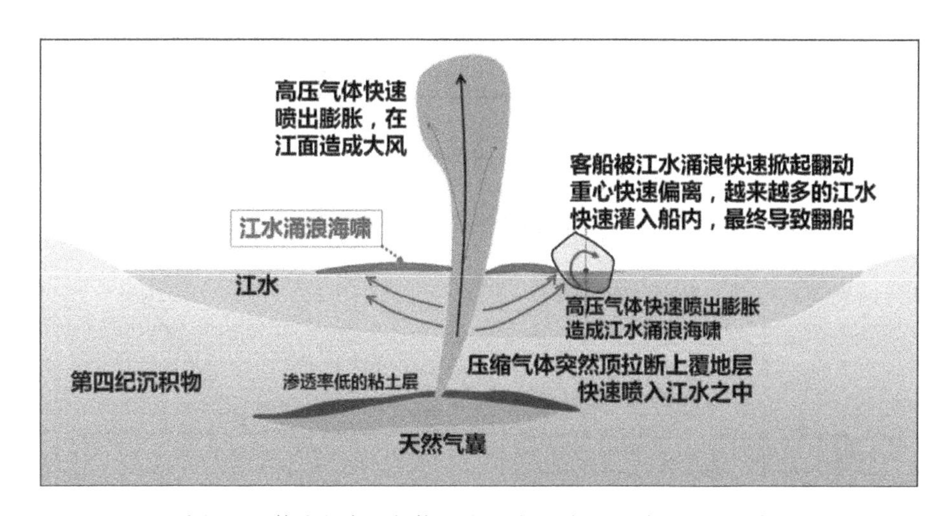

图 10　江底沉积土体内的高压气体突然顶破上覆土层、喷出膨胀江水、涌浪翻船

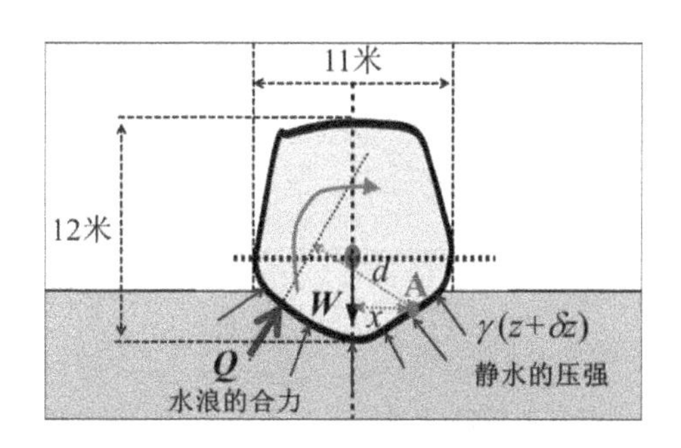

图 11　高压气体涌浪载荷作用下简化的客轮横剖面力学稳定平衡

在不同的可能力臂距离和水流加载横截面长度的情况下,可计算出图 12 中表示的水浪推翻客船的最小压强 q。由图 12 可见,在 $B=4$ 米和 $d=5$ 米到 $B=2$ 米和 $d=4$ 米之间,最小水浪压强 q 随着重力力臂 x 从 1 米到 6 米,变化在 12～200 千帕之间。

图 13 给出了水流流速同它正面垂直冲击一个不透水墙面的所产生的压强的关系。从图 13可见,到达 12～200 千帕的最小水浪压强 q 的水浪流速在 5～20 米/秒。因此,浅层压缩天然气囊内的气体突然喷出,需要造成大量江水的涌流速度大于 5 米/秒。这个涌流速度是可以达到的。另外,沉船区域部分位置的江水水流速度高达 1.8 米/秒。它对不透水的墙(船底面)可能造成的压强是 1.62 千帕。根据图 13 可知,这个江水流动压强是难以造成船体的翻动转动的。

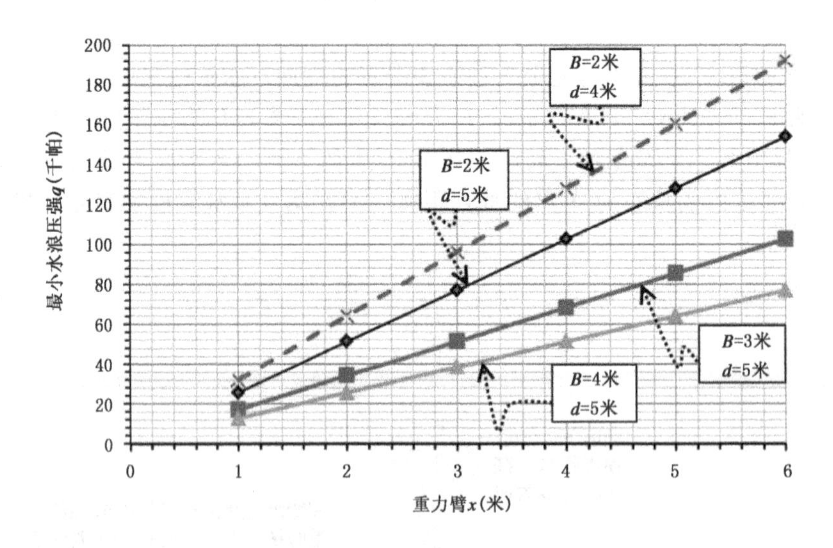

图 12　翻动客船的最小水体涌浪压强 q 与客船重力臂 x 之间的线性关系

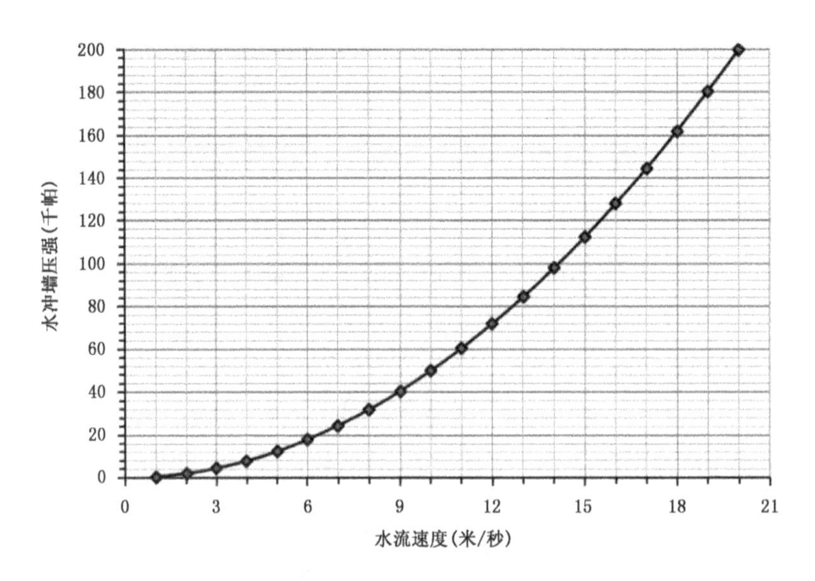

图 13　正面打向船墙的涌浪流速与水体涌浪压强 q 的理论关系

4.4　客轮快速翻沉的可能成因与过程

这个可能的第二种动力成因,可简洁地根据图 10、图 14 和图 15 来描述。如图 14 所示,在长江中游湖北监利水域的江底沉积物中存在一个高压浅层天然气(沼气)囊。河床底部第四纪沉积物内的植物和生物可形成天然气体(沼气),聚集在渗透率低的黏土层(盖层)下方的砂土层中,逐渐形成高压气囊。

如图 10 所示,由于浅层天然气囊内的压缩气体质量逐渐地增多,压强逐渐增大,气囊憋气。或者,上覆第四纪松散河床沉积物因流水冲刷携带,厚度降低,减少上覆压力。因此,囊内压缩气体可突然顶起、拉断上覆盖层和地层。囊内部分高压气体快速地逃出其盖层,进入上覆沉积物、喷入江水之中,再喷入大气中。这些高压气体快速地喷出膨胀,造成江水涌浪海啸,又在局部江面造成大风。客船高压气体快速地推动江水,产生涌浪,快速掀起翻动客船,使得客船重心

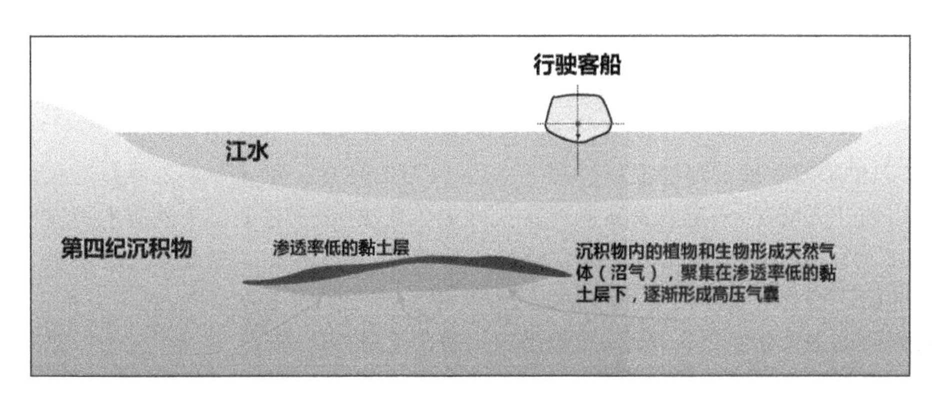

图 14　江底有机物形成气体聚集黏土层下的砂层形成高压气囊

快速偏离和变化，同时，越来越多的江水快速灌入船内。最终，涌浪、重力和进入船体的江水，共同导致船翻和船沉。

根据以上分析，在江底沉积物气囊内一股高压气体突然喷出，可能造成超过 5～10 米/秒的大量江水涌流。这种江水涌流可以施加船底或船侧的压强高达 12.5～50 千帕。如果高压气体的喷出有数秒钟到十多秒钟，江水可以被推挤带动快速涌流时间可达十多秒。进而，它可造成客船在半分钟到一分钟之间的翻沉。

如图 15 所示，客船翻沉、船底朝上。客船内部被江水充满，其船水一起形成新的稳定重心。江底沉积物内部的天然气囊，因其内部高压气体物质的逃出，承载力大大下降。其上覆沉积土体在重力作用下压缩这个瘪了气的囊体空间，而下沉。这可造成在江底形成一个大面积的数米深坑。

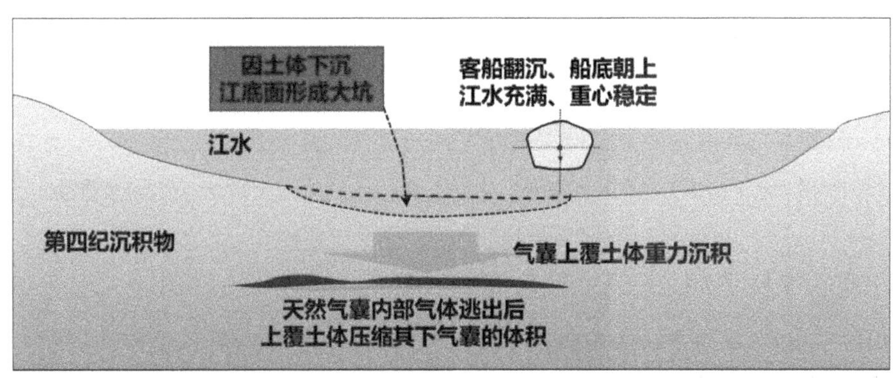

图 15　翻沉客轮船底朝上充满江水稳定重心、高压气囊瘪气塌陷下沉、江底凹坑

4.5　西湖翻船与长江翻轮的相似性[30]

2015 年 8 月 18 日 8 点 18 分，浙江新闻网报道了“西湖突现怪风，湖面掀起十米水柱手划船瞬间翻了”(http://news.zj.com/detail/2015/08/18/1584487.html)。写到：

“上午 8 点 40 分，西湖湖面还是一片风平浪静，8 名游客分成两组，在湖滨二公园码头分别上了张其根和张志根两位师傅掌舵的手划船。上午 9 点 04 分，张其根师傅的船已经驶离岸边 500 米，正准备转向湖滨三公园方向，划回岸边。可就在这时，他发现前方正对音乐喷泉处的水面，突然出现一个高达 10 米左右的‘大水柱’。”

“张其根很是纳闷，再定睛一看，发现这股水柱呈漩涡状上升，还有水雾喷出。而此时，他感觉到有雨丝飘到了脸上，湖面上开始起风。‘情况不对！’张其根瞬间意识到危险，立即让船上4名游客穿上救生衣，并叮嘱他们坐稳，拼尽全力向东北方向划去，终于逃脱了水柱的‘正面袭击’。”

“而张志根师傅掌舵的那艘船就没那么幸运了，当时他也是迅速要求游客穿好救生衣，告诉他们无论遇到什么情况，一定要紧紧抓住船。可是话音没落，就碰上了疾驰而来的‘水柱’，瞬间的大风吹破了手划船的顶篷，船体一阵猛烈晃动后侧翻，张志根和4名游客先后落水。”

附近的船工们都管上午的妖风叫“龙卷风”。浙江省气象台数据表明，在9点至10点期间，这一小时内西湖的雨量将近1毫米，并未出现短时雨量暴增的情况。

再对比西湖翻船与长江翻轮事件，我们可以看到它们有以下三点相似之处：第一，西湖手划船的翻沉和长江客轮的翻沉都是因大风，即所谓的“龙卷风”，导致的；第二，它们都是突然发生、瞬间翻沉；第三，它们都是孤立事件。它们四周附近的船舶都没有受到巨大的风浪和水浪作用，没有翻沉。因此，如图10和图16所示，我认为，西湖手划船的翻沉与长江客轮的翻沉的动力因素是一样的，都是地下高压天然气突然喷出造成的。

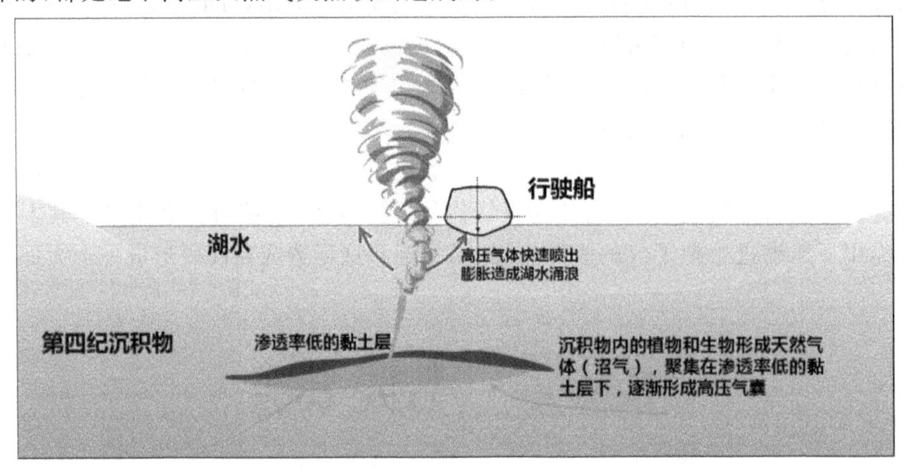

图16　地下高压天然气突然喷出造成向上垂向涌浪、形成水柱龙卷风、再推翻船

4.6　重庆滑坡造成21艘船舶翻沉的对比

可再用以下事例，来更进一步阐明这个高压天然气喷出造成翻船的成因和机理。

2015年6月24日下午6点左右，重庆巫山江东嘴发生了山体滑坡。约2.4万立方米山体岩土滑入长江。滑动的岩土体推动江水，形成了巨大水平涌浪向远方传播。这股水平涌浪将对岸靠泊的21艘小型船舶翻沉（参见 http://news.ifeng.com/a/20150624/44035335_0.shtml）（图17和图18）。

将这滑坡翻船与长江客轮和西湖小船翻沉进行对比（见图10、图16、图17和图18），可有以下两点的观测和认识。第一，滑坡体从高位山坡高速侧向滑进入长江水体，水平推起巨大水体，形成水平涌浪，水平传递很远、很广，能造成大量远近水面船舶的翻沉。第二，地下高压天然气从水底向上突然喷出，垂直向上方向推起水体，形成水体的垂向涌浪。又因水体深度浅，垂向涌浪没有足够时间来形成水平涌浪。因此，这个涌浪的水平传递距离很短、很窄。它仅能造成少数附近水面船舶的翻沉。因此，突发快速孤独的翻船应该同水底向上的垂向作用了密切相关。否则，大气大风引发的大浪范围一定很广，能把一只船打翻沉，也能把其他邻近江面的船舱打

图 17　岸坡滑入突涌水体　　　　图 18　水平涌浪在江水里快速大范围转播、推翻多船

翻沉。

4.7　讨论与建议

因此，建议深入研究，这种江底沉积物之中高压沼气的喷出，造成客轮或其他船只的翻沉的可能性。也建议有关部门，探查长江等流域航道的河床第四系浅层内部高压天然气囊。如果发现这种高压气囊，应该立即进行放气处理，主动防止将来它们可能的自动胀开、破裂上覆地层，而在水中喷发，造成大量水体快速涌浪，进而翻船等事故和灾难。

5　可燃高压天然气与开放空气混合一般不会自燃或自爆[31]

大家都知道，甲烷气体是可燃气体。它们喷出到空气中即能与空气中的氧气发生化学反应(或燃烧)。因此，人们会质疑，既然这些突发地震、滑坡和翻船是大量甲烷气体造成的，那么为什么现场没有大量的燃烧或爆炸呢？混合气体不自燃的原因如下。

第一，造成地震、滑坡、翻船的大量极高压甲烷气体极快速地喷出地面到空气中。这种喷出时间极短；第二，在开阔与非封闭大气环境中，甲烷与空气中的氧气一般不能自动燃烧或爆炸；第三，甲烷与空气浓度比要到达一个很窄的范围，甲烷才可自燃或爆炸。这一般会发生在如矿井下的封闭环境；第四，人们常见到的，在输送天然气管道内部的天然气因管道破裂而漏出或喷出时候，甲烷天然气也没有自燃或爆炸；第五，在开采天然气井遇到高压甲烷气体时，可能会发生高压气体井喷。这一般也不会发生自燃或爆炸。

2015 年 8 月 28 日，新京报报道："上午 9 时许，杭州地铁 4 号线施工时，不小心挖破燃气管道，燃气气浪冲出数十米高。""大量黄黑色的烟直挺挺往天上冲，就跟喷泉一样，烟里面全是灰尘。"(参见网页 http://news.sohu.com/20150828/n419970509.shtml)

我更注意到，燃气管道内的天然气体从 9 时 33 分开始喷射，燃气管道阀门在 10 时 45 分被关闭。在这段一个多小时的天然气喷射时间内，喷射到空气中的大量可燃天然气体没有在空气中自燃或自爆。这次杭州燃气管道高压天然气喷发事件，又一次证明了，甲烷气体，在开放空气中，一般是不会自燃或自动爆炸的。

6 总结与建议

伟大的科学家牛顿在1686年发表的《自然哲学之数学原理》中，总结了四条哲学探索自然的推理规则。第I条规则为，"寻求自然事物的原因，不得超出真实和足以解释其现象者。为达此目的，哲学家们说，自然不做徒劳的事，解释多了白费口舌，言简意赅才见真谛；因为自然喜欢简单性，不会响应于多余原因的侈谈。"第II条规则为，"因此对于相同的自然现象，必须尽可能地寻求相同的原因。例如人与野兽的呼吸；欧洲与美洲的石头下落；炊事用火的光亮与阳光；地球反光与行星反光。"

因此，直到今天，这两条规则都能够指导我们探索和研究这些地球表面的自然现象，寻找它们的自然规律，预防它们导致的灾害。有生命的地球是最喜欢简单性的。她内部的地核和地幔物质自然产生高压甲烷气体。她再通过地壳岩石断裂带，将高压气体运送到地表与大气，补充大气圈、水圈和生物圈的碳氢等元素物质。又由于向下的重力压缩作用和岩土体的抗拉抗压抗剪的能力，向外释放的气体必须拥有高压强。另一方面，被埋在地下相对较浅处沉积岩与土内的有机物质也能经化学反应转变成气体，且可在地下岩土体闭圈内保存、聚集，形成高压气体。

从而，拥有高压强的压缩气体在不同的地表部位，在某一特殊时刻挤胀出岩土体、水体和空气。高压气体物质就会对岩土体、大气或水体施加载荷力的作用，就会造成固体岩土体的破坏和高速移动，就会推挤胀水体发生涌浪，更会推挤胀空气引起大气的湍流与变化。同时，这个高压气体对岩土体、水体、大气的作用过程一般是突发的、快速的、大力的、孤立的。如果在发生的地方或附近恰好存在人类活动，那么，它就会对人类造成灾难了。因此，这些地表岩土和水体突发的、快速的、异常大力的、孤立的事件都是有相同的原因和动力。这个原因和动力就是地下高压气体在岩土、水体和大气中自发式的突发挤胀、运移与加载。

致谢：感谢国家自然科学基金面上项目编号41372336的资助。感谢全国众多记者对突发自然灾难事件的快速与真实报道。感谢全国与世界各地众多朋友的帮助与指导。

参考文献

[1] 岳中琦，王仁. 1988. 多层横观各向同性弹性力学问题解析解. 北京大学学报(自然科学版)，**24**：202-211.

[2] Yue Z Q. 1988. Solutions for the thermoelastic problems in vertically inhomogeneous media. *Acta Mechnica Sinica*，**4**(2)：182-189.

[3] 岳中琦. 2004. 多层与梯度非均匀材料弹性力学问题解析解的简明数学理论. 岩石力学与工程学报，**23**(17)：2845-2854.

[4] Yue Z Q，Selvadurai A P S，Law K T. 1994. Excess pore pressure in a poroelastic seabed saturated with a compressible fluid. *Canadian Geotechnical Journal*，**31**：989-1003.

[5] Yue Z Q，Svec O J. 1995. Effect of tire-pavement contact pressure distribution on the response of asphalt concrete pavements. *Canadian Journal of Civil Engineering*，**22**(5)：849-860.

[6] 岳中琦. 2006. 岩土细观介质空间分布数字表述和相关力学数值分析的方法、应用和进展. 岩石力学与工程学报，**25**(5)：875-888.

[7] 岳中琦. 2011. 与香港地区地震危险性相关的汶川地震灾害调查的五点认识. 华南地震，**31**(2)：14-20.

[8] 岳中琦. 2013. 汶川地震与山崩地裂的极高压甲烷天然气成因和机理. 地学前缘，**20**(6)：15-20.

[9] Yue Z Q. 2013. Natural gas eruption mechanism for earthquake landslides：illustrated with comparison be-

tween Donghekou and Papandayan Rockslide-debris flows. in *Earthquake-induced Landslides*. K. Ugai *et al*. (eds.). Springer-Verlage Berlin, Chapter 51: 485-494.

[10] 岳中琦. 2014. 现今斜坡工程安全设计理论的根本缺陷与灾难后果. 岩土工程学报, **36**(9): 1601-1606.

[11] 岳中琦. 2014. 钻孔过程监测(DPM)对工程岩体质量评价方法的完善与提升. 岩石力学与工程学报, **33**(10): 1977-1996.

[12] 岳中琦. 2014. 奠基岩石"封闭应力"假说的气体包裹体和膨胀能力. 工程地质学报, **22**(4): 739-756.

[13] Yue Z Q. 2014. On cause hypotheses of earthquakes with external tectonic plate and/or internal dense gas loadings. *Acta Mechnica*, **225**: 1447-1469.

[14] Yue Z Q. 2014. Dynamics of large and rapid landslides with long travel distances under dense gas expanding power. *Landslide Science for a Safer Geoenvironment*, **3**, DOI 10.1007/978-3-319-04996-0_36.

[15] Yue Z Q. 2015. Migration and Expansion of Highly Compressed Gas from Deep Ground for Cause of Large Rock Avalanches, ISRM Congress 2015 Proceedings - Int'l Symposium on Rock Mechanics - ISBN: 978-1-926872-25-4, Montreal, Canada, Paper No. 106.

[16] 岳中琦. 2015. 岩爆的压缩流体包裹体膨胀力源假说. 力学与实践, **37**(3): 287-294.

[17] 岳中琦. 2014. 鲁甸 6.5 级地震重大伤亡凶手是极高压天然气喷出地表. 2014 年 8 月 8 日. http://blog.sciencenet.cn/blog-240687-818185.html.

[18] 岳中琦. 2014. 读科学网的"我国地震带大量贫困地区建筑物抗震能力低下"有感. 2014 年 8 月 9 日. http://blog.sciencenet.cn/blog-240687-818307.html.

[19] 岳中琦. 2014. 鲁甸地震灾区地质灾害的现场考察. 2014 年 12 月 8 日. http://blog.sciencenet.cn/blog-240687-849477.html.

[20] 岳中琦. 2012. 雲南彝良地震有高压天然气喷出造成孤立山体地表破坏. 2012 年 9 月 8 日. http://blog.sciencenet.cn/blog-240687-610611.html.

[21] 岳中琦. 2012. 头寨沟山崩碎石高速抛滑可能是彝良地震的异常前兆. 2012 年 9 月 8 日. http://blog.sciencenet.cn/blog-240687-610617.html.

[22] 岳中琦. 2012. 彝良地震地下高压天然气成因的又一证据: 震后出现最大暴雨. 2012 年 9 月 12 日. http://blog.sciencenet.cn/blog-240687-611996.html.

[23] 岳中琦. 2014. 云南景谷 6.6 地震属于 B 类小灾情地震. 2014 年 10 月 9 日. http://blog.sciencenet.cn/blog-240687-834286.html.

[24] 岳中琦. 2013. 云南镇雄高坡村山崩灾难的可能地下高压天然气体聚集和喷出成因. 2013 年 1 月 13 日. http://blog.sciencenet.cn/blog-240687-652747.html.

[25] 岳中琦. 2013. 云南镇雄高坡村山坡崩溃灾难的现场工程地质初勘简报. 2013 年 1 月 25 日. http://blog.sciencenet.cn/blog-240687-656490.html.

[26] 岳中琦. 2013. 西藏甲玛矿区高速远程碎石流: 地下高压气体膨胀喷出造成的灾害. 2013 年 3 月 31 日. http://blog.sciencenet.cn/blog-240687-675532.html.

[27] 岳中琦. 2015. 山阳县山体岩层突然垮毁、高速远程溃流的一个可能原因. 2015 年 8 月 16 日. http://blog.sciencenet.cn/blog-240687-913503.html.

[28] 岳中琦. 2015. 山阳县突发山体岩层破坏类似于汶川地震造成的山体岩层破坏. 2015 年 8 月 12 日. http://blog.sciencenet.cn/blog-240687-912608.html.

[29] 岳中琦. 2015. 客轮翻沉原因的第二种可能动力因素. 2015 年 6 月 5 日. http://blog.sciencenet.cn/blog-240687-895696.html.

[30] 岳中琦. 2015. 西湖怪风翻船、长江客轮翻沉和重庆滑坡翻船的相似与区别. 2015 年 8 月 29 日. http://blog.sciencenet.cn/blog-240687-916844.html.

[31] 岳中琦. 2015. 高压天然气从破裂管道喷出与地震甲烷气体从地下喷出的共同点. 2015 年 8 月 28 日. http://blog.sciencenet.cn/blog-240687-916739.html.

地震前兆次声波信号的特征分析①

丁浩亮　夏雅琴　陈维升　刘程艳

（北京工业大学地震研究所，北京 100124）

摘　要

实验证明岩石破裂会释放出低频次声波。这种信号频率低、波长长、穿透能力强，在自然界中可传播很远的距离，通过高灵敏度次声传感器能够接收到该信号。本文以2013－2014年世界范围内发生的$Ms \geqslant 7.0$级的地震为研究对象，对震前接收到的次声波异常信号进行了特征分析。通过文中采时间序列能量分析法观测到地震前兆异常次声波信号的能量波动趋势而瞬时频率法可显示出频率的变化情况。文中对震前异常次声波进行时域、频域以及统计规律等分析的结果表明，在大地震发生前15天内会接收到持续时间为几千至上万秒的异常次声波信号，该种信号幅值高于正常值，能量集中，主要频率集中在0.001～0.008 Hz。

关键词：次声波　地震预测　地震前兆　特征分析　信号处理

次声波为频率在20 Hz以下的声波，振幅衰减小，传播距离远[1]，有的绕地球数周仍能被高灵敏度的次声波传感器接收到。地震前兆次声波观测方法是临震预测的重要而有效的方法[2]之一。

次声波应用在医学、军事、工业、农业等领域，利用次声波监测灾害的研究也有很多[3-5]。在地震前兆次声波信号方面，前期的一些研究当中，一些学者通过对地震前兆次声波信号的长期观测，将地震前兆次声波信号分为三类[6]：第一类波形光滑，频率单一，正、负方向振幅相当，以一组或多组的形式出现，每一组波的数目一般为3～7个，有效信号的持续时间为几百秒到几千秒；第二类由一种或多种主频率的波组成，波形较复杂，有效信号的持续时间长达几万秒；第三类以单向脉冲信号的形式出现，周期在1000秒左右，持续时间约数千秒。

几十年来，北京工业大学地震研究所一直致力于地震预测方法的研究工作，保留并发展了多种临震预测手段，前兆次声波临震预测方法是其中较为重要而有效的方法之一。北京工业大学地震研究所坚持采集并保存了十几年的地震前兆次声波数据，在世界范围内$Ms \geqslant 7.0$级的地震几乎都能在震前接收到前兆次声波异常信号。为了探讨地震前兆次声波信号的特征，本文对2013－2014年世界范围内发生的$Ms \geqslant 7.0$级的地震前兆次声波进行了分析，旨在找出地震前兆次声波信号的特征，为次声波临震预测方法提供重要参考。

1　地震前兆次声波信号的选择

1.1　次声波信号的采集

本文所分析的次声波信号来源于北京工业大学地震研究所建立的次声波观测系统。该系

① 基金项目：国家科技支撑项目（2012BAK29B00）。

统是由次声传感器和记录仪组成。传感器采样频率为 1 Hz,既能够采集到地震前兆次声波信号,又能够尽量的避免自然界、人为等因素造成的干扰信号。

1.2 分析目录的选择

通过多年来对地震前兆次声波信号的研究发现,在大地震前 20 天内会发现次声波异常信号。本文对 2013－2014 年世界范围内发生的 $Ms \geqslant 7.0$ 级的地震进行统计,并追溯地震发生时间前 20 天内采集到的次声波信号,找出异常次声波信号,排除大风、暴雨等天气造成的次声波异常。采用中国地震局和美国地质调查局公布的地震目录,2013 年世界范围内发生的 $Ms \geqslant 7.0$ 级地震震前采集到的次声波异常信号如表 1 所示。

表 1 2013 年世界范围内发生的 $Ms \geqslant 7.0$ 级地震震前采集到的次声波异常信号表

序号	日期	震级	经纬度	震源深度/km	震前异常日期	最大幅值/mV
1	2013－01－05	7.8	55.3°N, 134.6°W	9.8	12－28, D－08	1711
2	2013－02－06	7.5	10.7°S, 165.1°E	28.7	01－23, D－14	1792
3	2013－02－06	7.6	11.2°S, 164.9°E	10.1	01－23, D－14	1792
4	2013－02－06	7.3	10.4°S, 165.7°E	9.8	01－23, D－14	1792
5	2013－02－08	7.2	10.9°S, 165.9°E	27	02－03, D－05	1426
6	2013－04－06	7.0	3.5°S, 138.4°E	66	04－03, D－03	1099
7	2013－04－16	7.7	28.1°N, 62.0°E	82	04－05, D－11	2651
8	2013－04－19	7.0	46.1°N, 150.7°E	122.3	04－13, D－06	2275
9	2013－04－20	7.0	30.3°N, 103.0°E	13	04－16, D－04	4998
10	2013－05－24	7.6	23.0°S 177.1°W	171.4	05－19, D－05	1926
11	2013－05－24	8.2	54.8°N 153.2°E	608.9	05－22, D－02	1301
12	2013－07－08	7.2	3.9°S 153.9°E	386.3	07－06, D－02	4998
13	2013－07－16	7.1	60.8°S 25.1°W	31	07－13, D－03	708
14	2013－08－31	7.0	51.5°N 175.2°W	29	08－28, D－03	1025
15	2013－09－24	7.8	26.9°N 65.5°E	15	09－17, D－05	1292
16	2013－09－26	7.3	15.8°S 74.5°W	40	09－19, D－05	1621
17	2013－10－15	7.1	9.8°N 124.1°E	19	10－09, D－06	2222
18	2013－10－26	7.1	37.1°N 144.6°E	35	10－22, D－04	1377
19	2013－11－17	7.8	60.2°S 46.4°W	10	11－16, D－01	1143
20	2013－11－25	7.0	53.9°S 55.0°W	11.8	11－17, D－08	769

注:次声波信号数据由北京工业大学地震研究所利用 CC-1T 型电容式次声传感器在室内常温下接收。

以相同的方法对 2014 年世界范围内发生的 $Ms \geqslant 7.0$ 级地震进行统计,如表 2 所示。

表 2 2014 年世界范围内发生的 $Ms \geqslant 7.0$ 级地震震前采集到的次声波异常信号表

序号	日期	震级	经纬度	震源深度/km	震前异常日期	最大幅值/mV
1	2014－02－12	7.3	36.1°N 82.5°E	12	02/05, D－07	1086
2	2014－03－10	7.0	40.8°N 125.0°W	22.4	03/02, D－08	1077
3	2014－04－02	8.1	19.6°S 70.7°W	60.5	03/28, D－05	1184
4	2014－04－03	7.8	20.4°S 70.7°W	22.6	03/28, D－06	1184

续表

序号	日期	震级	经纬度	震源深度/km	震前异常日期	最大幅值/mV
5	2014—04—11	7.0	6.6°S 155.0°E	39	04/09，D—02	1575
6	2014—04—13	7.8	11.3°S 162.2°E	24	04/11，D—02	759
7	2014—04—13	7.5	11.5°S 162.1°E	43.4	04/11，D—02	759
8	2014—04—18	7.3	17.6°N 100.7°W	82	04/17，D—01	913
9	2014—04—19	7.6	6.7°S 154.9°E	122.3	04/17，D—02	1902
10	2014—06—24	7.9	51.8°N，178.8°E	100	06—15，D—09	3564
11	2014—06—29	7.0	55.6°S，28.6°W	10	06—21，D—08	4316
12	2014—10—14	7.2	12.5°N，88.2°W	70	10—01，D—13	1260
13	2014—11—15	7.1	20°N，126.5°E	50	11—05，D—10	1709

注：次声波信号数据由北京工业大学地震研究所利用 CC-1T 型电容式次声传感器在室内常温下接收。

2 信号分析

通过中国地震局网站上公布的数据，2013－2014 年全球范围内发生的 $Ms \geqslant 7.0$ 级的地震共有 36 起，其中有 33 起地震在震前收到了次声波异常信号。

对表 1 和表 2 中统计出的结果发现，从地震前兆异常信号幅值上来看，地震前兆次声波信号的最大幅值都较高，一般情况下大于 1000 mV。个别地震前兆次声波信号幅值低于 1000 mV，但幅值明显异常于当天其余时段次声波信号幅值。在此问题方面，2011 年，夏雅琴等[7]做过该方面研究发现气候因素会对地震前兆次声波信号幅值造成影响。从表 2 可以看出：最大幅值低于 1000 mV 的地震前兆次声信号主要集中在 4—8 月。因此，不排除气候等客观因素造成次声波信号幅值降低的因素。

从地震前兆次声波信号出现的时间与地震发生时间间隔可以发现，在地震发生前 15 天内会采集到前兆次声波信号。次声波异常信号出现和地震发生时间间隔图如图 1 所示，从图中可以看出前兆次声波信号多为 2 至 8 天采集到，平均为 6.0 天。

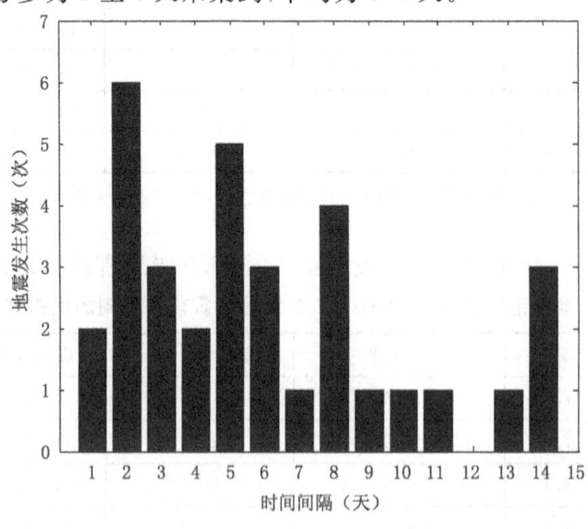

图 1　地震前兆次声波信号出现和地震发生的时间间隔

为了更好地找到地震前兆次声波信号的特征，本文对表 1 和表 2 目录中的异常次声信号进行了进一步的分析。

2.1　时域分析

时域分析，主要从地震前兆次声波信号的波形和时间序列能量两个方面进行分析。

首先，本文从 2013 年和 2014 年里发生的地震前兆次声波信号里找出几种不同波形的震前次声波异常信号如图 2 所示。图 2(a)为 2014 年 4 月 18 日墨西哥 Ms7.3 地震前兆次声信号图，该类信号波形光滑，频率单一，正、负方向振幅相当，信号以成组的形式出现，一组波的数目一般为 3～7 个，有效信号的持续时间为几千秒；图 1(b)为 2013 年 2 月 6 日瓦努阿图 Ms7.6 级地震前兆次声信号，该信号与图 2(a)为同一类信号，信号成多组的形式出现，有效信号的持续时间可达上万秒；图 2(c)为 2013 年 4 月 20 日四川雅安 Ms7.0 级地震前兆次声信号，该类信号由多种主频率的波组成，波形较复杂，有效信号的持续时间长达上万秒；图 2(d)为 2013 年 9 月 24 日巴基斯坦 Ms7.8 地震前兆次声信号，该类信号以单向脉冲信号的形式出现，信号持续时间约数千秒。对以上信号波形和波形特征进行了分析，分析结果与林琳等[6]相同，证明了分析结果的可信性。

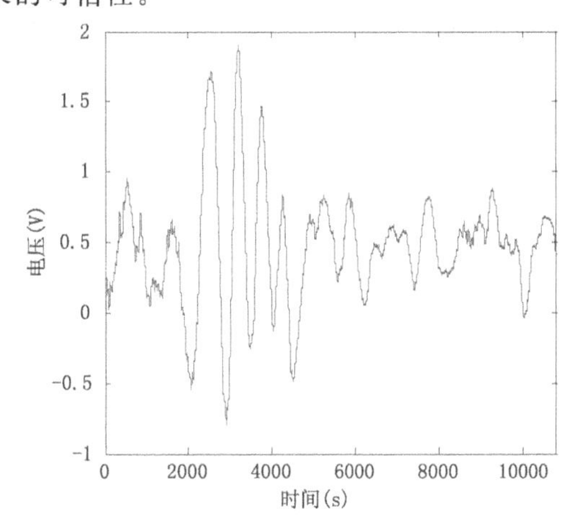

(a)2014 年 4 月 18 日墨西哥 Ms7.3 地震前兆次声信号

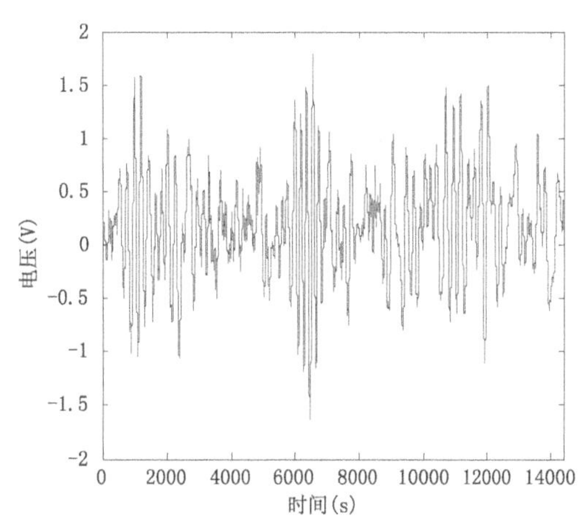

(b)2013 年 2 月 6 日瓦努阿图 Ms7.6 地震前兆次声信号

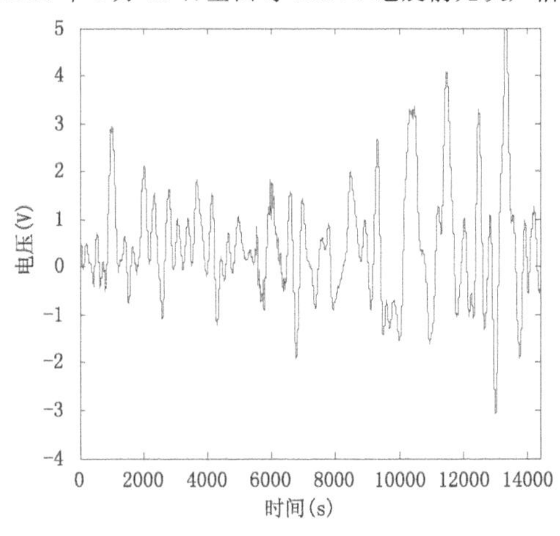

(c)2013 年 4 月 20 日四川雅安 Ms7.0 地震前兆次声信号

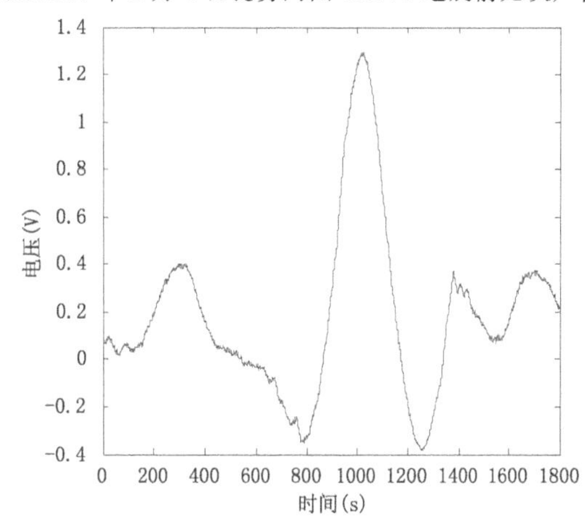

(d)2013 年 9 月 24 日巴基斯坦 Ms7.8 地震前兆次声信号

图 2　不同波形地震前兆次声波信号波形图

本文采用时间序列能量分析方法对地震前兆次声波信号进行了能量分析。根据帕塞瓦尔定理(瑞利能量定理或瑞利恒等式):时域信号总能量与频域信号总能量相等。因此,能量计算在时域里和频域里计算数值是等效的。为了得到一个夹杂着地震前兆次声波信号序列信号的能量趋势,基于以上因素,本文对夹杂地震前兆次声波信号序列信号进行了时间序列能量分析。通过时间序列能量分析能够得到一个新的能量序列,可以观测到信号包含的能量的变化趋势。

论文采用能量序列计算公式:

$$W(n)=\sum_{i=\frac{j}{2}\times(n-1)+1}^{\frac{j}{2}\times(n+1)}(x_i)^2;\quad n=1,2,3,\cdots,\left(\frac{N}{j}-1\right)$$

上式中 N 表示的是时域信号的总长度,j 表示能量序列包含时域序列点的个数。考虑到不同波形震前次声波信号的周期,文中是以 100 点进行的能量分析。

以 2013 年 4 月 20 日四川雅安 Ms7.0 地震前兆次声信号为例。如图 3 所示为 2013 年 4 月 20 日四川雅安 Ms7.0 地震前兆次声信号能量分析图,为了便于对比,论文选取 2013 年 4 月 16 日全天的次声波数据进行时间序列能量分析。图 3(a)为四川雅安地震前兆次声波发生当天全天的次声波形图,从图中可以看出,地震前兆次声波信号从 00:00 点持续到 04:00。波形持续上万秒,波形复杂,包含多种频率信号,最大幅值达到 4.9V。波形当天在 10:00—14:00 以及 17:30—24:00 包含持续密集的噪声信号,最大幅值达到 2.0V。图 3(b)为对四川雅安地震前兆次声波信号进行时间序列能量分析,从分析结果可以看出,在地震前兆次声波段内能量集中、幅值大,在干扰信号时间段内虽然波形中幅值较大,但是能量并不高。这与地震前兆次声波信号频率低,波长较长,能量高相吻合。

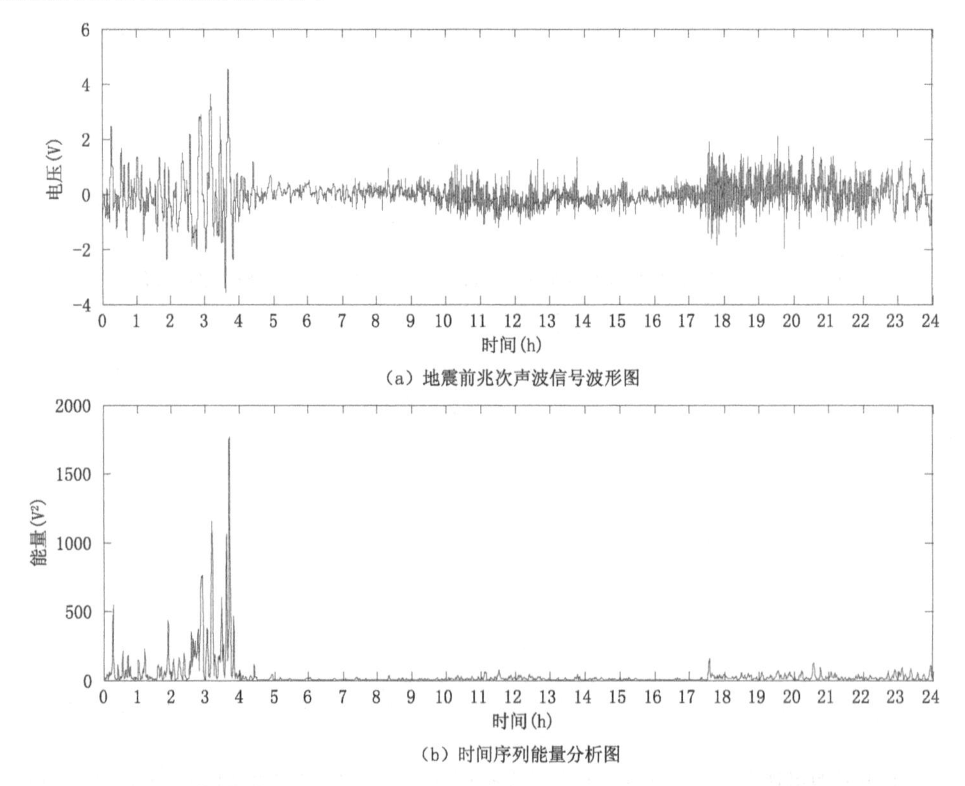

图 3　2013 年 4 月 20 日四川雅安 Ms7.0 级地震前兆次声信号能量分析图

2.2 频域分析

为了探讨地震前兆次声波信号的频率特征，本文对表 1 和表 2 中地震前兆次声波信号进行了频域分析。

由于自然界中包含多种次声波干扰信号，采集到的次声波信号往往会包含干扰信号，如图 3(a)所示。传统的傅里叶变换能够得到信号的频率数值，但是对该频率发生时间无法判别。本文采用基于 Matlab 时频工具箱[8]对地震前兆次声波信号进行瞬时频率分析。

以 2014 年 04 月 18 日墨西哥 Ms7.3 地震前兆次声信号为例。如图 4 所示为 2014 年 04 月 18 日墨西哥 Ms7.3 地震前兆次声信号能量分析和频域分析图，为了便于对比，仍然选取 2014 年 4 月 17 日全天的次声波数据进行时间序列能量分析。图 4(a)为墨西哥地震前兆次声波发生当天全天的次声波形图。可以看出从 19:00—20:00 为地震前兆次声波信号，该信号波形光滑，

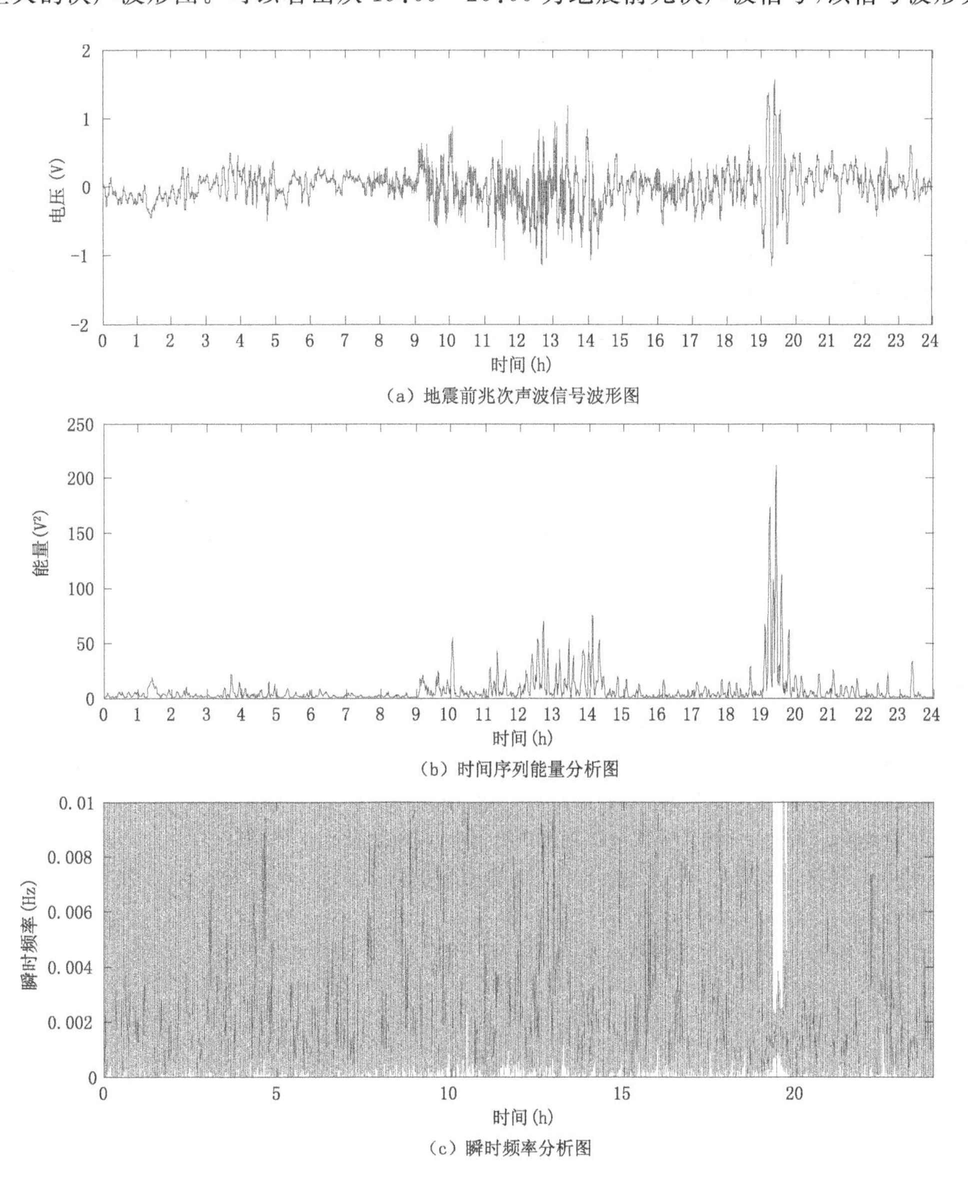

图 4　2014 年 4 月 18 日墨西哥 Ms7.3 地震前兆次声信号能量分析和频域分析图

成组出现，频率单一，持续时间为几千秒。图 4(b)为墨西哥地震前兆次声波信号时间序列能量分析结果图，从图中可以明显看出在 19:00—20:00 次声波信号能量集中，幅值较大。图 4(c)为墨西哥地震前兆次声波信号瞬时频率分析结果图，从图中可以看出在 19:00—20:00 内信号频率为 0.0025～0.0045 Hz。在 10:00—15:00 接收到的干扰信号频率远远高于 10^{-3} Hz 数量级。

3 结论

本文对接收到的 2013—2014 年世界范围内发生的 $Ms \geqslant 7.0$ 级地震前兆次声波信号进行了分析。

通过分析结果发现，地震前兆次声波信号波形可持续几千秒至上万秒不等，信号波形大致分可为三类。从时域分析来看，地震前兆次声波信号幅值较高，一般大于 1000 mV，信号能量集中，高于正常值。从频域分析来看，地震前兆次声波信号频率一般集中在 0.001～0.008 Hz。此外，地震前兆次声波信号一般发生在大地震发生前 15 天内。

本文采用的时间序列能量分析法以及瞬时频率分析法在地震前兆次声波信号处理中有着以下优势：

(1)针对于次声波的特点，利用能量趋势找到能量集中信号段，判断次声异常点。

(2)利用帕塞瓦尔定理，可以对不同长度信号进行能量对比。克服了传统傅里叶变换中功率谱需满足帕塞瓦尔定理的条件。

(3)通过瞬时频率分析，能够确定地震前兆次声波信号发生时间。便于地震前兆次声信号的提取。

参考文献

[1] 杨训仁，陈宇．大气声学(第二版)[M]．北京：科学出版社．1997.

[2] 夏雅琴，胡争杰，郑菲．震前次声波信号特征研究[J]．北京工业大学学报，2005，**31**(5)：461-465.

[3] 许文杰，官洪运，邬晓琳．泥石流次声信号时频分析方法的应用研究[J]．计算机与现代化，2013，(4)：36-39.

[4] Sahetapy-Engel，Steve T，Harris，*et al*．Thermal，seismic and infrasound observations of persistent explosive activity and conduit dynamics at Santiaguito lava dome，Guatemala[J]．*Joural of Volcanology and Geothermal Research*，2008，**173**(1—2)：1-14.

[5] Ulivieri G，Marchetti E，Ripepe M，*et al*．Monitoring snow avalanches in Northwestern Italian Alps using an infrasound array[J]．*Cold Regions Science and Technology*，2011，**69**(2—3)：177-183.

[6] 林琳，杨亦春．大气中一种低频次声波观测研究[J]．声学学报，2010，**35**(2)：200-207.

[7] 夏雅琴，崔晓燕，李均之等．震前次声波异常信号的研究[J]．北京工业大学学报，2011，**37**(3)：463-469.

[8] 葛哲学，陈仲生．Matlab 时频分析技术及其应用[M]．北京：人民邮电出版社．2006.

可公度性在地震研究中的应用

胡　辉[1]　韩延本[2]　苏有锦[3]　王　锐[1]

(1.中国科学院云南天文台，昆明 650011；2.中国科学院国家天文台，北京 100012；

3.云南省地震局,昆明 650224)

摘　要

本文通过近年来在全球发生的几个 $M \geqslant 7.0$ 地震的实例,介绍了扩展可公度性在地震预测中的应用。该结果再次表明,世界上大多数大地震都发生在它们时间轴的可公度点上。这就为该地区未来大地震的预测提供了科学依据。文中也指出,可公度性为地震预测提供的时间点只是个必要条件,由于地震的孕育和发生是个极其复杂的地球物理过程,精确的预测必须走多方法、多手段的综合分析之路。

关键词:可公度　地震预测　芦山地震　智利地震　尼泊尔地震

1　引言

进入 21 世纪以来,特大地震频发,袭击世界各地,从 2004 年苏门答腊 9 级地震,到 2011 年日本东北部海域 9 级地震和 2015 年尼泊尔的 8.1 级地震等,仅在这 12 年中就已经发生了 17 次 $M \geqslant 8.0$ 地震,冲击着世界经济可持续发展和人类社会安定。频发的特大地震灾难提醒我们要加强对地震成因机理和地震预测、预报的研究,以达到推动地球科学发展,最大限度减轻地震灾害的目的。由于地震的孕育和发生是一个极其复杂的地球物理过程。所以地震研究,尤其是地震预测,被认为是一个世界性的科学难题,甚至有些学者认为地震是不能预测的,其理由是人们至今没有找到有效的地震预测方法[1]。事实上,许多学者仍在不断地进行研究,探索地震预测方法,中国著名地球物理学家翁文波提出的可公度性就是其中之一[2]。

2　可公度性及其扩展

可公度一词最早是由德国著名天文学家提丢斯在研究太阳系内行星到太阳的平均距离时发现和提出来的,后来另一位著名德国天文学家波得作了进一步的研究,这就是著名的提丢斯—波得定则,根据这一定则,行星 n 到太阳的距离可表示为[3]:

$$a_n = 0.4 + 0.32 \times 2^{n-2}, \tag{1}$$

它也可以写成以下形式:

$$\beta = \frac{a_{n+1}}{a_n} \tag{2}$$

式中,a_n 是行星 n 到太阳的距离,其单位是天文单位,n 是行星远离太阳的编号。对于水星,n 不是 1,而是取 $-\infty$,β 是太阳系行星的可公度值。

正如著名地球物理学家翁文波指出的，可公度是自然界的一种秩序，式(2)本身揭示的是物质在一定空间的分布，而对于时间域可公度可表示为[4]：

$$\Delta X = \frac{X_{i+\Delta i} - X_i}{K} \tag{3}$$

这里 K 是整数，如果上述关系成立，那么数据集$\{X_i\}$是可公度的，Δx 是该数据$\{X_i\}$的可公度值，如果 K 恒等于1，则 Δx 为$\{X_i\}$的周期。

3 预测实践

2013年我们利用翁文波发展了的可公度理论，比较系统地分析了21世纪以来发生过大地震的几个地区的地震事件的可公度性。该文在中国地球物理学会天灾预测专业委员会前顾问陈一文先生的帮助下，已经发表在亚洲地球科学杂志上[5]。该文的研究结果表明，全世界的大地震基本上都发生在其时间轴上的可公度点上。该文还指出，在各自时间轴上外推的可公度点，就是未来地震可能发生的时间点。所以，该文的分析结果，实际上就为所研究地区未来大地震的预测提供了科学依据。

3.1 对芦山7.0地震的预测

2013年4月20日中国的芦山发生了7.0地震。文献[5]分析了20世纪以来川滇地区地震的可公度性，得到其可公度值为2.44年(见文献[5]的表2)，根据该表，它的上一次地震是发生于2008年5月12日的汶川地震，即2008.36，从而可得：

$$2013-04-20=2008.36+2.44\times2=2013^{年}\ 3^{月}\ 29^{日}+22\text{天} \tag{4}$$

它正好发生在其时间轴的二倍可公度点上，它的绝对误差是22天，相对误差是0.03。

3.2 日本东海岸7.4级地震的预测

2012年12月7日日本东海岸发生了7.4级地震，根据文献[5]的表4，该地区地震的可公度值是0.55年，它的上一次地震是发生于2011年3月11日，即2011.18。所以，这次地震正好发生在其时间轴上的第3个外推的可公度点上，即

$$2012-12-7=2011.18+0.55\times3=2012.83=2012^{年}\ 10^{月}\ 29^{日}+39\text{天} \tag{5}$$

其绝对误差是39天。

3.3 对智利伊基克8.2地震的预测

2014年4月1日智利北部伊基克地区发生了8.2级地震，在文献[5]，我们只分析智利中南部的地震，发现其可公度值为0.59年。根据恩达尔的研究，1900.0以来 $M\geqslant7.0$ 的地震目录是完整的、可靠的[6]。所以，我们的分析研究基本上都是对 $M\geqslant7.0$ 的地震进行的；只有文献[5]的表2是采用了龙小霞等预测2008年汶川地震时所用的地震目录[7]，所以其地震并非全部大于等于7.0。为严格起见，我们这次特将其地震($M\geqslant7.0$)事件的选取扩展到智利北部，经计算分析得到其可公度值仍为0.59年。依文献[5]的表5，在该研究区里本次地震前的最后一次地震是2010年2月27日，即2010.15，所以

$$2014-04-01=2010.15+0.59\times7=2014^{年}\ 4^{月}\ 12^{日}+11\text{天} \tag{6}$$

这次地震正好发生在其时间轴的7倍可公度点上，它的绝对误差是7天，相对误差

为 0.05。

3.4　对尼泊尔 8.1 地震的分析

2015 年 4 月 25 日尼泊尔发生 8.1 级地震，这是喜马拉雅碰撞带上发生的最大地震之一。尼泊尔位于喜马拉雅碰撞带，所以，以喜马拉雅碰撞带为中心，在 http://quake.geo.berkeley.edu/anss/catalog-search.html 上，选取了 67°—100°E 和 20°—40°N 的区域里 1900.0 以来 $M\geqslant 7.0$ 的地震事件，作可公度分析（表 1）。从表 1 可以看出，该区域里地震事件的可公度值是 0.59 年，在该区域内，于 2015 年以前发生的 $M\geqslant 7.0$ 的地震是 2008 年 2 月 20 日，即 2008.21，所以

$$2015-04-25=2008.21+0.59\times 12=2015.29=2015^{年}\ 4^{月}\ 16^{日}+9\ 天 \tag{7}$$

即这次地震正好发生在该区域内时间轴上外推的第 12 个可公度点上，其预测误差是 9 天，相对误差是 0.04。

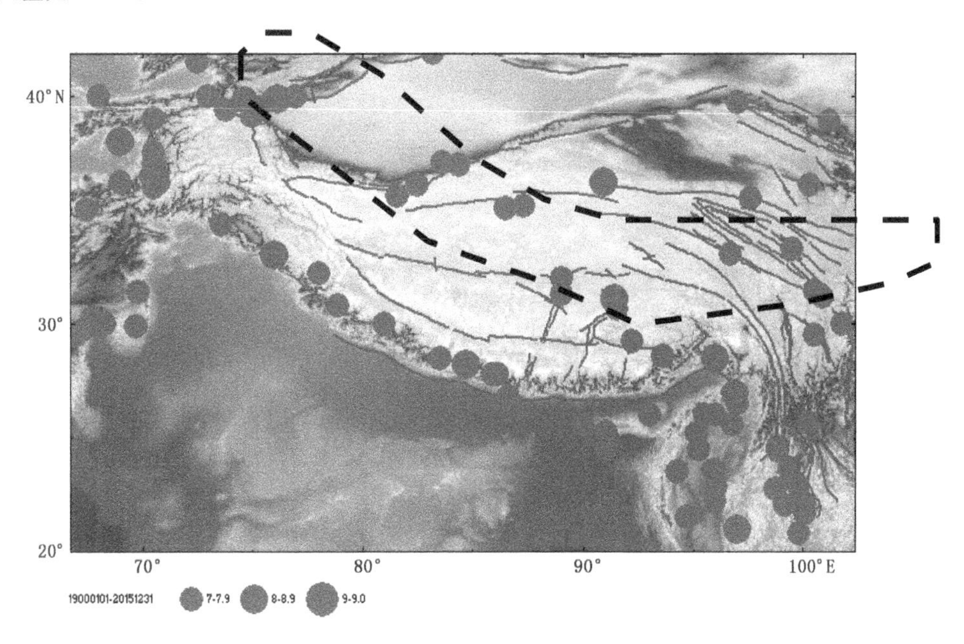

图 1　喜马拉雅碰撞带 1900 年以来 7 级以上地震活动

基于多年的研究，按照可公度原理，我们研制了一个对资料作可公度分析的 Fortuan 程序：表 1 是利用这一程序所得到的分析结果，它是由计算机直接输出的。

上述分析结果再次表明，地震基本上都发生在其时间轴上的可公度点上。这也表明地震的发生不是偶然的，并且有它的必然性，只是在不同的地区其可公度值是不同的。

在表 1 中，ΔX 是可公度值，第 1 列是序号，第 2 列是用年月日表示的地震发生的日期，第 3 列是用年和年的小数表示的地震发生的时间，第 4 列是相邻两次地震 X_{i+1} 与 X_i 之间的时间间隔，第 5 列 K 是该两次地震之间相距的可公度值的倍数，第 6 列是 K 与可公度值 ΔX 的乘积，第 7 列是第 4 列与第 6 列的差，即根据可公度性得到的预测误差。

表 1　自 1900 年以来喜马拉雅碰撞带地震事件的可公度性

地震发生日期			$X_{i+1}-X_i$ (年)	K	$K\Delta X$ (年)	$X_{i+1}-K\Delta X$ (年)
序号	年月日	(年)				
1	19620521	1962.38				
2	19630419	1963.29	0.91	2	1.18	−0.27
3	19650314	1965.20	1.91	3	1.77	0.14
4	19740811	1974.61	9.41	16	9.44	−0.03
5	19760529	1976.40	1.79	3	1.77	0.02
6	19831230	1983.99	7.59	13	7.67	−0.08
7	19850823	1985.64	1.65	3	1.77	−0.12
8	19880806	1988.59	2.95	5	2.95	0.00
9	19911019	1991.80	3.21	5	2.95	0.26
10	19930809	1993.60	1.80	3	1.77	0.03
11	19950711	1995.52	1.92	3	1.77	0.15
12	19970227	1997.15	1.63	3	1.77	−0.14
13	19971108	1997.85	0.70	1	0.59	0.11
14	20010126	2001.07	3.22	5	2.95	0.27
15	20011114	2001.87	0.80	1	0.59	0.21
16	20020303	2002.16	0.29	0	0.00	0.29
17	20051008	2005.76	3.60	6	3.54	0.06
18	20080320	2008.21	2.45	4	2.36	0.09
19	20150425	2015.31	7.10	12	7.08	0.02
可公度值			0.590			
平均值			.152			
标准偏差 (σ_{n-1})			.056			

4　结论与讨论

(1)由提丢斯—波得定则本身所揭示的是物质在一个空间的分布规律；而由翁文波所发展的可公度理论，是在一个特定空间内，事件发生的时间规律。由此可见，可公度性存在于各种自然现象中，具有普遍性。它可以帮助人们研究和认识各种物质之间的复杂关系，值得进一步深入研究。

(2)许多事件的发生似乎是偶然的，但事实不然，它是必然性寓于偶然之中，所以可公度理论可以为将来可能发生的事件的预测提供科学依据。

(3)利用可公度值，在其时间轴上外推的时间点是未来地震可能发生的时间点，这只是个必要条件。所以，利用可公度值作预测时，某些虚报是不可避免的，因为地震发生的准确时间由复杂的多因素确定。为了获得精确的预测，这种方法必须与其他方法相结合，走综合分析之路。

参考文献

[1] Geller R J, Jackson D D, Kagan Y Y and Mulargia. 1997. Earthquakes cannot be predicted. *Science*, **275**: 1616-1617.

[2] 翁文波. 1981. 可公度. 地球物体学报, **24**: 151-154.

[3] Nietro M M. 1972. *The Titius—Bode Law of Planetary Distances, Its history and theory*. New York: Pergamon Press.

[4] 翁文波. 1984. 预测论基础. 北京:石油工业出版社.

[5] Hui Hu, Yanben Han, Youjin Su, Rui Wang. Commensurability of Earthquake Occurrence. *Journal of Asian Earth Sciences*, 2013, **7071**: 27-34.

[6] Engdahl E R and Villasenor A. *GlobalSeismicity*: 1900—19990[A]. In: Lee H K, Kanamori H, Jennings PC et al. eds. International Handbook of Earthquake and Engineering Seismology[C]. Part A. Amsterdam: Academic Press. 2002.

[7] 龙小霞,延军平,孙虎,王祖正. 2006. 基于可公度方法的川滇地区地震趋势研究. 灾害学, **21**(3): 81-84.

"磁暴月相二倍法"是短临预测全球8级左右大地震的一种新方法

沈宗丕[1] 林命周[1] 徐道一[2]

(1 上海市地震局,上海 200062;2 中国地震局地质局研究所,北京 100029)

摘 要

两次磁暴之间的时间间隔,延长一倍,可以计算出未来8级左右大地震的发震日期。本文介绍张铁铮1969年底开发出利用这种自然规律的"磁暴二倍法",在中国首次应用于发震日期的预测。本文作者在此基础上开发出"磁偏角异常二倍法",从1970年9月开始预测发震日期。

20世纪90年代,作者在预测环太平洋地震带上8级左右大地震时,发现二个异常日期之间的天数,如果符合29.6天的倍数,与8级左右大地震发震日期有更好的对应关系。29.6天近似月球的望、朔周期。作者开发的"磁暴月相二倍法"预测发震日期由此产生。

关键词:"磁暴月相二倍法" "地震短临预测" "8级左右大地震"

1 "磁暴月相二倍法"预测地震的由来

"磁暴月相二倍法"预测地震是在"磁偏角异常二倍法"的基础上发展起来的[1]。"磁偏角异常二倍法"是通过南北相距较远的两个地磁台同一天的磁偏角的幅度值相减,并经过适当的纬度"校正",选出突出的地区性异常,来估计地震发生的大致地点;根据两次磁偏角异常出现的日期中间所包括的天数,从第二次异常日期算起,往后推同样的天数,这就是预测发震的时间;震级的大小是根据异常的大小来估计的。

在使用北京台与佘山台的磁偏角数据作"磁偏角异常二倍法"预测地震的过程中,发现可以预测环太平洋地震带上8级左右的大地震,但是还存在着一定的虚报。通过不断地总结发现,两个异常日期之间的天数,必须要符合29.6天的倍数,方可进行预测,才能对应上8级左右的大地震,否则会带来虚报(指小于7级地震)。29.6天正好近似月球的望、朔周期,从中又发现所选用的异常日期大多是太阳上发生的大耀斑和质子事件,所引起的磁暴日。因此,"磁暴月相二倍法"预测地震就从这里产生了[1]。

2 "磁暴月相二倍法"预测地震的方法介绍

(1)"磁暴月相二倍法"要区分两种性质的磁暴:"起倍磁暴"(MS1)和"被倍磁暴"(MS2)。预测地震时间的计算是求出"起倍磁暴日"与"被倍磁暴日"的时间间隔(D),即 $D=MS2-MS1$,以天为单位。在"被倍磁暴日"的日期上加上 D 值,即为预测"发震日期"(TC),即 $TC=MS2+D$,误差一般为±7天或±14天。

(2)"起倍磁暴日"与"被倍磁暴日"的选取:大的磁暴日,大多是太阳上发生的大耀斑或质子事件所引起的，在选取“起倍磁暴日”的时候必须要选 K 指数大的磁暴。我们国家的地磁台，以采用三个小时时段内（国际时）水平强度（H）最大幅度与 K 指数之间的关系如下：

R（H 幅度）＝	0	3	6	12	24	40	70	120	200	300 以上（nT）
K 指数＝	0	1	2	3	4	5	6	7	8	9

是以三小时的时段来量算的，分别为 00—03 时 为第 1 时段，03—06 时为第 2 时段……21—24 时为第 8 时段。当 $K=5$ 时为中常磁暴（m）；$K=6$ 或 7 时为中烈磁暴（ms）；$K=8$ 时或 9 时为强烈磁暴（s）。在选取“起倍磁暴日”时，必须 $K \leqslant 8$。在选取“被倍磁暴日”时，必须 $K \leqslant 6$，而且都应该在月相的日期中选取（上弦日为初七至初九；望日为十四至十七；下弦日为廿一至廿三；朔日为（廿九）至初二）。但“被倍磁暴日”的 K 指数一般不能超过“起倍磁暴日”的 K 指数（个别情况例外）。

(3)对 2001 年 11 月 14 日中国昆仑山西 8.1 级巨大地震的预测。

沈宗丕在 2001 年 11 月 5 日召开的上海市地震局 2002 年度趋势会商会上，在题为“近期对全球 8 级左右大震的短临预测意见”一文中，应用磁暴月相二倍法、大震组合周期等方法，明确提出：2001 年 11 月 22 日（±6 天）在新疆及其毗邻地区（46.5°N，85.0°E 或 40.0°N，90.0°E 为中心 300 千米范围内）可能发生一次 $Ms=8$ 左右（不小于 7.5 级）的大地震。

实际情况是：北京时间 2001 年 11 月 14 日在新疆的边邻地区发生了一次 8.1 级巨大地震（36.2°N，90.9°E）。实际发生地震与预测发震时间差 8 天，与预测震级差 0.1 级，发震地区与预测地区相差约 400 千米。这次预测的两个要素（发震时间和震级）全部符合中国地震局分析预报中心预报部所规定的一级短临预测标准，对发震地点的预测存在一定程度的误差。本次地震是 50 年来在大陆上发生的一次超过 8 级的巨大地震。

地震短临预测的依据与方法——“磁暴月相二倍法”如下：

起倍磁暴日期：1998 年 05 月 04 日，农历四月初九（上弦），$K=8$；

被倍磁暴日期：2000 年 02 月 12 日，农历一月初八（上弦），$K=7$；

二者相隔 649 天，二倍后得测算日期为：2001 年 11 月 22 日。

(4)对 2003 年 9 月 26 日日本北海道 8.2 级巨大地震的预测。

沈宗丕应用磁暴月相法、大震组合周期、大震迁移方向等方法，在 2003 年 9 月 19 日分别向国家“863 计划”地震预测课题项目负责人等预测：2003 年 10 月 10 日（±5 天或±10 天）和 10 月 14 日（±5 天或±10 天）国外有三个国家要特别注意的地区：第一个地区是日本北部（以 42.0°N，144.5°E 为中心 300 千米范围内）或日本南部（以 34.0°N，138.0°E 为中心 300 千米范围内）可能发生一次 $Ms=7 \sim 8$ 级（最大可能在 7.5 级以上）的大地震。

实际情况是：北京时间 9 月 26 日在日本北部地区（42.2°N，144.1°E）发生了一次 8.2 级巨大地震。实际发生地震与预测发震时间差 14 天，震级与预测震级相符，发震地区与预测地区仅相差约 50 千米。这次预测的三要素全部符合中国地震局分析预报中心预报部所规定的一级短临预测标准，本次地震发生前，由陈一文先生根据我们（指沈宗丕，郑联达）的预测情况向日本地震学家进行过预测。

地震短临预测的依据与方法——“磁暴月相二倍法”如下：

起倍磁暴日期：1999 年 09 月 23 日，农历八月十四（望日），$K=8$；

被倍磁暴日期：2001 年 10 月 01 日，农历八月十四（望日），$K=6$；

二者相隔 739 天，二倍后得测算日期为：2003 年 10 月 10 日。

(5)对 2004 年 12 月 26 日在印度尼西亚苏门答腊 8.9 级特大巨震的预测。

在2004年10—11月，沈宗丕应用磁暴月相二倍法作出了对印尼特大巨震的预测。在2004年10月30日填写了“天灾年度预测报告简表”，分别邮寄给中国地球物理学会天灾预测专业委员会郭增建主任和汪纬林秘书长，在“简表”中作出预测：2004年12月20日±5天(或±10天)，在日本南部可能发生7.5～8.5级的大地震，但不排除在其他地区内发生。在2004年11月15日，沈宗丕以同样的预测内容分别发了电子邮件给：国际地震预测委员会许绍燮秘书长，中国地震预测咨询委员会、中国地球物理学会天灾预测专业委员会一些委员等。

实际情况是：在2004年12月23日在澳洲东南方向的麦阔里岛发生了8.1级巨震；在2004年12月26日在印度尼西亚苏门答腊西北地区发生了8.9级特大巨震。上述预测在发震时间和震级方面和两个巨震都对应得十分好：预测发震时间的中心点(12月20日)与巨震实际发生时间分别相差3天和6天，都在误差范围内；预测震级分别为符合和相差0.4级；但对发震地区的预测偏差太大，是本年度全球最大的一次地震。

地震短临预测的依据与方法——“磁暴月相二倍法”如下：

起倍磁暴日期：2001年11月06日，农历九月廿一(下弦)，$K=9$；

被倍磁暴日期：2003年05月30日，农历四月三十(朔日)，$K=7$；

二者相隔570天，二倍后得测算日期为：2004年12月20日。

(6)对2006年11月15日千岛群岛8.0级巨大地震的预测。

沈宗丕运用“磁暴月相二倍法”预测2006年11月18日±5天(或±10天)在我国西部地区可能发生7～7.6级大震，但不排除在其他地区内发生7.5级以上的大地震。这一预测意见于2006年10月15日首先用挂号信邮寄给中国地震局预报部门，编号为2006-6，然后分别用电子邮件发给中国地震预测咨询委员会、中国老科学技术工作者协会地震分会以及中国地球物理学会天灾预测专业委员会徐道一常委、许绍燮院士和上海市地震局林命周研究员在预测前也曾与中国地球物理学会天灾预测专业委员会耿庆国副主任共同讨论会商过，他用“磁暴二倍法”预测的时间与震级基本一致。

而后沈宗丕又将这一预测意见电话告诉中国地震局地壳应力研究所的戴梁焕高工，请他用自己多年来作全球大震活动的动态分析方法提供可能发生的具体地区，在2006年10月22日的来信中他提出了堪察加半岛50°N左右等四个具体地区，最大可能在堪察加半岛的南部地区。

实际情况是：在2006年11月15日日本千岛群岛发生8级巨大地震，根据中国地震台网测定为8.0级，而美国USGS测定为8.1级，是本年度全球发生的最大地震。与预测的中心日期相差3天，与预测的震级完全一致，与预测的地区差约350千米，是本年度全球最大地震之一。

地震短临预测的依据与方法——“磁暴月相二倍法”如下：

起倍磁暴日期：2000年07月16日，农历六月十五(望日)，K=9；

被倍磁暴日期：2003年09月17日，农历八月廿一(下弦)，K=7；

二者相隔1158天，二倍后得测算日期为：2006年11月18日。

(7)对2009年9月30日萨摩亚群岛8.0级巨大地震的预测。

沈宗丕根据“磁暴月相二倍法”于2009年9月18日向有关部门预测：2009年9月25日±5天在环太平洋地震带、欧亚地震带或在我国大华北地区可能发生一次7.5～8.0级左右的大地震，希望通过其他一些前兆手段和方法相互结合起来进一步缩小地区的预测范围。

2009年9月21日14时左右沈宗丕打通了张铁铮先生家的电话，目的是想了解他最近的身体健康状况，接电话是他的儿子，告诉沈宗丕一个非常不幸的消息，他的爸爸张铁铮由于心肮脏病复发而于今天上午9时05分逝世了。他是我国首先运用“磁暴二倍法”预报地震的创始人。

耿庆国告诉沈宗丕说:"我们(指任振球、耿庆国、李均之、曾小苹等)曾向有关部门预测:2009年9月22日±10天在我国的三峡库区可能发生一次大的滑坡或6.5级左右的中强地震,但也不排除在国外发生7.5级以上的大地震"。沈支持耿庆国的预测意见。果然是2009年9月20日下午4时50分在重庆万县巫溪地区发生了一次100万立方米的大滑坡,据说当地的群众测报点也作了预测,房屋倒塌80余间,56个人迅速逃跑,无一人死亡,这次预报获得了成功。

根据中国地震台网测定:2009年9月30日01时48分在萨摩亚群岛(15.5°S,172.2°W)发生一次8级巨震,又测定:2009年9月30日18时16分在印尼苏门答腊南部(0.8°S,99.8°E)发生一次7.7级巨震,与预测的中心日期相差5天,与预测的震级完全一致,预测的地区偏大。

地震短临预测的依据与方法——"磁暴月相二倍法"如下:

起倍磁暴日期:1989年11月18日,农历十月廿一(下弦),$K=8$;

被倍磁暴日期:1999年10月22日,农历五月初七(上弦),$K=7$;

二者相隔3625天,二倍后得测算日期为:2009年9月25日。

(8)对2010年2月27日智利8.8级特大巨震的预测。

沈宗丕根据"磁暴月相二倍法"于2009年12月31日向中国地球物理学会天灾预测专业委员会提交"2010年天灾预测年度报告简表"中的第一个预测意见是:2010年2月22日±7天或±14天在环太平洋地震带内(特别要注意我国台湾省及邻近海域);欧亚地震带内(特别要注意我国西部或西南地区);我国大华北地区(特别要注意小华北地区)可能发生一次7.5~8.5级的大地震,同时希望能通过有关手段和方法结合起来进一步缩小地区的预测范围。

2010年1月底,又向中国地震预测咨询委员会等单位和部门以及咨询委员会的郭增建主任、汪成民、徐道一副主任;天灾预测专业委员会的耿庆国主任,高建国、李均之副主任和陈一文顾问等同样作出以上的短临预测意见。同时,又向强祖基等28位预测专家发出了E-mail,希望通过各自的手段和方法,密切配合,进一步缩小地区的预测范围。又于2010年2月2日沈宗丕与林命周向中国地震台网中心提交了"地震短临预测卡片",编号为2010-(1)的短临预测意见。2月14日收到中国地震台网中心地震预报部回执,登记编号为:201001010011。

2010年2月9日11:35,收到刘国昌预测专家的E-mail,他经过天文计算认为,2月10日,20日,24日是发生大地震的时间,2月24日14时46分又收到他的8级预警信号。

2010年2月9日14时37分,收到杨学祥预测专家的E-mail,他认为2010年是8.5级以上大地震爆发的危险年,值得关注,特别是沿海地区。2月10日05时24分,又收到他的E-mail,认为2月13日为月亮远地潮,2月14日为日月大潮;2月28日为月亮近地潮,3月1日为日月大潮,均可激发地震火山活动。

实际情况是:根据中国地震台网测定:北京时间2010年2月27日14时34分,在智利(35.8°S,72.7°W)发生了一次里氏8.5级的巨大地震(后修正为8.8级)。美国地质调查局(USGS)原测定为里氏8.3级巨大地震(后修正为8.8级)。与预测的中心日期相差5天,与预测的最高震级相差0.3级,与预测的地区相差太大。

地震短临预测的依据与方法——"磁暴月相二倍法"如下:

起倍磁暴日期:2001年03月31日,农历三月初七(上弦),$K=9$;

被倍磁暴日期:2005年09月11日,农历八月初八(上弦),$K=7$;

二者相隔1625天,二倍后得测算日期为:2010年2月22日。

3　对全球 8 级左右大地震的预测效果

为了系统检验“磁暴月相二倍法”的预测效果，对全球 $Ms \geqslant 7.5$ 大地震进行两次检查。一次预测对应研究是：在 1991 年 12 月 1 日至 1994 年 11 月 30 日期间，全球共发生 $Ms \geqslant 7.5$ 的大震（主震）12 次。统一“磁暴月相二倍法”进行预测的同一标准，作出了 14 次预测（其中 1 次重复，应按 13 次统计），对应 $Ms \geqslant 7.5$ 大震有 8 次，虚报 5 次（其中对应上 $7.4 \geqslant Ms \geqslant 7.0$ 的大震有 3 次），漏报 4 次地震。[2]

另一次预测对应研究是：在 1998 年 5 月 1 日至 2001 年 1 月 31 日期间，全球共发生 $Ms \geqslant 7.5$ 的大震 16 次，发生于“磁暴月相二倍法”得出的计算发震日期（在 ±5 天范围内）有 13 次，无对应的有 3 次。在 15 次计算发震日期中有 11 次对应全球 $Ms \geqslant 7.5$ 的大震，有 2 次对应 $7.4 \geqslant Ms \geqslant 7.0$ 的大震。[3]

经过实践表明，磁暴月相二倍法预测地震实际上还不能判定发震地点，充其量是预测一定级别以上地震发震日期的时间段，这一点连方法的推出者本人也认可，磁暴月相二倍法预测地震在历史上报得较好的几次三要素预测（例 2001 年 11 月 14 日我国昆仑山西 8.1 级和 2003 年 9 月 26 日日本北海道 8.2 级巨大地震的预测），在地点上预测者本人也认为是蒙对的。因此，磁暴月相二倍法预测地震（所预测的地点是整个地球，此含义即二要素预测），在发震时段上有否合理性。另外由于地球上的中小地震每天不知要发生多少次，故只有预测相当大震级的地震才能鉴别预测的有效性，再则仅根据报对率还不能全面地评价预测的效能，因此今后还须再作进一步的评估。

4　二倍关系的机制问题的初步探讨

由于“磁暴二倍法”、“磁暴月相二倍法”等在预测大地震的发震时间方面的精度较高，而且效果显著，一些学者对磁暴、二倍关系与地震的机制进行研究。

磁暴可穿透地球表面几百千米。由于磁暴数据是由位于地球表面的地磁台站记录，磁暴强度一方面与太阳活动有关，一方面也受到磁暴打入地球时，地下岩石的磁、电等性质影响。地震发生在地球表面几十千米之内，这为应用磁暴与地震预测的问题提供了基础。

张铁铮最早提出对磁暴与地震在时间上的二倍关系认识[4]，他认为：震中周围岩石从压缩到恢复，一往一返，一个周期正好二倍关系。罗葆荣对磁暴与太阳耀斑与地震对应关系进行探讨[5]，他应用统计检验方法，得出如下看法：(1)在一定的太阳活动条件下，作为起倍异常和被倍异常的磁暴强度越高，预测水平越高；(2)在一定的磁场强度条件下，太阳质子耀斑的出现，显著地提高了地震预测水平；(3)应用有质子耀斑对应的起倍磁暴日和被倍磁暴日时的预测水平最高。这表明太阳粒子流是通过地磁的扰动而触发地震的。质子耀斑和磁暴都是提高磁暴二倍法预测水平不可缺少的因子。沈宗丕发现[1]：选取发生在月相中的磁暴亦可明显减少虚报，而且可对应震级较大的地震，表明大地震除了与太阳活动有关以外，还应考虑月亮的因素。徐道一等提出，两个异常的时间间隔与朔望月、交点月的公倍数有关，有时后者还表现为素数数列[6,7]。

郭增建等从震源物理角度来解释二倍关系，提出：按照组合模式，蠕滑断层有幕式蠕滑[8]。磁暴的热效应和磁致伸缩效应可使蠕滑幕向磁暴时刻调整。按物理学中“整步现象”，当磁暴加到蠕滑幕，第二个磁暴发生后到再次出现蠕滑幕的时间也与前一次时间间隔相等，此时这个蠕滑幕可能触发积累单元释放能量而发生大震，即出现二倍现象。张世杰等以太阳磁球、地球磁球的不稳定产物磁暴球三者，做限制性三体问题研究，给予“磁暴二倍法预报地震”以物理背景的天文学机理讨论[9]。

目前掌握的二倍关系比较确定的有（下文中“—”代表两端事物之间的空间或时间的等间距）：磁暴—磁暴—磁暴；磁暴—磁暴—地震；磁暴—地震—地震；地震—地震—地震；热点—热点—热点；断层—断层—断层；节理—节理—节理；岩墙—岩墙—岩墙；超大型矿床—超大型矿床—超大型矿床；铀矿点—铀矿点—铀矿点；城市—城市—城市等。[10,11]

上述例子有一个共同之处是：它们大多是一些突发性强或罕见的事物，其特点是变化不连续、不平稳，不符合常规数学方法的假设前提。它们在自然界客观地存在。可以相信：客观存在大量二倍关系，可被应用于科学预测和研究。

翁文波院士大大地发展了可公度性的理论，并在天灾（地震、洪水、干旱等）预测中发挥了出乎意料的效果[12]。三元公度式中仅有三个点情况（两个差值为邻接时）等同于二倍关系。这样一来，有关可公度性的信息预测理论基本上都可适用于二倍关系。[13]

二倍关系的机制确实不清楚。在机制不清楚前，就不能被承认吗？细胞为什么一分为二的机制至今不清楚，但不影响对细胞进行研究。在混沌理论中，周期倍分岔现象的一分为二的机制也不清楚，它也没有影响对周期倍分岔现象的应用和研究。同理，二倍关系的机制确实不大清楚，但这并不影响对二倍关系进行研究和预测。我们相信，随着科学研究深入开展，对二倍关系机制的了解将会越来越多。

参考文献

[1] 沈宗丕. 谈谈磁偏角二倍法. 地震战线，1977，(3)：30-32.

[2] 沈宗丕，徐道一. 应用磁暴月相二倍法对全球 Ms≤7.5 大地震的预测效果分析. 西北地震学报，1996，**18**(3)：84-86.

[3] 沈宗丕，徐道一，张晓东，汪成民. 磁暴月相二倍法的计算发震日期与全球 Ms≤7.5 大地震的对应关系. 西北地震学报，2002，**24**(4)：335-339.

[4] 张铁铮. 磁暴二倍法预报地震. 自然科学争鸣，1975，(2)：35-40.

[5] 罗葆荣. 1978. 太阳耀斑活动对地磁二倍法预报地震的调制作用. 云南天文台台刊，(1)：50-55.

[6] 徐道一，王湘南，沈宗丕. 1994 年 9 月底 10 月初 Ms≤7.5 大地震的预测依据”//地震危险性预测研究(1995 年度). 北京：地震出版社. 1994：187-191.

[7] 徐道一，王湘南，沈宗丕. 磁暴与地震跨越式关系探讨. 地震地质，1994，**16**(1)：21-25.

[8] 郭增建，韩延本，吴瑾冰. 从震源物理角度讨论外因对地震的触发机制. 国际地震动态，2001，(5)：13-16.

[9] 张世杰，韩延本，胡辉. 天灾预测分析的物理基础：天体磁场//王明太，耿庆国. 中国天灾信息预测研究进展. 北京：石油工业出版社. 2004. 47-49.

[10] 徐道一. 大地震发震时间二倍关系探讨//陈运泰. 中国地震学会成立 20 周年纪念文集. 北京：地震出版社. 1999. 313-318.

[11] 徐道一. 二倍关系的元创新性质//王明太，耿庆国. 中国天灾信息预测研究进展，北京：石油工业出版社. 2004. 44-46.

[12] 翁文波，吕牛顿，张清. 预测学. 北京：石油工业出版社. 1996.

[13] 徐道一，沈宗丕. 试论三元可公度性与二倍关系的异同//王明太，耿庆国. 中国天灾信息预测研究进展. 北京：石油工业出版社. 2004. 41-43.

海城大地震短临预测预报成功过程

——不容忘记的成功预测预报

李志永

（中国地震局地球物理研究所，北京 100081）

摘　要

1975年2月4日中国海城发生7.3级大地震。作为当年参加海城大地震成功预测预报的亲身经历者，海城大地震发生虽然已经过去了40年，许多事情至今依然历历在目，但对历史的记忆不容抹去。

关键词：海城大地震　预测预报　观测手段和方法

1975年2月4日我国辽宁省南部海城、营口一带，发生了7.3级的强烈地震（史称海城大地震）。对海城大地震，震前我国做出了准确的预测预报，使这次地震在辽南人口稠密地区所造成的损失大大减轻，据估计由于成功预报，拯救了十余万人的生命，避免了国家数十亿元的经济损失。对海城大地震的成功预测预报，历史是不容忘记的。

海城大地震的预测预报成功是有其必然性的！这是我国地震科技工作者在党中央和国务院的领导和关怀下，奋发努力、埋头苦干、精心研究的重大科技创新成果。作为历史经历者和现场见证人，我对此有深切的感受。1974年12月下旬末，即辽宁参窝水库4.8级地震发生后，中国地震局（原国家地震局、当时由中国科学院代管）派我赴辽宁省地震局（原沈阳地震大队、辽宁省地震办公室）工作组担任副组长。从北京、沈阳、辽阳、鞍山、营口、海城，亲身经历、参与、见证了真实的海城大地震短期临震预测预报的主要过程。

1966年3月8日邢台地震发生后，周恩来总理亲临邢台地震现场，要求科学工作者抓住邢台地震现场不放，并指示要"研究出地震发生的规律来"。周总理这一指示，使邢台地震现场成为一个地震预测预报的战场，其中包括中国科学院、地质部、石油部、国家地震局、测绘局等二十多个部委参与了相应研究工作。周恩来总理又专门邀请李四光、傅承义、顾公叙、李善邦、翁文波、张文佑等著名科学家，努力为实现地震预测预报开展工作。在国务院和周总理的领导和关怀下，各省、区开展了大量工作：及时组建了省、市地震大队和地震办公室，并完善了管理体制和机构。20世纪70年代初专门开辟了新疆地区探索地震预测预报的试验场、开辟山西临汾地区多学科、多种方法精心研究地震预测预报的会战。经过邢台地震以来不断的现场观测、预报和科研的实践积累，预测预报手段逐渐成熟。

1974年6月上旬，国家地震局召开华北及渤海地区地震形势会商会，经中国科学院向国务院上报，国务院批转了中国科学院关于华北及渤海地区地震形势的报告，即国发〔1974〕69号文件。该文件明确指出了可能发生地震的地区，向有关省、市、自治区发出了"立足于有震、做好地震预防工作"的通知。可以这样说，以上的做法为海城地震预测预报奠定了理论基础和实践经验基础，1974年12月22日辽宁省辽阳—本溪滲窝水库地区发生4.8级的地震后，国家地震局为判断辽宁省地震趋势(考虑到沈阳地震大队刚刚成立),果断于1974年12月30日向沈阳地震大队派出了有丰富理论与实践经验的五人地震工作组,参与了当地的地震监测、震情分析、预测预报等工作。1975年1月中旬,国家地震局召开1975全国地震趋势会商会,再次提出辽宁南部地区将要发生较大地震的判断。

在党中央、国务院关怀下,中国地震局、沈阳地震大队、辽宁省地震办公室在海城地震前提出了预测预报意见。从1975年2月1日开始到2月4日凌晨,在辽南海城和营口一带不断升级的小震活动频繁,发生强震的危急凸显出来;沈阳地震大队、辽宁省地震办公室在海城地震前提出了预测预报(第14期地震情报)。省委、省政府向各市地区提出震级不断增大,做好防大震准备的电话通知。并派专家到海城、营口指导工作。震区的多个地震观测台站和群众测报点,及时地把测定的临震数据,不断报到省地震部门,给省领导决策提供了重要基础。

我作为国家地震局派往营口地区的唯一工作人员,凭借着多年地震预测预报工作的经验,又根据当地各种观测数据资料的分析,我于1975年2月4日上午11:50向营口市科技局和地震办公室提出:"在1975年2月4日当晚6点至8点左右(正值吃晚饭的时候),海城县牌楼公社与英落公社附近,将要发生7级以上的强烈地震"的预测预报意见。为海城地震成功临震预测预报提供了决策性依据。

按照国发〔1974〕69号文件要求,在辽宁省委、省政府的领导部署下,震区党政军民及时采取了有力的预防措施,加固堤坝、检查危旧房屋、组织维修队和救护队、转移危险品和准备救灾食品。加大宣传力度,把预测预报有大震情况逐级传达,街道党、政领导召开会议传达、做到家喻户晓,在农村,村干部和民兵组织做到入户动员。民兵在动员时经常是由他们扶搀行动不便的老人到安全的地方,这些做法取得了明显效果。当海城、营口一带发生7.3级的强烈地震时,大大降低了人员的伤亡和经济上的损失。

40年前海城7.3级大地震预测预报成果,集中反映了中国在地震预测预报方面的领先地位。当时所依据的地震活动性、长期干旱气象异常、测震、水准、地磁、海平面和水氡、土地电、地下水、地气雾味、动物行为异常等观测手段和方法,具有鲜明的中国特色和中华民族科技自主创新的精神。1975年3月12日,周恩来总理委托邓小平副总理签发了国务院文件、国发〔1975〕41号,通报表彰了在第一线工作的辽南地区地震预测预报有功单位(营口市石硼峪地震台、旅大市地震台金县观测站、盘锦地区地震台、海城县地震观测站、营口县虎庄公社邮电支局业余地震测报组和辽宁冶金地质勘探公司一零二队业余地震测报组等单位)。这些单位受到表彰,当之无愧,他们的功绩永载史册。

1976年6月,美国"赴海城地震考察组"负责人雷利教授在地震现场说:"中国在地震预报方面是第一流的。海城地震预报是十几年来世界上重大的科学成就之一"。经联合国教科文组织评审确定,中国作为唯一对强地震做出过成功短临预报的国家,被载入史册。

1979年,中国改革开放的总设计师邓小平访问美国期间,曾与卡特总统分别代表中美政府签署了具有重要意义的中美科技合作协定和文化协定。美国政府提交的要与中国科技合作的两项合作之一,是地震预测预报科学研究,这足以证明海城地震成功预测预报在世界科技方面的历史作用。开辟了中国与世界科技合作的新篇章。

对地震预测预报工作,我们已经为之奋斗了近五十年,付出了极大的努力,做出了应有的贡献。特别是随着地震科学的发展,我们的视野更大了,理论水平更高了,使我们踏上地震预测预报之路更加宽广了。我们坚信,地震预测预报问题的彻底解决,只不过是个时间问题。

对 2015 年 5 月 30 日日本东京都小笠原群岛 8.5 级巨震的内部尝试性预测过程清样备忘录

陈维升[1,2]　耿庆国[2,3]　强祖基[2,3]　刘艳[3]

（1. 北京工业大学地震研究所，北京 100124；2. 中国地球物理学会天灾预测专业委员会，北京 100124；
3. 中国留学人才发展基金会巨灾灾害链预测研究中心，北京 100124）

摘　要

2015 年 5 月 30 日日本东京都小笠原 8.5 级巨震。事前，我们运用旱震关系、强震可公度中期信息预测法、强磁暴组合法、次声波、Kp 指数、卫星红外热场等多手段多方法进行综合研究，对此次巨震做出从中期到短临跟踪预测（内部），取得了符合实际的预测。事实再一次表明：强地震是可以预测的，但要为此付出极大的努力。

关键词：旱震关系　强震可公度中期信息预测法　强磁暴组合法　次声波　Kp 指数　卫星红外热场

2015 年 5 月 30 日日本东京都小笠原群岛发生 8.5 级巨震。事前，从 2015 年 4 月 15 日起至 2015 年 5 月 31 日止，在这 46 天时间内，我们对日本巨震进行了内部预测跟踪。依据中国防震减灾法规定，只将尝试性预测意见内部报给中国相关部门和专家备案，以供参考。

1　2015 年 4 月 15 日内部预测

关于对日本本州（含关东地区）及以东近海地区近期可能发生 8.5 级左右巨震的临震预测意见（内部）：

（1）发震时间：2015 年 4 月 18—26 日；

（2）震级：Ms8.5（±0.2）级；

（3）地点：日本：日本本州（含关东地区）及以东近海地区，36.0°（±2.0°）N，140°（±2.0°）E；

（4）预测依据：

1）运用可公度系信息预测方法，内部研究推断：2015 年是日本东海地区（含关东地区）发生 *Ms*≥8.0 级巨大地震的年份（见附件 1）。

2）依据强磁暴组合法提出：2015 年 4 月 28 日（前后 10 天）即 2015 年 4 月 18 日至 5 月 8 日，为全球、特别是中国大陆周边地区，发生 Ms8.0 巨震的危险时间点（见附件 2）。而在 2011 年 3 月 11 日东日本 9 级巨震前，用强磁暴组合法给出的强震危险时间点为：2011 年 3 月 5 日（前后 10 天）。

3）次声波异常：北京工业大学地震研究所 2015 年 4 月 10 日收到次声波异常信号达 4010 mV（见附件 3）。此与 2011 年 3 月 9 日北京工业大学地震研究所收到的次声波异常信号幅度 4030 mV 接近；两天后，即 2011 年 3 月 11 日东日本 9.0 级巨震。

4）日本当地出现了值得关注的宏观异常信息：据悉，2015 年 4 月 10 日上午，日本茨城县鉾田市海岸出现约150头搁浅的瓜头鲸(见附件4)。而2011年3月4日晚在日本东部茨城县鹿岛市一处海滩也曾出现有50头瓜头鲸搁浅;其后7天,2011年3月11日发生了东日本9.0级巨震。

5)出现了值得关注的窗口震信息:2014年11月22日,日本本州岛(36.6°N,137.9°E)发生了6.4级强震(见附件5);我们认为:这是未来日本本州(含关东地区)及以东近海地区发生巨震的早期信号震和窗口震。

(5)建议:知患贵能防患,患来免致茫然。我们建议:为以防万一,在内紧外松前提下,做好内部关照提醒;有备无患,悉心提高防震意识,确保我国驻日使馆和旅日同胞的生命安全。

上述预测意见仅供有关方面负责同志参考。

预测意见提出人:耿庆国,陈维升。意见提出时间:2015年4月15日。

2 必要的说明

(1)2015年4月25日在中国大陆周边地区,与中国接壤的尼泊尔国境内发生8.1巨震。值得注意的是:在2015年4月15日我们提出的预测依据2)和3)中,巨震临震预测意见(内部)的有效期限内,于2015年4月25日在中国大陆周边地区,与中国接壤的尼泊尔国境内发生8.1级巨震。2015年4月26日研判认为:预测依据2)和3)主要和2015年4月25日尼泊尔8.1级巨震有关。

(2)尼泊尔发生8.1巨震后,2015年4月26日依据资料分析研究,研判后坚持认为:除尼泊尔震区发生7级以上强余震外,2015年5月30日前后,日本本州(含关东地区)及以东近海地区近期可能发生8.5级左右的巨震。

1)陈维升通过对热卫星红外异常观测资料研究提出:虽然尼泊尔国发生8.1巨震,日本地区的热红外异常仍然很突出,日本依然存在发生8级以上巨震的危险。

2)根据所掌握的资料,中新网2015年4月23日电,据日媒报道,日本东京都丰岛区政府23日表示,工作人员在池袋本町的区立公园一角测出了每小时达480微希的辐射量。报道称,丰岛区政府认为地下可能埋有某种物质,已禁止日本民众进入该公园。

另据中国新闻网报道:2015年4月23日日本北海道知床半岛海岸约300米长的地面近日隆起了10～15米。

3)耿庆国根据强震活动性历史资料的对比研究以及特大地震发生的时空有序性,认为:尽管尼泊尔国发生8.1级巨震,但日本近期依然存在发生8级以上巨震的危险。

4)耿庆国根据强磁暴组合法[1,2]提出:2015年5月30日(前后10天)即2015年5月20日至6月9日,为全球、特别是中国大陆周边地区(含日本关东地区及以东近海),发生Ms8.0巨震的危险时间点 。对日本巨震仍要高度注意。

3 2015年4月30日内部预测会商

2015年4月30日在中国留学人才发展基金会巨灾灾害链预测研究中心,进行了内部预测会商,强祖基提供了热红外异常情况,认为:日本本州(含关东地区)及以东近海近期存在发生8级左右的危险。刘艳参加了会商讨论。

2015年4月30日强祖基教授提供卫星红外热场图片资料图1,并提出以下内部预测内容:

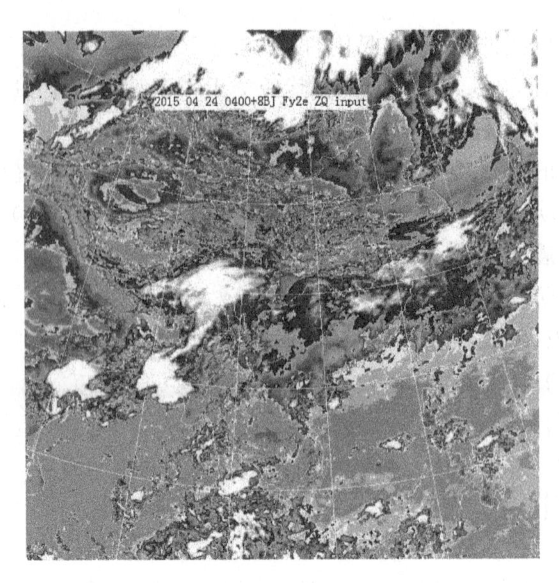

图 1　2015 年 4 月 24 日 04 时(世界时)
卫星红外热场

PREDICTION：
TIME：APRIL 27—MAY 8 2015
LOCATION：36°～39°N；136°～141°E
MAGNITUDE：M8.0±0.2
第一阶段
时间：4 月 27 日—5 月 8 日 2015 年
地点：日本，36°～39°N；136°～141°E
震级：M8.0±0.2

4　2015 年 5 月 20 日向国家有关方面提出强震活动分析预测意见

2015 年 5 月 20 日，我们向国家有关方面提出有关近期强震预测的具体意见及其依据如下。

(1)耿庆国研究员依据强磁暴组合法给出，2015 年 5 月 30 日(前后 10 天)、2015 年 6 月 5 日(前后 10 天)，即 2015 年 5 月 20 日至 2015 年 6 月 15 日期间，是中国大陆内及周边地区(含日本关东地区)，发生 8.0 级巨震的危险时间点。

(2)北京工业大学地震研究所陈维升副研究员提出，2015 年 5 月 12 日和 5 月 17 日北京工业大学分别收到 4900 毫伏、3300 毫伏的次声波异常信号[3,4]，依据次声波的异常幅度判定：亚洲地区将有 8.5 级左右巨震，发震时间应在 2015 年 6 月 4 日前，特别值得关注的发震时间是：5 月 24 日、5 月 25 日和 6 月 1 日；在此时间内有可能发生 2 个 8 级左右巨震。其中日本东京附近存在发生 8 级巨震的危险。

(3)在此预测期间，2015 年 5 月 25 日下午日本关东地区发生 5.6 级破坏性地震。地震发生时，东京市内随即响起警报，地铁系统暂停，成田机场运行略受影响。据成田国际机场公司称，成田机场因日本地震实施检查一度关闭了跑道。

特别是2015年5月30日在由日本东京都管辖的小笠原群岛发生8.5级巨震。

(4)我们在2015年5月15日中国地震局地震预测咨询委员会专家会上：

耿庆国强调：依据强磁暴组合法给出，2015年5月30日(前后10天)、2015年6月5日(前后10天)，即2015年5月20日至2015年6月15日期间，是中国大陆内及周边地区(含日本关东地区)，发生8.0级巨震的危险时间点，特别要关注2015年5月30日这一天，日本关东地区可能发生8级以上巨震。

陈维升提出：根据全球Kp指数分析，今年全球将有2～3个8级以上地震发生，很可能有一个9级地震发生。根据北京工业大学地震研究所2015年5月12日接收到的4900毫伏的特大次声异常信号分析，2015年5月30日前日本将发生8.5级巨震。

5 结论

通过对日本东京都小笠原8.5级巨震的从中期到短临跟踪预测(内部)，事前，我们运用旱震关系、强震可公度中期信息预测法[5]、强磁暴组合法、次声波、Kp指数、卫星红外热场[6]等多手段多方法进行综合研究，从中外强震前兆特征对比研究中，取得了一些规律性认识。

(附件1)

运用可公度系信息预测方法，内部研究推断：2015年是日本本州(含关东地区)及以东近海发生Ms≥8.0级巨大地震的年份。

1.已知：日本本州(含关东地区)及以东近海，历史上发生M≥8.0级巨震的年份是：869年、1498年、1611年、1677年、1703年、1897年、1898年、1901年、1923年、1933年、1968年。

2.可公度元：1611－1498＝113、1703－1677＝26、1897－1703＝194、1898－1703＝195、1923－1901＝22、1933－1923＝10；

显然，可取195年、194年、113年、26年、22年、10年，为可公度元。

3.预测分析：由可公度元195、194、113、26、22、10，可给出下列可公度系表达式：

(1)869＋113＋113＋113＋113＋113＋113＋113＋113＋113＋113＋26－10＝2015

(2)1498＋195＋195＋113＋10＋26－22＝2015

(3)1611＋195＋195＋10＋26－22＝2015

(4)1677＋195＋113＋10＋10＋10＝2015

(5)1703＋113＋113＋26＋10＋10＋10＋10＋10＋10＝2015

(6)1897＋26＋26＋26＋10＋10＋10＋10＝2015

(7)1898＋113＋26－22＝2015

(8)1901＋26＋22＋22＋22＋22＝2015

(9)1923＋26＋26＋10＋10＋10＋10＝2015

(10)1933＋26＋26＋10＋10＋10＝2015

(11)1968＋26＋22＋194－195＝2015

由此给出下述内部预测意见结论：2015年是日本本州(含关东地区)及以东近海，发生Ms≥8.0级巨大地震的年份。

(耿庆国2015年1月31日初稿)

（附件2）

强磁暴组合法

2000.9.17 K=9
1986.2.6 K=9

  2000.9.17
−1986.2.6
———————
    14.7.11
+2000.9.17
———————
  2014.16.28
=2015.4.28（±10天）

分析结论：

Ⅰ.2015年4月28日（前后10天），即2015年4月18日至5月8日，为全球、特别是中国大陆周边，发生$M_S \geq 8.0$级巨震的危险时间点。

Ⅱ.其中被借磁暴2000.9.17 K=9，曾与另一强磁暴1990.4.9 K=8组合成的中国大陆周边发生$M_S \geq 8.0$级巨震的危险时间点为2011年3月5日（±10天）。结果在2011年3月11日在日本福岛附近发生Mw9.0级东日本大地震。

（本资料由耿庆国提供）

（附件3）

次声波异常：北京工业大学地震研究所2015年4月10日收到次声波异常信号达4010 mV。此信号与2011年3月9日北京工业大学地震研究所收到的次声波异常信号幅度4030 mV相接近；两天后，即2011年3月11日东日本9.0级巨震（陈维升提供资料）。

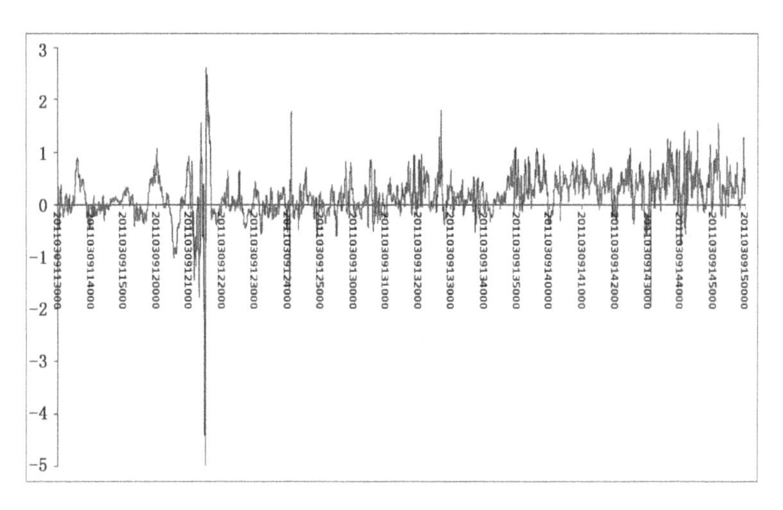

图 2　2011 年 3 月 9 日北京工业大学地震研究所收到的次声波异常信号幅度 4030 mV

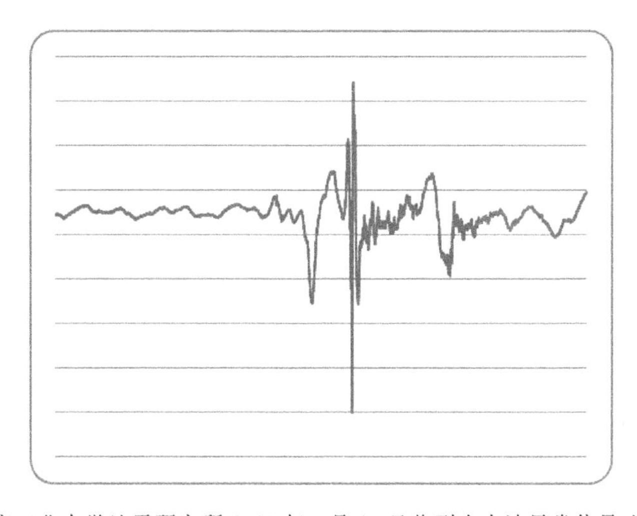

图 3　北京工业大学地震研究所 2015 年 4 月 10 日收到次声波异常信号达 4010 mV

(附件 4)

据新华社电 大约 50 头瓜头鲸 2011 年 3 月 4 日晚在日本东部茨城县鹿岛市一处海滩搁浅，地方政府和志愿者 5 日帮助其中 22 头幸存的瓜头鲸重回大海。这些瓜头鲸体长 2 米至 3 米，体重 300 公斤左右，被海水冲至鹿岛市一座海滨浴场搁浅。包括水族馆和鹿岛市政府员工、附近居民、冲浪爱好者在内，大约 200 人 5 日上午赶到海滩，拯救这些瓜头鲸。他们不停地给瓜头鲸泼水，或者在瓜头鲸身下挖坑，让海水涌入，帮助瓜头鲸重新游回海中。

2011 年 3 月 11 日 13 时 46 分(北京时间)，在日本本州东海岸附近海域(北纬 38.1 度，东经 142.6 度)发生 Mw 9.0 级巨震。

50 头鲸搁浅日本东部海滩，新京报，2011 年 3 月 7 日

当地时间 2015 年 4 月 10 日上午，日本茨城县鉾田市海岸出现约 150 头搁浅的瓜头鲸，当地民众对其展开救援。(图片来源:东方 IC)

中国日报网 2015 年 4 月 10 日电(张同彤) 据日本 NHK 新闻网报道，当地时间 4 月 10 日

上午，日本茨城县鉾田市海岸出现约 150 头搁浅的瓜头鲸。多数瓜头鲸身上有伤，十分虚弱，当地民众对其展开了救援。

报道称，当地时间 2015 年 4 月 10 日早晨 6 点半左右，警方接到报警称在鉾田市海岸发现许多搁浅的瓜头鲸。经鹿儿岛海上保安署调查，确认在鉾田市 4 千米长的海岸上，约有 150 头瓜头鲸搁浅。

来自鉾田市的消息称，这些瓜头鲸属鲸目海豚科，它们体长约在 2 至 3 米左右，多数身上有伤痕，已经十分虚弱。当地民众对瓜头鲸展开了救援。他们一方面用布包裹瓜头鲸，将它们送回海中；一方面不断给沙滩上的瓜头鲸浇水，防止其皮肤被晒干。此外，还有 3 头瓜头鲸在海上保安厅和县警察本部的帮助下，被放归到距海岸 10 千米的近海海域。

茨城县水族馆指出，这种瓜头鲸平时不在浅海活动，此次如此多的瓜头鲸在海滩搁浅实属罕见。

附近一名男性居民表示，第一次看到如此多的瓜头鲸搁浅，感觉它们很可怜。据悉，4 年前曾有 52 头瓜头鲸在茨城县鹿嶋市的下津海岸搁浅。

日本海岸现 150 头搁浅瓜头鲸 民众洒水施救，中国日报网，2015 年 4 月 10 日

（附件 5）

中国地震台网正式测定：2014 年 11 月 22 日 21 时 8 分，在日本本州岛（36.6°N，137.9°E）发生 6.4 级地震，震源深度 10 千米。

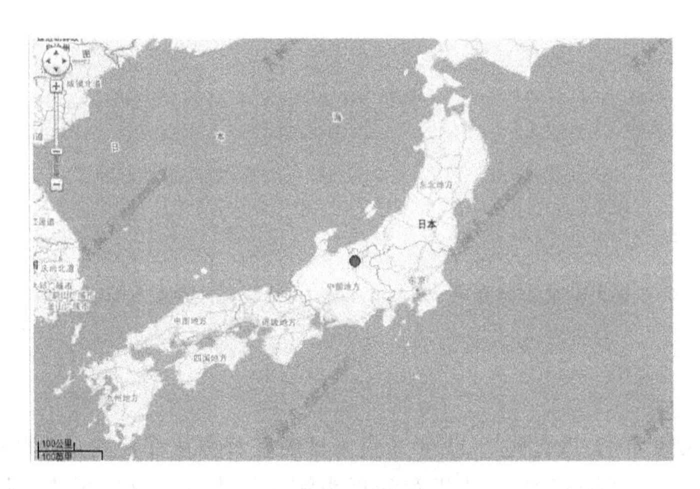

参考文献

[1] 耿庆国. 旱震关系与大地震中期预报. 中国科学 B 辑，1984，(7).

[2] 天文与自然灾害编委会. 天文与自然灾害. 北京：地震出版社. 1991.

[3] 陈维升，李均之等. 依据临震前兆预测 2004-10-23 在日本发生的 Ms7.0 级地震. 北京工业大学学报，2008，**34**(增刊)：112-116.

[4] Xia Yaqin, Yenq Jann, Liu Tiger, *et al*. Chengyan Liu. Abnormal Infrasound Signals before 92 M≥7.0 Worldwide Earthquakes during 2002－2008. *Journal of Asian Earth Sciences*, 2011, (41): 434-441.

[5] 王明太，耿庆国. 中国天灾信息预测研究进展. 北京：石油工业出版社. 2004.

[6] 强祖基，马谒乃，曾佐勋等. 卫星热红外地震短临预测方法研究. 地学前缘，2010，(5)：254-262.

三、"五水共治"和青山绿水

回顾广东省顺德市三防现代化之路

徐海亮

（中国灾害防御协会灾害史专业委员会，北京 100124）

摘　要

1975 年 8 月，河南省板桥水库在不可抗拒的暴雨洪水袭击下溃坝，反过来加速了防汛通信现代化建设进程。1980 年代初，黄河水利委员会建设三门峡至花园口区间水雨情遥测系统，开创了中国防汛自动化的新局面。1980 年代末，广东省水电厅在欧共体的援助下建设北江防洪调度系统，成为华南防洪信息管理自动化的起点。

20 世纪末顺德市的三防系统现代化，正是在改革开放的宏观背景下，在国内、省内防洪现代化创新的契机下，走上健康发展轨道的。然而对于当时身为县级市的顺德（后为省计划单列市，现为佛山市的一个区），什么是水利现代化？如何实现防灾减灾的三防系统现代化？的确是一个新课题。

关键词：广东顺德　三防信息系统　现代化

位于珠江三角洲网河腹地的顺德市，虽然面积很小，但上扼西、北两江来水，下临海洋潮汐变化，珠江河网干支水道总长达 215 千米，防洪负担很重。夏秋，热带气旋频频侵扰三角洲，处于濒海低地，泄水常受洪潮顶托；局地大暴雨也易积涝致灾。改革开放以来，社会经济的迅猛发展，顺德作为全国百强县之一，三防工作更增加了强烈的使命感和压力。1992—2002 年，在国家防办和广东省防总的大力指导与支持下，经过一系列的努力，初步建立了一个现代化的非工程措施防洪减灾体系，初步具备市县一级的防汛现代化领先水平。这个体系现代化的第一层面，是传统意义的三防组织工作、技术工作手段的现代化；第二层面，是 1990 年代以来迅速发展的，以防汛信息管理，防汛决策支持为中心的高新技术化。

1　三防组织工作的现代化

三防组织工作与技术工作现代化，首先是防洪观念现代化。观念之一：顺德面临城市化进程，顺德水利是城市化的水利，顺德的防洪属现代城市防洪的范畴。改革开放以来，顺德的产业结构、经济实力、人文地理和城乡结构、下垫面条件都已发生历史性的转化，水利面临传统水利的转轨，农业水利正在转变成城市水利、商品经济水利，防洪减灾所要保护的主要对象，所要依托的人力、物力和经济背景，所要采取的对策，都已发生深刻的变化。必须背靠这一大环境组织三防工作，任何的小农意识于顺德防洪、防风事业，都是无济于事的[1]。观念之二：现代化防洪，是以保护人民生命安全为第一要务，减轻社会经济损失为主要目的；是以工程与非工程措施相结合为手段，决非单纯依赖工程的那种传统防洪，而是全力推动行为社会化的防洪减灾。这一点，在经济发展不平衡的中国，尽管在20世纪末还不能一一认同，但1990年代珠江三角洲的一系列大洪水与抗洪实践，1998年长江大水与深层问题的揭示，21世纪最初15年的防洪实践，已令政界、科技界耳目一新。是工程型的水利抑或资源型的水利，是工程化的抗洪还是社会化的防洪减灾？水利观念的世纪性转折正呼之欲出。而这一点，进入后工业时代的美国，业已认识到了继珠江三角洲、长江三角洲等，全国都将出现产业结构变革以来的防洪减灾新问题、新局面[2]。1992年以来的实际说明，在三防现代化进程中的种种困惑与歧见，从本质上说都源于观念能否更新，能否现代化和如何去识别现代化之上。

三防现代化的落实，第一是现代化的三防组织落实，三防机构的完善。通过年复一年的努力，加强完善市、镇两级三防指挥机构，落实各级行政首长责任制。按省防总要求，从1995年起，跨市的省管大型工程，由主管副市长与佛山、中山市签订责任书；市内堤围、闸站工程，由有关的镇（围）主管行政首长与市签订责任书，围内各单项水利工程，由镇与管理区签订责任书，部分旱闸（涵）或企业管涵闸，由镇与有关法人签认。每年汛前检查一一落实，人员更改或对象变更，都要重新确认。顺德的首长责任制决不停留在空泛的一纸公文上，汛期大忙时节，各责任人都恪尽职守，充分发挥主导作用。三防组织网络，在1990年代、2000年代的防洪实践和预案日臻完善中，也得到进一步建设，逐步形成适应现代社会组织的结构。当前，市镇两级行政领导更换很频繁，三防办做到每一年汛前都要对新老行政领导进行防汛防风的思想和技能的培训，使他们充满灾害和减灾防灾意识，新手临危不怯场。在市、镇两级机构外，我们还组织与落实了市直属各部门、大中型企业的三防结构，人员、机构、通信登记在案。各级各类型的管理制度、岗位责任制度，日趋规范。

现代化的防洪，需要更为充实的物料贮备。一场特大洪水仅麻包纤维袋消耗量高达百万、数百万条，上千万条。按标准计划的物料存储量远远不够。1994年6月、7月大水，险象环生，物资消耗巨大，我们从经济、物资实力雄厚的顺德全社会，得到及时的支援，砂石料来自于各开发区、工地，纤维包来自于市场、饲料厂、糖厂、酒厂，钢材、木桩来自于企业和市场，工程机械调自各工地和公司，我们凭这“草船借箭”，得到了充足的物资，赢得了抢险最佳时机。1998年6月大洪水，按照预案早已掌握的各类型水泵数（量）、存位、联系人，很快调动了全市企业储备的抽排水机械，投入抢险。南海市荷村溃堤和抗洪斗争经验，促使顺德加速建设全市集中的多个大型物料场所和器材仓库，每场占地2万平方米，备石料6～10千立方米、堵口预制件和钢筋笼、土工布、钢铲、救生衣、冲锋舟等物资。各镇（围）也分别设置了物料场（库）、冲锋舟队。1998年7月、8月长江大水，顺德在本地洪水已完全下泄入海前提下，由省防总、省军区调度，向长江中游抢紧急调运了大批防汛物料、冲锋舟，一些救生器材厂，连夜赶制救生衣、救生圈……

八年来，针对顺德所面临的沿海气—水自然大环境，历史险情和水雨情风情、工情、人员变化，市三防办在三防技术培训和较深层次的考察、研讨上，下了大力。每年都以不同的形式，不同的规模，不同的对象组织各类防洪抢险技术、知识培训班。“94·6”大水后，为总结抢险中的基础知识与经验，重新教育干部、职工、群众，在省、佛山市防办支持下，编导、摄制了《防洪抢险知识》科普录像片，作为市、镇和各单位常年、长期培训的音像教材，并在全省三防系统发行。1998年西北江与长江大水，积累了很丰富的经验教训；我们在1999年汛前，组织了以堵口复堤为中心的抢险培训，邀请了有丰富实践经验的长(江)委、荆州市、佛山市老专家，讲授1998年九江堵口、荆州抢险和南海丹灶荷村经验教训。同时，也组织行政首长培训，由省防办主任讲授“职责和要求”，市局局长亲授“历史险情与抢险组织”。几年来，三防办组织了多次西江流域的水文、气象考察，组织了长江中游防洪与防洪工程考察，也与省水文局、市气象局结合，举办多次水文、气象知识研讨活动。并配合水利部减灾中心，筹备了“三防非工程措施调研座谈会”(珠江三角洲)。以上以当代形势、现代科学与新技术为中心的宣传、培训、研讨活动，增强了三防系统干部职工的现代化防洪的观念和知识。

从省、市(佛山)行文要求编制防洪预案以来，三防办开始组织镇(围)社经、自然、工程现状与历史调查，市三防自身的预案雏形于1994年汛前形成，并在“94·6”实践中得到检验。“94·6”以后，根据实际需要，组织完善了市三防办、市属主要部门、各镇(围)、各大型企业的防洪预案，经过1996年、1997年汛期的检验，修改完善后由市、镇政府行文正式执行。同时还在各防汛年度，制订了具体工程、险旧工程的度汛抢险预案。1997年、1998年大水，市、镇两级真正做到按预案规范行动，各司其职，各尽其力；预案编制强调了操作性，十分实用，得到各级行政领导的好评。随着工作的深入，在1997年正式向全社会颁布了防热带气旋工作预案，印制发放彩色图版，宣传到基层，包括由电信部门代为发布台风警报，完善社会预警措施。为吸取1998年荷村闸出险的经验教训，系统研讨了一旦决堤，堤围内洪水演进的规律(定性)，利用地形地貌和高速公路、河流堤防，确定和构筑了各临时分割洪水的非常洪水防洪抢险预案，组织二道、三道防线和风险区疏散的具体方案，预设疏散路线、地点，预估工程量、工期与抢险人力、物力投入[3],[4]。

防洪、防台风预案序列的完善，使顺德三防开始真正适应现代化防洪的社会化机制和当前的实际，全面提高了实战能力。

按照制订防洪预案的思路和要求，工业城市防洪应当依靠现代工业的物质力量，要求凡年产值5千万元(1995年价格水平，现已提高标准)以上的工业企业，都要制订预案，亿元(1995年价格水平，现已提高标准)以上产值的都要组织工人抢险突击队；随预案的编制，市直属工业企业落实了五千多人的突击队伍，在此基础上，于1996年汛前成立了市直属工人抢险突击队(360人)。随后，推动了镇工人突击队的组建。市、镇两级抢险突击队，经过三年的组织集训，“97·7”、“98·6”、“05·6”大水实战，已发展到2500多人，成为市三防指挥部及武装部指挥下的一支机动的抢险核心力量，受到各级的好评。1999年，市三防组建和培训了市防汛查险潜水队，配合轻潜装备；并与市武装部联合组建了民兵预备役轻舟队，配备冲锋舟17艘。三支队伍的建立，标志着查险、抢险、救灾向现代化、专业化的方向迈开了坚实的一步。这支半专业队伍，在必要时可以受省防总和省军区调动，支援友邻市的防洪抢险活动。

可以说，这一层面是三防现代化中最基本的、最根本的、最实际的，如果脱离了防洪减灾的观念更新、三防组织强化和组织、技术手段的强化，去盲目追逐别的什么，都是舍本求末的。而多年来三防办所取得的成效，无一不在思维方式和物质手段上体现出改革开放以来，防洪减灾观念的进步和实力的强劲。

2 三防信息组织管理新技术的崛起

1990年代，从国家、到流域、省市，三防现代化的一个重要标志是三防信息高新技术的崛起与推广。

"94·6"大水与抗洪斗争，已充分体现出现代化的防汛，也是一场实力战和电子战，这种电子战，诚然不是"海湾战争"那样的电子对抗，但应保证有线、无线通信的畅通。邮电公共网程控化奠定了一个社会化的通信基础。防汛专用无线通信的不断升级也提到日程上。连年大水的经验教训，必须加强无线通信，珠江三角洲日渐频繁发展的商用电台对150兆三防网络的干扰，也迫使三防通信技术提高。在连续四年考察周边无线通信的经验和400兆通信网络利弊后，利用"润迅通信"的公共网，实现了市、镇800兆通信(无线电管理委员会分配专用频道)，甚至可以覆盖到东莞、珠海市(珠海横琴岛有顺德参加围海留下的一块飞地，有一个下属的镇级防办，防风任务特殊)。而音讯通信是信息组织中最基本的手段，是三防指挥在现代化中不能丝毫削弱和取代的，当三防装备了计算机网络后，有人提出立即取消无线通信技术，单凭电脑网络联系市、镇，顺德三防办坚决抵制了这种幼稚可笑的"唯电脑技术"主张。

在省防办的推荐和大力支持下，数字信息技术在1992年进入顺德三防，和许多兄弟市县同时，享有了水雨情遥测系统和卫星云图接收处理系统。到1993年汛期，全市18个雨量站、31个内、外水位站投入试运行并发挥作用。"94·6"和"94·7"中，两个数字信息系统为三防指挥部提供了翔实、快捷的汛情。发挥了较大的作用[5]。但"94·6"也暴露出问题：一个是水雨情遥测系统的数字成果，还不满足直接分析需求，遥测数据还需二次开发，原设计显示界面，也还不满足实战需要；测井制式尚不规范，出现淤塞、卡壳、(水位)过顶等问题，系统的数传仪性能不尽如人意。其二，卫星云图仅仅是较形象地表现了云层平面位置，按云图系统的技术档次，还不足以得到定性和定量的天气背景、信息结论；这一代云图还不是便捷的供用户实用的诊断产品。因而从1994年汛后，便开始了两个信息采集系统升级的调研，并开始寻求西北江水情联网的途径和相应技术。

鉴于当时气象卫星技术、云图处理技术都在发展中，三防先从市气象局得到了广州气象中心→佛山气象局→顺德市气象局的数值产品终端，但在实用中，该网络技术尚不便捷，未能坚持使用下去。南京水文自动化所的水雨情遥测系统，按我们提出的具体要求，在采集系统硬件上作了改进，数据处理软件增加了多种实际需要的报表输出和简易分析，事后研究分析，诸如闸站自流排水时间统计、超水位报警、全市暴雨等值线、电排站调度分析等。而且实现了系统值班机向办公室内工作机、水位显示牌自动传输数据的硬件联网功能，甚至总值班远程及时修改前线工作站误漏问题。这样，从单机的信息采集技术，向集群的数字信息处理显示前进了一步。三防现代设施，从机房也走进了办公室，直接支持了三防办日常工作。原系统软件的一些毛病也得到克服与改进。同时，三防办对市内水位测井的结构、防雷击技术，进行了全面的改造，并完善了测站的管理、维护制度，培训了镇一级的电台通信、测站系统的技术维修队伍。这次改造、升级在1996－1997年基本完成。与此同时，顺德水利局与珠江委信息中心合作，建设了办公自动化的信息管理网络(局域网)，并实现广域网(全市)的传输，通过新建的信息管理网络，三防办所采集处理的顺德水雨情信息，传输到局域网的每一工作站，也传输到每一个镇(围)的三防指挥所，初步实现了三防最基本的实时汛情与历史知识的全市共享，部分信息通过公网或电视台向社会公众公开发布。由于技术所限，遥测系统直接上网运行未能成功，投入试验的压力式传感器也未取得实用成效。然而，在1996年终于从单向引进成套信息技术，走向了第二步——在实用中由甲方(三防办)主动提出改进、双向升级信息技术，从单纯采集、单机运行走向了简单处理分析和集群信息共享[6]。利用广域网，对市镇两级的大部分往来统计报表(三防组织机构、汛前检查、水情记录、警急汛期动态、冬修进度等)，实现了联网操作，使三防统计、汇报工作更加规范化与现代化，提高了市、镇两级三防工作的速度和技术含量。当时三防采用的网络软、硬件技术，与水利部办公自动化处于同一水准上，在水利界是领先的。到 21 世纪，进一步实现了与省防总、佛山防总的全方位联网。

“98・6”大水，促使三防办将前期信息技术取得的成果再推上新台阶，也促成将市三防的信息技术更快地向镇级三防推广普及。大水之后，三防的两个采集系统的再升级和系统集成任务提了出来。通过 2000 年的努力，借助水利部信息中心“天眼 2000 雨情气象信息应用系统”作为主要支持，与部水文司信息中心合作，开发与完善了“顺德市三防信息系统”。按照三防实际需要，该系统将西、北江流域天气、水情、顺德市局地水雨情、卫星云图、气象系统数字产品和顺德市防洪工程的工情库六大部分系统集成，终于实现了华南和流域的、顺德的水雨情信息传输、显示，也实现了气象预报产品的技术支持，实现了云图处理软件的升级，实现初级阶段的水雨情分析，实现了第一个基于 GIS 技术的工情数据库，也开始了三防决策支持技术的尝试。另一方面，我们与河海大学水文水利自动化研究所合作，将水雨情遥测系统软件升级，实现 Windows 环境的操作，显示、分析功能更趋实用、便捷，而且利用无线数字传输技术，使全市各镇共享该系统信息处理成果，并驱动镇三防所电子水位显示牌，大屏幕投影和重点闸站的简易水位牌，许多镇(围)根据具体需要，提出增设遥测站点，也建立了镇级小中心，测站数超出 1997 年。南京水文自动化所的采集、传感硬件，也较之第一代系统进行了彻底、全面的改造升级。诚然，顺德的遥测站密度远远大于了水文规范的要求，出现超前和超量，也是一种资源浪费。

通过有线的公共网络和无线网络，将 1999 年的两项重大信息技术改革的成果推向全市各镇，镇三防指挥所通过 Web 浏览器可通过市三防服务器间接调阅水利部“天眼 2000”的主要信息及其分析产品，通过无线网络获取本市遥测系统数据；镇级三防信息技术，得到了大踏步的提高。这是顺德初步具备市、镇两级合一的三防信息系统的标志。为适应防台风工作需要，2000 年开发风速风向遥测(15 站点)，适时采集诸要素，系统集成，得以在市三防和各镇三防，均可以查看全市各处适时风情状况。这是很具地方特色的技术。

三防信息采集、处理、传输、管理技术逐步完善的过程中，顺德三防关注了决策支持技术的探讨。为了作好三防指挥部的参谋，在组织收集水情信息的同时，我们关注了水情的变化规律，注意到顺德水位的异常变化。从“94・6”大水后，三防办与中山大学河口海岸研究所合作，引进了人工神经网络(ANN)技术，对网河各河道非线性的水位变化过程进行年复一年的分析，模拟相关，增进了对顺德外江水位变化规律的认识[7]。该探讨工作也为河口水文相关计算提供了一种创新的方法。三防办注意到 1990 年代以来，网河河床变形的加剧，河口水文环境的急剧变异，从河流学背景认识水情变化的机理[8]、[9]，针对变化环境，三防办与武汉水利电力大学合作，开展《变化环境下的顺德河网区水文频率分析与防洪对策研究》，提出三水、马口站和顺德部分水道的水文序列，在 1993 年前后出现跳跃的问题，提出经过跳跃修正后的网河水文频率的重新计算，并进行水文风险分析。以上探讨，从数学、水文学角度，回答了顺德水情变异和珠江三角洲河网区突出的一些问题，为认识顺德网河的河床变异形势，水情变异形势，铺平了道路。正是在这一系列探讨的基础上，我们委托珠江水利委员会规划处开展了用河流动力学的方法进一步认识网河区水面线变化的工作，而且成为后来江河流域防洪规划、水利规划的决策基础。所以，软技术的推进充分利用三防信息的成果，三防现代化软、硬结合，充实了决策的内涵，从某种意义上丰富、启导了决策研究。

总体上看，顺德三防在信息技术方面的 10 年努力，达到了 21 世纪初国内防洪信息自动化、信息分析处理技术与展示技术的领先水准。

3 管窥顺德三防现代化过程

回顾过去，对于顺德三防的经验教训，从个人角度认识有几点不成熟的体会。

3.1 必须特别地认识和强调三防非工程措施的地位

三防现代化工作，有异于传统意义上工程防洪抗洪，也有别于历史上已有非工程雏形的防洪减灾。能否步入现代化的门框，关键在于能否认识和掌握非工程措施的作用，能否和单纯依赖工程抗洪时代告别。而后者是农业时代和工业时代水利观念的集中反映。强调非工程措施，是三防社会化的产物，是后工业时代、知识经济时代治水减灾的产物。曾经有过令人啼笑皆非的事实：三防工作人员在晋升职称时，被要求掩饰自己主要从事非工程措施的技术工作，牵强地纳入工程设计、施工的评比对象范畴，似乎三防工作无技术可言，也没有什么工程序列可以承认三防的技术水平。曾经有人认为"三防不就是接接电话吗"？甚至认为"不来洪水你们干什么？来了洪水，领导都在场，你们又能干什么？!"顺德三防现代化的实际过程，证实了种种偏见的在理念上严重的局限。三防现代化具有全新的非传统的概念和内涵。三防办没有一个人是系统学了什么现代化而来从事三防现代化的。三防事业也不是单一的水利工程、水文规划、计算机专业就可以应付的，它的现代化是工程科学与信息科学、管理工程科学、社会科学的结合。有人以为现代化就是计算机技术人员参与就行，甚至主张让电脑技术开发商引领三防现代化。这是一个误区。我们每一种高新技术开发，必须由懂得防汛技术工作的骨干带头，认真调研，寻求开发目的，定出开发思路，再寻求支持技术。绝对不能让硬件开发商和软件推销牵着鼻子走。

3.2 三防现代化更迫切需求总体规划

防办系统的现代化，仍处于一个开创性的阶段。三防现代化，不论在第一还是第二层面，都更迫切需要把总体规划放在首位。现代化不能一蹴而就，不能人云亦云，特别是信息领域技术的引进，应比传统工程更为慎重地进行规划论证、设计和有计划地实施。三防系统的不足，首先是规划还不够，在规划论证上下的功夫，比起广州、深圳大市的三防来，是差距较大的；20 世纪末，我国的计算机技术，还处在起步、腾飞、技术迅猛升级、软硬件迅速淘汰的时期，我们信息集成技术也还处于一个捆绑式、摸石头过河的初级阶段。从思维办公自动化起，到各种业务信息的自动化，后工业时代的狭隘意义的现代化，似乎总是以硬机件、设备带动的，电脑开发出多少代产品，似乎用户就得花多大代价去适应和获得。甚至被电脑商人带着走。这是错误的。信息时代、知识经济时代的防洪现代化，应以我们工作总体规划带动，以需求确认技术方向，从而确认设备。

3.3 现代化要求两个层面的辩证关系

我们陈述了三防组织技术与三防信息技术两个层面的问题。第一个层面是根本、是基础。不能埋头于所谓什么高技术，什么系统的新技术就偏忽大量的组织技术工作。强调加强这一层面，不希望时髦的信息技术使人产生误解，以为可以放松甚至放弃改革开放后正在发展变化的三防组织系统工作；高新技术的信息成果，必须通过第一层面的组织和技术工作，才能在全社会的、专业的三防工作中产生成效。离开了第一层面，信息工作成了无本之木，甚至可能成为畸形发展的东西。所以，脱离了第一层面的现代化，只是一句空话。黄委会的同行早就说过，人脑子里还没有形成科学调度原则，何来计算机的专家系统？但是，如果信息建设跟不上来，高新技术不能得到引进采用，仍停留在人脑子里经验三防的阶段，落后的组织工作就不可能应对现代化社会活动和飞速变化的社会、经济形势，也不可能真正实现现代化。在当代，没有信息技术高新技术率领和推动的现代化，也是一句空话。

我们反复强调，顺德三防的现代化必须以实用为目的，要为三防实际服务。顺德三防应是为了解决顺德自己面临的问题，不需要也不可能去创造超越自身地位与需求的“技术奇迹”、“全省第一”。顺德三防之所以在这些年能取得令人信服的成绩，正因为我们坚持了这点，也实实在在地作到了这一点。

当顺德的网络技术刚刚引进成功，而某些媒体片面夸大信息网络作用，批判无线电台通信时，我们曾被要求停止电台联络通信，改用有线 DDN 公共网。我们没有相信这种舆论上与技术管理的误导，坚持了实际。认为充分解决实际问题的现代技术，就是现代化技术。没有一个至高无上，包罗万象的现代技术。

3.4 软件与硬件的关系，人与现代化的关系

发展使我们深深意识到，在现代化的软件与硬件关系上，软件技术的发展，比硬件引进要难得多，根据信息市场的发展和顺德需要，三防办更新了一、二代硬件设备，但我们最缺的和下工夫最多的，仍然是软件技术，我们体会到要真正发挥现有系统设备的作用，最急需的是引进、开发、探讨相关的应用软件技术。在三防现代化中，人的素质能力，是最根本的软件，顺德三防的现代化不是单纯用钱就可以买来的。三防办的工作人员付出巨大的代价，我们探讨每一个问题，实实在在地做每步努力，我们与合作伙伴共同研讨和实现系统的完善。如果没有人的技术与素质，很难想象如何实现现代化。

三防办公室是指挥部的参谋本部作战本部，而非研究部、咨询部，也不是具体水、气情情报部、信息产业部门，我们的主要任务是组织信息产品，组织社会经济，自然和工程情况，组织对策方案，是组织技术支持向指挥部负责，而不是包办一切信息。不去高屋建瓴地协助行政组织三防指挥，当然也就不是真正的现代化。

说到底，经验与教训都在一个观念的转变上面，顺德三防成功之处，也在于现代化的历程中，不断地暴露了我们自身的种种小生产意识，克服了畏缩不前和妄自尊大的小农意识，取得了向现代化目标循序渐进。

参考文献

[1] 顺德市水利学会. 试论顺德城市化与城市水利. 人民珠江，1996，(1).

[2] 徐海亮，谭徐明. 从美国减灾战略转移进程看防洪减灾. 中国水利，1998，(6).

[3] 徐海亮. 新兴中等工业城市的防洪问题. 灾害学，1998，(1).

[4] 徐海亮. 顺德市全社会防洪预案编制中心的几点体会. 珠江现代建设，1997，(4).

[5] “94.6”华南特大暴雨洪水中顺德市雨洪监测运作. //1995 年“75.8”特大暴雨 20 周年回顾暨暴雨洪水监测预报学术讨论会(郑州，中国气象学会气象水文专业委员会组织)和 97 年全国天灾预测研讨会(中山，中国地球物理学会天灾预测专业委员会组织)论文集. 1995.

[6] 黄晴，徐海亮. 略谈水利信息管理及其开发和利用的实践与探索. “珠江现代建设，1997，(2).

[7] 徐海亮. 河口网河区水文相关模拟的人工神经方法与应用. 人民珠江，1999，(3).

[8] 徐海亮. 平洲水道河床演变的几个问题. 广东水利水电，1998，(1).

[9] 徐海亮. 河口环境变异与水文模拟计算初探//97 海岸海洋资源与环境学术研讨会(香港)论文集. 1997. 香港：香港科技大学.

福建省农作物洪涝灾害影响分析评估

余会康

（福建省宁德市气象局，宁德 352100）

摘　要

洪涝灾害是主要的农业气象灾害之一，对农业生产和农作物产量造成严重危害，加强农作物洪涝灾害影响分析和灾害评估对加强农业防灾减灾具有重要意义。本文以 1971－2014 年福建省农作物洪涝受灾、成灾面积及其受灾比、成灾比作为洪涝危害程度指标，对其年际和年代际变化趋势进行统计诊断分析，采用统计概率分布函数拟合方法对不同等级洪涝灾害发生概率进行风险评估。结果表明，近 44 年来，福建省平均每年洪涝灾害造成农作物受灾和成灾面积都超过农业气象灾害受灾、成灾总面积 1/3 以上，占农作物面积比例分别达到 20.9%、9.3%，洪涝灾害已成为福建农作物主要和严重灾害之一。1971－2014 年福建省农作物洪涝灾害随年代大体呈“少－多－少”的变化趋势，年际间变化波动大，总体呈线性略增，但表现不显著，1990 年代农作物洪涝受灾比均值最大(13.82%)，2010 年代最小，成灾比变化也呈现相似特征；洪涝受灾比和成灾比都与年降水量成显著相关，并都呈成指数分布。轻度等级洪涝灾害发生概率风险最大(70%以上)，中度等级风险次之(20%左右)，极重等级发生概率风险最小(2%左右)。福建省基本每年都有不同程度的农作物洪涝灾害发生，其中 1990 年代为农作物洪涝灾害最严重的年代。针对福建洪涝灾情，本文从技术服务、基础保障和社会联动层面提出农作物洪涝灾害防御决策建议，为农业防灾减灾提供借鉴与参考。

关键词：福建省　农作物　洪涝灾害　分析　评估

1　引言

国内外关于洪涝灾害的研究比较多，主要包括洪涝灾害发生机制、洪水预报及预警机制、洪水风险管理及保险等方面。随全球气候变暖，大气环流调整以及下垫面和生态环境变化，导致了洪涝灾害发生的原因更加复杂化[1-3]。在农作物洪涝灾害研究和评估方面，受灾面积、成灾面积是分析评价暴雨洪涝灾害中农业灾情的常用指标，能够较好地反映洪涝灾害强度及其对农业生态系统的影响程度[4-6]。在尚未充分认识洪涝灾害发生机制之前，根据历史灾情，对洪涝灾害的基本特征及其影响程度进行研究，有助于政府部门制定相关决策预案，开展科学防灾减灾部署。通过洪涝灾害的风险评估，可以进一步认识灾害危害性，建立健全灾害风险防控机制，并在此基础上采取有效防御措施，降低灾害风险，减少灾害损失[7-9]。

福建省地处中国东南沿海，气候条件复杂，洪涝灾害严重，给全省经济建设和社会发展特别是农业生产造成巨大影响，洪涝损失约占自然灾害总损失的 70%左右，在福建主要农业气象灾害影响中，洪涝灾害的发生概率风险最大，近 25 年的洪涝灾害相对灾损量平均值也最大，洪涝是福建农业最主要的气象灾害[10-12]。在福建省农业洪涝灾害研究方面，主要有陈香[10]分析了洪涝灾害特点并提出了减灾对策，张星等[11-12]应用信息扩散方法对农业洪涝灾害进行了风险评估等，但在福建农作物洪涝灾害影响方面还不够深入和细化，为此，本文主要应用统计分析诊断方法，着重在农作物洪涝灾害变化趋势和影响程度方面分析进行定量分析和评估，加深对农作物洪涝灾害危害性和防御重要性的认识。

2 资料与方法

本文采用的1971—2014年福建省洪涝灾害受灾面积、成灾面积和农作物洪涝受灾面积、成灾面积及其播种总面积等统计数据来源于中国农业部种植业信息网、福建统计公报[13-14]，福建省年均降水量等气象数据来源福建省气象部门。洪涝影响造成的农业灾情数据主要来源中国气象灾害大典（福建卷），统计数据及资料都来自专业技术部门，样本序列长达44年，具有统计学分析意义。

为了更能说明洪涝灾害对农作物的影响程度，将1971－2014年逐年农作物洪涝受灾、成灾比作为分析指标，其关系式为：

$$\text{农作物洪涝受灾（或成灾）比}=\frac{\text{农作物洪涝受灾（或成灾）面积}}{\text{农作物当年总面积}}\times 100\%$$

近44年福建省农作物洪涝受灾或成灾比时间序列变化趋势采用气候统计诊断技术上的线性倾向估计，用合适的一元线性回归方程 $x=a+bt$ 表示时，回归系数 b 为倾向值，可以反映序列上升或下降的倾向程度。时间序列的变化趋势显著性检验，则通过相关系数的显著性检验进行判断。如时间序列 X_i，在 i 时刻（$i=1,2,\cdots,n-1$），当 $X_j>X_i$，$r_i=1$，当 $X_j\leqslant X_i$，$r_i=0$，$j=i+1,\cdots,n$。r_i 为 i 时刻以后的数值 $X_j(j=i+1,\cdots,n)$ 大于该时刻 X_i 的样本个数。计算统计量值：

$$Z=\frac{4}{n(n-1)}\sum_{i=1}^{n-1}r_i-1 \tag{1}$$

对于递增直线，序列为 $n-1,n-2,\cdots,1$，这时 $Z=1$，对于递减直线，$Z=-1$，Z 值在 $-1\sim1$ 变化。给定显著水平 a，假定 $a=0.05$，则判据

$$Z_{0.05}=1.96\sqrt{\frac{4n+10}{9n(n-1)}} \tag{2}$$

若 $|Z|>Z_{0.05}$，则认为变化趋势在 $a=0.05$ 显著水平下是显著的[17]。

对于农作物洪涝灾害的风险评估，主要应用概率分布函数拟合方法，选择最优理论概率分布函数或通过序列变换使之符合某类概率函数，经过Kolmogorov-Smirnov检验（简称K－S检验），估算概率分布函数参数，再利用拟合概率分布函数计算各等级农作物洪涝灾害发生概率进行风险评估。

本文将洪涝灾害强度（等级）划分为轻度、中度、重度和极重4级，其受灾比分别确定为≤10%、10%～20%、20%～30%、>30%；成灾比分别确定为≤5%、5%～10%、10%～20%、>20%。年代按1970s（1971－1980年）、1980s（1981－1990年）、1990s（1911－2000年）、2000s（2001－2010年）、2010s（2011－2014年）进行划分。

3 结果与分析

3.1 福建省洪涝灾害及农作物受害概况

福建省位于亚欧大陆东南部，台湾海峡西岸，靠山临海，为典型的亚热带海洋性季风气候区，地形主要以丘陵山地为主，约占总面积的82%左右，素有“八山一水一分田”之称。特殊的地形和地理位置使福建成为暴雨洪涝的易发受灾地，也是中国暴雨洪涝灾害严重的省份之一。1971—2014年全省年平均降水量为1605.3 mm，最多年份可达2045.5 mm(2006年)，水汽充足，降水充沛，全年平均暴雨日为6天，为暴雨多发地区。发生暴雨洪涝主要集中在3—9月，其中3—6月主要是前汛期雨季锋面暴雨引发所致；7—9月主要是台风季暴雨引起，福建省是遭受台风影响最多的省份之一，据统计，1884—2010年有628个台风登陆或影响福建，平均每年为5个，主要集中在夏季(7—9月)，这也是农作物生长旺盛期和产量形成关键期，期间发生的台风暴雨洪涝灾害对农作物造成严重的影响和破坏，往往致使农作物大面积减产、绝收[10,16-18]。

福建暴雨洪涝灾害主要特点：频率高，强度大，洪涝平均每年发生5次左右，灾害频率高，达到大暴雨以上的平均每年有49站次，暴雨强度大。洪涝时间集中，群发性强，福建洪涝灾害全部集中在3—9月，与暴雨次数和强度时间分布相对应。福建山地多，土壤主要以红壤和黄壤为主，透水和保水能力差，加上农业水利基础设施薄弱，暴雨常导致洪涝及泥石流等次生灾害发生，易形成暴雨灾害链，造成严重的经济损失[10]。

洪涝引发农作物受灾严重。1971—2014年福建省因洪涝灾害共造成农作物受灾面积约8825千hm^2，成灾约4056千hm^2，年平均农作物洪涝受灾面积为133.71千hm^2，成灾面积为61.45千hm^2(图1)，两者分别占农业气象灾害受灾、成灾总面积1/3以上(分别为35.5%、42.0%)，占农作物面积比例分别达到20.9%、9.3%，其中1990年、1994年、1998年为农作物受灾严重年份，其中受灾面积占农作物面积最大比达37.1%(1994年)，成灾面积占农作物面积最大比达19.4%(1990年)。洪涝灾害已成为福建农作物主要和严重灾害之一，在福建农业气象灾害的产量灾损风险中，洪涝灾害发生的概率也是最大[11-12]。

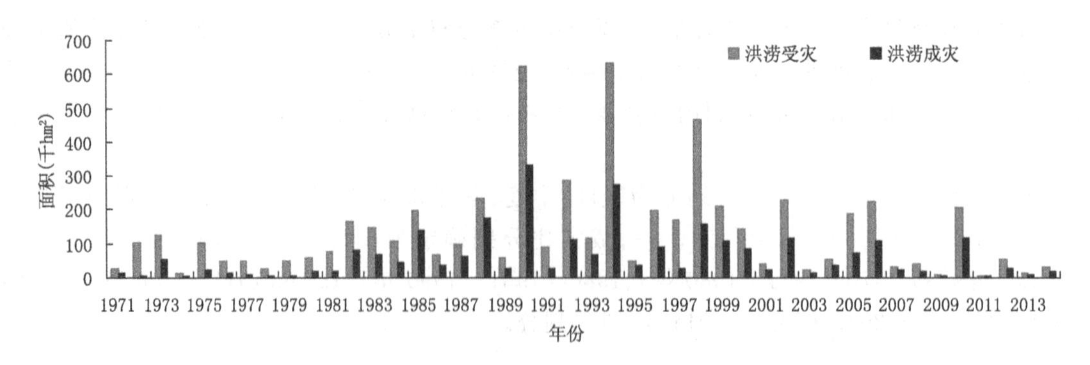

图1 1971—2014年福建省农作物洪涝受灾和成灾面积

3.2 农作物洪涝灾害趋势分析

对1971—2014年福建省农作物洪涝受灾和成灾比进行分析(图2,图3),两者变化趋势基本一致,年际间变化波动大,变异系数分别为0.56和0.65,系数值大,说明农作物洪涝灾害发生呈现不稳定的态势。其中1990年、1994年、1998年为受灾比最大年份,受灾比分别达到36.4%、37.1%、27.2%;1988年、1990年、1994年、1998年为成灾比最大年份,成灾比分别达到10.2%、19.4%、16.1%、9.3%。

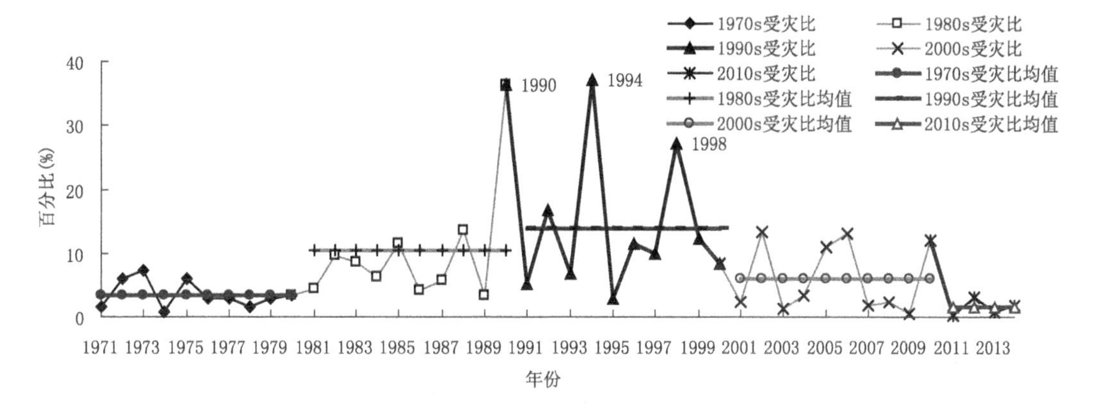

图2 1970s—2010s福建省农作物洪涝受灾比

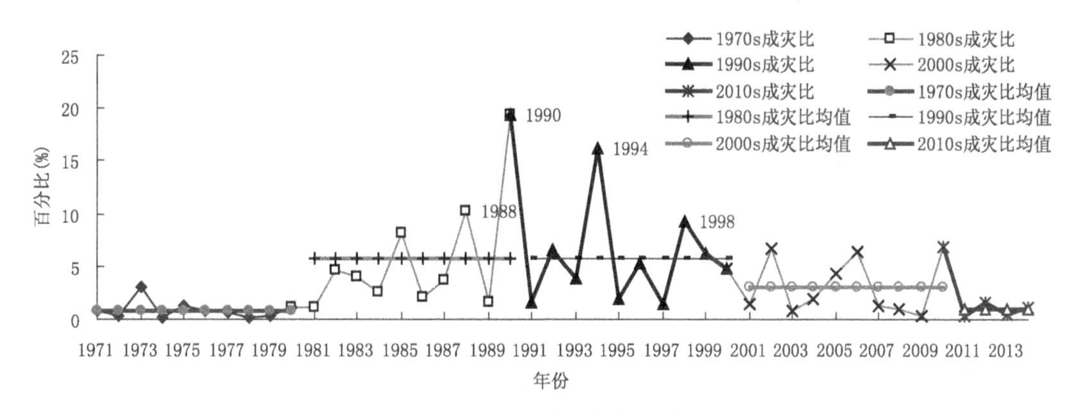

图3 1970s—2010s福建省农作物洪涝成灾比

从年代受灾程度来看,1990年代农作物洪涝受灾比最大,均值达到13.82%,1980年代次之,受灾比均值达10.38%,其他年代受灾比均值都<10%,1960年代和2000年代都较小,2010年代最小,洪涝灾害随年代大体呈“少—多—少”的变化趋势。农作物洪涝成灾比也呈现相似特征,1980年代与1990年代成灾比均值相当,两者分别为5.75%、5.74%,也是成灾比最高的两个年代,受灾比和成灾比最大的1988年、1990年、1994年、1998年也都发生在这两个年代中。

对1970—2010年代农作物洪涝受灾比和成灾比年序列趋势进行线性倾向估计和检验(表1),从倾斜率 b 值分析,1970s洪涝受灾和成灾序列都为负值,表明该年代洪涝受灾比和成灾比都呈减少趋势,受灾比和成灾比每年平均递减率分别为0.18,0.07;其他年代,倾向值 b 都为正,表明该年代洪涝受灾比和成灾比都呈增加趋势,其中倾向值 b 最大的在1980年代,受灾比和成灾比每年平均递增率分别为1.58、1.04,1971—2014年整体受灾比和成灾比也表现为略增趋势。

通过对各年代农作物洪涝受灾比和成灾比序列趋势检验，1971－2014 年及各年代统计值 $|Z| < Z_0$，表明各年代洪涝受灾比和成灾比呈现增加和减少都不显著，尽管 1971－2014 年整体受灾比和成灾比序列呈略增趋势，但这种趋势也表现不显著，说明涝受灾比和成灾比年代际变化趋势具有不确定性，也进一步反映出年代际农作物洪涝危害程度发生的不稳定性和复杂性，对洪涝灾害防御应该引起重视和加强。

表 1　福建省各年代农作物洪涝受灾比和成灾比序列倾向值及检验参数

年代	洪涝受灾比序列			洪涝成灾比序列		
	$b(/a)$	Z	Z_0	$b(/a)$	Z	Z_0
1970s	－0.1805	－0.0667	0.4870	－0.0699	－0.1111	0.4870
1980s	1.5753	0.1111	0.4870	1.0394	0.2444	0.4870
1990s	0.1552	0.1111	0.4870	0.0734	0.0667	0.4870
2000s	0.0024	－0.1111	0.4870	0.0221	－0.0667	0.4870
2010s	0.2253	0.3333	0.9617	0.1664	0.3333	0.9617
1971－2014 年	0.0194	－0.0127	0.2048	0.0261	0.1015	0.2048

涝受灾比和成灾比与降水量相关分析。1971－2014 年农作物涝受灾比和成灾比与年降水量进行 Pearson 相关性分析结果显示，洪涝受灾比和成灾比与年降水量相关系数分别为 0.473、0.401(a=0.01)，都达到显著相关，说明农作物洪涝灾害发生程度与降水量有关。结合实际对比分析，洪涝受灾比≥12％且成灾比≥6％的年份，如 1990 年、1992 年、1994 年、1998 年、2002 年、2006 年和 2010 年等，其当年降水量分别超过 44 年降水量均值(1605.3 mm)的 14.0％、20.7％、4.1％、17.8％、6.2％、27.4％、22.8％，说明洪涝灾害影响较重的年份与降水量偏多密切相关。但也有个别年份年降水量明显小于 44 年降水量均值，如 1985 年、1996 年，其洪涝受灾比和成灾比却分别超过 11％、5％，灾情也较重，说明洪涝受灾比和成灾比与年降水量不完全成正比关系，还与当年降水分布不均匀以及防灾成效等因素有关。1980 年代、1990 年代农作物洪涝受灾比、成灾比均值大，2000 年以后，年均降水量变化呈略增趋势，尽管个别年份灾情也较重(2005 年、2006 年、2010 年)，但农作物洪涝受灾比、成灾比年代均值却明显降低(图 2，图 3)，也说明福建省在农作物防涝防灾方面取得明显成效。

3.3　农作物洪涝灾害风险评估

为进一步认识福建农作物洪涝灾害发生特点及危害性，有必要对其进行风险评估分析。本文采用概率分布函数拟合方法，分析农作物洪涝危害程度等级发生概率风险大小。

对 1971－2014 年福建省农作物洪涝受灾比和成灾比时间序列进行经验分布和理论分布函数拟合(图 4，图 5)，并进行 K－S 检验，结果表明，受灾比和成灾比序列更符合指数分布，再利用所确定的指数分布函数，换算出福建省农作物洪涝灾害轻度、中度、重度和极重等级发生概率(表 2)。

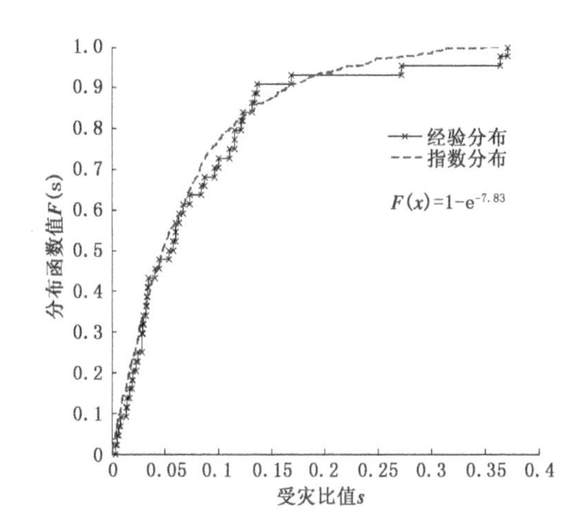

图 4　1971—2014 年福建省农作物洪涝受灾分布

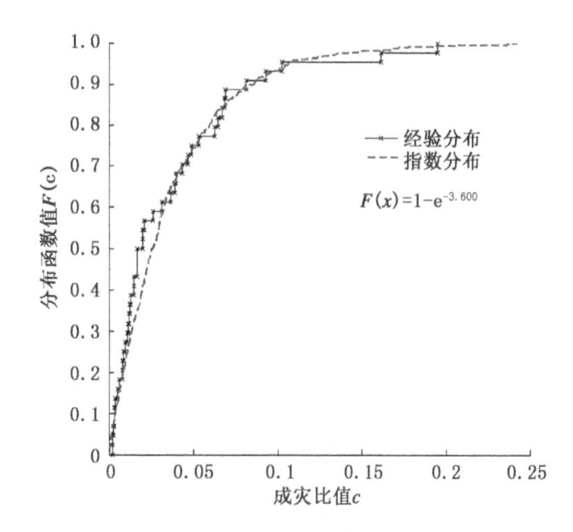

图 5　1971—2014 年福建省农作物洪涝成灾分布

表 2　1971—2014 年福建省农作物洪涝灾害各等级发生概率

洪涝受灾比(s)		洪涝成灾比(c)	
等级（程度）	发生概率（%）	等级（程度）	发生概率（%）
轻度($s\leqslant 10\%$)	72.10	轻度 $c\leqslant 5\%$	75.06
中度($10\%<s\leqslant 20\%$)	20.11	中度 $5\%<c\leqslant 10\%$	18.72
重度($20\%<s\leqslant 30\%$)	5.61	重度 $10\%<c\leqslant 15\%$	4.67
极重($s>30\%$)	2.17	极重 $c>15\%$	1.55

由以上图表可知，农作物洪涝灾害发生概率风险可采用受灾比或成灾比进行判定和评估，但两种方式都表明，福建省农作物洪涝灾害轻度等级风险最大，发生概率可达 70%以上，中度等级风险次之，发生概率达 20%左右，重度等级发生概率在 5%左右，极重等级发生概率在 2%左右。在近 44 年中，也是轻度洪涝灾害发生年份最多(32 年)，中度洪涝灾害发生年份次之(9 年)，重度年份以上年份较少(3 年)。说明福建省为农作物洪涝多发地区，其中遭受轻度洪涝灾害发生最为频繁，平均为 1.5 年一遇；中度次之，为 5 年左右一遇，重度为 20 年左右一遇，极重则为 40～60 年一遇。

按照上述农作物洪涝受灾程度等级划分标准，对 1970－2010 年发生洪涝灾害各等级及年数进行分类统计(表 2)。福建省基本每年都有发生不同程度(等级)的农作物洪涝灾害，1970 年代、2010 年代都只发生轻度洪涝，灾害较轻；2000 年代只发生轻度和中度洪涝；1980 年代主要是轻度洪涝多发，中度洪涝较少(2 年)，但 1990 年发生极重程度的洪涝；1990 年代各等级洪涝都有发生，其中重度和极重等级洪涝各 1 年，分别为 1998 年、1994 年，也是农作物洪涝灾害最严重的年代。

表3 1971—2014年福建省农作物洪涝灾害各等级发生年份及年数统计

年代	轻度		中度		重度		极重	
	发生年份	年数	发生年份	年数	发生年份	年数	发生年份	年数
1970s	1971－1980	10	—	0	—	0	—	0
1980s	1981－1984、1986、1987、1989	7	1985、1988	2	—	0	1990	1
1990s	1991、1993、1995、2000	4	1992、1996、1997、1999	4	1998	1	1994	1
2000s	2001、2003、2004、2007－2009	6	2002、2005、2006、2010		—	0	—	0
2010s	2011－2014	4	—	0	—	0	—	0

3.4 农作物洪涝防灾建议对策

以上分析表明，福建省农作物洪涝灾害多发频发，个别年份灾情严重，但加强洪涝灾害防御有明显成效。农作物洪涝防灾减灾工作也是一项艰巨的社会系统工程，需要政府部门科学决策、技术支持、基础保障和社会联动等各方面共同协调配合，才能达到有效防灾减灾的良好效益。

3.4.1 技术服务层面

重视季节性暴雨洪涝防御。福建省农作物洪涝灾害多发期集中在3－9月，主要由前汛期暴雨(3－6月)和台风季(7－9月)暴雨引发的洪涝灾害，雨势猛，雨量大，危害重，因此主要加强春夏两季的暴雨洪涝及次生灾害的防御。合理制定农作物耕作和种植制度，调整作物结构布局，进行有效避灾。

提高暴雨监测预报能力。主要在暴雨落区和预报时效精细化方面提高暴雨预报准确率，着力发展暴雨定量客观预报、数值模式预报、集合预报等高新技术[21]，为防抗暴雨洪涝灾害增加更充足的准备。

加强洪涝灾后补救措施。农作物遭受洪灾后，要及时加强农业技术指导措施，加强田间管理，以减灾保产。及时排除田间积水，整理植株，松土施肥，加强病虫害防治，改善作物生长环境，恢复其生长活力，增强抗逆性。抓住季节，及时改种补种适时速生作物或其他生长期短的作物，最大限度地弥补洪涝灾害造成的损失[20]。

3.4.2 基础保障层面

加强农田水利基础建设，加大财政资金投入支持力度，加快农田水利基础配套设施建设，建立健全水利工程维修养护制度，继续实行防洪农机器具的优惠补贴政策，提高农田防洪基础设施保障能力。

3.4.3 社会联动层面

完善暴雨预警信息发布及传播。进一步完善暴雨预警信息发布制度，建立快速发布绿色通道，通过广播、电视、互联网、手机短信等各种手段和渠道尽快向政府部门及社会公众发布。

加强防灾联动机制建设。建立起“政府主导，部门联动，社会参与”的联防联动机制，实现信息实时共享，科学安排部署防洪防灾工作，及时召开联席会议，进行洪涝灾害会商，定期沟通联动情况，协调解决防洪防涝过程中的重要问题，快速落实防灾救灾措施[21]。

推进防灾科普宣教和技术普及。广泛宣传普及洪涝灾害避险知识、预警信息和技术，采取科技下乡、农民夜校、板报传单等多种形式开展针对乡镇村居干部、农民技术员、种植大户等基层人员的防灾宣传教育工作，提高基层农业防灾认识和救灾能力[22]。

4 结论与讨论

福建特殊的地形和地理位置使其成为暴雨洪涝多发地区，发生暴雨洪涝主要集中在3—9月，也是农作物主要生长期，洪涝灾害对农作物造成严重的影响和破坏，农作物洪涝灾害年均发生面积占农业气象灾害总面积的1/3以上，其受灾、成灾面积占农作物面积比例大，洪涝灾害已成为福建农作物主要和严重灾害之一。

1971—2014年福建省农作物洪涝受灾和成灾比变化趋势基本一致，年际间变化波动大，呈现不稳定的态势，1990年代农作物洪涝受灾比最大，2010年代最小，洪涝灾害随年代大体呈"少—多—少"的变化趋势，农作物洪涝成灾比也呈现相似特征。1971—2014年整体受灾比和成灾比表现为略增趋势，但这种趋势表现不显著，具有不确定性，对洪涝灾害防御应该重视和加强。

1971—2014年福建省农作物洪涝受灾比和成灾比序列符合指数分布，农作物轻度等级洪涝灾害发生风险最大，发生概率可达70%以上，中度等级风险次之，发生概率达20%左右，重度等级发生概率在5%左右，极重等级发生概率在2%左右。基本每年都有发生不同程度（等级）的农作物洪涝灾害，1970年代、2010年代发生洪涝灾害程度轻，1990年代是农作物洪涝灾害最严重的年代。

农作物洪涝受灾比和成灾比与年降水量相关显著，农作物洪涝灾害发生程度与降水量有关，但洪涝受灾比和成灾比与年降水量不完全成正比关系，个别年份降水量明显小于44年降水量均值，其灾情却较重，有的年份降水量大，其灾情却较轻。2000年以后，福建年降水量变化不大，但农作物洪涝受灾比、成灾比年代均值却明显比1980年代、1990年代小，说明农作物洪涝灾害发生程度还与当年降水分布不均匀以及防灾成效等因素密切相关。加强洪涝灾害的有效防御，能够减轻其对农作物所造成的为害程度。

参考文献

[1] 张辉，许新宜，张磊，等. 2000-2010年我国洪涝灾害损失综合评估及其成因分析[J]，水利经济，2011，**29**(5)：5-9.

[2] 毛凤莲，戴荣富，周克发. 洪水保险现状及我国洪水保险体系构建的关键问题浅议[J]. 大坝与安全，2010，(5)：20-25.

[3] 管黎宏. 防洪减灾与洪水风险管理研究与实践[J]. 陕西水利，2010，(1)：7-8，19.

[4] 王品，张朝，陈一，等. 湖南省暴雨洪涝灾害及其农业灾情评估[J]，北京师范大学学报(自然科学版)，2015，**51**(1)：75-79.

[5] 龚日朝，刘礼仁，张钰玲，等. 湖南洪涝灾害波动特征及趋势预测研究[J]. 热带地理，2010，**30**(3)：284.

[6] 黄会平，张昕，张岑，等. 1949—1998年中国大洪涝灾害若干特征分析[J]. 灾害学，2007，**22**(1)：73.

[7] 田敏，柴钰翔，陈余萍，等. 农业洪涝灾害风险评估区划指标研究[J]. 安徽农业科学，2010，**38**(12)：6382-6384.

[8] 张菡，郭翔，王锐婷，等. 四川省暴雨洪涝灾害风险区划研究[J]. 中国农学通报，2013，**29**(26)：165-171.

[9] 张爱民，马晓群，杨太明，等. 安徽省旱涝灾害及其对农作物产量影响[J]. 应用气象学报，2007，**18**(5)：619-625.

[10] 陈香. 福建洪涝灾害特点及减灾对策研究[J]. 莆田高等专科学校学报，1999，**6**(4)：34-27.

[11] 张星，张春桂，吴菊薪，等. 福建农业气象灾害的产量灾损风险评估[J]. 自然灾害学报，2009，**18**(1)：90-94.

[12] 张星，陈惠，吴菊薪. 福建省主要农业气象灾害风险研究[J]. 气象科学，2009，**29**(3)：394-397.

[13] 农业部.中国种植业信息网. http://zzys.agri.gov.cn/nongqingxm.aspx.2015.6.
[14] 福建省统计局.2014年福建省国民经济和社会发展统计公报. http://www.stats-fj.gov.cn/xxgk/tjgb/201502/t20150217_37580.htm.2015.2.
[15] 魏凤英.现代气候统计诊断与预测技术(第2版)[M].北京:气象出版社.2013.37-66.
[16] 林小红,任福民,刘爱鸣.近46年影响福建的台风降水的气候特征分析[J].热带气象学报,2008,**24**(4):411-414.
[17] 鹿世瑾,王岩.福建气候(第2版)[M].北京:气象出版社.2012.162-174.
[18] 中国气象灾害大典编委会.中国气象灾害大典(福建卷)[M].北京:气象出版社.2007.216-220.
[19] 中国气象局办公室.气象现代化体系政策手册.2010.**7**:92,151.
[20] 陈茂春.农作物遭受洪涝灾害后的补救措施[J].湖南农业,2007,(8):13.
[21] 国务院办公厅.关于加强灾害监测预警及信息发布工作的意见(国办发〔2011〕33号.2011.7:5-10.
[22] 董静芬.针对洪涝灾害的农业技术对策[J].黑龙江农业科学,1991,(6):32-33.

鹅浦排涝闸冲刷计算及水工模型试验

汪志新

（浙江省永嘉县水利局，永嘉 325100）

摘　要

鹅浦排涝闸下游紧接江道，无法按常规设计要求布置消力池等消能设施，设计采用了合金网石箱的抗冲措施。通过采用经验公式对水闸下游的防冲计算，结合设计抗冲设施的水工模型试验，验证和优化了设计抗冲布置，并得出防冲石箱应多个串接、叠状布置、石箱铺设长度不宜小于 18 m 的结论，以确保工程运行安全。

关键词：冲刷计算　水工模型试验　石箱　鹅浦排涝闸

鹅浦排涝闸位于浙江省永嘉县县城，承担着该县城的防洪和排涝任务。由于受地形条件的限制，水闸下游紧靠江道而无法按常规设计要求布置消力池等消能设施，这种情况在国内的水闸工程中是很少见的，因此设计时提出了在闸室下游采用合金网石箱进行防冲的措施。由于该工程的特殊性，对该水闸进行了冲刷计算及水工模型试验，以验证和优化设计，确保工程运行安全。

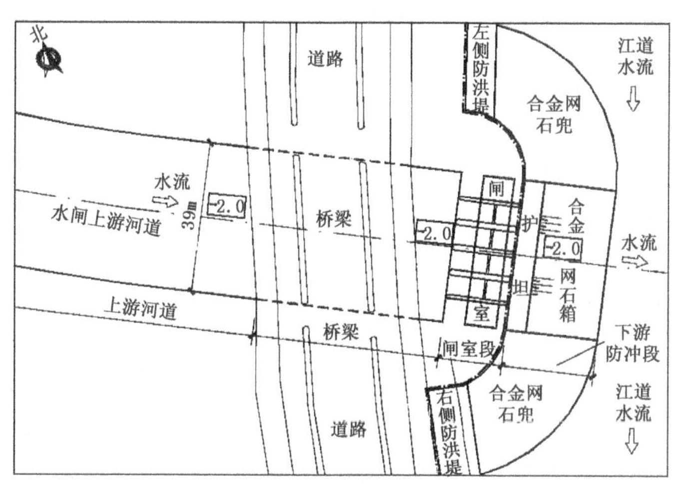

图 1　鹅浦排涝水闸平面图

1　工程概况

鹅浦排涝闸所处河道全长 13.3 km，集水面积 40.3 km^2，河道平均坡降 1.52%，溪流源短流急，洪水暴涨暴落，属山溪性河流。根据县城防洪工程设计，闸址选在溪流出口与主江道汇合处，闸址处为深厚淤泥质软土地基。

设计排涝闸为4孔，每孔净宽5.0 m，设计流量258 m^3/s，上游正常水位4.0 m。闸室长12 m，闸槛高程－2.0 m，与河床高程齐平，闸室底板布置钻孔灌注桩。受水闸下游地形限制，无法布置消能设施，设计提出防护方案为：闸室下游8 m范围为钢筋混凝土护坦，其后平铺8～10 m长的合金网石箱，单个石箱体积为6 m^3，尺寸为3 m×2 m×1 m(长× 宽×深)，石箱后接抛石体，顺水流方向长15 m，厚1 m。图1为水闸平面布置图。

2　试验内容及模型设计

模型试验内容主要包括闸下流速分布及冲刷。模型取用范为闸上、下游各约200 m，地形用水泥砂浆抹制，水闸采用有机玻璃精制。在水闸下游冲刷动床试验时，由于缺乏闸下淤泥质土的级配曲线及淤泥土的成分，冲刷情况拟作定性研究，即在护堤后宽70 m、长120 m范围内做成动床，用0.06～0.5 mm的天然细砂作模型沙。

模型试验在水闸上游155处、闸前及闸下游共布置4个水位测点，水位采用常规测针观测，模型流量由矩形薄壁堰监测，流速采用智能流速仪施测。

3　闸下冲刷深度估算

3.1　水闸下游冲刷机理

水流流经水闸流向下游时，具有较大的上下游水位差，同时闸宽一般小于上、下游河宽，使过闸流量比较集中，单宽流量加大。因此，过闸水流具有较大的动能，一般需采取适当的消能防冲措施，保护下游河道。

根据平原河网地区建闸经验，水闸水头一般相对较低，河道土质抗冲能力较弱，下游水位变化幅度又较大，一般采用底流式消能方式，通常为消力池，可以消杀水流全部动能的40%～70%。出消力池的水流紊动现象仍很严重，单宽流量及流速较大，对河床仍有较强的冲刷能力，因此，紧接消力池一般设置海漫和防冲槽护底，以免引起严重冲刷。海漫一般布置长度在20～30 m以上，防冲槽深度1～2 m。

就该水闸工程而言，闸下无法布置消能设施，防冲安全是决定工程成功与否的关键。

3.2　水闸下游冲刷计算

目前，最大冲刷深度估算公式很多，设计人员难以选用。结合试验中得出的流量和流速，选用SL 265—2001《水闸设计规范》公式(式(1))和毛昶熙公式(式(2))分别估算水闸下游冲刷深度：

$$d_m = 1.1 \times \frac{q_m}{[v_0]} - h_m \tag{1}$$

式中，d_m为河床冲刷深度；q_m为单宽流量；$[v_0]$为河床土质允许不冲流速，河床为淤泥夹沙，参照文献[5]取0.8 s^{-1}。

$$t_p = \frac{0.66q\sqrt{2\partial - y/h}}{\sqrt{(s-1)gd}\,(h/d)^{1/6}} - h \tag{2}$$

式中，t_p为河床冲刷深度；q为单宽流量；∂为流速分布不均匀性的动量修正系数，取1.1；d为河床土粒直径，取 0.06 mm；s 为土与水的密度比，取 1.6；g 为重力加速度；h 为水深；$\sqrt{2\partial - y/h}$ 为进入冲刷河床前固定断面上的水流参数，取 1.5，其中 y 为最大流速的位置高度。

最大冲刷坑深度计算结果见表 1。

表 1　最大冲刷坑深度估算

工况	水位组合		实测流量 /($m^3 \cdot s^{-1}$)	实测最大 /($m \cdot s^{-1}$)	抗冲流速 /($m \cdot s^{-1}$)	冲刷坑深度/m	
	上游水位/m	下游水位/m				式(1)	式(2)
1	4.0	3.8	258	2.1	0.8	10.7	5.0
2	4.0	3.5	440	3.7	0.8	21.2	11.7
3	4.0	3.0	490	4.5	0.8	24.5	14.4
4	4.0	2.5	504	6.1	0.8	25.8	15.9

从表 1 计算结果可知：

(1) 闸上游水位相同情况下，下游水位对冲刷深度的影响非常大，从水闸的冲刷安全角度而言，有必要控制闸下运行水位。

(2) 相同运行水位组合时，采用不同计算公式得出的冲刷值差异较大，表中计算冲刷坑深度达 5.0～25.8 m。笔者认为，在实际工程中，冲刷坑的形成是一个动态过程，随着冲刷坑的加深，水流流速变小，河床抗冲流速将加大，实际冲刷坑深度将小于表中计算深度。式(1)计算出的冲刷坑深度偏安全，式(2)则考虑了河床土质、水流扩散、水深等因素，计算结果更趋合理。

4　局部动床试验

4.1　无防护设施试验

在水闸下游护坦后没有采取防护措施的情况下，进行了 3 组工况的动床试验，冲刷历时约 16h。试验结果表明：混凝土护坦及左右岸导墙基脚均冲刷成陡坎，冲坑深度达 10m 以上，严重威胁到水闸建筑物的安全。因此，水闸下游护坦后必须采取可靠的防冲保护措施。

4.2　设计防护方案试验

设计防护方案为：闸下顺水流向 8 m 为混凝土护坦，护坦后平铺 8～10 m 长的合金网石箱，单个石箱尺寸为 3 m×2 m×1 m，石箱后再接 15 m 长的抛石，厚度为 1 m。

冲刷试验工况：上游水位为 4.0 m，下游水位 2.5 m，4 孔闸门全开。试验结果表明：先冲刷抛石后的模型沙及抛石层，然后逐步向上游掏刷，进一步冲毁抛石及合金网石箱。整个过程时间约 30min，结果闸下抛石、合金网石笼全部冲毁，形成深度为 10.5m 的大冲坑，冲坑紧靠护坦形成，抛石冲至冲坑底及冲坑下游边坡。

设计防护方案冲刷试验表明，该防护方案不能满足防冲要求，需提高石箱防冲能力。

4.3　石箱平铺和层叠布置的比较试验

试验对合金网石箱的不同布置形式及布置长度进行了对比试验。该试验中的水闸下游护坦布置、石箱的尺寸大小、布置长度及石箱后抛石布置均同前述设计防护方案，但石箱的布置形式不同：对应左岸 2 个闸孔布置 1 层石箱，紧密平铺排列；对应右岸 2 个闸孔布置 2 层石箱，层叠状排列，上、下层之间错缝叠置。

试验水位组合工况仍为上游水位 4.0 m、下游水位 2.5 m。冲刷历时为 16.4 h，试验结果：对应左岸 2 个闸孔的平铺 1 层石箱被冲毁，排列稀疏，石箱下沙料流失较多，护坦末端形成冲刷陡坎，深度达 5 m 以上；对应右岸 2 个闸孔的层叠石箱下沉明显，但排列仍较密实，整体性较好，石箱下沙料无出露现象，石箱末端抛石被冲毁形成一定的斜坡面。石箱布置形式比较试验表明：石箱层叠布置的抗冲性能明显比平铺一层强，层叠布置较为合理。

4.4 石箱布置长度的比较试验

设计护坦后的石箱采用层叠状布置，布置长度分别为 10m 和 18m，冲刷历时均为 2.7h，比较试验。

表 2 石箱布置长度比较试验情况

工况	水位组合		合金网石箱长 10 m	合金网石箱长
	上游水位/m	下游水位/m		
1	4.0	3.8	泥沙有少许冲动，合金钢网石箱基本无冲动。	泥沙有少许冲动，合金钢网石箱基本无冲动
2	4.0	3.5	冲坑深 4.8。冲刷过程中石箱尾部有下倾现象并出现错位，石箱稍有凹陷，最大约 0.9m（说明石箱下模型沙有被吸走现象）。	冲坑形态同情况一，冲坑深（′%″，石箱尾部有少许位移。
3	4.0	3.0	冲坑深%′#″。中间闸孔下石箱有部分冲毁，其他孔后石箱基本完好，石箱面有所下陷	中间闸孔石箱尾部被冲毁，坡度较陡，冲坑深
4	4.0	2.5	闸下冲刷严重，冲坑已冲到底。中间孔后石箱下陷较多，且有个别石箱被冲向坑底。	石箱尾部被冲毁，冲坑已冲到模型底。

结果见表 2，可见石箱布置长度 18 m 的防冲效果比 10 m 要好，有利于水闸运行安全。

4.5 试验结论

(1) 排涝闸在闸下外江水位较低时开闸运行，水面波动较大，水闸下游出现波状水跌，对水闸下游冲刷破坏能力较强，因此，水闸不宜在闸下低水位运行，而且闸下必须采取防护措施。

(2)通过对有无防护措施的对比、石箱布置形式和布置长度的对比试验表明：在水闸混凝土护坦后采用石箱防护是必要的，石箱应多个串接、层叠状布置，石箱铺设长度不宜小于 18m，且最好以 1:10～1:15 的坡度与下游连接，有利于水流垂直扩散和石箱的稳定。

5 冲刷计算与试验成果对比分析

通过对排涝闸冲刷计算和水工模型试验成果对比，得出以下结论。

(1)采用冲刷公式得出的冲刷坑深度为 5.0～25.8 m，由无防护设施试验得出的冲刷深度也在 10 m 以上，两者的结论基本一致，表明水闸下游冲刷程度很严重，必须采取可靠的防冲保护措施。

(2)水闸护坦下游采用石箱多个串接、层叠状布置 18 m 后，冲刷位置均出现在石箱尾部，冲坑深已明显低于冲刷公式计算值，防冲效果显著。同时，试验也表明，石箱的破坏是从末端开始的，石箱尾部在冲坑前坡起到一定的护坡作用，应加强末端的防护。

6 结语

受地形限制，闸下无法布置消能设施，设计仅采用合金网石箱以改善水闸下游的防冲能力是一种新的尝试，在该工程的运行过程中应加强观测并逐步积累经验。

通过防冲水工模型试验，达到了优化、改进设计防冲措施的目的，对类似水闸工程的设计、建设均有较好的参考价值。本模型试验过程中还存在以下一些问题：试验模型保持水闸上游水位为正常水位4.0 m不变，与水闸运行有一定出入；冲刷试验中的时间不相同；模型试验中忽略了外江道洪水及外江道与水闸泄洪共同作用对闸下防冲设施的影响。

参考文献

[1] 吴蕾，王广，裘骅勇．永嘉县县城城市防洪工程初步设计[R]．杭州：浙江省水利水电勘测设计院．2001．
[2] 史斌．永嘉鹅浦排涝闸水工模型试验研究报告[R]．杭州：浙江省水利水电河口海岸研究设计院．2001．
[3] 中华人民共和国水利部．SL1265－2001 水闸设计规范[S]．北京：中国水利水电出版社．
[4] 毛昶熙．水工建筑物下游局部冲刷综合研究[M]．北京：水利电力出版社．1959．
[5] 陈宝华，张世儒．水闸[M]．北京：中国水利水电出版社．2003．

气象水文的结合在山洪灾害防御中的应用实践

廖远三

(浙江省温州市龙湾区水利局,龙湾 325058)

摘　要

山洪灾害已经成为洪涝台自然灾害中造成人员伤亡的主要灾种,同时,山洪灾害根据气象水文的事先预警预防又是相对可以大大减少人员伤亡和降低财产损失的灾害。本文结合温州市龙湾区在山洪灾害建设实施运行期间的防御现状,针对山洪中涉及的气象水文和致灾之间进行了客观的描述,以期在山洪防御中突出气象水文的预警预报功能,对应急事件防御能起到良好的作用。

关键词:气象水文　山洪灾害　应用实践

1　引言

由于小流域山洪不同于一般台风灾害的特点,其损失在洪涝台灾害所占比重日益增大。据统计,1950—1990 年山丘区死亡人数占洪涝灾害总死亡人数的 67.4%,1990－2008 年,因山洪灾害造成的死亡人数占全国洪涝灾害死亡人数的比例呈递增趋势,2001－2008 年比例高达 80%左右[1]。近年来,从国家防总公开发布的信息来看,其灾害比重仍然较高,2010 年造成人员死亡失踪的山洪滑坡泥石流灾害合计造成 3887 人死亡失踪,比重为 92%。2011 年山丘区因暴雨引发中小河流山洪、滑坡、泥石流等灾害共造成死亡失踪 534 人,比例约 83.4%。2012 年略有下降,但全国山洪泥石流灾害死亡人数的比较仍然达 75%。如何发挥气象水文的第一道预报预警防线,有效应对"小鬼"难防的山洪灾害至关重要,本文结合温州市永嘉、龙湾等地的山洪防御情况,对山洪灾害非工程防御措施中涉及的气象水文应急实践以及结合应用做些浅显的探讨。

2　永嘉、龙湾一带历史暴雨山洪灾害的典型案例及比较

观测天象伴随人类而生,防御自然灾害特别是洪涝台灾害是人类发展史的重要组成部分,在龙湾区(原属永嘉区域)的灾害历史上,宋朝时曾经发生了一次毁灭性的暴雨风灾海溢事件,拔高五六十米的海浪至今仍印刻在该地区的锋门山上。21 世纪之前,龙湾、永嘉一带山洪灾害频频发生[2]。从新中国成立后至 2005 年 20 个雨量站实测(不完全和部分站点实测不连续)的统计上看,一小时强降雨超过 50 毫米的雨量记载次数 275 次,其中时段降雨超过 90 毫米就达到了 9 次,出现时间最早的 5 月 1 日,最迟的是 11 月 28 日。2005 年之后,该两地雨量站点大幅度增加,已经接近于每 20 千米一个。本文选几起典型灾害案例从降雨量、时间、死亡人数等进行比较,见表 1。

表 1　几起灾害的降雨量、时间、死亡人数等的比较

时间	情况简述	时段最大降雨量	过程降雨情况	人员死亡
1960.8.1	暴雨导致山洪暴发使在建的龙湾瑶溪水库垮坝	/	一天最大降雨量达 300 毫米	10 人死亡
1980.8.20 夜间	永嘉县北部山区遭受暴雨袭击	122.5 毫米	4 小时最大降雨量 231 毫米	5 人死亡
1982.11.28 夜间	永嘉陡门、沙头、花坦等乡镇出现特大暴雨	76 毫米	3 小时内最大降雨量 177 毫米	8 人死亡
1999.9.4 清晨	山洪暴发导致永嘉 2 座小型水库垮坝、龙湾区 2 座小型水库严重受损	123.8 毫米	3 小时最大降雨量 268.7 毫米	113 人死亡，永嘉 110 人龙湾 3 人
2010.7.26—7.28	受低风槽的影响，温州市除龙湾区外其他地方雨量不大	/	3 天面上平均雨量 350 毫米	3 人死亡（山洪引发交通事故）
2011.9.30 凌晨	受东风波影响，龙湾区永中一带发生了一场特大强降雨	105.5 毫米	3 小时最大降雨量 207.5 毫米	0 人死亡
2012.6.18 中午	受梅雨锋和热带气旋的影响，龙湾区下了从温州自 1955 年开始的水文监测以来，单站时段的最大降雨，山洪暴发，出现多处地质滑坡事件，主干交通道路受损	131 毫米	4 小时降雨量 175.0 毫米	0 人死亡

上述的山洪灾害案例除 1960 年那次时段雨量不详和 2010 年降雨期较长外，其他的几次均极吻合山洪灾害突发性、局地性、破坏性的特点，而且时段雨量都达 100 毫米以上，但总体上人数伤亡呈下降趋势，受限于气象水文自动化监测的限制，2000 年之前的山洪事前防御是被动的、无力的，也是没有气象水文预警的，而 2005 年之后，气象云图、雷达和水文监测迅速发展，已经具备了多层次防御山洪的能力，减少灾害损失和人员伤亡的效益是可以实现也是应该需要实现的。

3　气象水文的相互关系及其在山洪灾害防御中的防御实践

山洪灾害发生于山区或山边平原附近，其小流域或河道比降大且坡陡谷深，汇流迅速，洪水涨势猛，有利于滑坡、崩塌和泥石流的形成，极易突发成灾。其强度需要以小时甚至分钟来衡量，永嘉县上塘镇鹅浦溪小流域在 2010 年发生过半小时内水位迅速跃升 2.41 米的记录。当前，小尺度、微小尺度的气象监测既受科技设备的限制，也受人的主观能力影响，这是传统气象预测的盲区，同时，也是水文监测现在普遍以小时来雨量预警的不足之处，再加上出现的概率几百日一次甚至于几千日一次，容易疏忽，防御起来难度很大。

从时间的角度来看，气象上以日为计的大尺度天气系统到以十分钟为计的云图监测到以分钟来观测的雷达监测，预警能力、准确度、监测范围会有所不同，气象（天气系统）预报跟水文要素（水位、雨量）的实测有一段时间距离，山洪形成、地质灾害事件迹象跟致灾之间也会存在着时间跨度，这里的时间长短会因各种要素及地形之间会有差异，了解这方面的原因就是如何科学有效防范和减轻山洪灾害防御的过程，同时为我们如何科学防御山洪灾害起到了很好的耳目作用，进而达到减灾防灾的目的。从现实上来看，这期间的过程由于各种因素的原因，“不应该发生的”事故而发生的事件在自然灾害的历史上频有发生。比如，2007 年 6 月 10 日，黑龙江省沙兰镇发生的特大强降水，在 40 分钟内，降雨量达到 150～200 毫米的洪灾震惊了全国，其预警的严重滞后造成了 87 名学生和 4 名村民的死亡，这是反面的例子。2007 年 9 月 3 日，受冷空气和暖湿气流交汇的影响，浙江省临安市昌化镇下起历史罕见的特大暴雨，其中昌化站最大 3 小时、最大 6 小时降水量分别为 441.3 毫米、462.2 毫米，自 3 日 19 时起，当超历史强度的暴雨正在发生时，该地水文站意识到这次暴雨可能会引发山洪、泥石流的危险，及时将汛情信息向各部门领导汇报，进而及时做出防御，使灾害损失大幅度减少，这是相对成功的例子。

由于地区差异，南方的降雨量相对比北方多，而且出现的暴雨山洪灾害强度、概率也大，相同的降雨量，在南北方产生的影响会截然不同。像 2010 年 8 月 7 日的甘肃舟曲特大泥石流事件，40 多分钟最大降雨量达 90 多毫米这在温州一带不算罕见，仅 279 平方千米的龙湾区，近几年就发生了两次，而面积 30 倍于龙湾的温州，发生的次数就更多了。鉴于此，笔者认为上面沙兰镇和舟曲的悲剧有其自身的原因，设备、人力思想所及有难以顾及或忽视之处，临安镇虽然防御成功，但是水文监测的成功，而前期的气象预警没有跟上实际上是失误，从理论探讨的角度来看也是一种缺陷。何况，任何一种防御的成功我们更应该把人为的成功转化为现有制度基础上的成功，这是我们应该关注，也是我们在防御山洪灾害措施中所需要深入思考的。

2012 年 6 月 18 日的龙湾突发强降雨，与三天后北京的“7·21”以房山为中心的强降雨相比，有相似之处，房山一带的时段降雨量最大 100.3 毫米，同比龙湾的小，但过程雨量同比大；从地区的概率分析，房山处接近五百年一遇，龙湾区短时降雨超百年一遇。不讨论南北方的降雨承受力以及房山一带的受灾情况。单从气象水文的角度来看，在这两次强降雨中，对于预警能力的差别是比较大的。北京房山强降雨，从报道里较少看到气象预警的独到之处，而受人忽视的龙湾“6·18”强降雨，其预警的体系方面就比较健全，建于龙湾大罗山上的温州多普勒雷达已近 10 年，全天候可以观测气象灾害数据，近年来，已经从定性的雨量观测到已经可以定量发布一小时、三小时、六小时的降雨信息，不仅内网跟上下级部门间发送，也对外公布预警信息，而温州地区的雨量测点密度，接近于每 25 平方千米面积有一个雨量站的水准，龙湾区约 15 平方千米就有一个雨量站。而监测预警的职能部门，除了气象局外，市、县（区）水文、防汛的人员也 24 小时值班，在制度上为成功防御山洪提供了保证，实际上温州如永嘉龙湾一带纯粹因山洪而死亡的事件近年发生率呈明显下降趋势。2011 年 9 月 30 日，龙湾区时段雨量为 105.5 毫米，三小时雨量 207.5 毫米，虽然强降雨区域普遍受淹，但无人伤亡。笔者事后记录下了这次水文气象传真电话记录以及按时间依次相互结合防御的应急过程，30 日凌晨 0 时，前一时降雨仅 30 毫米，但雷达图显示后续雨量大，温州市气象局便于 0 时发布了临近未来 2 小时的预测，预测市区东部即龙湾和乐清一带“雨量 20～30 毫米，局部雨量可达 50～100 毫米”的预报，0 时 25 分，永强水文站发出了 25 分钟降雨量达到 36.5 毫米的实测雨量信息，随后在值班人员坚守岗位的基础上，区水利局和防汛办加强力量，相关人员即迅速到位，该日在 0—1 时永强降雨 105.5 毫米，1—2 时的雨量为 73 毫米，2 时前的 3 小时内雨量则达到了 207.5 毫米。在这次防御过程中，正常的 24 小时值班基础上，加强应急人员只是稍稍提前而已，人力物力时间也不存在的浪费之象。这是制度的胜利。当然，这些制度的建立，既取决于现代科技的应用，也跟之前的教训有关，如发生于 1999 年“9·4”的温州部分区域特大局地强降雨，就是在气象预报失误而水文实测又没有及时跟进的条件下发生，又恰逢凌晨易使人疏忽的时候，突发山洪灾害就这样在人猝不及防的条件下发生了。

4 气象水文在山洪灾害非工程防御的保障措施

近年来，随着计算机技术的广泛普及和微电子技术的成果运用，在气象长期、中期和短期预报的基础上，短时预报和临近预报取得了飞速的发展，尤其是新一代多普勒雷达在气象预报上的广泛使用，为降水短时预报与洪水预报的结合创造了条件[3]。

近几年温州市永嘉龙湾等地的山洪及防汛制度上主要落实了以下防御保障措施。

一是完善和落实各类山洪防汛防御方案。突出把落实非工程措施以避为主的防御方案作为减低乃至避免洪涝灾害损失的重要因素。从2009年开始，永嘉、龙湾等地均先后编制了区级《气象灾害防御预案》、《防汛防台抗旱应急预案》、《山洪灾害防御预案》和乡镇级的《防汛防台和山洪应急预案》以及《村级防汛（山洪）预案》，并制定和完善山洪转移方案，统一转移命令，明确转移路线，落实安置地点；以村为单位，村干部联系组、组干部联系户的要求，采取村自为战、户自为战、人自为战的防御原则，将人员转移方案落实到户、落实到人。

二是大力建设水雨情监测预警系统，并逐步完善短信预警自动发送的平台功能。气象预报和水文测报是防汛指挥的耳目和决策的依据，其工作的好坏，直接关系到防汛防台的成效。2011年以来，龙湾区实现了网站预警和短信发布相结合的措施，大大的提高小流域山洪暴雨预报预警的速度和质量，同时在山洪灾害预警平台里，增加了语音报警功能模块，确保在夜里入睡的人员也能被"吵"醒而不误事。

三是科学确定灾害特征雨量。特别是小流域山洪灾害，历时短、汇流迅速，因此，科学确定山洪致灾的临界雨量是制定山洪防御方案的关键依据。历史上虽然短时小流域山洪灾害的时段雨量往往超过50毫米，考虑到预警和防御的时间差，龙湾区对时段雨量超过30毫米的时候即进行向外预警，时段雨量超过55毫米和3小时超过80毫米的进行一级预警。

四是科学设计山洪灾害防御平台。其中水雨情报警方面要求系统能自动根据设定的条件判断是否产生报警，并具有错误数据自动甄别功能，能自动接收气象水文部门的气象雨量信息以及雷达预警预报服务。对预警信息的发布途径上设置了无线广播系统、语音电话通知系统、微博发布系统和短信群发功能模块。

5 结语

暴雨山洪事件由于其突发性和不可预见性，如何更好地做好上情下达、下情上达和水文气象预警预报一直是防山洪工作中的难点和重点。一方面，不同的区域由于地质条件的不同，在相同降雨量级条件下，遭受的影响也会不同；另一方面，前期的降雨条件对后期降雨的致灾也会带来较大的预测难度；再次，应急设施和防御手段以及人的思想对应急防御的效果均会带来不同的影响；另外，人为活动也常常导致应急事件的发生或带来应急事件的影响强度大小。结合气象水文预报的功能，可以为洪涝灾害的防御提供良好的手段。

参考文献

[1] 国家防总，水利部.中国水旱灾害公报2008.水利部公报，2009，**4**(10).

[2] 温州市水利志编纂委员会.温州市水利志[M].北京：中华书局.2006.

[3] 俞小鼎，王迎春等.新一代天气雷达与强对流天气预警[J].高原气象，**24**(3).

浙江义乌的台风“菲特”预报服务评估

赵贤产　符仙月

（浙江省义乌市气象局，义乌 322000）

摘　要

台风“菲特”虽在浙闽交界的福鼎登陆，但大风、强降水主要出现在浙江省境内。义乌市地处浙江省中部，受“菲特”影响程度虽属中等，但也对当地造成了一定的影响。对类似这种台风进行预报服务等各方面进行评估，极有助于提升应对台风的防御水平。

关键词：台风“菲特”　预报服务　评估

1　引言

台风“菲特”虽在浙闽交界的福鼎登陆，但大风、强降水主要出现在浙江省境内，后期还与冷空气结合，给浙江北部地区带来特大暴雨[1-3]。根据风雨强度、风暴潮以及影响范围等综合评估，与登陆浙江省的台风相比，综合影响强度排历史台风第二位，降水强度第一位；在非登陆浙江省台风中，其影响强度为最强。

义乌市地处浙江省中部，受“菲特”影响程度虽属中等，但也对当地造成了一定的影响。对类似这种台风进行预报服务等各方面进行评估，极有助于提升应对台风的防御水平。

2　天气与灾情

2.1　台风“菲特”路经

“菲特”于 2013 年 9 月 30 日 20 时在菲律宾以东洋面生成，生成后向西北偏北方向移动，4 日 17 时加强为强台风级，并向西北偏西方移动，强度稳定维持。于 7 日 1 时 15 分前后在浙闽交界处（福鼎沙埕镇）登陆，登陆时强度仍为强台风级，近中心最大风力 42 m/s（14 级），中心气压 955 hPa。登陆以后朝西偏南方向移动，强度迅速减弱，7 日 7 时已减弱为热带风暴（18 m/s）。

2.2　“菲特”的特点

分析“菲特”的特点有如下几点：一是 10 月份登陆我国大陆最强台风；二是风速极大，破浙江省瞬时风速纪录；三是在浙江省的强降水范围广，降水总量大，雨量破纪录，呈现秋台风的特性。

2.3　影响义乌的风雨情况

受“菲特”影响，浙江省义乌市普降暴雨，大部分地区有大暴雨，全市面雨量 114.5mm。过程最大降水量为大陈镇八都站(184.1 mm)。强降水主要集中在6日20时至7日16时,1小时雨量最大在里西岗17.2 mm。过程最大雨强3小时雨量里西岗45.3 mm。过程最大风力出现在义乌本站达8级(19.5 m/s),统计17 m/s大风出现时间从7日0时31分开始至6时29分结束,持续近6个小时。受地形影响,山区过程雨量较大,据水文监测网的雨量监测,北部和南部山区过程雨量各有超过200 mm的站点。

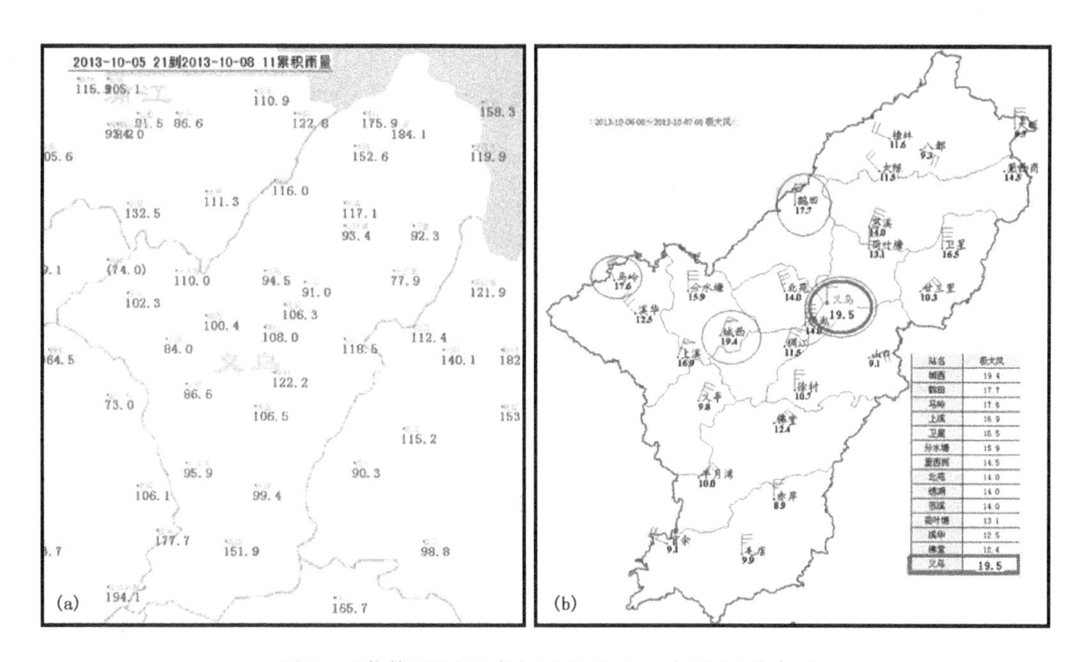

图1 “菲特”影响义乌的过程雨量(a)大风(b)分布图

2.4 义乌发生的灾情

据义乌市防汛办统计,受“菲特”影响,苏溪、大陈、义亭、上溪这4个镇灾情最重,直接经济总损失320万元。其中,仅大陈宦塘村房屋倒塌4间,农林牧渔业直接经济损失达316万元。另据报道,6日公路客运上百趟班车停运,一堵围墙倒塌,压坏4辆私家车。无人员伤亡报告。

3 预报服务情况

3.1 决策服务方面

10月5日11时市气象台发出第一份台风“菲特”消息,6日上午10:10分发布台风黄色预警信号,11时发布“菲特”强台风警报,并预计将有大到暴雨,局部大暴雨,风力阵风8～9级。16时及时跟进警报,明确过程雨量80～120 mm,局部150 mm以上,过程平均风力可达阵风8～9级。7日8时发布台风消息,通报已经所受的影响程度和处于影响尾部的情况。

地方政府领导获得台风气象信息后高度重视,5日16时在防汛办召开防台协调会,根据局领导向市政府当面汇报台风动态和对我市的风雨影响预报,要求防指各成员单位加强值守和监测预报,做好“菲特”防御准备工作。

同时及时更新台风动态,对台风过程雨量和风力进行预测,与实况较为吻合。义乌市政府于6日11时启动防台Ⅲ级应急响应，要求有关单位按照预案全力做好各项防御工作。8日10时结束防台Ⅲ级应急响应。决策服务材料《重要天气情况汇报》发出3期、《气象信息特刊》1期。

3.2 公共服务及应急工作方面

制作台风报告单共13份，及时抢修电子显示屏，并通过电子显示屏、短信、传真、电视、电话、声讯电话、网站、广播电台、电视台、报纸、QQ、微博等多种形式，向地方政府和各相关部门、媒体传送气象预报预警信息。发送服务短信11次，共计约26336条。其中，为农服务等短信1次。声讯96121拨打量5194次，气象网站点击数达60120次，新闻媒体采访4次。

4 数值预报产品的表征

4.1 路径预报方面

分析这次台风的路径预报，从各家数值预报来看，欧洲数值预报较为准确，提前三天报准，日本预报的位置偏南，到5日才预报趋于一致（如图2所示）。

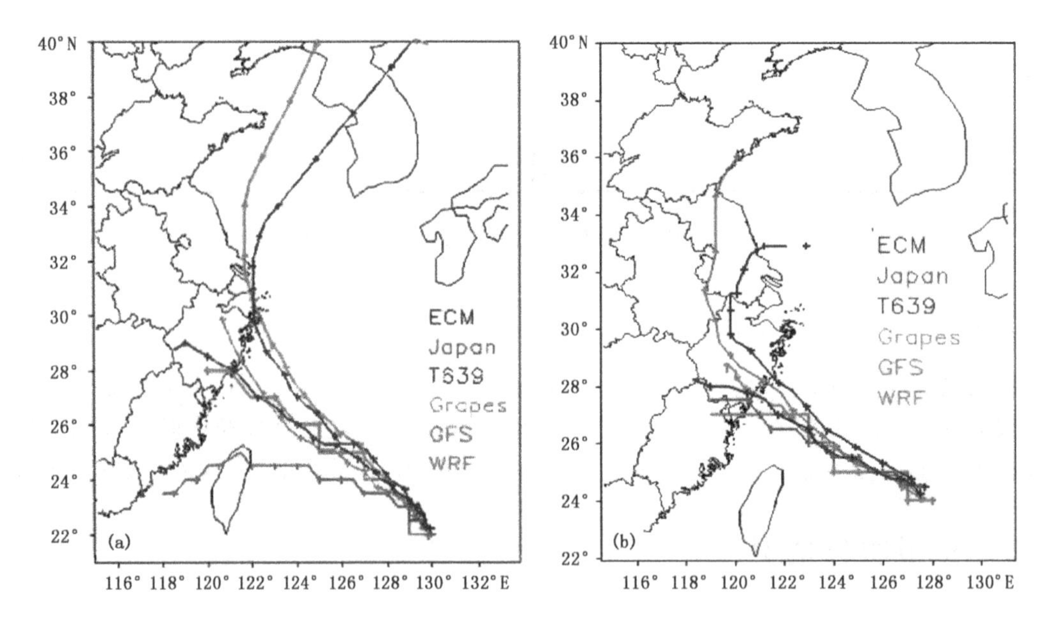

图2 台风路径的各家数值预报图(a)4日08:00;(b)5日08:00

4.2 雨量预报方面

分析这次台风的雨量预报，从各家数值预报来看，3日起多家数值预报产品预报都比较准确。其中，3日20:00起报的欧洲数值预报6日夜里的义乌雨量较为准确，实况普降50～100 mm；预报7日白天雨量明显偏大，实况除义乌南部地区局部出现50 mm之外，大部分地区只有10～25 mm。

5 历史台风影响义乌的过程雨量方面

通过查询义乌历史相似路径的台风个例，发现历史上 10 月影响义乌的秋季台风的风雨影响均较大，如 6126 号、6217 号、0519 号和 0716 号均在 10 月上旬影响义乌，过程降水量均达 50～100 mm，甚至日雨量也有 50 mm 并伴有 8 级以上大风。因此，预报员掌握历史台风概况尤其重要。

6 经验和不足

(1)在天气形势复杂和各家数值预报分歧较大的情况下，台风的路径预报难度很大，移向预报不断往南调整，上级的指导预报能做到及时更新调整，是对县级台站做好预报服务的前提，但预报具体风雨量级应该在 6 日上午提出，有利于领导提前决策。

(2)在气象部门及时提供决策材料的情况下，当地政府和有关部门提前放弃“十一黄金周”休假，采取一系列防台措施，如及时转移人员，建筑工地停工，加强低洼地段防守，危旧房排查，防台风宣传等工作都及时到位，做到了家喻户晓，减低或避免了台风带来的损失。

(3)对这次台风的路径预报，欧洲数值预报较为准确，提前三天报准，日本预报的位置偏南，到 5 日才预报趋于一致。雨量预报中，6 日夜里的较为准确，但 7 日白天明显偏大。

(4)“菲特”虽然在福建福鼎登陆，登陆点对义乌来说位置偏南，但是台风北部的降水云团较强，影响很严重。义乌本地降水以“菲特”云团降水为主，冷空气影响所产生的降水云团主要影响在浙北。

(5)通过查询历史相似路径台风个例，历史上秋季影响义乌的台风风雨均较大，应掌握历史台风概况。

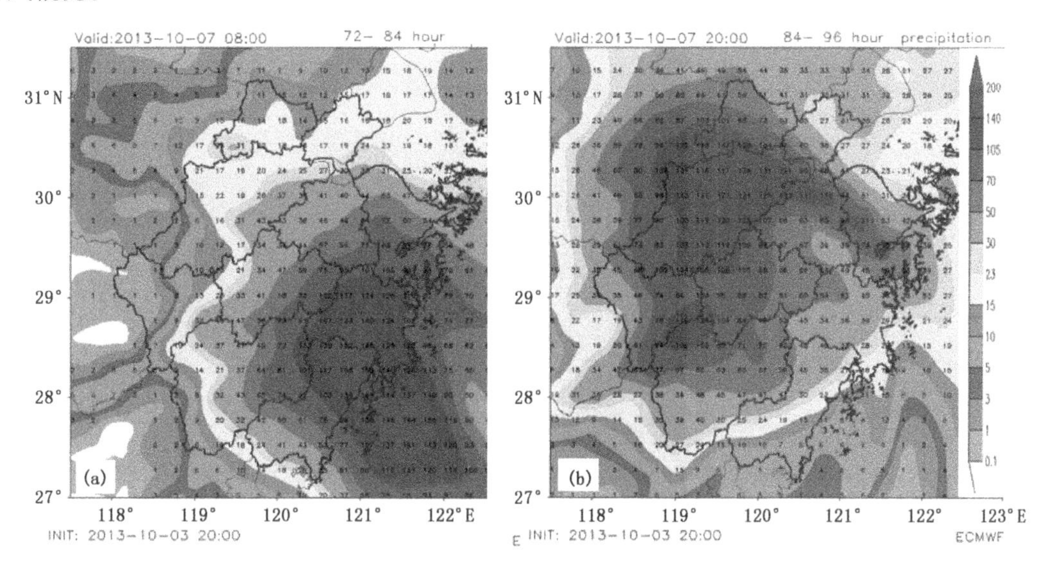

图 3　3 日 20:00 起报的欧洲数值预报 12 小时总雨量预报图

(a)6 日 20:00—7 日 08:00;(b)7 日 08:00—20:00

参考文献

[1] 孙建明. 台风菲特引发湖州大暴雨的成因及山区地形增雨分析//2013年浙江省气象局优秀预报技术论文集. 2013.

[2] 朱宇沨. 强台风"菲特"预报技术总结//2013年浙江省气象局优秀预报技术论文集，2013.

[3] 罗玲，赵军平，赵璐朱，等. 强台风"菲特"风雨成因及浙北强降水预报偏差分析//2013年浙江省气象局优秀预报技术论文集，2013.

浙江省台风暴雨引发地质灾害防治对策研究

浙江省地质学会课题组
（浙江杭州，310000）

摘　要

本文总结了2013年“菲特”台风引发的地质灾害的应急处置工作特点，组织了我省从事地灾防治专业技术人员学术研讨会，以及邀请高层次学者和学术团体进行专题讲座指导，形成台风引发的地质灾害特征和地质环境因素分析，提出相应的台风暴雨引发的地质灾害对策建议。

关键词：地质灾害　台风引发　“菲特”台风　对策建议

1　前言

地质灾害关乎人命，防治工作责任重大。地质灾害是指因自然因素或者人为活动引发的危害人民生命和财产安全的山体崩塌、滑坡、泥石流、地面塌陷、地裂缝、地面沉降等与地质作用有关的灾害。台风是浙江省常见的气象灾害之一，台风带来强降雨常常引发大量点多面广的山区突发性地质灾害，给人民群众的生命和财产造成巨大威胁和损失。据估计，我省有2/3以上的地质灾害是与台风暴雨有关，如2013年10月的“菲特”台风带来的大暴雨引发了宁波市大量的地质灾害。因此台风季节是地质灾害高发时段，研究台风暴雨引发的地质灾害的应急处置对策意义重大。

2　浙江省台风降雨的基本特点

浙江省每年的夏秋季节经常遭受台风的侵袭，历年平均影响我省的台风为3.3个，登陆为0.6个。从空间上看，在浙江沿海各地登陆的属台州最多，占总数的42%，温州14个，占36%，在宁波和舟山登陆数相对偏少；从时间上看，5月、7月、8月、9月、10月和12月台风都有可能登陆，其中8月达到最大值。

浙江省的突发性强台风往往具有近海生成、转移快、强度发展快等特点，台风带来的降雨由于受山地地貌的影响，各路径的台风带来的降雨其降水量差异极大，据余贞寿等研究表明，在温州的两个极值中心分别为乐清和永嘉交界地区，另一个为苍南、平阳、泰顺、文成四县交界一带，台州相对较少，而黄鹤楼等研究认为宁波市则在一块在四明山脉、天台山脉东侧迎风坡呈南北带状分布，另一块为在象山港中部，分别与天台山东北余脉、天台山东部余脉东侧迎风坡对应。“菲特”台风即在四明山脉、天台山脉东侧迎风坡呈南北带状分布为主。

台风往往是一个强降雨系统，台风中心经过的地区常有大暴雨或特大暴雨，24小时降雨量一般达100～300 mm，暴雨中心可达500～800 mm，甚至高达1600 mm。据余贞寿等统计，截止2013年，在温州观测到的台风最大过程降水量排名前三的分别为泰顺九峰为1249.7 mm（2009年第8号台风“莫拉克”）；乐清市龙西乡砩头为908.5 mm（2004年第14号台风“云娜”；永嘉县鹤盛乡黄坑为896.6 mm（2005年第5号台风“海棠”）。而在宁波7—9月是梅雨过后的第二个降水高峰，台风降水是最主要的天气系统，据黄鹤楼等研究，大约台风带来的降水占同时期降水量的40%左右，而台风降水又通常集中在短时间内完成，2013年10月7日的“菲特”台风持续强降雨，使余姚市过程面雨量达449 mm，其中最大的上王岗站降雨量超过百年一遇，达到了714 mm。

3 台风暴雨引发地质灾害特点

3.1 台风暴雨引发地质灾害概况

地质灾害与台风暴雨关系非常密切，据2004—2013年地质灾害月报统计，共计发生地质灾害3914起，其中8—10月3个月发生的地质灾害1644起，占42%，据《浙江省地质环境公报（2013年度）》，2013年全省共发生突发性地质灾害778起，其中滑坡428起，崩塌254起，泥石流94起，地面塌陷2起，造成7人死亡，2人受伤，直接经济损失3830.3万元。在2013年的地质灾害中，仅10月上旬的“菲特”台风期间暴雨引发的地质灾害就有616起，占全年总数的79.2%，10月7日11时30分，受“菲特”台风强降雨影响，上虞市曹娥街道蒿尖山一带群发27处泥石流，造成4人死亡，毁坏民房110间，厂房10间。

“菲特”台风期间，余姚市平均降雨量达499.9 mm，局地降雨量达700 mm，为百年一遇。仅余姚市导致山区引发突发性地质灾害（隐患）点共150处，主要分布于南部四明山区以及中部侵蚀一剥蚀丘陵区，种类主要为崩塌、滑坡、泥石流。

我省台风暴雨引发的地质灾害，通常具有发生频率高、群发突发性强、影响范围广、成灾强度大等特点。对地质环境条件脆弱的山区，台风带来的特大暴雨极易引起山体滑坡、泥石流、崩塌、洪涝等山区地质灾害，造成严重财产损失和人员伤亡。

3.2 台风引发地质灾害的原因分析

分析我省地质灾害分布发育规律，研究总结“菲特”台风引发地质灾害的特点，认为地质灾害发生与地形地貌、地层及岩土体结构、植被覆盖条件等自然因素，以及台风暴雨关系密切。

(1)地形地貌

山区诱发地质灾害的地形地貌因素主要包括地形坡度和斜坡坡向。

“菲特”台风暴雨引发地质灾害应急调查表明，本次滑坡地质灾害形成的地形坡度以15°～45°为主，坡度25°时是发生滑坡坡度的拐点，25°左右时滑坡数量占多数。崩塌则发生于大于45°的悬崖地或人工切坡形成的陡坎。根据统计调查，崩塌、滑坡前缘往往因切坡建房、公路切坡形成人工高陡临空面，坡度一般较陡，可达50°～80°。坡面泥石流多发生于陡坡地、急坡地，分别为5处和12处，约占33.3%和59.1%。

根据斜坡坡向与地质灾害的关系统计，坡向$90° < X \leq 135°$和$135° < X \leq 180°$的斜坡发生地质灾害的比例略高于其他坡向，尤其是东南南方向的斜坡优势比较明显，说明余姚市阳坡发生地质灾害的概率明显高于阴坡，这与阳坡受日照时间长，太阳辐射强烈，气温与土温较高，温度日差较大有关。

(2)地层及岩土体结构

“菲特”台风引发的66处地质灾害隐患点的工程地质岩组的统计结果表明,“菲特”台风地质灾害隐患点主要分布于坚硬块状火山碎屑岩、熔结凝灰岩为主的火山岩岩组中,岩性主要上侏罗统高坞组的流纹质晶屑玻屑熔结凝灰岩,其中梨洲街道附近晶屑比较粗大,局部风化比较强烈,易形成较厚的风化层。

(3)植被覆盖条件

根据对余姚市66处地质灾害隐患点所处斜坡生长发育的植被类型进行统计,有43处发育于毛竹林中,约占总数的65.2%,其中43处滑坡中有30处发生于毛竹林,占69.8%,泥石流中有11处发育于毛竹林中,这表明毛竹林是孕育地质灾害的重要场所。

(4)气象条件

根据收集“菲特”台风引发地质灾害应急调查,当降雨量达到200 mm以上时,地质灾害开始陆续发生,当降雨量达到400 mm以后,地质灾害隐患点呈猛增趋势,这说明降雨量与地质灾害有密切的联系。

4 台风暴雨引发地质灾害应急对策建议

针对我省台风暴雨引发地质灾害的特点,为进一步提高地质灾害防治水平,提高地质灾害应急处置与救援能力,提出以下对策建议。

4.1 进一步加强台风引发地质灾害生成规律调查与研究

台风暴雨引发的地质灾害点多面广,区域性强。短时间内引发的崩塌、滑坡和泥石流,尤其是坡面泥石流,隐蔽性强,危害大,在一般性的地质调查过程中不易发现。实际工作中,常常因调查精度不够、对一些微地貌、微地形、局部的地质环境条等研究不够深入,一些隐患点不易被查清。因此,必须加强台风过后地质灾害的调查与研究,在应急调查的基础上,进一步对台风降雨引发的各类地质灾害进行分类,查明地质灾害的发育规律,从宏观分布、地质环境条件到微地形地貌、非地质因素等方面加强总结,进一步摸索出台风引发地质灾害的规律,为今后的防灾减灾提供依据。

4.2 进一步加强台风引发地质灾害的监测和群测群防

在我省的地质灾害防治工作中,大量地质灾害的先期征兆依靠群众发现,大量的地质灾害隐患依靠群众了解灾情的动态,并报告当地国土资源管理部门,然后专业队伍进行灾后核查。群测群防工作,为群众及时撤离、安全转移提供了保障,被实践证明这是一项行之有效的方法。但由于群众的地质灾害防治专业知识较缺乏,还有待进一步加强培训。特别是一些地质环境条件脆弱地区,有必要在群众中选择一批责任心强,有一定的业务能力的群众担任群测群防工作,并通过管理部门,使群测群防人员与专业单位建立直接联系,形成业务关系,使群测群防工作扎实推进,保障台风过后的快速应急。

同时,投入必要的设备,对重点隐患区采取实时监测,为地质灾害的预测、应急撤离避险提供直接的依据。

4.3 进一步加强台风引发地质灾害应急队伍建设

专业地质灾害防治队伍是地质灾害防治的主要力量，目前我省的专业队伍主要是国土资源厅直属省地质灾害应急中心和省地质调查院，各市国土资源局的地质环境监测站，省地质勘查局所属的8家地质队伍，以及分布在各地的质灾害防治资质单位。这些单位主要集中在杭州、宁波、温州、湖州、金华、丽水等地，承担地质灾害应急调查的小分队有专业的地质灾害防灾研究所或分院，也有的是在台风过后临时组建的应急队伍，存在业务水平参差不齐，对应急调查的相关要求不甚了解，不满足快速应急工作的需求等问题。要加强地质灾害应急小分队的建设与管理，开展地质灾害防治应急知识的业务培训，加大资金投入，提高装备水平，一旦台风来临，各应急小分队能快速启动，进入应战状态，为有效应对台风引发的地质灾害提供技术保障。

4.4 加强台风引发地质灾害应急标准化建设

标准化工作可以使工作更加精准，为此省国土资源厅先后制定出台了《浙江省突发性地质灾害应急预案》、《浙江省突发地质灾害应急预案操作手册》和《浙江省国土资源厅突发地质灾害应急响应方案》，对应对突发性的地质灾害进行了规范，但在技术层面上涉及不够。目前调查的要求是从国家标准或行业标准上进行要求，从浙江省多发和广发台风引发的地质灾害的背景上来说，针对性不强，有必要针对浙江省台风引发的地质灾害的调查方法、调查技术要求、调查广度和深度、调查的格式和应急报告的内容等进行相应的规范，从而提高台风引发地质灾害的应急调查水平，有利于在现场快速判别地质灾害的类型、规模等特征，第一时间、尽最大限度地达到减灾避灾的目的

4.5 进一步加大台风引发地质灾害的防治科普宣传

台风所过范围大，引发的地质灾害可能涉及千家万户，在山区或山前的村庄都有可能发生地质灾害，因此地质灾害防治知识的普及是关乎千家万户安全的大事，当住户知道如何应对和防范地质灾害，才能真正实现防灾减灾的目的。各级国土资源管理部门要组织专家学者开展地质灾害防治知识材料的编制，要充分利用世界地球日、土地日、减灾日，通过报刊、网站、电视广播等各种媒体和渠道大力宣传，普及地质灾害防治基本知识，不断提高受地质灾害威胁群众的防灾自救能力。

关于县(区)防灾减灾信息数据库管理现状及未来发展的思考

鲍　宇
(浙江省杭州市萧山区民政局,杭州 311203)

摘　要

灾情是中国国情日益重要的组成部分,防灾减灾信息数据库管理问题的严重性应当促成提升防灾减灾重要性的社会共识。为此,各县(区)人民政府相继成立减灾委员会,同时,县(区)防灾减灾信息数据库管理建设也在不断完善,相关部门的防灾减灾信息数据不断集中到县(区)减灾委员会。但是,由于县(区)各相关部门上报的防灾减灾信息数据库开发还处于单打独斗状态,县(区)防灾减灾信息数据监测系统的发展极为不平衡,县(区)防灾减灾信息数据库管理的资源没有形成合力。作为减灾委之一的民政部门,既是防灾减灾信息数据开发需求参与者,又是防灾减灾信息数据实际管理者,切身体会到县(区)防灾减灾信息数据库的质量是贯穿于防灾减灾工作的生命线,现阶段建立和加强县(区)防灾减灾信息数据库管理规范化已迫在眉睫。本文从对县(区)防灾减灾信息数据库管理特征及发展历程以及防灾减灾信息数据库管理存在的问题上提出了建立健全县(区)防灾减灾信息数据库管理的发展战略,具体构想从六方面进行了探讨。

关键词:防灾减灾　信息　数据库　管理　未来发展

20世纪的观测事实已表明,我国是世界上自然灾害最为严重的国家之一,自然灾害出现频率与强度明显上升,直接危及我国的国民经济发展。防灾减灾任重道远,而对于任何防灾减灾救灾方式而言,要想准确、快捷、经济地到达救灾目的地,准确的灾害信息是关键。特别是重大的自然灾害发生时,准确无误的灾害信息,更是保证防灾减灾有条不紊开展救助的前提条件。特别是对县(区)防灾减灾信息数据库管理的完整性、准确性、时效性提出了更高的要求。为此,深刻了解国内防灾减灾信息数据库管理现状,准确把握国内外防灾减灾信息数据库管理发展趋势,及时理清发展思路,对于建立符合中国国情的县(区)防灾减灾信息数据库管理制度,推动防灾减灾信息数据库管理的科学化、规范化具有重要意义。

1　县(区)防灾减灾信息数据的特征及发展历程

近几年来,县(区)运用防灾减灾信息数据库应用研究的状况一般,大量亟须研究的问题没有被触及或获解,难以适应防灾减灾工作发展的现实需要。仍是县(区)防灾减灾信息数据库管理的难解之疴。为此,应切实加强县(区)防灾减灾信息数据库建设管理工作,关键是要抓好一些重要节点和领域来开展。与其他部门的大数据相比,县(区)防灾减灾信息数据库建设相对滞后,且防灾减灾信息数据精度要求高、时效性强、依赖性强的三大特征。在同样的时间内,县(区)防灾减灾速度与效率比所提供的灾害信息数据正确性成正比,灾害信息数据不正确和滞后会带来的防灾减灾结果大不一样。

众所周知，由于我国幅员辽阔，地理气候条件复杂，是世界上受自然灾害影响最为严重的国家之一，灾害种类多、发生频率高、损失严重，最常发生的灾害有洪涝、干旱、地震、台风和滑坡泥石流等5种，所造成的损失占损失总量的80%～90%[1]，县(区)灾害信息数据建设发展历程极不平凡。所以说防灾减灾，事关千家万户，事关受灾群众的生死冷暖。特别是在地震、洪水、海啸、台风等灾害发生时。早期的抢险和救灾中，正常通信业务遭到破坏时，防灾减灾活动速度慢、范围小，防灾减灾人员主要依赖步行为主，即通过辨认地形和物体向灾害发生地开展防灾减灾。特别是20世纪30年代，防灾减灾无信息数据可言，何时发生自然灾害老百姓根本无法知道，灾害发生后靠百姓自己自力更生救灾。到70年代，灾害发生地靠受灾地人员用电话自行向上级报告受灾情况，开展防灾减灾信息无数据库可以利用。近年来，对开展防灾减灾信息数据库的管理提上了日程，随着卫星电话等新技术的应用，依靠高科技来做好防灾减灾信息数据库变得不可缺少的手段，各地防灾减灾信息数据量呈几何级数增加，防灾减灾信息数据库管理工作变得日益重要。县(区)防灾减灾信息数据库管理已提上地方政府的议事日程。从第一批防灾减灾信数据库构建以来，中国防灾减灾信息数据库可划分为三个阶段。第一阶段即萌芽期，从2008年以前，这个时期，县(区)防灾减灾信息数据库建设刚刚接触灾害信息数据技术，但还不知应该如何应用，属于有意识的学习和沉淀灾害信息数据阶段，这一时期相关防灾减灾部门出现了一些规模较小的零星的灾害信息数据库建设，但并未实现规模化和系统化，有关防灾减灾部门对于妨灾减灾信息数据库建设运用在宏观政策上的体现是呼吁较多，而具体的推进事务则比较少，虽然显得很热闹，但实际相关防灾减灾部门的灾害信息数据建设很少。第二阶段从2008年以后即成长期，这个阶段的特点是相关防灾减灾部门的灾害信息数据建设的需求由“自发”走向“自觉”，这些相关部门已基本了解了相关防灾减灾部门的灾害信息数据建设内容与重要意义，很多部门开始对灾害信息数据建设展开规划与部署，相关主管部门高度重视，特别是在资金投入力度不断加大。由此，灾害信息数据建设成为了这些部门建设的重中之重，相关防灾减灾部门的灾害信息数据建设获得了长足发展。第三阶段即成熟期，在这个阶段，相关防灾减灾部门的灾害信息数据建设已经从单纯防御阶段走向了以部门灾害信息数据库技术为核心的防护结合阶段，各种灾害信息数据建设技术全方位的引进和运用。特别是在国家发改委、工信部和科技部的大力支持下，不少相关防灾减灾部门的灾害信息数据库建设逐渐走上国际尖端行列，相关防灾减灾部门的灾害信息数据库建设将日益完善，防灾减灾信息数据库技术不断加强，主要是体现在遥感技术(RS)，地理信息系统技术(GIS)、全球定位系统技术(GPS)等用于防灾减灾信息数据库管理工作上，其中，遥感技术(RS)是当前防灾减灾空间信息获取和更新的一个非常重要的手段和工具，它克服了传统防灾减灾信息数据调查手段高投入、长周期、低效率的缺点，具有宏观、快速、动态、综合的优势。利用遥感技术的这些优势，结合地理信息系统(GIS)、全球定位系统(GPS)，并以计算机技术和通讯网络技术为主要技术支撑，采集、测量、分析、存储、管理、显示、传播和应用空间信息[2]，可以应用于防灾减灾信息数据监测中的许多方面。

2 县(区)防灾减灾信息数据库管理的现状

目前，县(区)的防灾减灾信息数据库监测系统开发还处于单打独斗状态。各地防灾减灾信息数据监测系统的发展极为不平衡，虽然，各县(区)相继成立防灾减灾委员会，且防灾减灾办公室设在民政部门，而防灾减灾信息数据库管理涉及地震主管部门和交通、通信、供水、供电、卫生、公安、消防、新闻等部门，县(区)民政部门在没有发生灾害时防灾减灾信息数据处理与制作的标准制定方面没有话语权;各部门防灾减灾信息数据库管理的资源没有形成合力。这无疑影响了县(区)防灾减灾信息数据库管理工作的进一步发展。主要集中表现为:一是管理缺乏综合协调。长期以来,由于县(区)防灾减灾信息数据库管理基本是分部门管理的模式,各涉灾管理部门自成系统,条块分割、单打独斗,各自为战,各灾种之间缺乏统一协调,部门之间缺乏沟通、联动,缺少系统的、连续的防灾减灾信息数据库管理思想指导;缺少综合性的防灾减灾应急处置信息数据技术系统;二是县(区)防灾减灾信息数据库资金投入不足,资金渠道单一。各种防灾减灾信息数据库管理设备老化问题严重,县(区)财政每年投入到防灾减灾信息数据库科技研发和应用的经费投入不足。严重影响了县(区)防灾减灾信息数据库管理工作的深入进行,影响了防灾减灾信息数据库管理工作水平的进一步提高,直接影响防灾减灾实效。三是县(区)防灾减灾信息数据库管理科技资源尚待优化配置。由于缺乏宏观协调管理及传统的条块分割现状。县(区)防灾减灾信息数据资源在中央与地方、部门和部门、政府和民间之间的布局仍缺乏统筹规划,且不重视与城乡建设等相关规划之间的衔接,难以实现各级各类应急信息数据平台的互联互通和信息共享[3]。县(区)防灾减灾信息数据库管理科技资源主要集中在气象、地震、地质、环保等领域,而这些领域的防灾减灾信息数据库管理工作主要局限于解决本领域存在的技术问题,在不同灾种以及防灾减灾的不同环节中,信息数据科技资源没有得到合理配置,县(区)防灾减灾信息数据库开发与应用水平发展很不平衡。一些仪器、设备、资料、数据等都分散在各部门,没有形成相对完善的防灾减灾科学技术体系;信息公开和交流渠道不顺畅;资源、信息不能共享;无法形成合力和整体创新优势。特别是灾害的监测、预报、评估、防灾、抗灾、救灾、灾后安置与重建、教育与立法、保险与基金、规划与指挥等方面没有很好的衔接,没有纳入县(区)防灾减灾信息数据库管理的发展格局。四是防灾减灾数信息据库建设发展缓慢。防灾减灾信息数据库发展与应用水平很不平衡;防灾减灾信息数据库监测能力不强,短期预测预报能力还较低;对一些重大灾害的认识与防治技术数据长期徘徊不前;与现有防灾减灾信息数据库发展要求相差较远,防灾减灾信息数据库整体支撑能力有待提高。五是县(区)防灾减灾信息数据库管理高水平科技人才匮乏。缺少专门为灾害救援综合型信息数据专家、技术型队伍等现状;特别缺乏防灾减灾信息数据库管理领域的高层次、高水平的学术技术带头人和工程技术应用人才,没有一个长远的防灾减灾信息数据库管理体系;防灾减灾信息数据库管理建设滞后;防灾减灾信息数据库管理体制不完善;最终影响县(区)防灾减灾科技业的发展。六是县(区)防灾减灾信息数据库管理立法尚不完善,缺少一个规范的防灾减灾信息数据库管理的综合性法律;防灾减灾信息数据库管理工作未能纳入县(区)政府的经济发展计划中;各种防灾减灾信息数据库系统分散管理,重复建设,效益较低;没有制订与减灾工作要求相适应的防灾减灾信息数据库管理发展政策。因此,亟待需要树立防灾减灾信息数据库管理重要性意识,理清思路、制定措施,提高县(区)防灾减灾委员会对防灾减灾信息数据库数据服务和数据管理能力。

3 县(区)防灾减灾信息数据库管理的发展战略

由于各种自然灾害之间有着有机的联系,因而县(区)防灾减灾信息数据库管理系统的建设应该是在完善各相关部门防灾减灾信息数据信息的基础上,逐步向综合防灾减灾信息数据监测网方向发展。一方面要进行灾害信息数据的交叉使用,建立部门防灾减灾信息数据库,特别是地震、气象等部门要以遥感、遥测数值记录、自动传输为基础,建立空、地、人的立体监测网和综合信息处理系统,为县(区)防灾减灾信息数据库管理提供可靠的保证。另一方面各有关部门要建设立防灾减灾长期、中期、短期及临时预报信息数据库管理，它是防灾减灾信息数据库管理工作的前期准备的科学依据。如前所述，防灾减灾信息数据库管理是一个系统工程，反映的是一个县（区）防灾减灾信息数据库管理的发展水平。鉴于县（区）防灾减灾信息数据库管理这一领域尚处于起步阶段，要按照统筹协调、循序渐进的原则，迫切需要采取一些措施，推进县（区）防灾减灾信息数据库管理工作，适应新形势下防灾抗灾的要求。

一是加强领导，健全县（区）防灾减灾信息数据库管理机构。鉴于防灾减灾信息数据库管理的重要性和特殊性，应成立由县（区）政府主管领导挂帅、民政局及政府其他相关部门组成的防灾减灾信息数据库管理领导机构，在县（区）防灾减灾委员会的统一指挥下，负责全县（区）防灾减灾信息数据库管理工作；在县（区）党委政府领导下，负责当地防灾减灾信息数据库管理工作。要整合资源，明确部门和人员，建立"一对一"防灾减灾信息数据库管理机制，落实工作职责，完善防灾减灾信息数据库管理流程和标准；建立横向协调联动机制。会同气象、地震、交通、电力、水利、卫生、公安、驻地方部队等部门，明确职责和流程，加强防灾减灾信息数据库管理沟通交流，建立协调联动机制，发挥防灾减灾信息数据库管理在防灾减灾工作中的作用，营造良好发展环境，争取各级政府部门的关心支持。要针对县（区）防灾减灾信息数据库处于各自为战的现状，采取民政部门牵头、其他相关部门参加的联席机制，各相关部门应明确防灾减灾信息数据库管理各方责任、义务和要求，推动防灾减灾信息数据库管理工作依法正常开展，促进防灾减灾信息数据库管理工作持续健康发展；县（区）防灾减灾信息数据库管理机构要出台防灾减灾信息数据库管理办法和细则，细化工作措施和要求，明确防灾减灾信息数据库管理和指挥流程，保证防灾减灾信息数据库管理责任落实、工作有序。

二是建立统一的县（区）防灾减灾信息数据采集要求，推进防灾减灾信息数据库规划。要从可持续发展的战略高度上。对县（区）防灾减灾信息数据库管理要未雨绸缪，加强相关部门防灾减灾信息数据库管理工作规划，科学设计，提升对自然灾害的研究、监测、预报、预警水平。毋庸置疑，防灾减灾信息数据库管理目的就是监视灾害预兆，测量灾害变异参数，及灾后对灾情进行监视和评估等情况。各相关部门对自然灾害的数据监测是防灾减灾的先导性措施，通过各部门对自然灾害的监测，可为县（区）防灾减灾信息数据库管理工作提供准确的数据和信息，从而为公众进行示警和预报，所以说各相关部门防灾减灾信息数据监测的作用和任务是相当重要的，也是防灾减灾工作必不可少的一个重要环节。事实上就数据采集标准，各防灾抗灾部门在日常防灾抗灾工作中，务必按照各部门防灾抗灾规划的要求，采集并保存相关数据。加强规划衔接，将数据采集的质量列入各防灾抗灾部门的日常管理内容之一，并大力推进防灾抗灾数据规划的实施。各相关部门在数据采集在、模式上，要根据县（区）防灾减灾信息数据库管理部门的要求，统一防灾抗灾数据采集要求，明确到图表及字段，对采集的数据质量，要逐级检查，通过校验后形成正确数据才能上报，确保上报给县（区）防灾减灾信息数据库管理部门的和据能够满足防灾抗灾整体性分析的要求。要依靠科技，提高防灾减灾信息数据采集水平。通过加强防灾减灾信息数据领域的科学研究与技术开发，采用与推广先进的监测、预测、预警、预防和应急处置技术及设施，建立广泛、畅通的预警防灾减灾信息数据信息发布渠道。利用广播、电话、手机短信、街区显示屏和互联网等多种形式发布防灾减灾信息数据预警信息，重要防灾减灾信息数据预警信息在电视节目中能即时插播和滚动播出。可采用通过在手机端使用防灾抗灾移动应用平台，有关部门能确保灾害预警信息在有效时间内到达有效用户手中，使公众有机会采取有效防御措施，达到减少人员伤亡和财产损失的目的，提高应对自然灾害信息数据管理的科技水平。

三是县（区）防灾减灾部门要加强防灾减灾信息数据库管理专业队伍建设，把各部门防灾减灾信息数据库管理专业队伍建设统一纳入县(区)防灾减灾管理应急救援体系。县(区)防灾减灾信息数据库管理部门在紧急情况下,有权直接调动各部门数据库管理队伍执行数据上报、采集等任务,平时要加强保障防灾减灾信息数据库管理队伍和装备的动态管理;各部门要明确专兼职的防灾减灾信息数据库管理人员,参与县(区)防灾减灾信息数据库管理工作。除此以外,各部门还应定期进行防灾减灾信息数据库管理培训,使防灾减灾信息数据库管理人员具备必要的技能,提高各部门防灾抗灾人员素质。建立多层次的防灾减灾信息数据库管理体系,弥补专兼职防灾减灾信息数据库管理队伍的数量不足,以应对大范围、长时间、高强度的防灾减灾信息数据库管理工作需要。在引进专业人才的同时,要加强现有防灾抗灾人员的培训。在完善现有的防灾抗灾数据库建设的同时,县(区)防灾减灾信息数据库管理部门要适时开展后续防灾抗灾数据库管理培训,强化计算机在防灾抗灾数据库管理中的应用。同时,各防灾抗灾数据库管理人员要结合自己的特点,不断学习充电,以应对防灾抗灾大数据时代的挑战。条件成熟时可以对防灾抗灾数据库管理人员的人才职称进行改革,让这方面的专业人才的职称与工作业绩挂钩,创造一种鼓励人才脱颖而出的环境。加强队伍建设,

四是聘请相关防灾减灾信息数据分析专家。县(区)防灾抗灾部门可根据实际情况聘请外部数据分析专家参与防灾抗灾部门报采集的数据应用在实践上取得突破。随着县(区)防灾减灾信息数据库管理的积累和应用的深入,单纯依靠相关防灾抗灾部门的力量已难以满足工作需要,有必要借助外部专业力量,来弥补县(区)防灾抗灾部门管理数据分析力量的不足,专业知识受限以及相关经验不足等问题。各相关部门要提供多视角、多维度、精细化的防灾减灾信息数据,使县(区)防灾抗灾管理人员随时随地全方位地掌握防灾抗灾有问题数据,有的放矢进行防灾抗灾数据资源整改。其理由是各部门提供的防灾减灾信息数据是根本,是县(区)防灾抗灾管理部门及时掌握灾害数据信息的源头。唯有打好各部门防灾抗灾信息数据的基础,才能在任何时刻都能生成县(区)防灾减灾信息数据库管理实际的应用价值。为投入到抗灾救灾当中的各界社会力量提供信息数据服务保障,为防灾救灾赢得宝贵的时间。同时要提升县(区)防灾抗灾信息数据资源整改的工作效率。要制定有效的防灾减灾信息数据核查规则,合理输出防灾减灾信息数据统计报表,使防灾减灾信息数据维护人员针对错误数据进行整改,在数据整治方面取得较明显的成绩。特别是地震、气象、水利等部门所提供的一些数据,从数据采集开始,到数据整理、数据转换、数据利用,可全程邀请这些部门的专家参与,选用更优的方案,要针对目前防灾减灾资源数据现状,完善防灾减灾信息数据核查规则,将防灾减灾信息数据的非空性、唯一性、规范性、关联性、一致性等方面反复核查、数据整改,从而确保在救灾抢险过程中灾害信息数据的准确性,起到防灾减灾信息数据导航作用,以提高县(区)防灾抗灾信息数据库管理的质量。

五是统一管理县(区)防灾抗灾历史信息数据,统筹考虑各部门防灾抗灾信息数据的更新问题。对于已收集到的各部门上报的防灾抗灾的历史信息数据,要统一规划,统一管理。县(区)防灾抗灾部门对所采集的防灾抗灾历史信息数据的价值重在积累和发现,要重视各相关部门防灾抗灾信息采集数据的收集过程。防灾抗灾历史信息数据采集要统一组织、统一方案、统一要求,重视防灾抗灾历史信息数据采集的质量,对于存放各相关部门的防灾抗灾历史信息数据要有一个合理的利用方案,将采集的资源数据方便、快捷的输入系统,减少了资源数据采集录入的时间,缩短了流程。同时,还要考虑各相关部门防灾抗灾历史信息数据的更新问题,确保各相关部门防灾抗灾历史信息数据适时、确凿、可用,并与国际防灾抗灾信息数据库管理领域的理念、技术保持一致,逐步形成向县(区)防灾抗灾信息数据库管理服务的能力,重点提升各部门防灾抗灾信息数据综合资源管理系统中空间、传输、无线三大专业的数据质量,提高数据的完整性、

准确性。开展防灾减灾信息数据库管理调查、分析与评估，了解特定地区、不同灾种的发生规律，了解各种自然灾害的致灾因子对自然、社会、经济和环境所造成的影响，以及影响防灾减灾信息数据库管理短期和长期变化方式，并在此基础上采取行动，降低防灾减灾信息数据库管理风险，防灾减灾信息数据库管理的风险评估包括灾情监测数据库的识别与利用、确定自然灾害数据分级和评定标准、建立防灾减灾信息数据库管理系统和评估模式、防灾减灾信息数据库管理风险评价与对策等。促使县（区）防灾抗灾信息数据库服务在防灾抗灾管理中扮演越来越重要的角色。

六是加大县（区）防灾减灾信息数据库管理资金投入，提高防灾减灾信息数据库管理能力。县（区）防灾减灾信息数据库管理部门应坚持"政府主导，各相关部门实施"的建设原则，地方财政部门每年在预算中安排防灾减灾信息数据库专项资金，用于建设防灾减灾信息数据库管理的各项支出，财政资金投入应随着防灾减灾信息数据库规模的扩大逐年增加。在加强防灾减灾信息数据库管理力量建设的同时，要对自然灾害多发地区，提高防灾减灾信息数据库管理建设的标准，增强抵御自然灾害的能力。建议县（区）防灾减灾部门将数据库管理设施纳入信息化管理规划，特别是要将电信、移动、联通三家企业列入县（区）防灾减灾部门领导机构成员。此举将积极推动防灾减灾信息数据库管理规划和建设。通过适用、有效和先进的防灾减灾信息数据技术，开辟专用通道，优先保障重要防灾减灾信息数据的畅通；重要防灾减灾信息数据传输干线要采取多路由、多手段、环保护等手段，保障防灾减灾信息数据干线传输安全可靠；依托网间互联资源，保证防灾减灾信息数据库在特殊情况下的通信畅通，为全面提高防灾减灾信息数据库管理能力，有效预防、积极应对和妥善处置各类突发自然灾害事件提供先进的技术手段，提高县（区）防灾减灾部门将数据库管理工作整体应急能力。

参考文献

[1] 严玉彬，姬社英. 气象灾害防御立体式宣传模式探讨[J]. 现代农业科技，2010，(5).

[2] 李京，宫阿都. 空间信息技术在城市防灾减灾及公共安全领域的应用[J/OL]. 中国地理信息网.

[3] 闪淳昌. 建立突发公共事件应急机制的探讨[J]. 中国安全生产科学技术，2005，(1).

继承爱因斯坦敢想科学基因，探索台风灾害的物理机制

伍岳明　曹明富

（杭州师范大学，杭州 310036）

摘　要

应用“共旋”假说中的“引力矩”和“共旋起电”二项基础理论不仅能合理解释气候变化，也能够解释台风灾害的形成机理，并建立了“台风灾害天文机制”物理模型。开拓起“天文气象学”这一古老而又新兴的学科，探索台风灾害预测的科学难题。

关键词：“共旋”假说　引力矩　电偶极子　气候变化　台风灾害

1　引言

2015 年是广义相对论发表 100 周年，我们要探索地球上为什么会有东风带和西风带？地球的气候变化的物理机制是什么？大气环流的动力来自何方？“有人估算，一个中等强度台风的能量相当于 20 颗百万吨原子弹爆炸的能量。”[1]台风是违反能量守恒定律的自然现象吗？这些问题似乎至今还是说不清。

1976 年，洛伦茨(Lorenz)在美国气象学会第 56 届年会上作的“关于大气环流主要思想的发展的演讲，将之前的大气环流学发展归结为四个阶段：单圈环流阶段，三圈环流阶段，确立大型涡旋作用阶段，阐明大型涡旋成因阶段。”期望“或许到 20 世纪末，我们会突然发现我们正在开始第五个阶段。”[2]20 世纪 80 年代以来，人造卫星与电子计算机用于大气科学研究极大地推动了大气环流学的发展。同时发现大自然中的深层次问题越来越多。以季风为例，曾庆存等就发现：“夏季风具有显著的四维(三维空间和时间结构)，尤其是，与之相关联的环流突变有明显的三维空间斜压的结构。”曾庆存提出：“为什么一些重要地区季风的来临具有突变性或即爆发性？什么因素决定这些地区和时间？这是一个完全尚未弄清的问题而值得研究。”[3]

笔者曾于 2005 年发表《共旋引力波理论探索》[4]，认为自转的地球从地心发出的引力波对地球上空质点存在引潮力、引力和共旋梯力矩(引力矩)三种作用形式[5]。2005 年同时出版的还有《共旋起电能源理论探索》[6]，2013 年又提出“电偶极子星球”理论，提出地球上的气候变化是太阳系电偶极子星球相互作用之结果。

2　“共旋”假说对引力本质的探索

“关于引力的本质是什么？与牛顿同时代的惠更斯认为：引力不是物体本身固有的，而是物体机械运动的结果。而牛顿却认为：物体之间有吸引力，是物质固有的属性，这种力为宇宙间一切物体所具有，而且这种力的传递，不需要什么介质。力矩作用是有方向的，即纬向的，日全食

时，月球能将太阳径向的引力和引潮力屏蔽，但不能屏蔽纬向的力矩作用，笔者在2009年722杭州日全食傅科摆实验时也证实这一点[5]。由于该力矩也是能量，只是还未被人们所认识，因此可称此能量为暗能量。“其实自旋星球对其周围空间任何质点都有引力、引潮力和引力矩作用，是它们引起月球绕着地球转而不是绕太阳转；是它们引起地球上的信风和洋流、火星上的沙尘暴及木星上的狂风云带。”[4]

3 地球上大气环流动力机制研究

李丽平等认为：“现代大气环流学已经形成以下四种既相互联系，又彼此不同的研究方法。(1)诊断分析、(2)数值模拟、(3)理论研究、(4)转盘试验。”、还介绍了“叶笃正等(1958)将大气环流的成因归结为如下五个方面：大气尺度和成分、太阳辐射、地球转动、地球表面的不均匀性、地面摩擦。”[2]；栾巨庆等认为：“星体运动是影响大气环流变化的根源。发现大气环流的经向与纬向形势，皆由星体的经向、纬向排列所决定。”[9]“共旋”理论采用物理成因与环流形态相结合的叙述方式叙述地球上大气环流的形成机制。

3.1 太阳引力矩对地球大气圈的作用

141年前恩格斯说过：“如果牛顿所夸张地命名为万有引力的吸引被当作物质的本质的特性，那么首先造成行星轨道的未被说明的切线力是哪里来的呢?”[10]，显然恩格斯认为牛顿的引力理论是不完整的，应该还有“切线力”。共旋理论认为：自转星球会从球心发出的引力波会有三种作用形式，其能量形式为引力矩。

3.2 季风的推动力来之太阳的引力矩

曾庆存等在研究季风的本质时指出：“行星热对流环流是热带季风的‘第一推动力’，而地表面特性差异海陆热力特性差异以及地形高度等所导致的准定常行星波为‘第二推动力’。[11]”说明季风的本质与太阳有关。

4 地球气候变化与太阳系电偶极子星球相互作用研究

地球气候变化的主宰究竟是谁？是人类的温室气体排放吗？如果是温室效应，为什么近几年来地球温室的各地会同时出现“严寒”和“酷热”的极端天气？人类的二氧化碳温室气体排放造成地球的气候变暖理由不能令人信服，需要从天文机制上找原因。

笔者认为自转“星球带电量与星球自转速度有关，由导电物质构成的自旋星球会‘共旋’起电，形成如中华文化中太极图式的电偶极子。地球的自转运动使铁、镍组成的地核成为电偶极子，由于铁、镍是金属导体，不像太阳是由等离子气体组成的星球，不同电荷间有很强恢复力而互为屏蔽；铁、镍导体间的不同电荷会湮灭(短路)使外核熔融为液态，使地球成为电球和磁球。自转的地球既发出引力波，也发出电磁波。”[14]由于不同结构的星球有着不同的内禀系数，导电体结构的自旋星球中质点，因共旋(共振)，使星球内质点线速度增大(理论上为无限大)，会“共旋”起电成为电偶极子星球。认为由等离子气体组成的太阳星球的“共旋起电”会在自转星球面的不同卦限带有不同的电荷，呈现出形如中华文化中太极图式的电偶极子。在转动惯性离心力的作用下，会从太阳球面的不同卦限，吹刮出不同电荷性质高能粒子太阳风。而整个系统仍旧呈中性；由金属氢组成的类木行星，氢原子核因线速度大而动量大，“共旋起电”使类木行星电偶极子外表成为准带正电荷星球，准正电荷星球的自转又会成为与地球磁场极性反向的“磁”球。因此说类木行星距离地球虽然遥远，但它的轨道运行中影响地球气候变化是存有物理基础的。

5 一个“台风灾害天文机制”物理模型

我国是世界上台风登陆最多、灾害最重的国家。台风灾害的主要部分往往是台风引发的暴雨造成的，台风暴雨会造成洪涝爆发、农田受淹、耕地流失、城市内涝和路毁车阻等灾害。为了减轻灾害，过去十几年国内外连续不断地开展了台风的研究工作。从而对台风的运动突变、结构、强度变化和台风暴雨等方面取得了新的进展，由此涌现出一些大气科学的理论成果。徐祥德认为：“台风能量可达到数颗原子弹的威力，台风作为一部‘热机’，它以如此巨大的能量和涡旋强风旋转，会消耗大量的能量，其能源主要来自热带海洋水汽中的潜在热能。大量观测统计事实表明，这种涡旋的发展不仅要求洋面海水表面温度要高于 26.5℃，而且在深达 60 米整层海水水温都要符合此指标。”[1] 气象科研学界普遍认为产生台风必须具备以下四个条件：(a)首先要有足够广阔的热带洋面，这个洋面不仅要求海水表面温度要高于 26.5℃，而且在 60 米深的一层海水里，水温都要超过这个数值。其中广阔的洋面是形成台风时的必要自然环境。(b)在台风形成之前，预先要有一个弱的热带涡旋存在。空气的上升运动是生成和维持台风的一个重要因素。(c) 要有足够大的地球自转偏向力，因赤道的地转偏向力为零，而向两极逐渐增大，故台风发生地点大约离开赤道 5 个纬度以上。(d)在弱低压上方，高低空之间的风向风速差别要小。

以 2006 年 01 号台风“珍珠”为例，解释台风的生成与消退与大自然“自我复制”功能之间的关系。

“‘珍珠’初始时刻是于 5 月 8 日在雅蒲岛西南偏西约 300 km 处的西北太平洋面上发展形成的一个热带低压，生成后向西北偏西方向移动，并逐渐加强。”[1] 台风生成的首要条件是要有足够广阔的热带洋面，这个洋面不仅要求海水表面温度要高于 26.5℃，而且在 60 m 深的一层海水里，水温都要超过这个数值。其中广阔的洋面是形成台风时的必要自然环境。只有广阔的洋面才能生成一个自旋(共旋)系统，“珍珠”初始生成于(135°E，14°N)位置，该系统高低空风速相近，随着地球自转在指向赤道面的共旋梯力(科里奥利力)作用下，会向右偏转。据地球表面质点受到地球本身的引力矩示意图，在北纬 0°～22.5°是引力矩随纬度增加变化最快的地区，越往北引力矩越大。随着热带台风气旋的上升，广阔海平面的四周冷湿气流的补充，共旋的台风系统随质量的增加，引力矩也随着增大，随着南北纬度差的扩大，系统的引力矩也随着增大，台风“珍珠”的能量随“自我复制”功能作用会迅速增大。

由于地球带着地表大气自西向东旋转，在指向赤道面的共旋梯力作用下，因此北半球的台风都是逆时针旋转的，南半球的台风都是顺时针旋转的。

由于台风的生成与消退均与大自然具有的“自我复制”功能有关。当台风离开广阔的海面，登陆岛屿或山地时，共旋的台风系统的旋转角速度就会受到破坏，只有一次的“自我复制”功能生成的角频率与原先台风国有角频率不同，共旋(共振)就受到破坏，因此台风会迅速消退。因此说台风系统的消退与下垫面有关。

台风路径指台风中心移动的路径。台风“珍珠”于 2006 年 5 月 8 日在菲律宾以东的太平洋海面形成。5 月 8 日下午 9 时(世界时，下同) 夏威夷美军联合台风警报中心将其升格为热带低压。5 月 9 日中午，日本气象厅将其升格为热带风暴，并将其命名为珍珠。之后珍珠在 5 月 11 日吹袭菲律宾，造成至少 32 人死亡。台风珍珠在 5 月 12 日离开菲律宾而进入南中国海，而各有关方面均预测台风珍珠会在5月14日或之后转为向北移动，吹袭华南沿岸以至台湾海峡。也有“越南国家气象中心没提出警告说台风会转向，社会大众跟死亡渔民家属都指责气象中心。当地人称外国众多气象台皆警告台风要转向，只有越南坚称不转向引致灾难；面对指责之下，越南天然资源及环境部于5月30日把国家气象中心主任开除并由一名在俄罗斯受训之气象预报员接替。”的情况。确实台风路径预测是个科学难题，正如“台湾中央气象局表示：台风珍珠的L型奇特路径，在该局60年来纪录的五月台风中绝无仅有。”[19]笔者认为：应该继承爱因斯坦“敢想”科学基因、大胆探索台风灾害的物理机制。地球人是否应该重视地球是个电偶极子星球研究。“共旋起电”理论认为：南亚高压形成机制是青藏高原的珠穆朗玛峰地区的尖端放电放出的电子负电荷有关。而西太副高由于是太阳的大量高能正电荷粒子与青藏高原的珠穆朗玛峰地区的尖端放电放出的电子负电荷中和所得，同时原有的氧离子与氧分子结合又会形成臭氧层，出现135°E，纬度40°左右的黄色区域的臭氧层高值中心，形成西太平洋副高，也是西太平洋副高位置低于南亚高压的原因。同时也是南亚高压与西太平洋副高带有不同电荷的原因。查阅天文年历5月14日是日、地、月三星一线的望的天象。月球从9日开始视赤纬从北半球进入南半球，根据引力矩规律，月球的引力矩作用会由东风改吹西风。同时随着太阳直射区更接近青藏高原，是“尖端放电”的物理机制会使带有不同电荷的南亚高压与西太平洋副高的高压更高。笔者认为：台风“珍珠”会因“共旋起电”成为一个带有准负电荷的电偶极子。很有可能因“同性相斥、异性相吸”的物理机制。使台风“珍珠”转为向北移动，并吹袭华南沿岸以至台湾海峡。因此说运用观测天象进行台风路径预测是一项非常值得探索的课题。

参考文献

[1] 徐祥德，李泽椿，柳崇健. 地球大气中的涡旋——揭秘气象灾害. 北京：科学普及出版社. 2013. 111-135.

[2] 李丽平，秦育婧，智海等. 大气环流概论. 北京：科学出版社. 2013. 1-7.

[3] 曾庆存，张东凌，张铭等. 大气环流的季节突变与季风的建立 I. 基本理论方法和气候场分析. 气候与环境研究，2005，**10**(3)：285-302.

[4] 伍岳明，曹明富. 共旋理论初探上册——共旋引力波理论探索. 北京：科学技术文献出版社. 2005. 20-42，77-82.

[5] 伍岳明，曹明富. 引力波的三种作用方式——日全食期间的引力波实验//中国地球物理，中国地球物理学会第26届年会论文集. 2010. 709-710.

[6] 伍岳明，曹明富. 共旋理论初探下册——共旋起电能源理论探索. 北京：科学技术文献出版社. 2005. 7，4-37，79，203-218.

[7] 钟锡华，周岳明. 力学. 北京：北京大学出版社. 2000. 174-193.

[8] 彭芳麟，管靖，胡静，卢圣治. 理论力学计算机模拟. 北京：清华大学出版社. 2002. 192-197.

[9] 栾巨庆. 行星与长期天气预报. 北京：北京师范大学出版社. 1983.

[10] 中共中央马恩列斯著作编译局. 马克思恩格斯选集. 北京：人民出版社. 1972. 5，448-449.

[11] 曾庆存，李建平. 南北两半球大气的相互作用和季风的本质. 大气科学，2002，26(4)：433-448.

[12] 百度网. 魔鬼西风带. http://combaike. baidu. com 2013-11-16.

[13] 好搜百科. 这才是四季形成的原因. gzdl. cooco. net. cn/t.../180263/ 2015-03-01.

[14] 伍岳明，曹明富. 引力波与水星近日点、脉冲双星近星点进动研究. 杭州师范大学学报已录用.

[15] 盛裴轩，毛节泰，李建国等. 大气物理学. 北京：北京大学出版社. 2005. 383，409-414.

[16] 张三慧. 电磁学(第二版). 北京：清华大学出版社. 1999. 115-117.

[17] 傅振堂. 电偶极子相互作用问题. 空军电讯工程学院学报，1997，**1**：55-58.

[18] 王小龙. 2014年成有记录的135年以来最热的一年. 中国科技网-科技日报. 2015年01月20日.

[19] 百度百科. 台风珍珠. http:/baike. baidu. com 2015-5-15.

四、五代地震区划和城市抗灾规划

防灾规划中巨灾应对的思考
——以台州市城市抗震防灾规划为例

张孝奎　冯立超
(北京清华同衡规划设计研究院,北京 100085)

摘　要

巨灾事件是"小概率大影响"事件,从经济角度考虑,城市建设没有必要完全按照发生巨灾的防范标准进行建设,但在城市建设过程中,有意识的考虑巨灾影响,逐步提高一些重要的关键防灾设施抗灾能力是可行的,也是必要的。本文主要是通过对城市致灾因子和承灾背景分析,从灾害防御和应急的角度提高城市应对巨灾的能力,全面保障城市安全。

关键词:巨灾　抗震防灾规划　台州市

联合国国际减灾战略将"巨灾"定义为:社区或社会的功能遭到一系列的破坏,导致大量人口受灾,大量物资、经济和环境破坏,这些破坏已经超出了该社区或社会利用自己的资源应对灾害的能力。巨灾事件对灾区乃至整个国家和社会造成灾难性的影响,巨灾往往形成灾害链,衍生次生灾害接连爆发,造成大量人员伤亡、大规模基础设施受损、巨额的经济损失和社会问题等。

我国对防灾减灾工作高度重视,巨灾应急也正在被越来越广泛的关注。2015 年 5 月 29 日,习近平总书记在政治局集体学习提到:"要切实增强抵御和应对自然灾害能力,坚持以防为主、防抗救相结合的方针,坚持常态减灾和非常态救灾相统一,全面提高全社会抵御自然灾害的综合防范能力。"

1　巨灾应对面临的不确定性

1.1　原因

巨灾应对任务最突出的特性就是不确定性,其原因主要有五个方面。

(1)巨灾的风险性。巨灾事件爆发十分意外,不会出现或者极少出现前兆,爆发时间和地点、事件类型和破坏力度都不可预知，是极度不确定的事件。

(2)时间紧迫。巨灾应对任务决策时间极其紧迫，从收到巨灾事件报告到做出应对决策的时间十分短暂，不能提供详细、准确的灾情评估报告，也无法对巨灾事件的破坏情况进行细致、精确的测算。例如，根据我国颁布的《中华人民共和国突发事件应对法》规定，事件发生后“立即向上一级人民政府报告”;《国家突发公共事件总体应急预案》要求报告时间“最迟不得超过 4 小时”，因此，巨灾应对任务的决策十分紧急，无法依据详细的灾情信息进行决策。

(3)测量困难。巨灾应对任务的绝大部分内容是无法在短时间内进行精确测量的，一方面由于巨灾事件波及面大、影响范围广，测量困难；另一方面由于技术方面无法进行精确探测和准确计算。因此，巨灾应对的大部分信息只能通过一定的方法进行估计、推算，巨灾应对任务面临的决策环境是极度不确定的。

(4)决策信息不充分。由于时间上不允许决策人员在得到准确的巨灾信息后才进行巨灾应对决策，只能在信息不充分的条件下决策。

(5)巨灾报告系统主观性因素多。巨灾应对决策机构通常是国家最高行政领导集团，因此巨灾事件需要从基层单位逐级向上报告或者通过特定渠道直接报告，这个过程受到人为主观影响极多，存在诸多不可控因素，这类系统必须视作不确定系统。《国家突发公共事件总体应急预案》规定，“国务院是突发公共事件应急管理工作的最高行政领导机构。在国务院总理领导下，由国务院常务会议和国家相关突发公共事件应急指挥机构负责突发公共事件的应急管理工作；必要时，派出国务院工作组指导有关工作”;《中华人民共和国突发事件应对法》要求基层应对组织“向上一级人民政府报告，必要时可以越级上报”，巨灾事件的报告体系是复杂的人类系统。综上所述，巨灾应对任务面临诸多的、极端的不确定因素，巨灾应对任务的决策环境是高度不确定的。

1.2 表现形式

巨灾事件对人类社会和自然环境造成毁灭性的破坏，一般而言，表现为以下四个方面。

(1)大面积民生设施受到毁坏，输电线断裂、杆塔倒塌等致使电网受损，变电设施、供电设施等被摧毁，自来水管道破裂或者受到污染，天然气供给设施被毁坏。

(2)灾区或者受影响的区域遭受断电、断水等导致民生资源缺乏。

(3)灾区或者受影响区域的民众受到灾难性冲击，大规模人员伤亡，众多灾民无家可归，大量民众的基本生活急需得到保障。

(4)巨灾事件引发一系列的次生灾害，例如，火灾、爆炸、山体滑坡、崩塌、堰塞湖或洪水等。

综上所述，巨灾应对任务的不确定因素包括成灾和受影响灾民、次生灾害情况、民生资源需求和受损民生设施等四个方面。在应对上应该充分考虑巨灾的不确定，对可能出现的各种事故进行多种手段防范，不应盲目按照一般灾害进行处置，亦不能无限夸大灾害的影响，应采用循序渐进、科学有效的手段应对巨灾。

2 灾害应对组织架构与主要任务

近年来，我国在灾害应对方面取得了很大的成就，逐渐建立了具有中国特色的应急管理体系，即“一案三制”体系，即为应急预案和应急管理体制、机制、法制组成的“四位一体”的应急管理机制，应急预案包括国家总体应急预案、省级总体应急预案、国务院部门应急预案和国家专项应急预案四大类;应急管理体制即为领导体制,在国务院总理领导下,通过国务院常务会议和国家相关突发公共事件应急指挥机构,负责突发公共事件的应急管理工作,必要时派出国务院工作组指导有关工作;应急管理机制是以应急管理全过程为主线,涵盖应急管理四周期理论的各个阶段,即预防与应急准备、监测与预警、应急处置与救援、善后恢复与重建等。应急管理法制是由法律、法规和规章组成,主要有《中华人民共和国突发事件应对法》、《防震减灾法》、《破坏性地震应急条例》、《军队参加抢险救灾条例》、《消防法》和《核电厂核事故应急管理条例》等。

2006 年编制并发布的《国家突发公共事件总体应急预案》将灾害应对任务定义为应急处置,主要包括:(1)信息报告,灾害事件发生后,各地区、各部门要立即报告,最迟不得超过 4 小时,应急处置过程中要及时续报有关情况。(2)先期处置,启动相关应急预案,及时、有效地进行处置,控制事态,组织开展应急救援工作。(3)应急响应,现场应急指挥机构负责现场的应急处置工作,需要多个部门共同参与处置的事件由主管部门牵头,其他部门予以协助。该预案还对人力资源、财力保障、物资保障、基本生活保障、医疗卫生保障、交通运输保障、治安维护、人员防护、通信保障、公共设施、科技支撑等进行了规定。

2007 年颁布的《中华人民共和国突发事件应对法》也是在四周期理论框架下制定的,包括:预防与应急准备、监测与预警、应急处置与救援和事后恢复与重建等四个部分,其中应急处置与救援即为本文所定义的灾害应对任务范畴。该法案自然灾害事件、事故灾难或者公共卫生事件,灾害应对任务进行分解,为:(1)组织营救和救治受害人员,疏散、撤离并妥善安置受到威胁的人员;(2)控制危险源;(3)立即抢修被损坏的交通、通信、供水、排水、供电、供气、供热等公共设施;(4)提供避难场所;(5)保障食品、饮用水、燃料等基本生活必需品的供应;(6)实施医疗救护和卫生防疫;(7)启用财政预备费和储备的应急救援物资;(8)采取防止发生次生、衍生事件的必要措施。

3 案例介绍

台州市位于浙江中部沿海,地处我国海岸带中段,属亚热带季风气候。全市陆地面积 9413 平方千米,浅海面积 8 万平方千米,人口约 597 万。市区由椒江、黄岩、路桥 3 个市辖区组成,辖临海、温岭 2 个县级市和玉环、天台、仙居、三门 4 个县。台州市的地理位置得天独厚,居山面海,平原丘陵相间,形成“七山一水二分田”的格局。

2014 年,台州市实现国民生产总值 3387 亿元,在浙江省排名第四位,在全国排名第 45 位,经济发展势头良好。台州市曾获得“中国民营经济最具活力城市”、“中国 12 大品牌经济城市”和“中国最具幸福感”等荣誉,城市建设美好、宜居。

3.1 灾害概述

对台州市影响较大的断裂带为海礁——东引断裂,在《中国地震动参数区划图》(GB 18306—2015),台州的地震动峰值加速度为 6 度,0.05g。台州市城区主要次生灾害包括次生水灾、次生核电站事故和次生危化品事故。

根据台州市所处地震环境和所面临的其他灾害情况,台州市遭遇巨灾的情形可能有以下四种情况:(1)大地震与风、雨、潮“四碰头”、(2)特大地震、(3)大地震引发三门核电站核事故、(4)大地震引发台州炼油化工一体化项目重大危险化学品事故。

根据这四种情况的特点对其可能出现的灾害的影响程度、防御措施和应急流程提出具体的

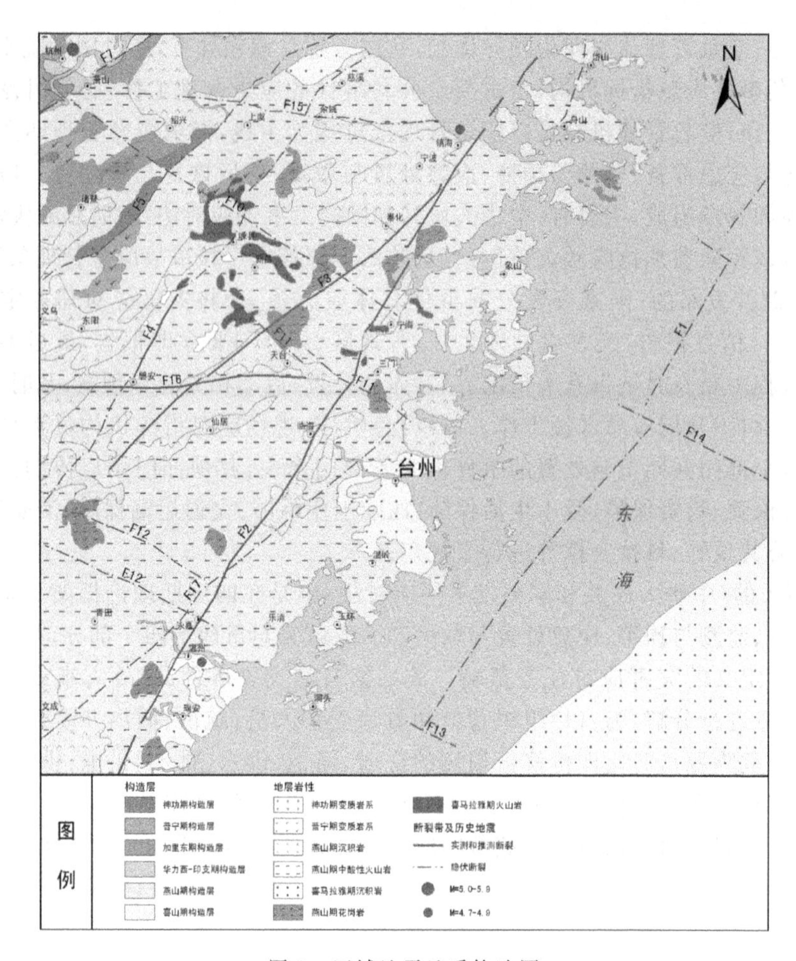

图 1　区域地震地质构造图

观点。

3.2　大地震与风、雨、潮“四碰头”

大地震与风、雨、潮“四碰头”出现的情况可能有以下三种情况：一是地震之后出现风、雨、潮灾害，二是风、雨、潮灾害之后大地震灾害，三是风、雨、潮灾害和地震灾害基本同时发生。

大地震和风、雨、潮灾害都是不以人的意志转移，城市能做的，就是提高城市对灾害的抵抗能力。在这“四碰头”的灾害中，关键有两点：一是尽可能降低或消除地震灾害对防洪排涝设施的影响，防止四种灾害效果叠加；二是建立城市应对“四碰头”灾害的应急管理体制，提高城市应急能力。

抗击巨灾能力建设的具体措施包括：逐步提高城市排涝设施的抗震设防标准，提高排涝设施的抗震能力，近期以不低于乙类标准进行抗震设防，在未来，逐步提高到甲类抗震设防标准甚至更高；在城市河道的整治改造过程中，有选择地建设几条东西向排洪干渠，以在城市排涝设施严重受损后利用重力加速城市洪水排放；由市应急办牵头，由地震、水利等部门参与，以现有的防汛体制为依托，制定考虑地震灾害的地震、风、雨、潮“四碰头”应急预案。

从灾害应急的角度，关键点有以下两点：一是要迅速查明上游长潭水库，一、二线海塘和椒江大堤的受损情况，以确定安全区域；二是要迅速查明地震所造成的破坏程度和分布，以摸清应急预案的可用资源和现实困难。因此，此种巨灾的应急流程如下：

(1)由水利工程专家对长潭水库，一、二线海塘和椒江大堤进行现场踏勘，判断其受损情况和发展趋势，向救灾指挥部提出救灾意见和建议；

(2)初步划定安全区域；

(3)转移海岛、海边、地势低洼处、房屋已严重受损和可能决堤影响范围内的民众到安全地带；

(4)由结构工程专家对台州市内体育场馆、学校等重要公共建筑进行紧急地震安全性评价，判断台州市室内避难场所可用资源；

(5)优先将受伤较重的民众、老人和儿童转入室内避难场所；

(6)清查台州市可用资源。包括可用救灾力量：消防、武警、民兵、医护人员、药品和医疗器械、工程机械等；可用应急生活物资：包括超市、商场、应急物资储备库；

(7)由地震、建设和民政等部门汇总台州市受灾情况；

(8)向浙江省人民政府汇报受灾情况，并提出援助请求清单；

(9)开展力所能及的自救互救，等待外部救援。

3.3 特大地震

所谓的特大地震是指对台州市的影响烈度达到八度及以上的地震灾害。台州市遭遇特大地震的来源可能有两个：东海海域的海樵——东引断裂发生巨震、文成——黄岩断裂或近场区范围内其他地震带发生强烈地震。

为应对台州市特大地震的巨灾影响，从以下几方面采取措施：随着台州市经济条件的发展，逐步提高台州市的抗震设防标准；结合市、区两级中心避难场所，逐步在每个区的抗震救灾指挥中心建立直升机停机坪；逐步提高社会应对特大地震的能力。

从巨灾应急的角度关键点有以下两点：一是能够迅速将受灾和求援信息发布出去；二是能够迅速将民众给组织起来，开展自救和互救活动。因此，此种巨灾的应急流程如下：

(1)查看区内危险源安全情况，划定安全区域；

(2)组织民众转移至安全地带；

(3)通过各种途径(政府、党组织、企业、NGO 等)重新组织民众救人；

(4)清查台州市可用资源。包括可用救灾力量：消防、武警、民兵、医护人员、药品和医疗器械、工程机械等；可用应急生活物资：包括超市、商场、应急物资储备库；

(5)向浙江省人民政府汇报受灾情况，并提出援助请求清单；

(6)开展力所能及的救灾工作，等待外部救援。

3.4 大地震可引发重大危险化学品事故

因地震导致台州炼油化工一体化项目可能出现重大危险化学品事故包括火灾、爆炸和危险品泄露。其中危险化学品泄漏，如再遭遇常年的主导风向，将对城市的安全构成极大威胁。

地震之后，引发重大危险化学品事故中危险的是发生有毒有害物质的大规模泄露。台州市可考虑从以下几方面采取措施：建立危险化学品预警监测系统；制定以台州炼油化工一体化项目在地震后发生严重泄漏为背景的地震应急预案；提高民众个人防护知识和能力；应对震后台州炼油化工一体化项目重大危险品泄露的疏散体系。

此种巨灾的关键点为划定安全区域和民众的疏散转移。因此，此种巨灾的应急流程如下：

(1)会同地震、建设、气象、安监等部门,划定安全区域;
(2)清查受灾民众,重点筛选出弱势群体的分布和数量;
(3)启动地震应急疏散组织指挥体系;
(4)确定疏散地域、人口、路径和方式;
(5)筹备必要的应急物资;
(6)组织疏散;
(7)向浙江省人民政府汇报受灾情况,并提出援助请求清单;
(8)开展力所能及的救灾工作,等待外部救援。

3.5 大地震可引发三门核电站核事故

如同东日本大地震中引发福岛核电站安全事故一样,如果大地震引发三门核电站核安全事故:核物质大规模泄露甚至核爆炸,将使台州市抗震救灾形势极大复杂化。

为应对大地震所可能引发的三门核电站事故,未来的台州市建设可以采取以下措施:制定三门核电站发生重大安全事故影响到自身安全性的应急预案;加强民众关于三门核电站发生核事故后的应急知识和应急能力的教育和演练;以三门核电站发生核事故影响中心城区为背景,建立中心城区应对核事故应急物资储备;引导民众适量储备个人用核应急物资和装备。

4 结语

在应对巨灾的过程中,面临着诸多不确定性的原因,为了尽量减少巨灾的影响,在防灾减灾工作中应适当考虑巨灾应对的措施。应从灾害防御阶段加强预警体系、防灾减灾设施、物资储备体系、避难疏散体系建设,以提高城市应对巨灾能力,同时减少灾害应急的压力。针对巨灾的应急预案体系建设应逐步建立从信息报送、组织体系、应急救援、人员疏散、生活保障等多方面明确应急处置方案。

参考文献

[1] 北京清华同衡规划设计研究院有限公司.台州市中心城区抗震防灾规划(2011—2020).2012.
[2] 金磊.中国城市巨灾综合应对的安全规划策略研究.北京规划建设,2012,(5):74-79.
[3] 朱恪钧.从汶川到芦山:巨灾应对三个突出问题的根源及解决路径.中国应急管理,2014,(4):7-10.
[4] 郜志超,于淼,丁照东.基于GIS技术的台风风暴潮灾害风险评估——以台州市为例.海洋环境科学,2012,(3):440-470.

杭州市城市场地抗震适宜性评价研究

罗兴华

（北京清华同衡规划设计研究院有限公司，北京 100085）

摘　要

基于GIS平台，通过收集杭州市城市场地钻孔资料、地质地貌、水文地质、地震地质资料，分析出城市规划场地的抗震适宜性，为城市规划场地的抗震防灾安全布局提供科学依据。

关键词：抗震防灾规划　抗震适宜性　砂土液化

1　概述

建筑的抗震性能不仅与建筑本身结构有关，同时也与建筑所在的场地条件明显相关。城市场地环境主要分析城市的地形地貌、工程地质、水文地质、岩土特性和土层结构的空间分布等，为城市场地抗震适宜性评价提供依据。

2　研究方法

地震危险除了受前面所述的地震因素影响外，还受场地条件的明显影响。通过收集城市研究范围内满足一定分布要求的已有岩土工程钻孔资料，并将钻孔资料数据录入GIS数据库，基于GIS平台，进行详细分析得出其场地地震地质条件，所谓场地地震地质条件主要包括建筑场地类别、地形地貌、断层、工程水文地质、岩土特性和土层结构的空间分布等场地因素。根据以上因素，进行城市场地抗震性能评价，包括城市场地抗震防灾类型分区分析，地震破坏及不利地形影响估计分析，从而给出场地的抗震适宜性评价[1]。

3　杭州市场地抗震适宜性评价

杭州市城区属堆积平原区、低山丘陵区和山区。城区地层发育比较齐全，除三迭系、第三系外，自前震旦系至第四系均有出露，其中第四系最为发育，广泛分布于钱塘江及杭州湾南北两岸平原地区，约占本区总面积的75%以上。由于第四系松散沉积物的大面积覆盖及基岩区受多次构造运动破坏，大多数地层单元零碎分布，出露不完整。

3.1　场地抗震防灾类型分区

（1）各岩土层的波速特征

通过对杭州地区536处钻孔的波速测试数据综合分析，统计结果如表1所示。其中，人工填土、硬壳层、软土层波速平均值小于 140 m/s，属软弱土，主要分布在城市表层和软土分布区；砂性土、黏性土波速平均值小于 250 m/s，但大于 140 m/s，属中软土；砂砾石、下部黏性土及全风化基岩及强风化基岩波速平均值小于 500 m/s，但大于 250 m/s，属中硬土；中等风化基岩波速平均值大于 500 m/s，属坚硬土(基岩)[2]。

表 1　各岩土层波速测试成果

层序	岩土名称	波速			锥头阻力	标贯击数	土的类型
		最大值	最小值	平均值	*qc*	*N*	
		Vs (m/s)			(MPa)	(击/30cm)	
①$_{0}$	人工填土	145	110	128			软弱土
①$_{1-1}$	黏质粉土	142	105	131	3.99	9.5	软弱土
①$_{1-2}$	粉质黏土	160	110	125	2.49	6.5	软弱土
①$_{2}$	砂质粉土	165	141	151	5.20	10.6	中软土
②$_{1}$	淤泥质黏土	140	116	134	0.45		软弱土
②$_{2}$	砂质粉土、粉砂	187	156	168	8.90	17.5	中软土
③$_{1}$	粉质黏土	177	150	164	1.80	12.1	中软土
③$_{2}$	淤泥质粉质黏土	145	126	138	0.98		软弱土
④$_{1}$	粉质黏土	260	204	230	2.30	16.3	中软土
④$_{2}$	粉质黏土	244	195	220	1.95		中软土
④$_{3}$	粉砂	265	213	234		20.1	中软土
⑤$_{1}$	粉质黏土	312	267	273	3.90	15.8	中硬土
⑤$_{2}$	粉质黏土	301	247	264		14.0	中硬土
⑤$_{3}$	粉砂	342	261	279		20.1	中硬土
⑥$_{1}$	粉质黏土	298	245	256	1.72	22.8	中硬土
⑥$_{2}$	粉质黏土	302	248	286		17.0	中硬土
⑥$_{3}$	圆砾	460	332	352			中硬土
⑦$_{1}$	粉质黏土	321	254	288		25.6	中硬土
⑦$_{2}$	卵石	465	386	404			中硬土
⑧$_{1}$	粉质黏土	311	246	270			中硬土
⑧$_{2}$	卵石	484	398	430			中硬土
⑨$_{1}$	粉质黏土	331	264	272		21.3	中硬土
⑨$_{2}$	碎石混黏性土	330	256	268		15.0	中硬土
	全风化基岩	326		280			岩石
	强风化基岩	478	420	456			岩石
	中等风化基岩	620	540	578			岩石

(2)基岩埋深特征

1)基岩埋深与地形走势基本一致，由西南往东北由浅变深。据钻孔揭露，基岩最深位于东北角钱塘江转弯附近，基岩埋深大于 139 m[2]。

2)基岩埋深小于 5 m 的分布在山前地带，范围极其有限；埋深 15 m 基岩等埋深线基本与山前地势平行，延伸至山前地带不远处，分布范围较小；埋深 50 m 基岩等埋深线在苕溪流域沿祥符桥—三墩镇—中星桥—仁和镇展布，坡度较缓，钱塘江流域、苕溪流域主要沿山前展布，尤其在苕溪流域分布范围局限；埋深 80 m 基岩等埋深线在苕溪流域沿运河镇—五杭一线，钱塘江流域沿新街北—红山农场南—萧山国际机场—南阳—河庄—党山东分布；埋深 100 m 基岩等埋深线基本沿党山东—义蓬—萧山林场，最大埋深预估超过 140 m[2]。

(3)场地抗震防灾类型分区

根据《建筑抗震设计规范》(GB 50011—2010)[3]，在已知场地土地面以下 20 m 土层等效剪切波速的基础上又依据场地覆盖层厚度(地面至剪切波速大于 500 m/s 的土层或坚硬土顶面的距离)划分为Ⅰ、Ⅱ、Ⅲ、Ⅳ四类建筑场地。并编制出杭州城区场地抗震防灾类型分区图，分析结果如图 1 所示。

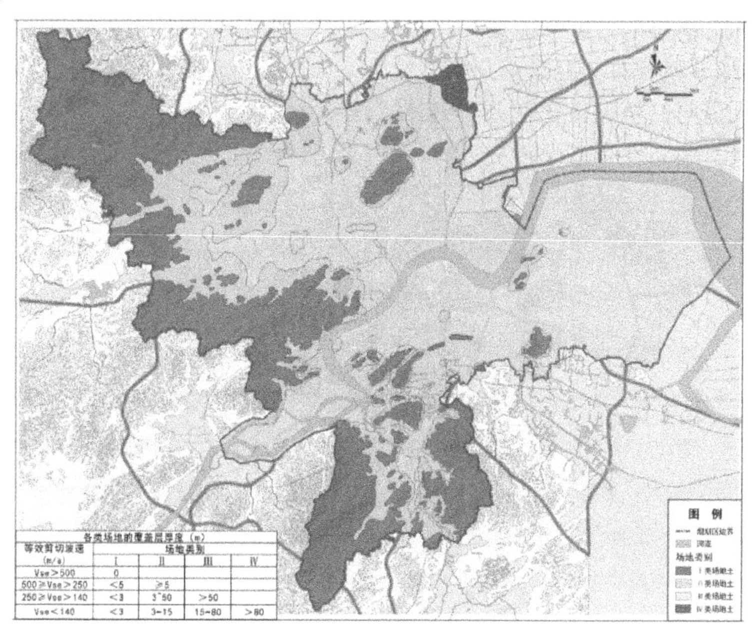

各类场地的覆盖层厚度（m）

等效剪切波速(m/s)	场地类别			
	Ⅰ	Ⅱ	Ⅲ	Ⅳ
Vse＞500	0			
500≥Vse＞250	＜5	≥5		
250≥Vse＞140	＜3	3~50	＞50	
Vse＜140	＜3	3~15	15~80	＞80

图 1　场地抗震防灾类型分区图

1)Ⅰ类场地：主要分布于西部和西南部低山丘陵区，即余杭区、主城区西部和萧山区南部，半山及坎山有零星分布。占全杭州区域面积的 32.3%。

2)Ⅱ类场地：主要分布于西部和西南部山麓沟谷区和平原区，即余杭区、主城区西部和萧山区南部，半山及坎山有零星分布。占全杭州区域面积的 15.1%。

3)Ⅲ类场地：杭州地区分布最广的场地类别，主要分布于钱塘江流域、主城区及主城区北部，占全杭州区域面积的 52.2%。

4)Ⅳ类场地：主要分布在运河镇的东北部，原博陆镇一线，由于其基岩埋深大于 80 m，上部主要为软土。占全杭州区域面积的 1.4%。

3.2　地震破坏和不利地形影响估计

(1)饱和砂土和粉土液化

饱和粉土、砂土广泛分布在钱塘江两岸，是杭州的主要基地之一，主要建筑地基大多设置于砂土地基之上，而饱和粉土、砂土液化是地震危害之一，所以准确地判别地基土的液化是工程勘察、抗震设计中的重要内容之一。杭州沿钱塘江两岸饱和砂土粉土层主要形成于全新世中晚期，分布区地形总体平坦，仅局部由人为原因有所起伏，属于钱塘江冲海积平原区；其粘粒含量一般小于10，地下水埋藏较浅，部分接近地表；多埋藏于人工填土层之下或直接出露于地表。主要采取标准贯入判别法，结合波速测试法和静力触探法进行判别地表下20 m深度范围内的液化，同时对其进行了液化可能性、液性指数及液化等级的判别，确定建筑场地的液化趋势和液化等级。

经综合对比、分析，并结合《建筑抗震设计规范》(GB 50011—2010)[3]，在地震烈度为7度下，将杭州市建筑场地液化等级分为不液化、轻微液化、中等液化和严重液化四级。在本次分析的288个勘探点(场地)中，无严重液化场地，少量中等液化场地，12%轻微液化场地，88%为不液化场地，如图2所示。

轻微液化场地主要分布于珊瑚沙—杭州经济技术开发区之间的钱塘江两岸(钱江新城、滨江区、萧山市区和下沙镇)，另外义蓬镇—萧山区第二农垦场一线也有分布。

中等液化场地零星分布于轻微液化场地之内，钱塘江一桥南岸两侧、滨江区—西兴街道一线、下沙镇一号大街与二号大街交汇处为中等液化场地，个别孔经计算判别为严重液化孔位。

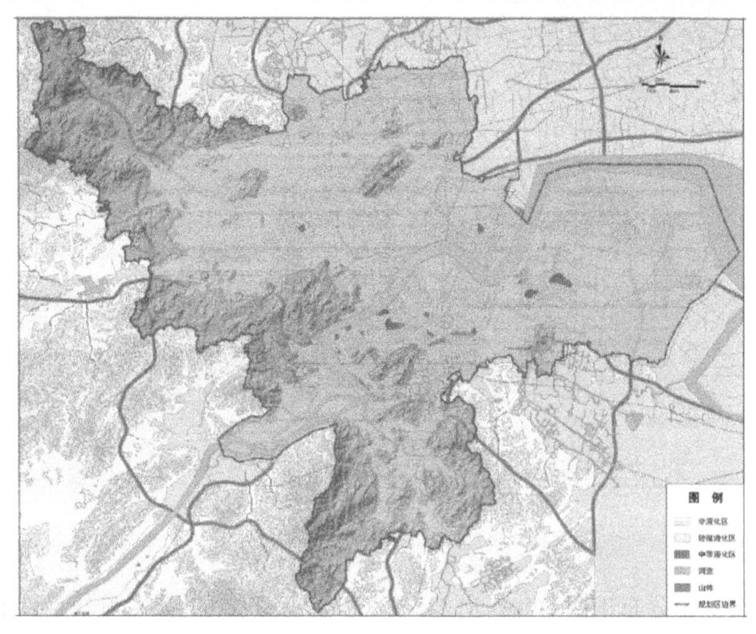

图2　场地液化分区图

(2)软土震陷评估

软土震陷是软土在地震快速而频繁的加荷作用下，土地的结构受到扰动，导致软土层塑性区的扩大或强度的降低，从而使建筑物产生附加沉降。杭州是以软弱地基为主的滨海型城市，分布有厚薄不一的淤泥质软土，具有进一步发生震陷的可能性。据杭州地区地层特点，在软土厚度＞3 m、且连续分布、顶板埋深＜20 m、地下水位小于3 m、含粉砂量较少和承载力小于70 kPa的地段，作为在地震作用下容易引起软土震陷的地区。

(3)强地面断裂震害的可能性估计

杭州城区及其外延25 km范围内断裂较为发育，多为隐伏断裂，主要有北西向、北东向和近东西向三组。北东向断裂和北东东向断裂形成较早，多数发育与震旦纪和古生代，经中、新生代构造运动进一步被强化和改造，第四纪以来活动性明显减弱。北西向断裂形成时代晚，切割浅，切割了北东向断裂。根据《杭州市地震活断层探测与地震危险性评价》[4]，其中萧山—球川断裂

(F_1)为一条早更新世断裂，该断裂穿过杭州市城区范围，根据《建筑抗震设计规范》(GB 50011—2010)，一般工业与民用建筑无须考虑断层错动的影响。

(4)塌陷、崩塌、滑坡的危害性估计

杭州市城区为典型的丘陵地形与第四纪堆积平原区地带，地形起伏较大，并受附近水系的侵蚀与切割作用而断崖发育，导致形成陡峭岩石边坡或者孤突的危岩或土石混合高边坡，在地震波动影响下可能发生岩土体滑坡、崩塌等地质灾害。地震力所造成的滑坡、崩塌不同于暴雨诱发的滑坡与山崩，其破坏不仅局限于地表土层，而且会破坏到内部基石。因此地震型边坡破坏虽不如降水诱发的边坡破坏频繁，但其一次所造成的破坏面积广、整治困难且多发于坡顶，后续的暴雨期极易诱发二次边坡破坏，引发泥石流灾害等。地震所造成的边坡灾害易造成道路中断，房舍倾斜、滑动或被土砂掩埋的惨剧[3]。

3.3 城市场地抗震适宜性评价

根据GB 50413—2007《城市抗震防灾规划标准》中城市场地抗震适宜性评价要求[5]，如表2所示，综合场地抗震防灾类型分区、地震破坏效应评估等条件，对杭州市城区城市场地进行抗震适应性评价，将城市场地划分为抗震适宜区(A1，A2，A3)、较适宜区(B1，B2，B3，B4)、有条件适宜区(C1)共三个大区和八个亚区，不同区段的工程地质、抗震性能不同，适宜的规划布局、建筑结构形式和采取的抗震措施也有差异，评价结果如图3和表3所示。

表2 城市场地抗震适宜性评价要求

类别	适宜性地质、地形、地貌描述
适宜	不存在或存在轻微影响的场地地震破坏因素，一般无需采取整治措施： (1)场地稳定； (2)无或轻微地震破坏效应； (3)场地抗震防灾类型Ⅰ类或者Ⅱ类； (4)无或轻微不利地形影响。
较适宜	存在一定程度的场地地震破坏因素，可采取一般整治措施满足城市建设要求： (1)场地存在不稳定因素； (2)场地抗震防灾类型Ⅲ类或者Ⅳ类； (3)软弱土或液化土发育，可能发生中等及以上液化或震陷，可采取抗震措施消除； (4)条状突出的山嘴，高耸孤立的山丘，非岩质的陡坡，河岸和边坡的边缘，平面分布上成因、岩性、状态明显不均匀的土层(如古河道、疏松的断层破碎带、暗埋的塘滨沟谷和半填半挖地基)等地质环境条件复杂，存在一定程度的地质灾害危险性。
有条件适宜	存在难以整治场地地震破坏因素的潜在危险性区域或其他限制使用条件的场地，由于经济条件限制等各种原因尚未查明或难以查明： (1)存在尚未明确的潜在地震破坏威胁的危险地段； (2)地震次生灾害源可能有严重威胁； (3)存在其他方面对城市场地的限制使用条件。
不适宜	存在场地地震破坏因素，但通常难以整治： (1)可能发生滑坡、崩塌、地陷、低劣、泥石流等的场地； (2)发震断裂带上可能发生地表位错的部位； (3)其他难以整治和防御的灾害高危害影响区。

注：1)根据该表划分每一类场地抗震适宜性类别，从适宜性最差开始向适宜性好依次推定，其中一项属于该类别即划为该类场地。

2)表中未列条件，可按其对工程建设的影响程度比照推定。

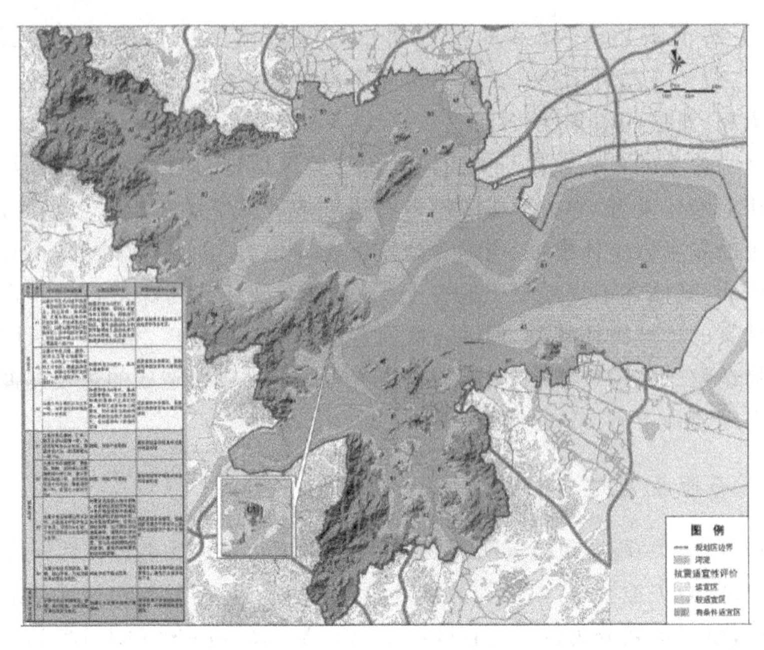

图 3　城市场地抗震适宜性评价图

表 3　杭州市城市场地抗震适宜性评价

类别	亚区	分布特征及地理位置	抗震适宜性评价	抗震防灾要求与对策
适宜区	A1	主要分布在杭州城市西部、南部地带及平原区的孤丘，如北高峰、南高峰等，主要为低山丘陵分布区的坚硬、半坚硬基岩分布区，山前山麓沟谷区的残坡积、洪冲积的砂砾石、黏性土的中硬土分布区。覆盖层一般<10 m。	地震烈度为6度时，基本无震害影响。原则上适宜各类工程建设。局部由于地形起伏较大或低山丘陵地区，要考虑局部地形和因平整场地引起的地基不均匀的影响，尤其要注意崩塌滑坡等危险因素。	避开断裂带发育地带及不良地质作用发育区。
	A2	主要分布在三墩、康桥、崇贤以及萧山城厢镇一带，为中软土—中硬的黏性土分布区，覆盖层厚度>10 m，局部分布有淤泥质土，一般不连续分布，厚度较小。	地震烈度为6度时，基本无震害影响。	适宜建设各类建筑，重要建筑物按国家有关建筑物设防。
	A3	主要分布主城区以及江东一带，为不液化的中软的砂性土分布区。	地震烈度为6度时，基本无震害影响，应注意天然地基的局部砂土液化现象，原则上适宜各类工程建设，但对液化沉陷敏感的乙类建筑应部分消除液化，或对基础和上部结构处理。	适宜建设各类建筑，重要建筑物按国家有关建筑物设防。

续表

类别	亚区	分布特征及地理位置	抗震适宜性评价	抗震防灾要求与对策
较适宜区	B1	主要分布在塘栖、仁和、留下及萧山临浦一带，为淤泥质软弱土分布区，覆盖厚度＞10m，淤泥质软土一般＜15m。	地震，可能产生震陷。	建筑物宜采用桩基础或复合地基处理。
	B2	主要分布在湖墅路、德胜路、塘栖、运河镇以及新塘街道一带仁和、留下及萧山临浦一带，为淤泥质软弱土分布区，覆盖层厚度＞10m，淤泥土一般大于15m。	地震，可能产生震陷。	建筑物宜采用桩基础或复合地基处理。
	B3	主要分布沿钱塘江两岸分布，为易液化中软砂性土分布区，层厚20m左右，下为淤泥质软土以及黏性土土等。	地震易造成砂土液化现象。在场地抗震防灾类型为Ⅲ类区域宜优先考虑建设自振周期短的结构类型，如多层砖混结构、砼剪力墙结构等，也可建设其他类型建筑，建设时应适当增强结构整体性和水平刚度，宜为自振周期短的结构类型，避免自振周期长的结构类型等。	适宜建设各类建筑，但基础宜设置在不易液化土层或经过处理后不易产生液化。
	B4	主要分布在西湖周边、转塘、超山等地，为岩溶较发育的灰岩分布区。	场地存在不稳定因素。	岩溶发育区宜查明岩溶发育情况，避免不合理开采地下水。
有条件适宜区	C1	主要分布在西湖周边、转塘、超山等地，为岩溶较发育的灰岩分布区。	地震次生灾害可能有严重威胁。	岩溶发育区宜查明岩溶发育情况，判明其场地危险程度。

4 结论

通过对杭州市城市场地进行抗震适应性评价，将城市场地划分为抗震适宜区(A1，A2，A3)、较适宜区(B1，B2，B3，B4)、有条件适宜区(C1)共三个大区和八个亚区，不同区段的工程地质、抗震性能不同，适宜的规划布局、建筑结构形式和采取的抗震措施也有差异，该研究结果将为杭州市城市规划的场地抗震安全布局提供较为科学合理的依据。

参考文献

[1] 北京清华同衡规划设计研究院有限公司. 杭州市城市抗震防灾规划(2011—2020)[R]. 2012.

[2] 中国地质调查局. 杭州市地质调查报告[R]. 2009.

[3] 中华人民共和国住房和城乡建设部，中华人民共和国质量监督检验检疫总局. GB 50011—2010 建筑抗震设计规范[S]. 北京：中国建筑工业出版社. 2010.

[4] 杭州市地震局. 杭州市地震活断层探测与地震危险性评价[R]. 2008.

[5] 中华人民共和国住房和城乡建设部，中华人民共和国质量监督检验检疫总局. GB 50413—2007 城市抗震防灾规划标准[S]. 北京：中国建筑工业出版社. 2007.

城市抗震防灾规划编制研究
——以福州市为例

张孝奎
（北京清华同衡规划设计研究院有限公司，北京 100086）

摘　要

结合福州市城市抗震防灾规划编制工作，研究了抗震防灾规划如何有效支撑城市规划和城市抗震防灾管理。详细介绍了福州市域抗震防灾空间布局、城市建设用地的抗震防灾适宜性区划、城区现役建筑的抗震加固改造、现状生命线系统的改造、未来骨干生命线系统的构建、次生灾害的防治以及城市避震疏散体系的构建。为增加可实施性，规划在以下三个方面进行了探索和创新。(1)由于地震是区域性特征比较明显的灾害，首次进行了市域抗震防灾空间布局研究，为福州市统筹全市抗震防灾工作提供了依据，也为完善现行抗震防灾规划技术体系进行了有益探索。(2)针对福州面临较大远震威胁，对福州Ⅲ、Ⅳ类场地上建设常用高层结构类型的适宜性进行了研究，为城市总规和控规的编制提供了参考，也为抗震防灾规划如何深化场地部分结论，实现与城市规划更好结合提供了借鉴。(3)针对福州防灾空间紧张，落实困难的特点，规划将紧急避难场所规划与控规单元相结合，提高了规划的可实施性，也为抗震防灾规划中如何保障紧急避难场所在城市规划中的落实提供了有益借鉴。在 2011 年获得福建省级优秀城乡规划设计二等奖，2013 年度全国优秀城乡规划设计三等奖。

关键词：抗震防灾规划　防灾空间布局　抗震易损性　生命线　避震疏散

1　引言

地震一直是人类的梦魇[1]。随着人类社会的发展，人类对自然的驾驭能力虽然越来越强，可地震给人类带来的灾难则还是未能完全避免。我国是世界上地震多发国家之一，地震灾害具有强度大、频度高、面积广和损失重的特点。据统计[2]，在我国 2900 多个城市中，不设防的仅 380 个，约占 13.1%。其中，7 度及以上设防的城市共 1410 个，约占 48.6%，覆盖了 23 个省会城市和 2/3 人口达百万以上的大城市。从 2008 年开始，我国先后在汶川、玉树、雅安、景谷、鲁甸等地发生了强烈地震，造成超过 9 万人的死亡或失踪，约 40 万人受伤，经济损失约 10000 亿元。

由于现代化城市是一个大系统，为了充分发挥各种抗震措施的效果，提高城市的综合抗震防灾能力，减轻地震灾害，根据《城市抗震防灾规划管理规定》，在抗震设防区的城市，编制城市总体规划时必须包括城市抗震防灾规划，并与城市总体规划同步实施。

然而，现有抗震防灾专项规划较多存在着“重工程、轻规划；重现状、轻长远；重研究、轻使用”的弊端。由我们与福州市规划设计研究院共同编制的《福州市城市抗震防灾专项规划(2010—2020)》在一定程度上克服了上述弊端。该项规划在 2011 年获得福建省级优秀城乡规

图 1　汶川地震震中映秀

划设计二等奖和 2013 年度全国优秀城乡规划设计三等奖。本文的介绍，希望对其他城市抗震防灾规划的编制有所帮助。

2　项目背景

福州市位于东南沿海地震带地震活动性较强的北段[3]，历史上遭受过 1604 年泉州海外 7$\frac{1}{2}$级大震的影响，市区烈度达Ⅶ度，还遭受多次破坏性地震的影响，如 1574 年福州一连江之间 5$\frac{3}{4}$级地震，其影响烈度也达Ⅶ度。20 世纪 70 年代以来，福州及周边地区陆续发生平潭海外 5.2 级地震(1992 年)等一系列地震活动。此外，市区还经常受到台湾海峡和台湾岛内强震的影响。因此，福州市被列入国家重点地震监测防御城市之一。

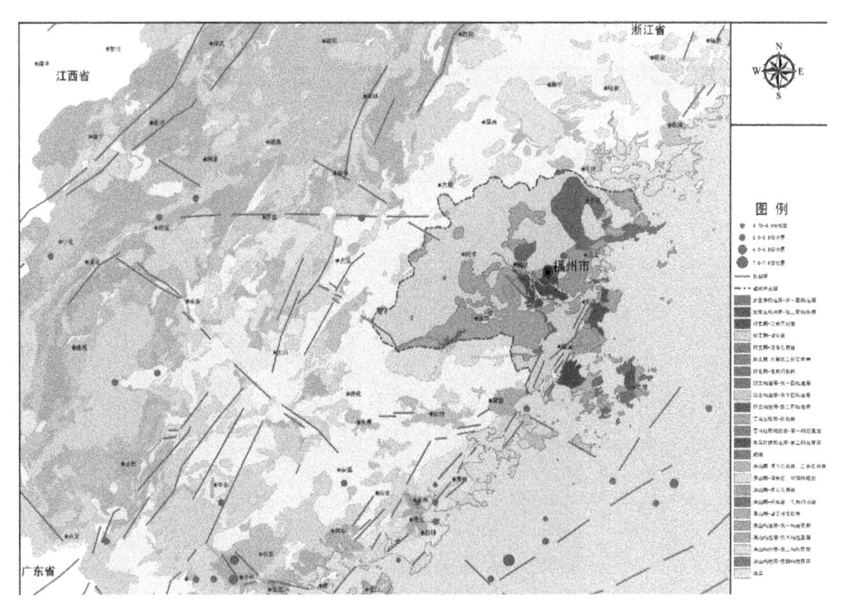

图 2　区域地震构造图

近年来，福州市经济社会快速发展，市区现状人口已超过 200 万人。为适应新的发展形势，福州市启动了城市总体规划的修编工作。为配合总体规划的修编，福州市同时启动了《福州市城市抗震防灾规划》(下称《规划》)的编制工作。

图 3　福州景观

3　项目的重点和难点

(1)福州为福建省会，地位非常重要，应准确把握其在区域抗震防灾工作中的重要作用，并将其体现在规划方案中。

地震灾害区域性特征非常明显。如，2008 年 5 月 12 日发生的 8.0 级汶川地震，Ⅵ度区以上面积合计 440442 平方千米[5]；2015 年 4 月 25 日尼泊尔发生的 8.1 级地震，Ⅵ度区及以上总面积约为 214700 平方千米[6]。福州为福建省省会，是海峡西岸经济区政治、经济、文化、科研中心以及现代金融服务业中心，海上丝绸之路门户以及中国(福建)自由贸易试验区三片区之一。据统计，福州市 2013 年地区生产总值为 4678.5 亿元[4]，约占当年福建省地区生产总值的 21.5%，地位非常重要。这也就决定了福州在区域抗震防灾工作中也应承担重要的角色。当福州面临大规模地震灾害时，既要自救，还可能要抽出部分力量救援其他地区。福州抗震防灾体系的构建需要满足这个要求。

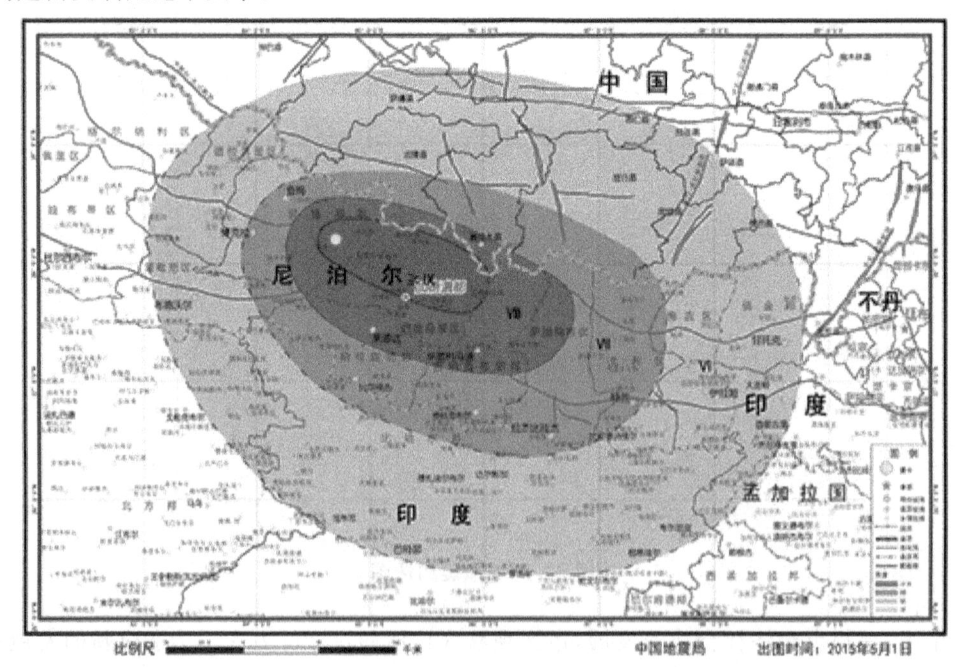

图 4　尼泊尔 8.1 级地震烈度图(2015 年 4 月 25 日)

(2)福州为湖盆地区，场地条件较差，科学评价其所面临的远震威胁，指导福州城市建设是规划的一个重要问题。

福州市地处福州盆地，是闽江下游河—海沉积地区。相关研究显示[7]，福州盆地分布有相当数量的软弱土层。而从福州市所处地震环境来看，福州市受滨海大断裂影响比较大。滨海大断裂为福建东南沿海的控制性断裂，曾与 1604 年发生$7\frac{1}{2}$级地震，震中距离福州市区 120～150 千米，给福州市造成较大破坏[8]。1985 年墨西哥城大地震的震害经验也显示[9]，像福州盆地这种覆盖层厚而软的场地，对远震比较敏感，对其上建设的长周期建(构)筑物影响比较大。如何恰当评价这种不利影响，指导福州城市建设，是规划应回答的问题。

(3)福州现存建筑抗震能力差异较大，科学评价建筑抗震性能指导全市抗震防灾工作是规划的重要内容之一。

福州市建城历史悠久，现存建筑的建设年代跨度比较大。而由于我国抗震设防标准是随着经济社会发展水平的提高而不断变化的，这就让整个城市现状建筑的抗震设防标准本身就不统一。如何科学评价不同建设年代、不同设防标准建筑的抗震能力，为福州市抗震防灾工作提供基本依据，是本规划应解决的重要问题之一。

图 5　福州市下杭社区俯瞰图

(4)福州城市用地紧张，科学平衡防灾空间与发展空间的关系是规划应把握的重要问题。

福州市地处福州盆地，是一个有着超 200 万人的特大城市。由于建设用地紧张，福州市现状的容积率很高；同时，未来预留防灾空间也将面临较大压力。据统计[10]，截至 2014 年 12 月底，福州市区道路总长度 985 千米(不含琅岐)，路网密度 4.23 千米/千米^2。根据《城市道路交通规划设计规范》，除了主干路密度指标满足要求，快速路和次支路的密度均低于规范要求，其中次支路网密度只有规范低限值的 1/2 左右。防灾空间的不足，将给城市带来较大安全隐患。如何科学布局福州市的防灾空间，在保证经济发展和保障安全底线之间取得平衡是规划的重要难点。

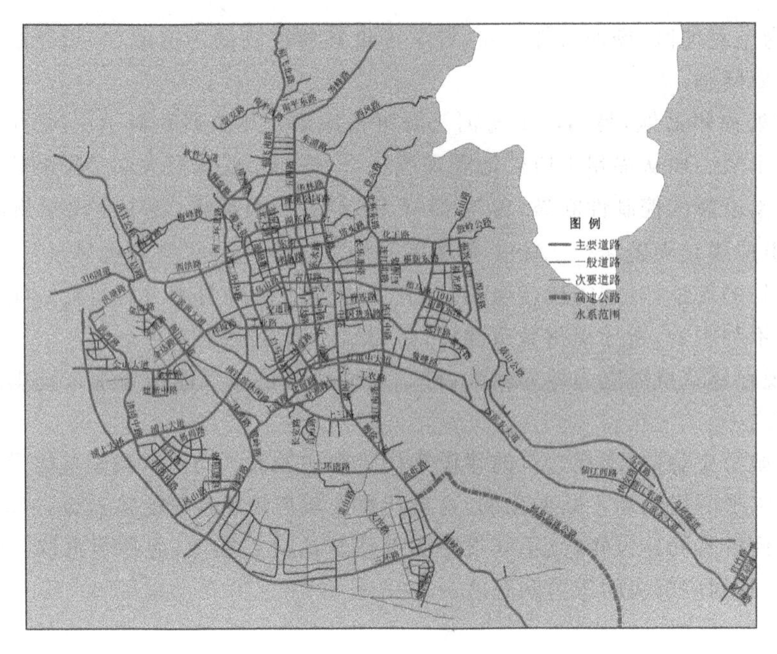

图 6　福州中心城区现状路网图

4　规划技术路线

《城市抗震防灾规划管理规定》第四条规定：城市抗震防灾规划的编制要贯彻“预防为主，防、抗、避、救相结合”的方针，结合实际、因地制宜、突出重点。根据抗震防灾工作的特点和规律，福州城市抗震防灾规划的编制将主要围绕在福州市城市建设空间内如何落实“防震、抗震、避震和救灾”这四部分展开。技术路线如图 7 所示。

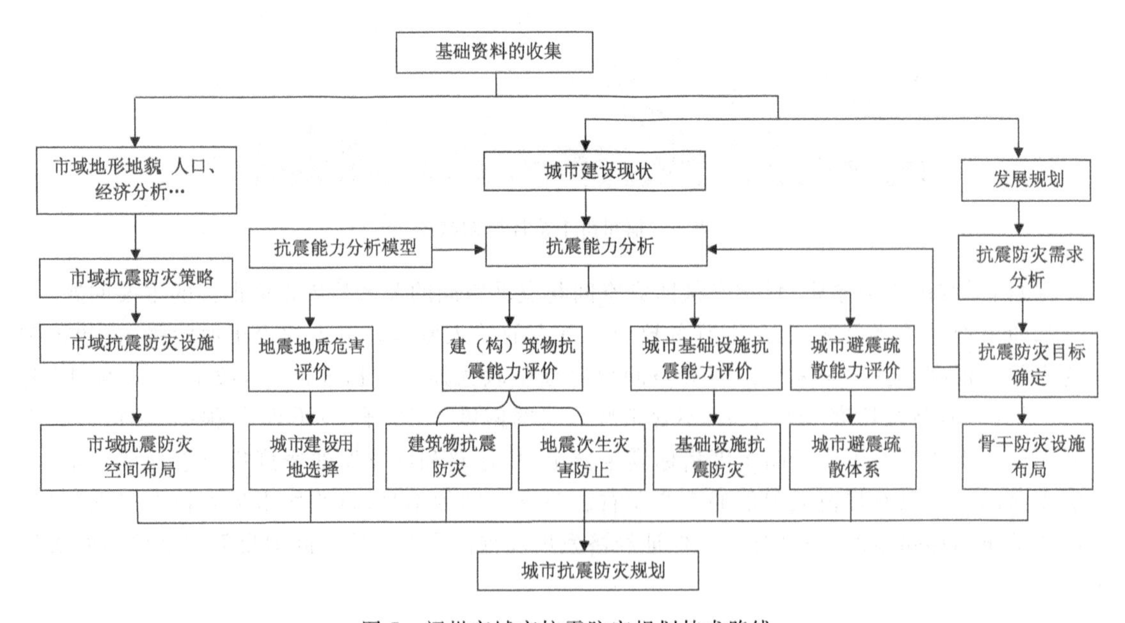

图 7　福州市城市抗震防灾规划技术路线

5 规划主要内容

5.1 市域防灾空间布局

从地形地貌、人员和经济要素分布等情况来看，福州市可以大致划分为三个不同类型的区域[11]：西北部山地丘陵区、中部平原区和东部沿海台地区。

西北部山地丘陵区以中山、低山为主，1000米以上山峰全部集中于北。该区域次生地质灾害风险较大，工程设施抗震能力弱。未来该区域应注重防御次生地质灾害和提高工程设施抗震能力。平原区地形地貌简单，地势较为平坦。该区域人多、次生灾害种类多和生命线多。未来该区域应以工程措施和非工程措施相结合，进行综合防灾。相较于平原区，尽管沿海台地区人口和经济密度相对较低，但已具备按照城市进行抗震防灾管理的条件。因此，未来该区域应以加强抗震防灾管理为主。

为应对地震灾害，福州市主要防灾空间布局应符合以下要求。

(1)救灾疏散通道

根据福州市规划区三面环山、一面向海的地形特点，结合福州市为我国东南沿海重要交通枢纽的交通区位条件，福州市救灾疏散通道为：①利用空中交通快捷的特点，将福州长乐机场建成震后救援快速通道；②利用水运交通受地震影响相对较小，将水运交通建成震后“最可靠”交通通道；③利用福州境内高速公路资源较多，将高速公路建成震后对外交通主体；④利用道路的不同防灾功能，建立中心城区震后交通骨架。

图8 福州长乐国际机场

(2)救灾力量

为让救灾力量尽可能接近需救助中心，提高救灾效率，以中心城区和各镇为中心，建立维持不少于3天的应急救灾力量。建设内容包括抢险救援力量、医疗救护力量和应急物资储备库。其中：①抢险救援力量以消防力量为核心，以专业救援队为主体，以民兵预备役为基础进行建设；②医疗救护力量以各地二级及以上医院和乡镇中心卫生院为主体进行建设；③生活类应急物资储备应以国家、省、市、县级粮食储备库为主体，以与大型商场、超市建立应急供应协议为补充进行建设，抢险救援物资应以各专业队为主进行建设。

图 9　福州市综合应急救援队伍成立

(3)重大次生灾害防范

经梳理,福州市重大危险源主要有两类:福清核电站和油库。福清核电站位于福建省福清市三山镇。从东日本大地震来看,核电站建议采取如下防灾策略:①尽可能采用最新核电站安全技术,提高核电站安全水平;②建设应充分考虑各种极端灾害情况,包括各种极端情况的叠加,如滨海大断裂或长乐—诏安断裂发生特大地震;③在以核电站为圆心的 30 千米范围内严控兴建集镇。④制定应急预案,并定期进行演练;⑤加强民众核安全教育。根据相关资料,福州市分布有大型油库。建议采取如下抗震防灾措施:①控制油库与交通要道的距离,降低其发生次生灾害后对交通系统的影响。油库应距离交通主干道不少于 500 米,减少其地震后发生次生灾害对交通的影响。②控制油库与主要河流的距离,降低震后发生灾害对主要水体的污染。在罐体周围砌防护堤,控制罐体油泄漏后的影响。

5.2　建设用地选择

福州地处闽江下游,根据地形地貌特征和成因类型,可分为 4 个地貌单元区:低山－丘陵区,断层残山、低丘－平原区,岛丘－平原区,河流冲积与古海湾堆积平原区。通过分析[11],福州城市用地的抗震适宜性可划分为四类:适宜、较适宜、有条件适宜和不适宜。其中,适宜区适宜建设各种结构类型的建筑物和构筑物;较适宜区宜优先考虑建设自振周期短的结构类型;有条件适宜区原则上适宜建设各类建筑物,但应考虑局部地形的影响;不适宜区不适于进行工程开发建设,可辟为绿化用地。如图 10 所示。

由于福州市具有为非常典型的受远震影响的软土场地类型。规划分析了远震对福州市Ⅲ类和Ⅳ类场地上高层建筑的影响[9]。据统计,福州高层建筑常用结构形式有以下四种:框架结构、剪力墙结构、框架—剪力墙结构和框架—筒体结构。取放大系数 $R_d \geqslant 2$,各结构类型不适宜建设层数的分析结果如图 11、图 12 和图 13 所示。

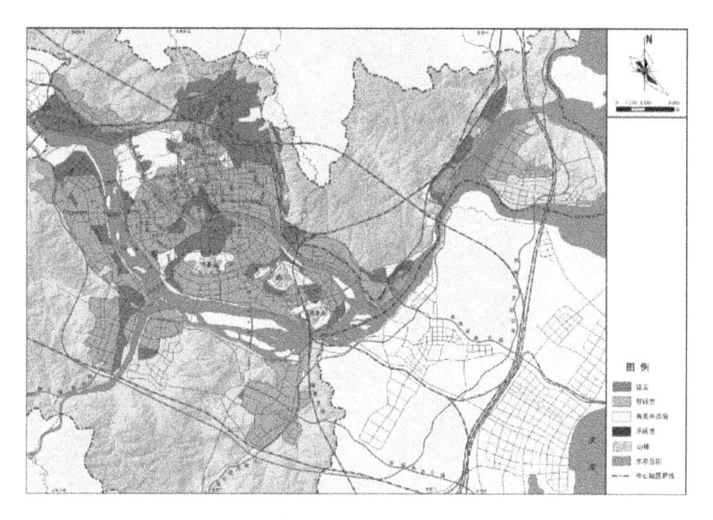

图 10　福州市建设用地抗震防灾适宜性分区图

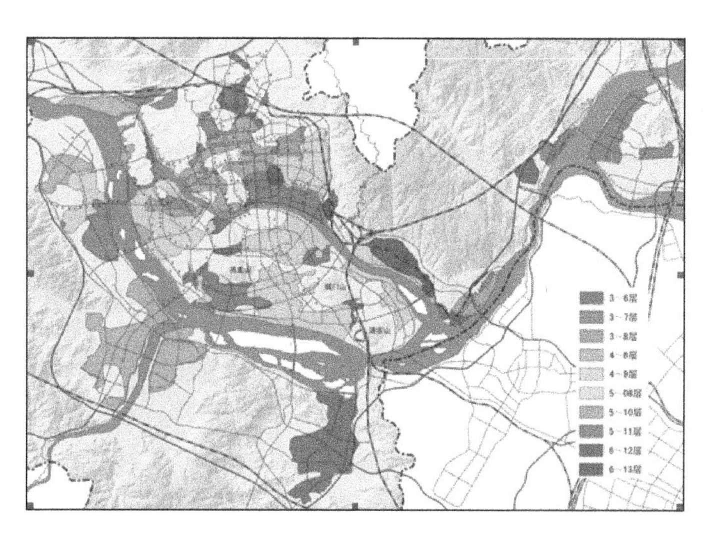

图 11　框架结构不适宜建设层数分析图

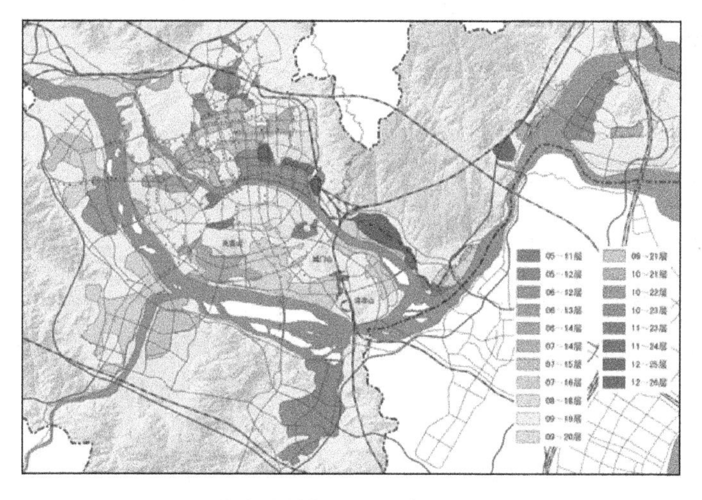

图 12　剪力墙结构不适宜建设层数分析图

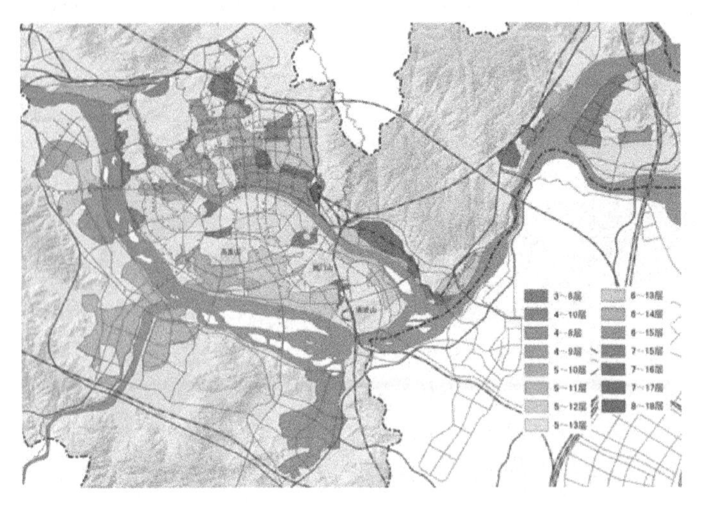

图 13　框剪、框筒结构不适宜建设层数分析图

5.3　现役建筑物的抗震加固改造

据统计[11]，规划区内共有建筑 14 万多栋，总建筑面积约 1.85 亿平方米。从结构类型来看，主要有钢筋混凝土结构、砖混结构等 12 种结构类型。其中，钢砼结构最多，其次为砖混。如表 1 所示。从抗震设防水平来看，规划区有 32%的建筑没有进行抗震设防。

表 1　规划区建筑按结构类型统计　　单位：万平方米

钢结构	钢筋混凝土结构	砖混结构	大跨度结构	D 类结构①	其他②
212.3	10362.3	5846.4	23.0	1981.6	60.6

注：①主要包括：土结构、木结构、石结构、铁结构、水泥结构、土木结构、砖木结构、简易房和棚户区建筑；②主要包括：牲口用房、厕所、结构类型不明建筑。

对规划区建筑进行抗震能力分析，结果如表 2 所示。可以发现：①规划区建筑约有 10%在 7 度情况下可能发生“严重破坏”或“毁坏”，不满足抗震设防要求；②规划区内建筑抗震能力由中心城区向外围递减；③局部街道乡镇抗震能力相对较低。

表 2　福州市规划区建筑物震害矩阵

地震烈度	百分比	震害程度				
		基本完好	轻微破坏	中等破坏	严重破坏	毁坏
6 度	A%	78.24	13.22	6.66	1.57	0.30
7 度	A%	17.04	51.78	21.77	7.17	2.24
8 度	A%	2.24	20.35	52.37	18.60	6.45

根据我国抗震加固工作的历史经验，福州市不满足抗震设防要求的建筑，除少数重要建筑，原则上结合旧城改造，以更新为主。经测算，规划范围内不符合抗震要求的建筑总量是 5920 万平方米。根据震害预测严重程度，规划区不满足抗震要求的建筑划分为三个层次更新：①急需更新。抗震能力严重不满足要求，在中震情况下有可能发生毁坏的建筑。该类建筑总面积为 225.7 万平方米。②近期更新。抗震能力不符合相关规范标准要求，但建筑质量相对于急需抗震加固层次建筑要好。该类建筑总面积为 1439.3 万平方米。③逐步更新。抗震能力不符合相

关规范标准要求，但建筑质量相对较好。该类建筑总面积为 4255 万平方米。如图 14 所示。

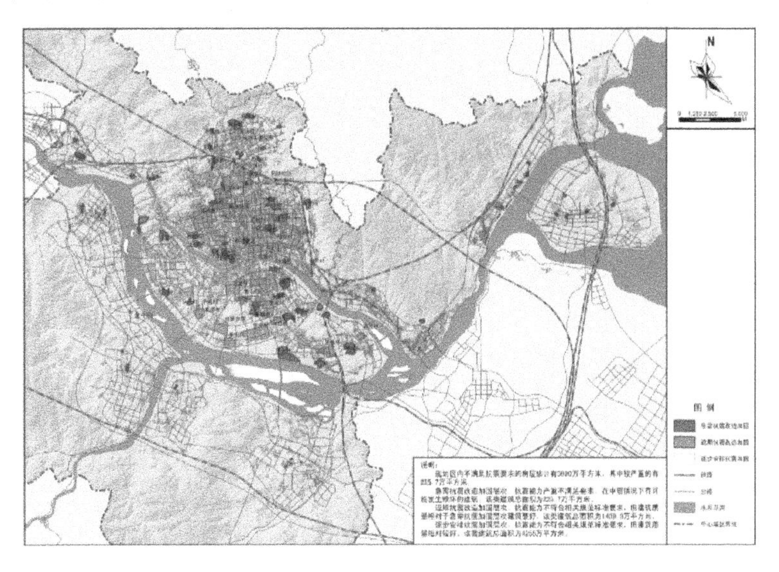

图 14　一般建筑抗震加固改造规划图

5.4　城市生命线系统的构建

城市生命线系统是指维持现代城市或区域生存的功能系统以及对国计民生和城市抗震防灾有重大影响的基础性工程设施系统[2]。包括交通、供电、供水、供气、通信、消防、医疗、广播电视和粮食系统。由于对维持城市基本功能和支持抗震救灾具有重要意义，因此，生命线系统应具有比一般工程更强的抗震能力。其抗震防灾目标为：①在遭受城市设防烈度预估的罕遇地震影响时，骨干城市基础设施不发生严重及以上破坏；②在遭受城市设防烈度地震影响时，主要城市基础设不发生严重及以上破坏；③在遭受城市设防烈度的多遇地震影响时，城市基础设施基本不受影响，功能基本正常。

为达到规划目标，规划用系统的观点，从城市抗震防灾整体需求出发，根据生命线系统各部分在防灾减灾中所承担职能的重要程度及其遭破坏后修复的难易程度，采取差别化的抗震设防标准，确定相应的抗震防灾等级。

如交通系统[12]。从抗震防灾的角度看，福州市交通系统有以下特点：①由于闽江、乌龙江以及市内 90 条小河的分割作用，桥梁在福州市交通系统中具有重要作用；②福州市道路两旁建筑的后退距离比较小，这在次干道和支路表现得尤为明显，这给震后道路交通安全构成了一定的威胁。为保障震后交通系统的功能，应从以下两方面采取措施。

(1)对现有交通系统进行改造。对老城区上杭路等 12 条道路进行改造，保证震后道路的有效宽度不低于 4 米；对电业局桥(跨达道河)等 11 座桥梁安排抗震鉴定，确定是否需要进行抗震加固，保证地震时安全。

(2)构建骨干防灾交通系统。将东绕城高速等 4 条高速公路的城区出入口等规划为城市出入口，提高一度设防；将东绕城高速公路、机场高速公路、沈海高速公路、福永高速公路规划为一级防灾干道，宜提高一度设防(包括上面的桥梁)；将五四路、三环路等 26 条道路规划为二级防灾干道，应增强抗震防灾措施，提高抗震能力(图 15)。

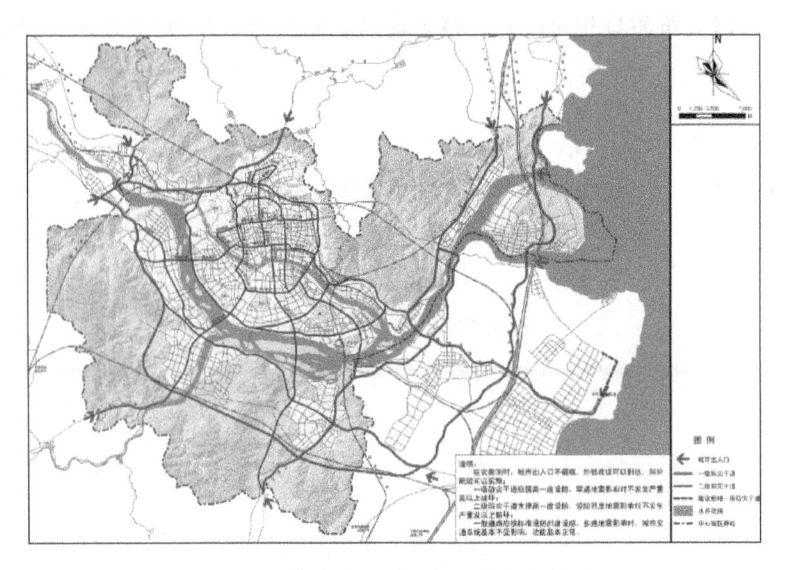

图 15　福州市交通系统抗震防灾规划图

5.5　次生灾害的防止

所谓地震次生灾害[2]，是指由于地表、建筑物或工程结构物遭到地震破坏后导致的其他灾害。地震次生灾害可包括次生火灾、水灾、地质灾害和危险化学品事故等，有时也将震后诱发的瘟疫或饥荒等社会型灾害包括在次生灾害之中。

据分析[11]，福州市地震次生灾害主要有火灾和水灾。其中，次生火灾主要由于老旧民房区房屋抗震能力差、引发次生火灾危险源多以及道路狭窄。未来通过老城区改造，可逐步降低次生火灾风险。次生水灾的主要威胁来自于闽江以及北部山区的山洪。福州应抓紧落实防洪排涝专项规划，降低次生水灾风险。

5.6　避震疏散系统的建设

据测算[11]，规划区需安排的固定避难人口为 100 万人。其中，鼓楼区为 13.5 万人、仓山区为 16.6 万人、晋安区为 18.0 万人、马尾区为 11.3 万人、台江区为 8.0 万人、闽侯县为 31.2 万人、连江县为 1.6 万人。

(1)固定避震疏散场所

根据避难人口分布情况，共规划 125 处固定避难场所，其中包括中心避难场所 3 处，分中心避难场所 14 处及街道(镇区)的固定避难场所 108 处。有效避难面积 345.68 公顷，可安置避难人口 115 万人。

由于历史原因，福州市闽江北的人口密度相对较高，规划研究确定市中心避难场所在闽江北鼓楼区建设，将省体育中心、五一广场和温泉公园建设成市一级的中心避难场所。分中心的避难场所则结合总体规划确定的各个片区来设置。分别是三江口片区、南屿南通、仓山片区、大学城、汽车城、晋安片区、金山片区、马尾新城、新店片区、荆溪新城、亭江一琅岐新城等分中心避难场所。福州市中心避难场所及分中心避难场所共 17 处。有效避难面积:92.85 公顷。

(2)避震疏散道路

中心城区避震疏散道路由救援通道、疏散主干道和疏散次干道构成。救援通道主要连接中心避难场所和城市出入口，主要为外部救援力量进入福州和福州向外疏散避难人口服务。震后有效宽度不低于 15 米。共规划 5 条：东绕城高速公路、福永高速公、沈海高速、机场高速公、福州港。疏散主干道以连接中心避难场所与分中心及一般固定避难场所为主，主要为避震疏散和应急救援服务。震后有效宽度不低于 7 米。共规划 56 条。疏散次干道以连接紧急避难场所与固定避难场所为主，主要为避震疏散服务。震后有效宽度不低于 4 米。共规划 63 条(图 16)。

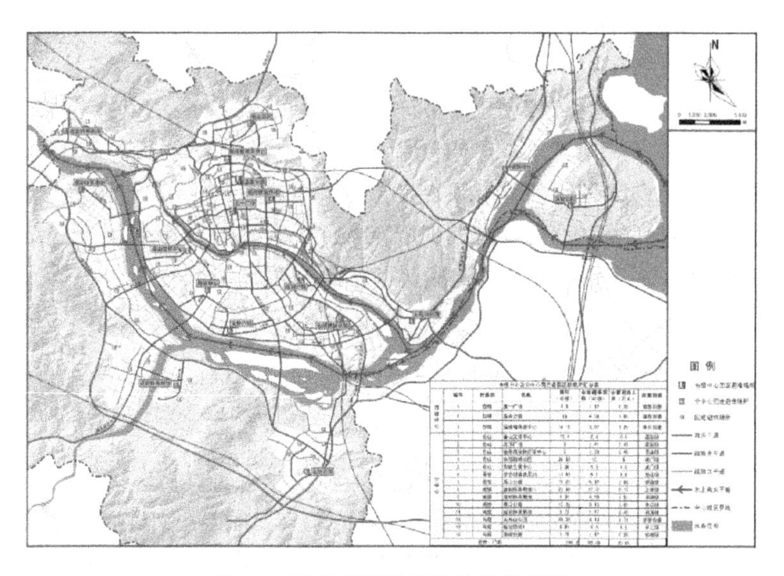

图 16　福州市避震疏散体系规划图

(3)紧急避震疏散场所规划

由于福州市建设用地比较紧张，紧急避震疏散场所对构建福州市防灾空间具有极为重要的作用。为保证紧急避震疏散场所的落实，规划将疏散单元与福州市各片控规单元相结合，明确每片控规单元需要设置的紧急避难场所面积，由规划主管部门在审批控制性详细规划的时候核实(图 17)。

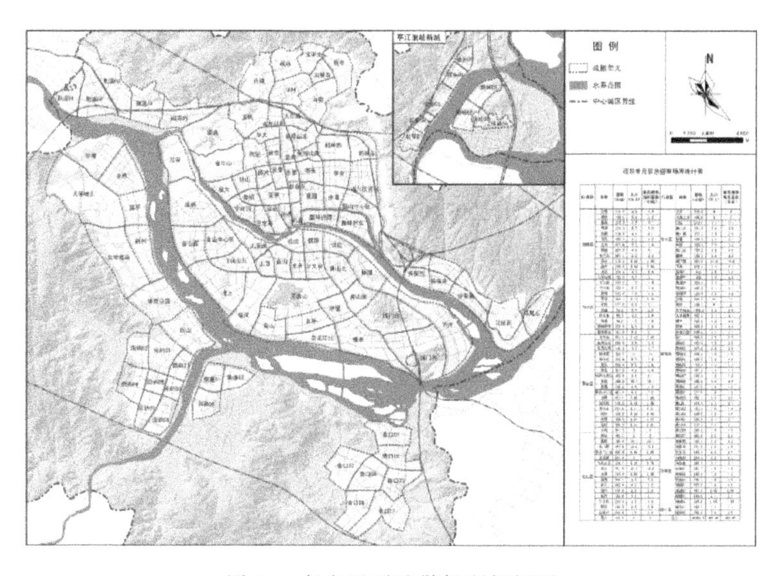

图 17　紧急避震疏散场所规划图

6 结论

通过大量调查和研究，规划对福州市抗震防灾现状进行了比较充分的评估，并在此基础上为福州市构建了“预防为主，防、抗、避、救”相结合的综合抗震防灾体系，既给福州市未来十年抗震防灾工作提供了一条实现路径，也为福州市城市总体规划的修编提供了有效支撑。

为增加可实施性，规划在以下三个方面进行了探索和创新。由于地震是区域性特征比较明显的灾害，规划首次进行了市域抗震防灾空间布局的研究，为统筹全市抗震防灾工作提供了依据，也为完善现行抗震防灾规划技术体系进行了有益探索。针对福州面临较大远震威胁，规划对福州Ⅲ、Ⅳ类场地上建设常用高层结构类型的适宜性进行了研究，为城市总规和控规的编制提供了参考，也为抗震防灾规划如何深化场地部分结论，实现与城市规划更好结合提供了借鉴。针对福州防灾空间紧张，落实困难的特点，规划将紧急避难场所规划与控规单元相结合，提高了规划的可实施性，也为抗震防灾规划中如何保障紧急避难场所在城市规划中的落实提供了有益借鉴。

参考文献

[1] 张孝奎.城市供水系统震害预测分析[D]. 北京:北京工业大学. 2004.

[2] 马东辉,郭小东,王志涛.城市抗震防灾规划标准实施指南[M].北京:中国建筑工业出版社. 2008.

[3] 朱金芳,徐锡伟,黄宗林,等.福州市活断层探测与地震危险性评价[M]. 北京:科学出版社. 2005.

[4] 福州市统计局,国家统计局福州调查队.福州市统计年鉴[M]. 北京:中国统计出版社. 2014.

[5] 中国地震局. 汶川 8.0 级地震烈度分布图[EB]. http://www.cea.gov.cn/manage/html/8a8587881632fa5c0116674a018300cf/_content/08_09/01/1220238314350.html,2008-8-29.

[6] 中国地震局.中国地震局发布尼泊尔 8.1 级地震烈度图[EB]. http://www.cea.gov.cn/publish/dizhenj/464/478/20150501221233264365835/index.html,2015-5-1.

[7] 福建省地震局.福州市震害预测[R]. 2000.

[8] 福州市地震局.福州市地震志[M].福州:福建省地图出版社. 2003.

[9] 张孝奎,陈丽梅,张盈,等. 远震对软土场地高层建筑物的抗震影响研究[C].//中国城市规划学会.转型与重构——2011 中国城市规划年会论文集.南京:东南大学出版社,东南大学电子音像出版社. 2011.

[10] 福州市统计局,国家统计局福州调查队.福州市统计年鉴[M]. 北京:中国统计出版社. 2015.

[11] 福州市规划设计研究院,北京清华城市规划设计研究院.福州市城市抗震防灾规划专题研究报告[R]. 2010.

[12] 张孝奎,陈丽梅,冯立超. 福州市中心城区交通系统抗震防灾规划研究[C].//中国城市规划学会.转型与重构——2011 中国城市规划年会论文集.南京:东南大学出版社,东南大学电子音像出版社. 2011.

城市抗震防灾规划中的建筑工程抗震性能评价
——以北京市石景山区为例

伍宜胜

（北京清华同衡规划设计研究院有限公司，北京 100085）

摘　要

基于北京市石景山区抗震防灾规划项目实践，针对城市重要建筑物和一般建筑物，采用不同分析计算方法，进行全面、准确、高效的建筑工程抗震性能评价。

关键词：抗震防灾规划　抗震性能评价　重要建筑　一般建筑　SAP2000

1　概述

在城市抗震防灾规划中，建筑工程抗震性能评价是一项关键工作内容，该项工作成果直接决定城市抗震防灾规划关于建筑工程的建设、加固、改造结论，是关系到城市经济投入与居民安全的决策基础。建筑物抗震性能评价方法有多种，包括群体建筑的简化抗震性能评价、建立结构分析模型计算的抗震性能评价等，在实际操作中，根据建筑物重要性等级的不同，基于准确和效率的平衡，可选取不同方法进行评价，本文基于北京市石景山区抗震防灾规划项目实践，梳理和总结其建筑工程抗震性能评价方法。

2　技术路线

一般可将城区建筑分为重要建筑和一般建筑，分别进行抗震性能评价。城市重要建筑包括：城市的市一级政府指挥机关、抗震救灾指挥部门所在办公楼；《建筑抗震设防分类标准》（GB 50223）中规定的城市用于抗震救灾和疏散避难的应急交通、医疗、消防、物资储备、通信等特殊设防类、重点设防类类建筑工程；其他对城市抗震防灾特别重要的建筑。

2.1　重要建筑物

重要建筑物采用动力弹塑性时程分析方法，基于有限元分析软件 SAP2000 平台进行计算。根据建筑物结构竣工图纸，建立其三维有限元模型，选择相应场地地震动记录，分析不同地震动作用下结构的反应，并确定结构的薄弱环节，其中以层间位移角作为判断其破坏状态的指标。

2.2　一般建筑物

城市一般建筑物采用群体建筑抗震性能评价，根据抗震评价要求，参考工作区建筑调查统计资料进行分类，并考虑结构类型、建设年代、设防情况、建筑现状等采用群体抗震性能评价的方法进行抗震性能评价。

其要点是对石景山辖区内所有城市建设用地上建筑物进行分类，按类别进行调查和整体预测，首先将研究区域划分成若干预测单元，根据建筑类型的分布特点对城市一般建筑物进行普查，对普查资料进行核对汇总后，对普查建筑物进行易损性分析，根据其预测结果进行所有单元在不同地震作用下的各类建筑物不同破坏程度及其相应数量的分析和估计，推断出群体建筑物的预测结果。

3 重要建筑物抗震性能评价

3.1 政府办公建筑

本次对石景山区抗震防灾重要部门以及抗震救灾涉及的各区委办公局、各街道办事处的办公建筑进行了调研。经统计，该类建筑均建于 20 世纪 90 年代以后，大多数为框架结构，少量为框剪结构，个别为砖混结构，均按 8 度设防，场地类别均为Ⅱ类，现状质量均良好。

同时，本次收集 8 栋重要抗震防灾指挥机关建筑竣工图纸，并采用有限元分析软件进行单体抗震性能分析计算途径进行抗震性能评价，表 1 为石景山区重要抗震防灾指挥机关建筑结构信息一览表。

表 1　重要抗震防灾指挥机关建筑信息一览表

编号	建筑物名称	年代	建筑层数	结构类型	设防标准	场地类别	现状评价
1	石景山区人民政府大楼北楼	2000	16	框剪	8	Ⅱ	良好
2	区公安局指挥中心	2009	11	框剪	8 丙	Ⅱ	良好
3	石景山医院综合楼	1998	4	框架	8	Ⅱ	良好
4	区疾病预防控制中心(北楼)	2007	4	框架	8 乙	Ⅱ	良好
5	卫生监督所(南楼)	2007	5	框架	8 丙	Ⅱ	良好
6	石景山消防支队及特勤消防站	2010	5	框架	8 乙	Ⅱ	良好
7	石景山广播电视新闻中心主楼	1999	5	框架	8 乙	Ⅱ	良好
8	中国地震局应急搜救中心	2000	6	框架	8 乙	Ⅱ	良好

以区人民政府大楼北楼为例，其三维分析模型如图 1，计算结果如表 2。表 3 为这 8 栋重要建筑物的震害预测结果。

表 2　区人民政府大楼震害预测结果

地震烈度	小震	中震	大震
最大层间位移角	1/1115	1/688	1/383
震害结果	基本完好	基本完好	轻微破坏
结构薄弱层位置	16 层		

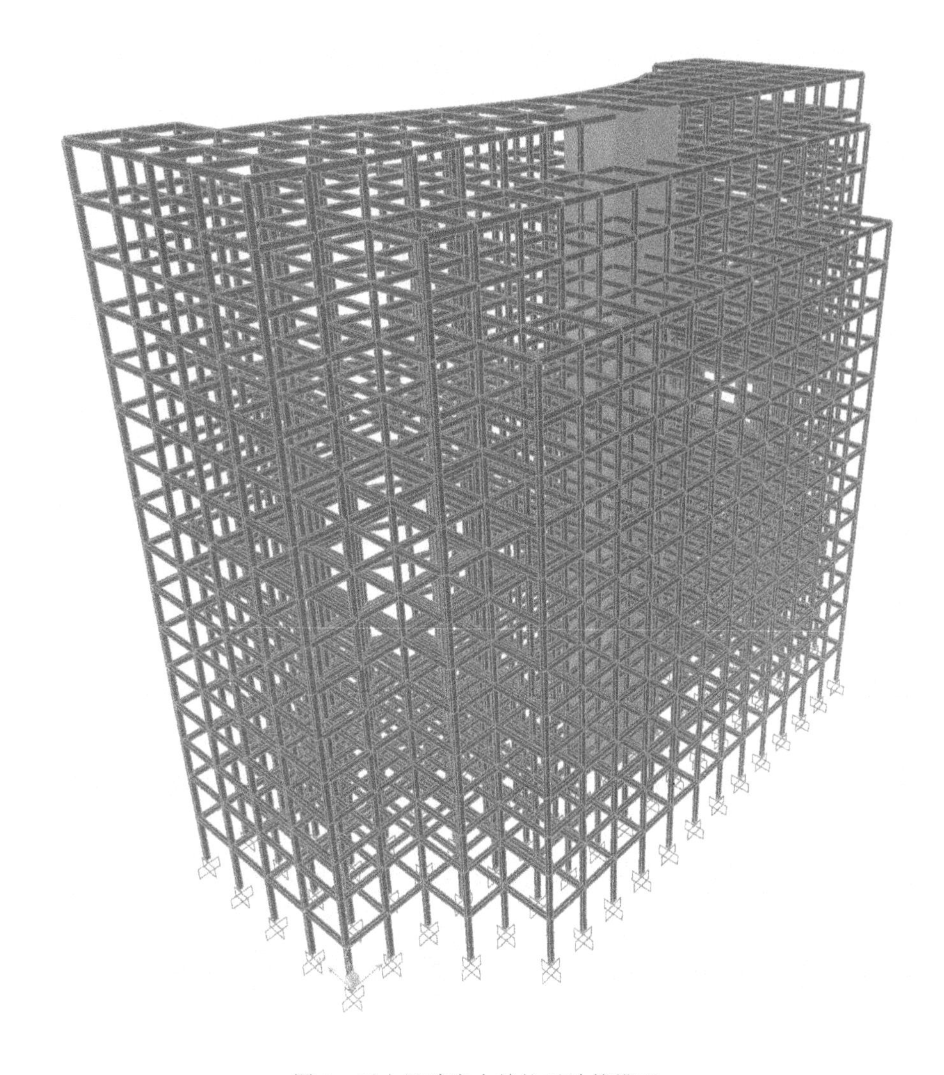

图 1　区人民政府大楼抗震计算模型

表 3　重要建筑物震害预测结果

序号	名称	小震	中震	大震
1	石景山区人民政府大楼北楼	基本完好	基本完好	轻微破坏
2	区公安局指挥中心	基本完好	基本完好	轻微破坏
3	石景山医院综合楼	基本完好	基本完好	轻微破坏
4	区疾病预防控制中心(北楼)	基本完好	基本完好	轻微破坏
5	卫生监督所(南楼)	基本完好	基本完好	轻微破坏
6	石景山消防支队及特勤消防站	基本完好	基本完好	轻微破坏
7	石景山广播电视新闻中心主楼	基本完好	轻微破坏	轻微破坏
8	中国地震局应急搜救中心	基本完好	基本完好	轻微破坏

3.2 学校建筑

学校教学楼和宿舍因为人员比较集中，且一般来讲，使用人群的自救、互救能力相对较差，因此在抗震设防中的要求一般相对较高。特别是汶川地震中，出现大量校舍倒塌，造成重大师生人身伤亡的惨剧。因此，汶川地震后，根据《建筑工程抗震设防分类标准》(GB 50223—2008)中 6.0.8 明确规定教育建筑中，幼儿园、小学、中学的教学用房以及学生宿舍和食堂，抗震设防类别应不低于重点设防类。

以区内中小学校舍为例，本次调查的学校建筑总共有 289 栋，总面积 48.96 万 m^2。根据校安工程抗震排查结果，抗震加固改造前，按学校建筑结构类型统计，中小学校舍建筑可分为：框架结构、砖混结构、少数的砖木结构及土木结构。各结构类型建筑栋数和面积见表 4、图 2，可以看出，中小学校舍建筑中绝大多数为砖混结构，约占 81.26%。

表 4　中小学校建筑结构类型分析表

结构分类	框架结构	砖混结构	砖木结构	土木结构	合计
栋数	14	262	11	2	289
面积(m^2)	88309.6	397901.8	3329	115.9	489656.3
面积百分比	18.04%	81.26%	0.68%	0.02%	100%

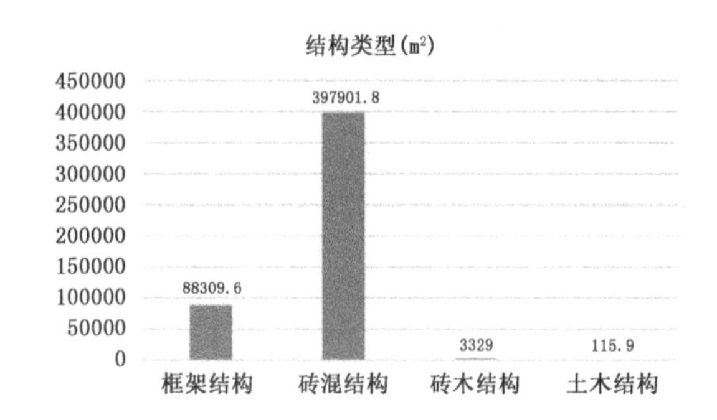

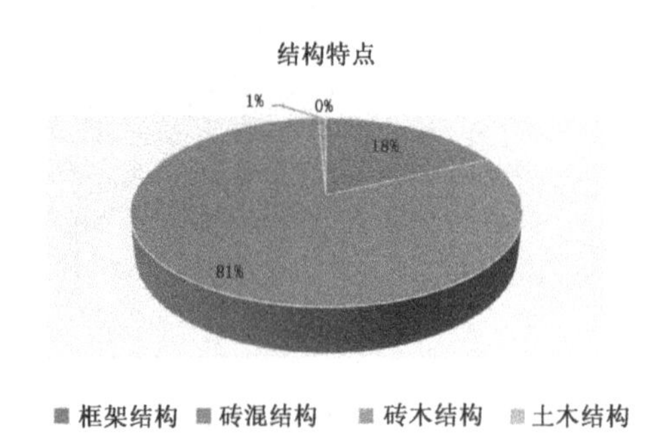

图 2　中小学校建筑结构类型分析图

建设年代的远近对建筑抗震能力也有直接的影响，时间长短也直接影响着建筑的抗震性能折减，从统计结果来看，见表 5 和图 3，学校建筑以 20 世纪 80 年代、90 年代为主，面积合计约占 59.47%，分布少量 80 年代以前建筑，此部分面积约占 22.51%。

表 5　中小学校建筑建设年代统计表

结构分类	50 年代	60 年代	70 年代	80 年代	90 年代	2000 年代	合计
栋数	4	23	24	100	90	48	289
面积	11778	53303.7	45111	137457.75	153765.08	88240.77	489656.3
面积百分比	2.41%	10.89%	9.21%	28.07%	31.40%	18.02%	100%

学校建筑的建设年代同时由于当时的建筑抗震设计规范及标准又有着相应的联系(图 4)，涉及建筑的设防标准及屋盖类型，因此，直接关系到建筑的抗震能力，从抗震规范的发展历程来看，主要有以下几个阶段：1978 年以前为不抗震设防阶段，1979—1989 年采用 TJ 11－78 规范为 8 度一般设防类标准设防，1990—2001 年采用 GBJ 11—89 规范为 8 度一般设防类标准设

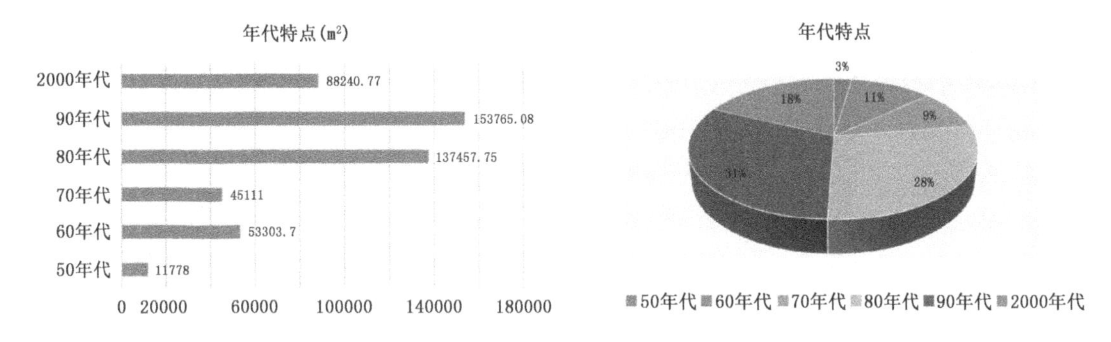

图 3　中小学校建筑建设年代分析图

防,2002—2008 年采用 GB 50011—2001 为 8 度一般设防类标准设防,2009 年及以后采用 GB 50011—2008、GB 50011—2010 为 8 度重点设防类标准设防。根据对各学校建筑的统计调查,各学校建筑的设防水平可以分为:8 度乙类、8 度丙类及未设防。根据现行《建筑工程抗震设防分类标准》(GB 50223—2008),学校建筑不应低于 8 乙类抗震设防标准,则学校建筑不符合要求主要为:20 世纪 70 年代及以前的未设防建筑和大部分 2008 年以前按 8 度丙类建造的建筑。

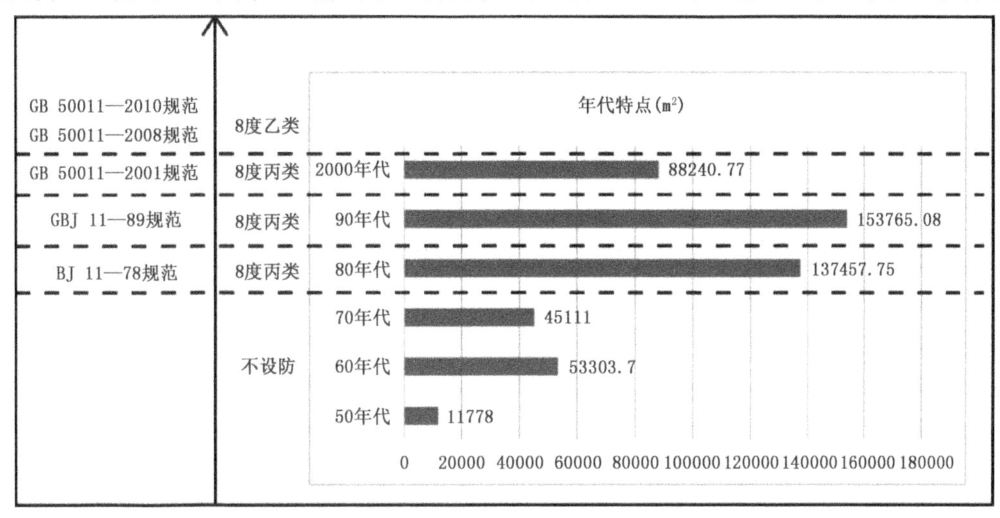

图 4　中小学校建筑建设年代与设防水平分析图

建筑的楼盖形式也对建筑的整体抗震性能产生很大的影响,主要有以下几种形式:现浇钢筋砼、预制空心板、木屋架及其他形式,从分析的结果来看,见表 6 和图 5,大部分学校建筑采用的是预制空心板形式,约占总面积的 76.14%,从汶川地震经验来看,此类形式建筑在地震时极大影响了建筑整体的抗震性能,从而造成大量建筑的破坏,因此,此部分建筑极为不利于抗震,应引起重视。

表 6　中小学校建筑楼盖类型分析表

楼盖类型	现浇钢筋砼	预制空心板	木屋架	其他	合计
栋数	23	249	13	4	289
面积	112451.4	372826	3676.4	702.5	489656.3
面积百分比	22.97%	76.14%	0.75%	0.14%	100.00%

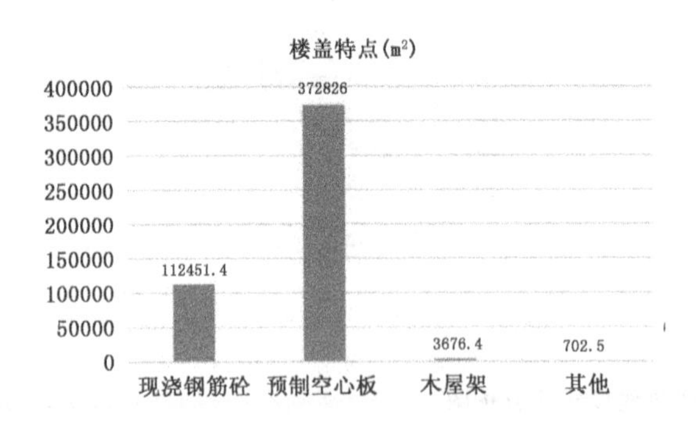

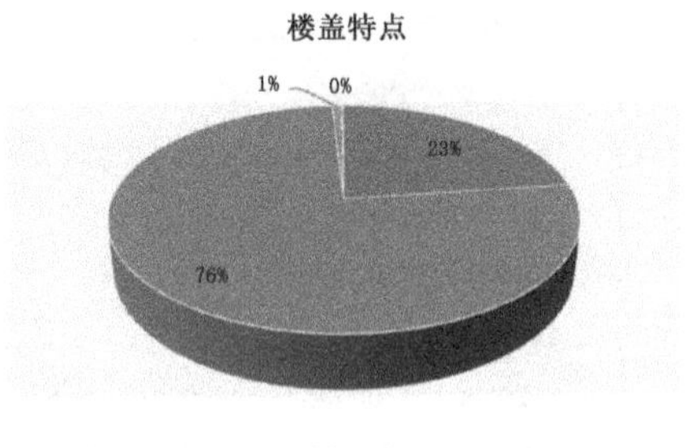

图 5　中小学校建筑抗震设防分析图

根据石景山区中心城区中小学校舍抗震鉴定意见来看，见表 7 及图 6 所示。约 20.84％校舍需进行整体加固，47.33％建筑需要进行局部加固及 1.75％的建筑需要进行拆除重建。为此，在 2009—2011 年度，教育系统根据鉴定意见完成了区内所有中小学校（含两所幼儿园）的校舍抗震鉴定及相应的加固工程，全部校安工程如期竣工，并全部达到合格标准（8 度乙类），因此，中学校校舍抗震性能得到有效的保障。

表 7　中小学校建筑抗震加固情况统计表

鉴定意见	符合要求	整体加固	局部加固	拆除	合计
栋数	134	33	114	8	289
面积	147330.97	102031.7	231742.63	8551	489656.3
面积百分比	30.09％	20.84％	47.33％	1.75％	100.00％

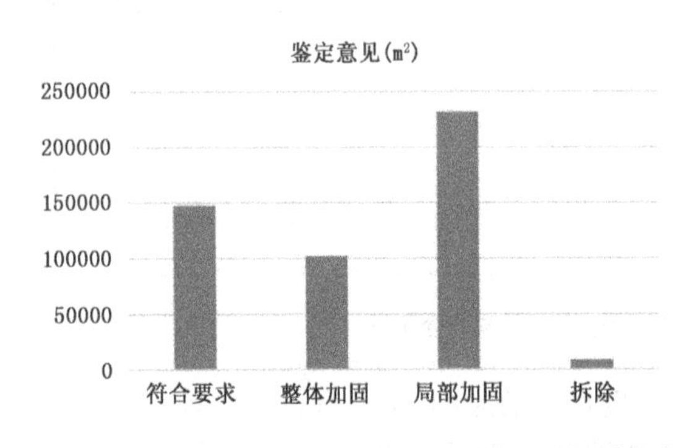

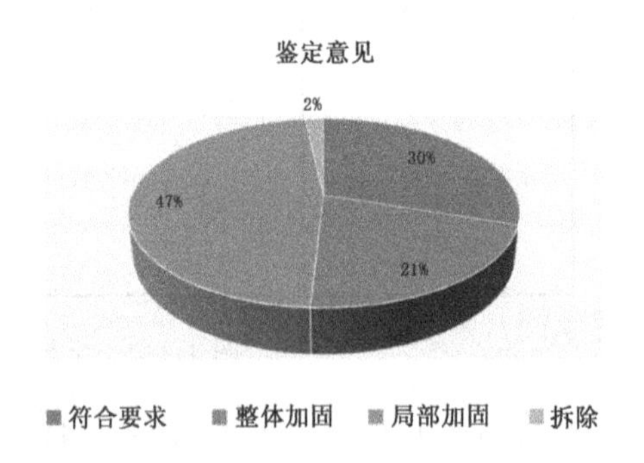

图 6　中小学校建筑抗震加固情况统计图

4　一般建筑物抗震性能评价

本次建筑物震害预测的对象为石景山区城市建设用地上已建建筑。据统计，建筑合计约 1.75 万栋，总建筑面积约 3346.95 万 m^2。

4.1　建筑及人口高密度区分析

建筑密度是指在一定用地范围内所有建筑物的基地面积与用地面积之比，它可以直接反映出一定用地范围内的空地率，空地在强烈地震中就是人们紧急避险的生存之地；而人口密度决定着在同等的房屋破坏下人员伤亡的多寡。

石景山区老城区，建筑及人口密度大，其中位于八角街道、古城街道、鲁谷街道范围的1608、1609、1611、1612、1614及0704单元相对较大，如图7及图8所示，为建筑高密度区域。城区抗震加固改造时序安排，应结合考虑建筑及人口密度分布。

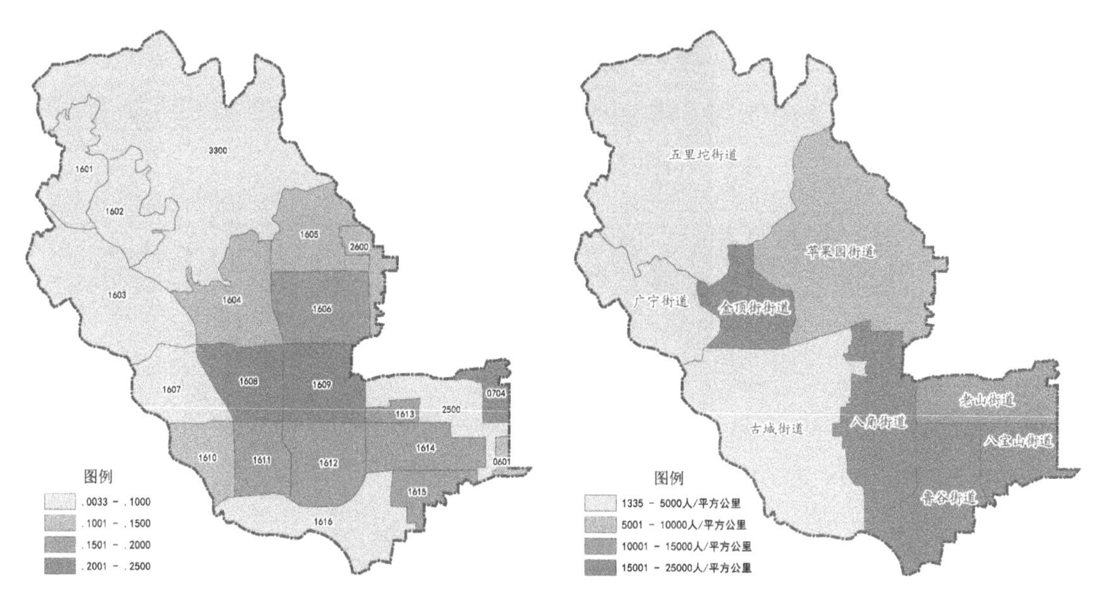

图7　街区建筑密度分析图　　　　图8　街道人口密度分析图

4.2　建筑结构类型分析

结构形式是影响结构抗震性能的重要因素，结构形式的好坏，对建筑抗震性能的强弱起着决定性作用。因此，如果一个地区抗震能力好的建筑所占的比例较大，这个地区建筑的总体抗震性能相对较强。

根据工作区内建筑物的结构形式和特点及普查情况，将一般建筑物分为老旧平房、多层砖混、多层钢混、高层建筑、工业厂房五大类：

由表8及图9可见，城区现状建筑中，钢筋混凝土结构(包含多层钢混，高层结构及部分工业与空旷结构)和砖混结构建筑是所占比例最大的两种结构类型(图10)。可见，从建筑结构形式分布角度来看，绝大多数建筑是有利于抗震的。但仍有相当的数量(约129万m^2)的建筑抗震性能较差，主要为分布在老城区及城乡结合处尚未改造的老旧平房，这些结构将是抗震安全的重大隐患。

表8　石景山区建筑结构类型统计

统计方式	结构类型					合计
	高层结构	多层钢混	多层砖混	工业及空旷	老旧平房	
数量(栋)	775	1204	5197	2103	8234	17513
面积(万m^2)	1251.55	518.51	1006.65	441.54	128.71	3346.95

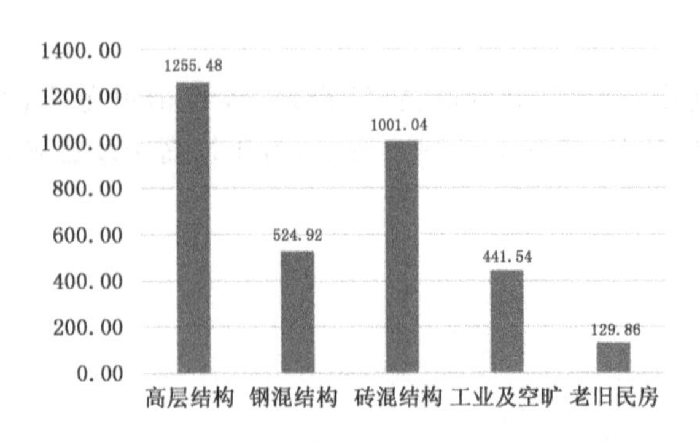

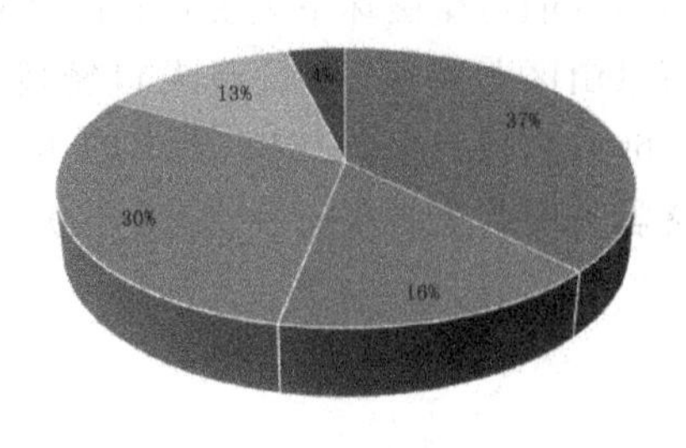

图 9　石景山区建筑结构类型统计分析图

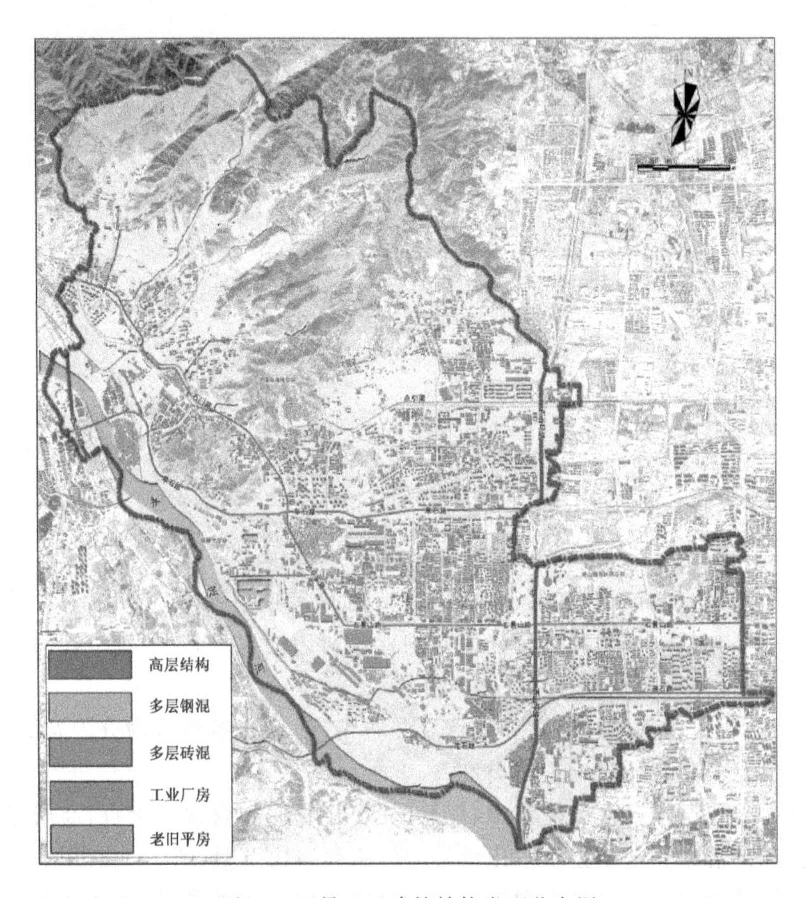

图 10　石景山区建筑结构类型分布图

4.3　建筑年代分析

建筑建设年代也是影响其抗震性能的重要因素，不同建筑年代，建筑因其使用年限的增加，对其建筑自身材料力学性能等方面存在着折减，从而影响其结构整体的抗震性能，同时，建筑的建筑形式、施工质量、设防标准以及抗震构造措施与其当时所处的建筑年代有着密切的联系，因此对建筑本身的抗震性能有着极大的影响。

根据城区建筑特点，结合现场调研结果，将其分为 5 个时间段，分别为：20 世纪 60 年代及以前，70 年代，80 年代、90 年代、2000 年代及以后，具体数量统计详见表 9。

从表 9 和图 11 中可以看出，城区建筑现状多为 20 世纪 90 年代以后新建建筑，城市建筑整体较新，各建筑年代分布详见图 12。

表 9　石景山区建筑建设年代统计表

统计方式	结构类型					合计
	1960	1970	1980	1990	2000	
数量	138	538	9181	5996	1660	17513
面积(万 m^2)	96.62	172.97	652.68	1267.95	1156.73	3346.95

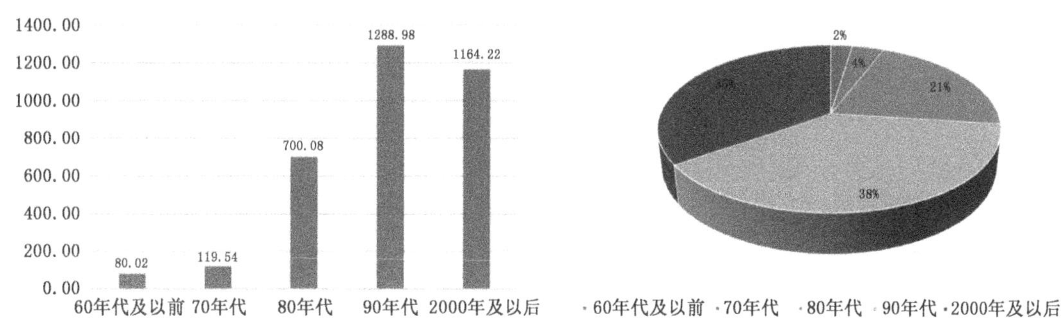

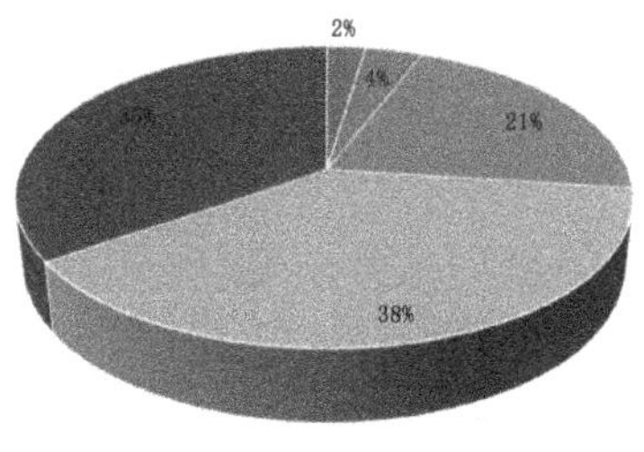

图 11　石景山区建筑建设年代统计分析图

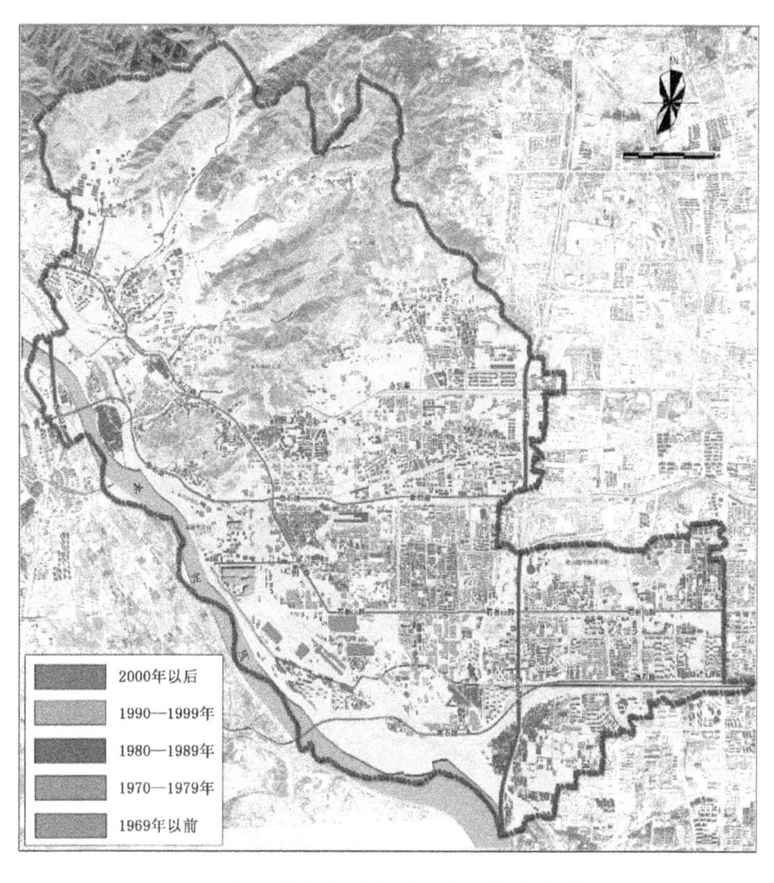

图 12　石景山区建筑建设年代分布图

4.4 建筑现状质量分析

建筑现状质量同样是影响结构抗震性能的重要因素，中心城区现状建筑质量不一，见表 10 和图 13，一方面由于建设年代的影响，材料力学性能的折减，有些甚至出现年久失修，墙体局部开裂。根据城区建筑现状质量调查结果，绝大部分建筑质量表现为优良状态。少量中等及质量差建筑，这部分建筑主要分布为 20 世纪 60—70 年代的老旧房屋，分布详见图 14。

表 10 石景山区建筑现状质量统计表

统计方式	结构类型				合计
	优	良	中	差	
数量	1433	5346	3985	6749	17513
面积(万 m^2)	1345.70	1421.68	439.66	139.91	3346.95

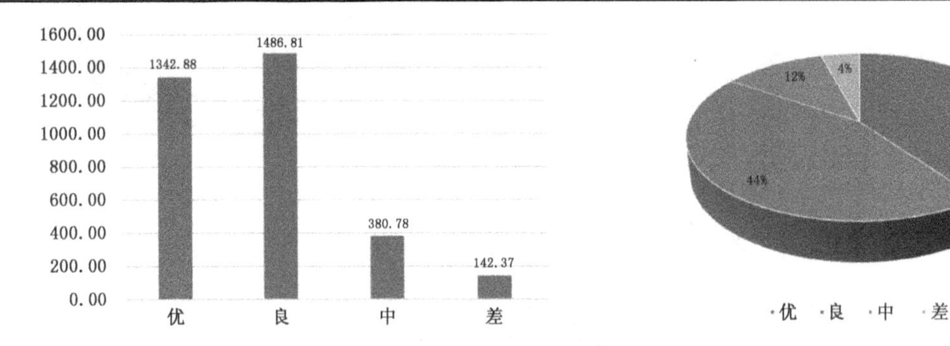

图 13 石景山区建筑现状质量统计分析图

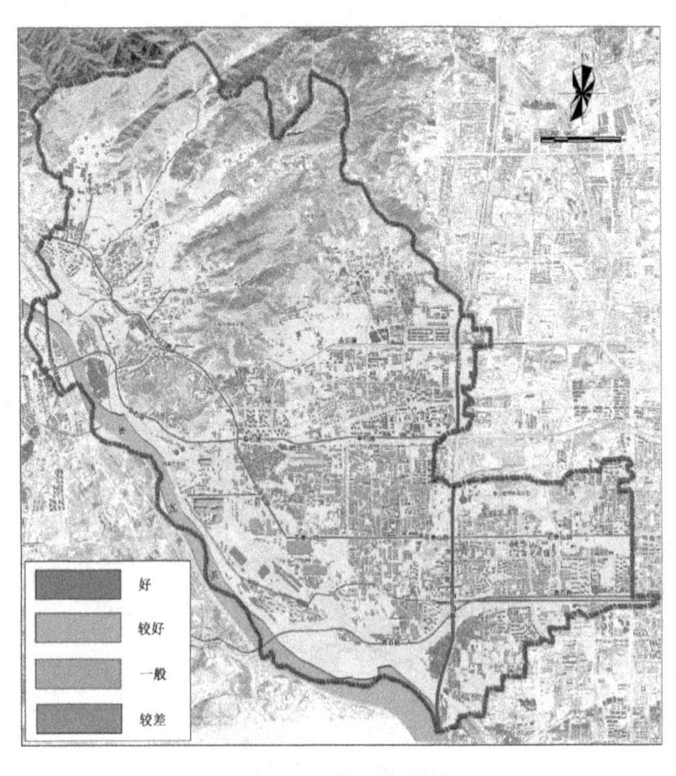

图 14 石景山区建筑现状质量分布图

4.5 抗震能力分析

为了反映石景山区城市建筑物的抗震性能特点，对不同建筑结构类型建筑进行了深入的调研和分析，采用前述计算方法，对城区现状建筑进行了震害预测，根据计算分别得到了不同结构类型建筑物的震害矩阵，具体结果见表11至表15。

表11 高层结构震害预测矩阵

地震烈度	破坏状态				
	基本完好	轻微破坏	中等破坏	严重破坏	毁坏
Ⅶ	100.00	0.00	0.00	0.00	0.00
Ⅷ	89.79	10.21	0.00	0.00	0.00
Ⅸ	12.68	69.71	17.61	0.00	0.00

表12 多层钢混震害预测矩阵

地震烈度	破坏状态				
	基本完好	轻微破坏	中等破坏	严重破坏	毁坏
Ⅶ	98.23	1.77	0.00	0.00	0.00
Ⅷ	63.07	36.93	0.00	0.00	0.00
Ⅸ	1.11	60.69	38.20	0.00	0.00

表13 多层砖混震害预测矩阵

地震烈度	破坏状态				
	基本完好	轻微破坏	中等破坏	严重破坏	毁坏
Ⅶ	78.60	14.73	6.67	0.00	0.00
Ⅷ	15.19	65.80	12.33	6.68	0.00
Ⅸ	0.00	17.14	64.09	12.10	6.67

表14 工业与空旷结构震害预测矩阵

地震烈度	破坏状态				
	基本完好	轻微破坏	中等破坏	严重破坏	毁坏
Ⅶ	89.59	10.41	0.00	0.00	0.00
Ⅷ	15.41	74.18	10.41	0.00	0.00
Ⅸ	8.14	46.43	35.01	10.41	0.00

表15 砖砌民房震害预测矩阵

地震烈度	破坏状态				
	基本完好	轻微破坏	中等破坏	严重破坏	毁坏
Ⅶ	0.65	27.51	71.84	0.00	0.00
Ⅷ	0.00	0.91	24.03	75.07	0.00
Ⅸ	0.00	0.00	0.91	24.04	75.06

从分析结果可以得出，在各类建筑结构中，高层结构的抗震性能最好，其余依次为多层钢混、工业及空旷房屋、多层砖混及砖砌民房。同时，从各类结构震害矩阵也可以看出，多层砖混结构及砖砌民房结构存在少部分建筑在7度（即“小震”）地震作用下即出现中等破坏，在8度

(即“中震”)地震作用下部分甚至多数的该类型建筑出现严重破坏,因此,这两类建筑为石景山区内的抗震薄弱环节,应予以重视。

从以上分析,可以看出城区建筑整体上满足“小震不坏、中震可修、大震不倒”的抗震防灾目标,这与城区现状建筑中采用钢筋混凝土结构及年代较近的砖混结构所占比重大有关。

同时,城区在7度地震作用下,房屋建筑面积约占11.91%,面积约398万m^2的建筑出现轻微以上的破坏。其中中等破坏的建筑面积达4.77%,面积约160万m^2,此部分建筑抗震性能差,甚至在大震下即达到严重或倒塌破坏,严重不符抗震要求,这部分建筑主要集中在20世纪80年代以前建设的老旧小区建筑及城市棚户区老旧建筑,图15显示了在Ⅶ、Ⅷ、Ⅸ度地震作用下建筑破坏震害预测分布。

4.6 建筑抗震薄弱区评价

根据前述分析得出的约160万m^2的抗震能力处于“严重不足”的建筑,即在小震下即发生中等以上破坏的建筑,其中,绝大部分建筑主要集中在20世纪80年代以前建设的老旧小区建筑及城市棚户区老旧建筑,面积总计约158.9万m^2,其余在城区零散分布。为解决石景山区内抗震薄弱建筑环节,根据震害分析结果及结合现场实际调查,因此,重点针对20世纪80年代以前建设的老旧小区建筑和城市棚户区老旧建筑这两部分进行深入的研究。

(1)1980年以前建筑老旧小区抗震薄弱建筑

根据《北京市房屋建筑抗震节能综合改造工作实施意见》京政发〔2011〕32号文,其中针对1980年以前建成的城镇房屋建筑进行抗震排查鉴定,根据统计,目前石景山区该类建筑共计255栋,面积达72.6万m^2,建筑具体分布见图16。

(2)城市老旧棚户区建筑

这部分房屋多为老城区砖砌民房结构,墙体大多240 mm厚实心黏土砖,楼板为预制板结构,现状质量差,抗震性能较差,同时,该区域内建筑密度及人口密度高,不利于震时救援行动开展,流动人口较为聚集,电力设施混乱,也容易引发地震次生火灾等灾害,根据震害分析及实际调研,石景山区内主要抗震薄弱棚户区片区共计12片,建筑面积共计约86.2万m^2,具体统计及分布见表16和图17。

表16 老旧民房区片薄弱建筑统计表

编号	栋数	建筑面积(万m^2)	位置
01	261	21023	八大处路与东下庄路交叉路口东南角
02	203	35396	西黄村路一带
03	43	14327	西五环路与田村路交叉路口西南角
04	1023	132742	衙门口村上街一带
05	1040	153105	西五环路与京原路交叉口西南侧衙门口村
06	167	44266	莲石西路京源景阳市场西侧一带
07	204	27106	首钢型材餐厅外东南方向一带棚户区
08	1647	160223	北新安大街一带
09	386	86498	模式口大街一带
10	1051	131506	麻峪东街一带
11	181	39110	石门路高井平房区一带
12	101	16925	五里坨街道隆恩寺社区一带
合计	6307	862227	

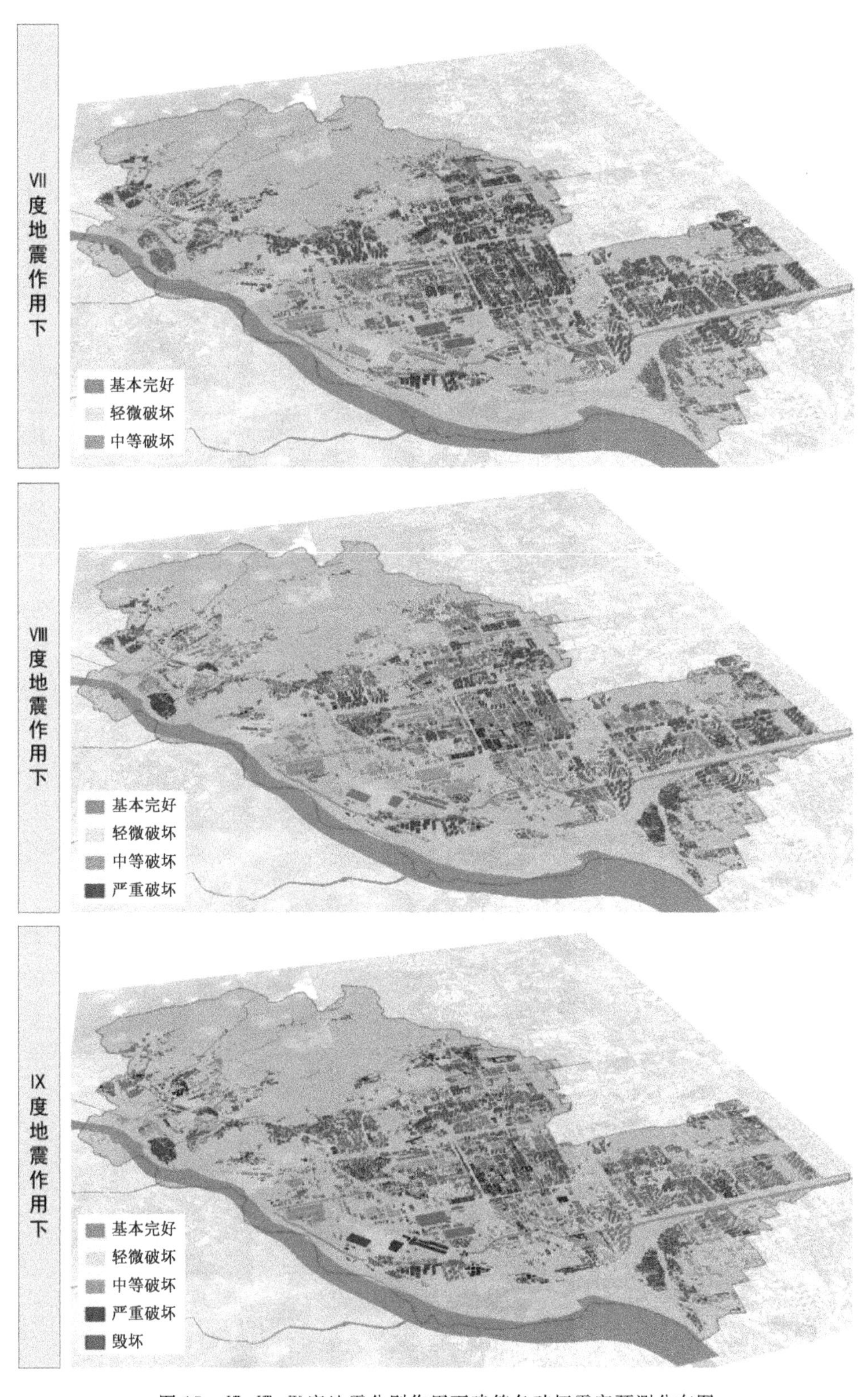

图 15 Ⅶ、Ⅷ、Ⅸ度地震分别作用下建筑各破坏震害预测分布图

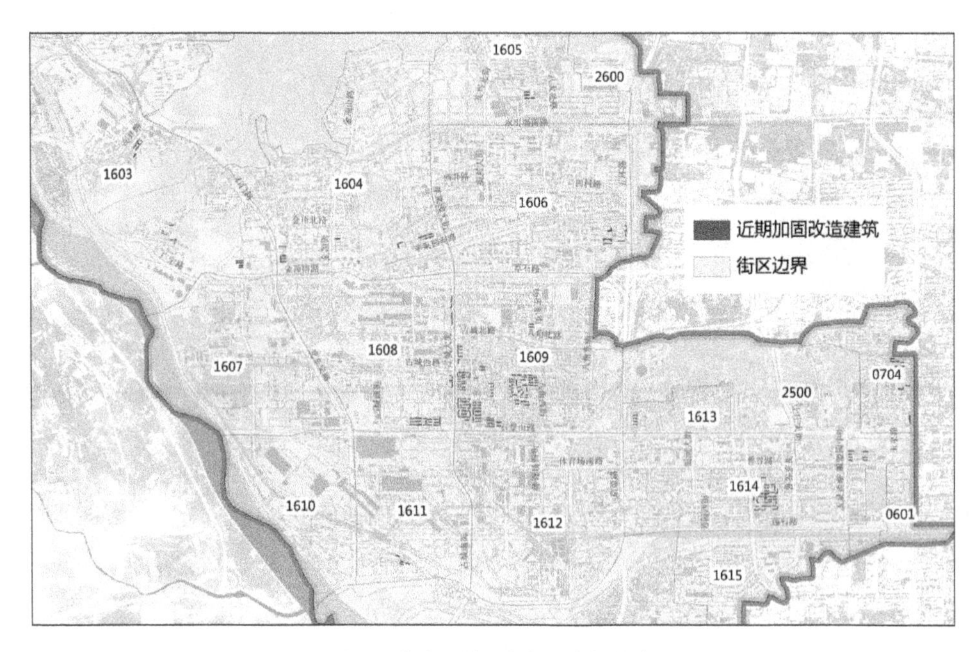

图 16　近期抗震加固改造建筑分布图

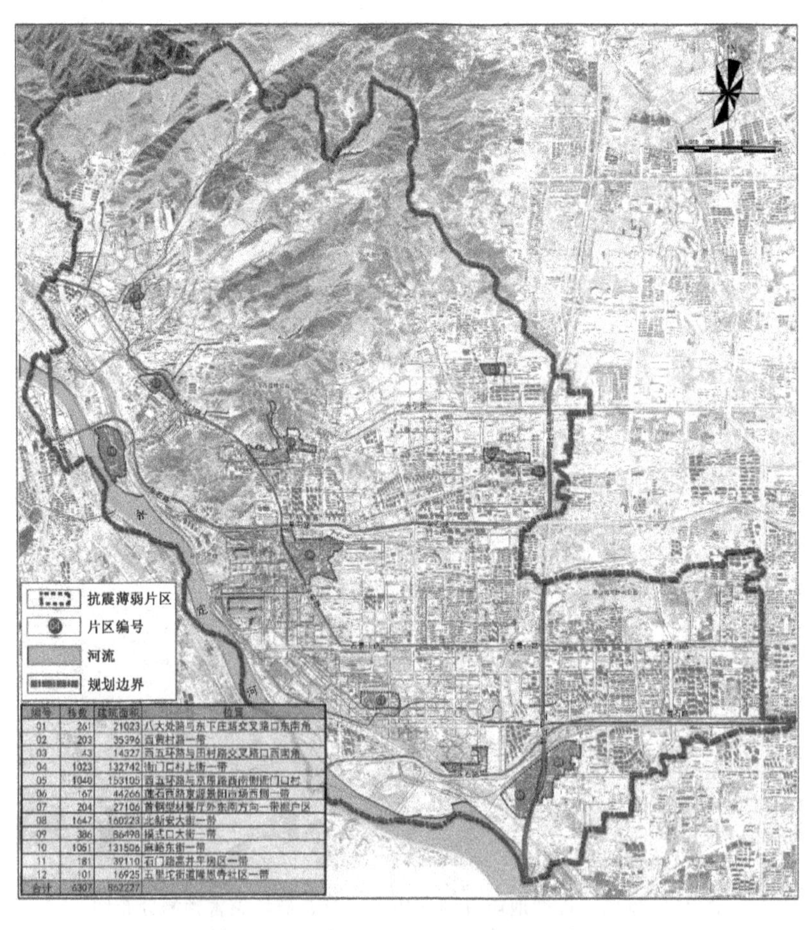

图 17　老旧棚户区抗震薄弱区片分布图

5 结语

北京市石景山区作为首都“一轴一带”的重点功能区和重要的综合服务中心，其城市抗震防灾规划关系重大，城市旧改工作的科学性和可实施性涉及的政府资金和管理成本也极为巨大。基于翔实的调研数据和科学的分析评价方法，本文所述的评价过程兼顾了准确与效率，对类似的城市抗震防灾规划中的建筑工程抗震性能评价工作具有一定的借鉴意义。

参考文献

[1] 北京清华同衡规划设计研究院有限公司.石景山区城市抗震防灾规划(2013—2030)[R].2013.

[2] 中华人民共和国住房和城乡建设部，中华人民共和国国家质量监督检验检疫总局.GB 50413—2007 城市抗震防灾规划标准[S].北京：中国建筑工业出版社.2007.

[3] 马东辉，郭小东，王志涛.城市抗震防灾规划标准实施指南[M].北京：中国建筑工业出版社.2008.

[4] 张孝奎，张盈，陈丽梅，冯立超.群体性建筑物抗震易损性分析方法研究[C].//中国城市规划学会.转型与重构——2011中国城市规划年会论文集.南京：东南大学出版社.2011.

城市重大危险源事故风险影响范围研究

武　爽[1]　万汉斌[1]　赵　平[2]

（1.北京清华同衡规划设计研究院有限公司城市公共安全研究所，北京 100085；
2.中国空间技术研究院政治工作部，北京 100094）

摘　要

本文针对某城市储存的重大危险源数据，根据危险物质性质和储存数量进行了数值模拟计算，得到了液氯和液化石油气发生泄漏和爆炸事故时的危害半径，能够为城市安全规划以及应急救援处置方案的编制提供参考。同时，根据模拟所得结果结合目前城市安全避让距离的参数，可以得到目前我国在城市重大危险源避让安全距离方面的研究还有待改善，并且需要进一步修订相关规范，明确一些危险性极大的化学物质的有效避让距离或者与相关敏感单位和建筑的防护隔离措施等。

关键词：重大危险源　风险评估　影响半径　安全规划

1　研究背景

由于过去几年中国工业化和城市化进程的高速发展，城市工业建设项目数量不断增多，城市边缘也不断向周边扩张，很多地区出现了工业区与居住区、商业区等人口密集的区域交错分布或相邻的现象。

而一些工业园区生产储存企业或设施中储存或使用了大量的易燃、易爆或有毒的危险化学品，一旦发生由于操作不当或者设备损坏等原因造成的各种火灾、爆炸和毒气泄漏事故，往往带来物质损失、环境破坏以及园区内外的大量人员伤亡，后果通常很严重。

因此如何摸清城市重大危险源生产和储存数量以及布局情况，并且运用一种计算模型快速识别重大危险源的事故影响范围，为城市安全布局及事故预防和应急救援提供有效的数据支撑，能够在发生事故后的第一时间及时疏散危险范围内的人员提供有效依据。

2　重大危险源研究进展

2.1　国外重大危险源研究进展

20 世纪 70 年代以来，预防重大工业事故引起国际社会的广泛重视。随之产生了“重大危害(major hazards)”、“重大危害设施（国内通常称为重大危险源）(major hazard installations)”等概念。

英国是最早系统地研究重大危险设施控制技术的国家。1974 年 6 月，英国发生的弗利克斯巴勒爆炸事故后，英国安全与卫生委员会设立了重大危险咨询委员会[ACMH]，负责研究重大危险源的辨识、评价技术和控制措施[1]。随后，英国卫生与安全监察局(HSE)专门设立了重大危险管理处。1999年，英国颁布了重大事故危险控制条例(COMAH)，它与《塞韦索法令Ⅱ》的要求是一致的。此条例根据企业内危险物质的数量列出了两个层次水平。主管机构由职业安全执行委员会(HSE)、英国及威尔士环保机构和苏格兰环保机构共同组成。企业管理者必须采取必要的措施，以预防重大事故和减轻后果对人和环境的影响[2]。

1985年，国际劳工大会通过了关于危险物质应用和工业过程中事故预防措施的决定。同年10月国际劳工组织(ILO)组织召开了重大工业危险源控制方法的三方讨论会[3]。1988年ILO出版了重大危险源控制手册1988年，国际劳工组织编写了《重大事故控制实用手册》，1991年，又出版《重大工业事故的预防》，均对重大危险源的辨识方法及控制措施提出了建议，1993年通过了《预防重大工业事故公约》，为建立国家重大危险源控制系统奠定了基础。ILO将与其他国际组织一起共同促进预防重大工业事故公约的实施，提供技术援助，帮助有关国家对辨识出的重大危险源进行监察和风险分析等技术支持[4]。

2.2 国内重大危险源研究进展

我国对重大危险源辨识研究起步较晚。参考国外同类标准，结合我国工业生产的特点和火灾、爆炸、毒物泄漏重大事故的发生情况，2000年由中国安全生产科学研究院(原国家经贸委安全科学技术研究中心)提出了《重大危险源辨识》(GB 18218—2000)标准，为我国对重大危险源的辨识和监控工作奠定了坚实的基础，2009年出台了《危险化学品重大危险源辨识》(GB 18218—2009)，同时《重大危险源辨识》(GB 18218—2000)标准废除[5]。在重大危险源控制领域，我国虽然取得了一些进展，发展了一些实用新技术，对促进企业安全管理、减少和防止伤亡事故起到了良好作用，为重大工业事故的预防和控制奠定了一定的基础。但由于我国工业基础薄弱，生产设备老化日益严重，超期服役、超负载运行的设备大量存在，形成了我国工业生产中众多的事故隐患，而我国重大危险源控制的有关研究和应用起步较晚，尚未形成完整的系统，同欧洲以及美国、日本等工业发达国家的差距较大。

3 城市重大危险源风险评估理论与方法

3.1 重大危险源分类

目前国内将重大危险源分为生产场所重大危险源和贮存区重大危险源两种。在涉及重大危险源的普查时都将重大危险源的类型分为7类，详细分类见图1。

3.2 重大危险源风险评价一般方法

目前，城市危险源评价的方法一般有三种：安全距离法、基于后果的方法和基于风险的方法。安全距离法用于规划的依据仅仅是距离指标，比较适用于单一危险源周边的安全规划，不适用于进行大范围的整体的安全规划。基于后果法是基于对假定事故后果的评估，以事故后果物理量的阈值作为规划依据，不考虑事故的可能性。基于风险法综合评估潜在事故后果的严重度和可能性，以个人和社会风险作为规划依据，在风险分析方面更全面。

3.3 重大危险源事故后果及模型研究

重大事故是指重大危险源在运行中突然发生重大泄漏、火灾或爆炸，其中涉及一种或多种

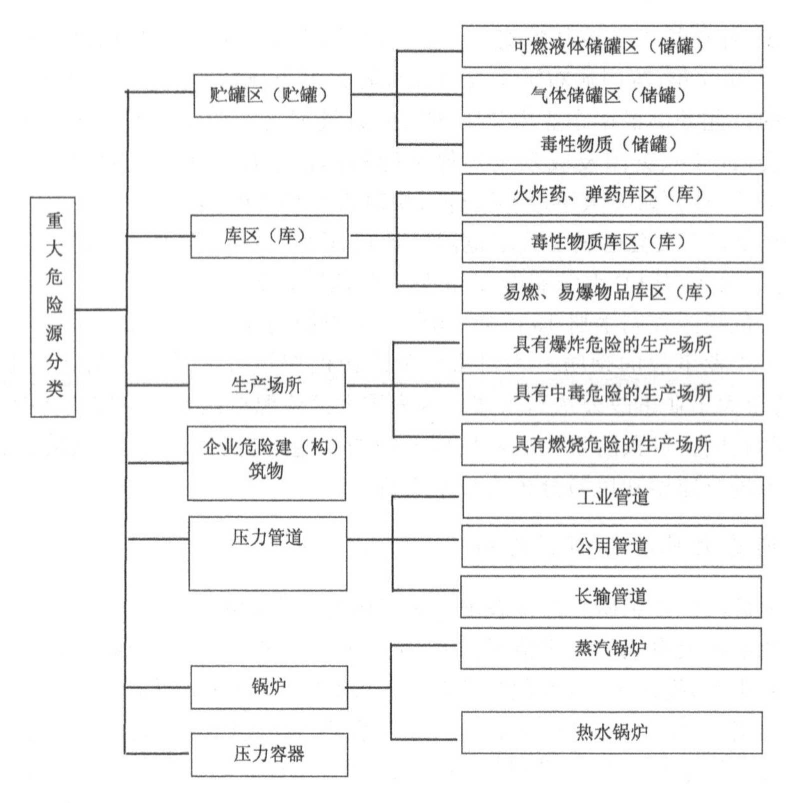

图1　城市重大危险源分类

有害物质，并给现场人员、公众或环境造成即刻的或延迟的严重危害的事件。重大事故后果分析是重大危险源评价和管理的一个重要方面，目的是定量描述一个可能发生的事故将造成的人员伤亡、财产损失和环境污染情况。根据分析结果决策者可以采取适当措施，如设置报警系统、压力释放系统、防火系统以及编制应急响应程序等，以减少事故发生的可能性或降低事故的危害程度。

数学模型是事故后果定量分析的基础。这些模型通常是对假想的事故场景在一系列理想假设的前提下，依据一定的物理化学原理建立的灰箱模型，模型的参数通常是由实验得到的。还有一些是纯经验的黑箱模型。依据不同的假设和原理，相同的事故场景可以建立不同的模型描述；同时，由于依据不同的实验数据，有些相同的模型其参数却有所不同甚至相差远。显然，采用不同的模型对同一事故的后果分析结果会有所不同。

当然，每一模型还有其适用范围，因此在进行后果分析时，考虑模型的适用范围以选择合适的模型是非常重要的。另外，在没有可靠依据选择参数值时，采用保守的估计或考虑最坏后果也是可以接受的。

4　城市重大危险源风险影响范围分析

4.1 某城市重大危险源数据

选取某城市安监局提供的重大危险源数据进行风险分析影响范围研究的典型案例，如表1所示。

表1　某城市重大危险源储量及分布情况

序号	单位名称	构成重大危险源品名	危险源级别
1	某化工有限公司	液氯	一级
2	某新能源开发有限公司	液化石油气	一级

4.2　重大危险源危险范围分析

选取需要分析的该城市内重大危险源的中毒和爆炸事故进行模拟分析，综合考虑事故后果的多种因素：(1)危险品的特性，如：毒性、易燃易爆性等；(2)气象条件，如：风向、风速、湿度、大气稳定度等；(3)设备参数，如：设备尺寸、温度、压力、泄漏源等。各类事故发生时，事故后果严重程度的划分标准见表2。

表2　各类事故的划分标准

事故类型	划分标准	事故后果
火灾	2～5 kW/m²	60s 内感到疼痛
	5～10 kW/ m²	60s 内二度烧伤
	≥10 kW/ m²	60s 内致死
燃烧	60%LEL	有较高燃烧可能
	10%LEL	有燃烧危险
爆炸	1.0～3.5psi	玻璃震碎
	3.5～8psi	严重破坏
	≥8psi	建筑物损坏
中毒	ERPG-1(TEEF-1)	空气中最大容许浓度
	ERPG-2(TEEF-2)	造成不可恢复伤害浓度
	ERPG-3(TEEF-3)	死亡阈值
	AEGL-1	感到明显不适，暴露停止时是可逆的
	AEGL-2	长时间不良健康效应，削弱逃生能力
	AEGL-3	威胁生命或者造成死亡

4.3　重大危险源危险范围分析

该城市重大危险源中储有液氯危险化学品。液氯的主要危害性为泄漏引起的中毒事故。氯气毒性大，极易对人造成伤害。液氯储罐典型事故类型为液氯泄漏引起的中毒。

在氯气浓度达到20 ppm时，将会对人造成致命伤害；氯气浓度达到2 ppm，将会对人造成不可逆健康损害；氯气在大气中最大容许浓度为0.5 ppm，超过此浓度即会对人体造成伤害。在给定的条件下，风险评估结果如下。

氯气的扩散主要在下风向形成一条较为狭长的扩散带。事故影响范围很大。在发生泄漏后60 min，距离下风向2.3 km范围内，距离地面2 m处氯气浓度将达到20 ppm，对人体达到致命浓度范围；在下风向5.3 km范围内距离地面2 m处氯气浓度达到2 ppm，将对人体造成长时间的不良健康效应，虚弱其逃生能力；距离下风向8.5 km范围内，氯气浓度达到0.5 ppm，人体会产生明显的不适，逃离暴露区对人体的伤害是可恢复的。

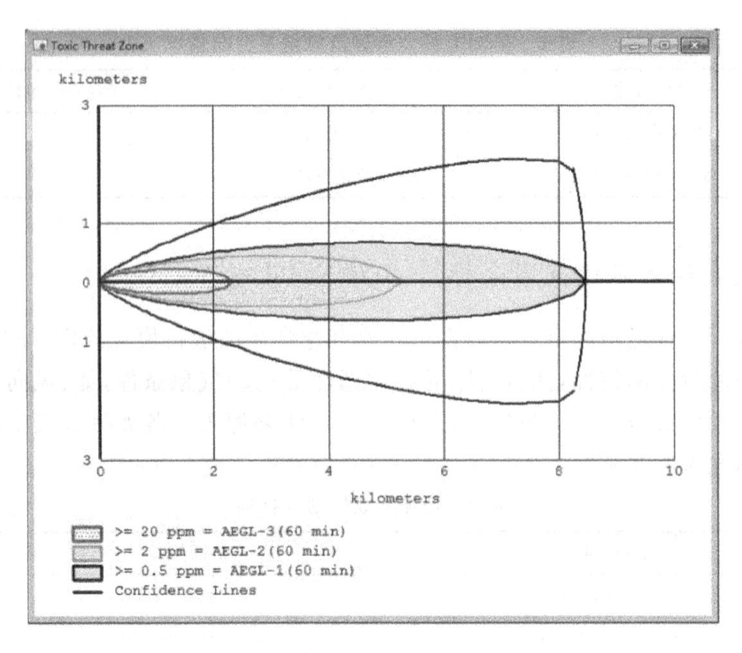

图 2　液氨泄漏影响范围分析

该城市的某新能源开发有限公司储有液化石油气易燃易爆气体，并且构成一级重大危险源。液化石油气，是一种典型的甲类危险学品闪点－61 ℃，爆炸极限 1.5％～9％，与空气混合易形成爆炸性物，燃烧热值高达 108 ～120 MJ/m^3，遇点火源极易燃烧爆炸。其气态比空重，容易在低洼处聚积形成爆炸气体。

液化石油气的储存容器遇高热，容器内压增大有开裂和爆炸危险。液化石油气极易燃，与空气混合能形成爆炸性混合物。遇热源和明火有燃烧爆炸的危险。与氟、氯等接触会发生剧烈的化学反应。其蒸气比空气重，能在较低处扩散到相当远的地方，遇火源会着火回燃。

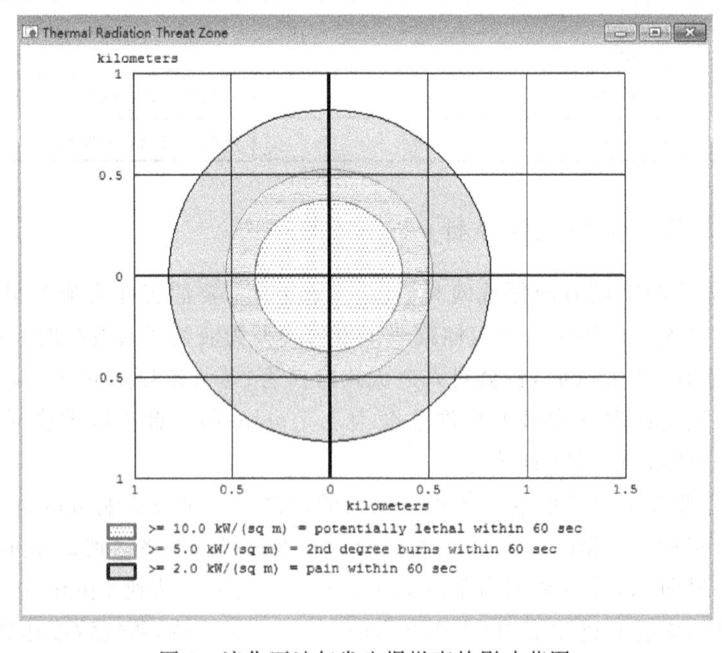

图 3　液化石油气发生爆燃事故影响范围

模拟显示，50 m^3 液化石油气发生爆燃事故时，事故造成的死亡半径为 375 m；重伤半径为 485 m；轻伤半径为 795 m。

4.4 重大危险源危险风险结果分析

该城市重大危险源均属于一级重大危险源，事故模拟结果整理见表 3，从表 3 中可以看出，主要危险源的死亡半径均大于 200 m，尤其是液氯的泄漏事故，如果在人员密集区域，一旦事故发生，将会造成极其严重的影响。

表 3 某城市重大危险源事故半径

危险源种类	死亡半径(m)	重伤半径(m)	轻伤半径(m)
液氯	2300	5300	8500
液化石油	375	485	795

而目前针对石油液化气根据 2000 年修订的《石油库设计规范》(GB 50074—2002)规定，将石油库等级分为五级：一级石油库的总容量为 100000 m^3 及以上；二级石油库的总容量为 30000～100000 m^3；三级石油库的总容量为 10000～30000 m^3；四级石油库的总容量为 1000～10000 m^3；五级石油库的总容量为 1000 m^3。

表 4 石油库与周围居住区、工矿企业、交通线等的安全距离(m)

名称	石油库等级				
	一级	二级	三级	四级	五级
居住区及公共建筑物	100	90	80	70	50
工矿企业	60	50	40	35	30
国家铁路线	60	55	50	50	50
工业企业铁路线	35	60	25	25	25
公路	25	20	15	15	15
国家一、二级架空通信线路	40	40	40	40	40
架空电力线路和不属于国家一、二级的架空通信线路	1.5 倍杆高	1.5 倍杆高	1.5 倍杆高	1.5 倍杆高	1.5 倍杆高
爆破作业场地(如采石场)	300	300	300	300	300

根据前面模拟计算液化石油事故死亡半径为 375 m，远超于表中对居住区设定的 100 m 的安全距离。《石油库设计规范》(GB 50074—2002)提出的时间比较早，所列的标准很可能已经不适宜现在的要求。

一些建于 20 世纪 80 年代、90 年代的危险化学品企业存在与现行法规条例规定的安全距离不符合的情况，致使部分企业相邻而居。要根据现在的情况尽快对现有的标准进行修订，使得标准更具有应用性。同时需要根据重大危险源中不同危险物质进行规范修订，明确一些危险性极大的化学物质的有效避让距离或者与相关敏感单位和建筑的防护隔离措施。

5 主要结论

随着城市化进程的不断推进，城市人口的迅速增长和建筑群的扩张，城市周围缺乏足够的空旷逃生地带，甚至还有少部分带有危险性的企业设在生活区旁边，城市作为人工环境本身就很脆弱且存在重大的安全隐患。我国城市安全规划没有适时调整和更新，在规划内容上明显滞后且不够科学，对城市的发展规模和发展模式缺乏合理的预测和管理，导致一些生产、使用、贮存危险物品的工厂、仓库分散于人口密集的城市中心商业区或居民区，它们像一颗颗“定时炸弹”，如不慎触发，造成的损失将十分严重。为了减缓甚至消除“定时炸弹”对城市带来威胁，要全面了解城市的各功能区分布以及危险源分布情况，以便更好地在城市规划过程中同步考虑城市安全规划的问题，根据相应的法律法规，合理规划和管理城市中存在重大危险源。

本文针对某城市主要储存的重大危险源物质，根据其物质性质和储存数量进行了数值模拟分析计算，并且得到了液氯和液化石油气发生泄漏和爆炸事故时的危害半径，能够为城市安全规划以及应急救援处置方案的编制得到很好的参考。同时，根据模拟所得结果结合目前城市安全避让距离的参数，可以得到目前我国在城市重大危险源避让距离方面的研究还有待改善，并且进一步修订相关规范，明确一些危险性极大的化学物质的有效避让距离或者与相关敏感单位和建筑的防护隔离措施。

参考文献

[1] 彭金华，饶国宁.燃爆事故后果调查和应急救援体系的研究[D].南京：南京理工大学.2013.

[2] Anonymous Enforcement of COMAH Regulations under review[J]. EN 2012-6 ProQuest.

[3] 宋光宇.中国建筑业安全规制改革研究[D].辽宁大学.2013.

[4] 王保民.重大危险源辨识、分级与评估的研究[D].中北大学.2014.

[5] 郑君.为企业安全生产排忧解难—访原国家经贸委安全科学技术研究中心主任孙连捷[J].劳动保护，2013，(08).

重特大化工事故下的防灾减灾对策检视

万汉斌

（北京清华同衡规划设计研究院有限公司城市公共安全研究所，北京 100085）

摘　要

分析国内多发化工事故教训，针对高发态势分析事故原因，提出高度关注化工企业选址与监管。化工事故防灾减灾要从“边界距离”与“全过程监管”两个方向采取措施，建立健全防灾减灾规划评估、危化品监管两个“全过程不放松”的对策，为当前化工安全事故规划与监管提供借鉴。

关键词：化工事故　防灾规划　对策

20 世纪 90 年代后，我国经济发展由“轻工业”向“重工业”迈进，伴随着汽车、房地产的高速发展，能源、钢铁、重化工等行业市场需求十分巨大，重型化特征更加凸显，原来由国有大中型企业向多种经济所有制转变过程中，各类化工企业将会给安全监管带来更大的难题。我国是危险化学品生产和使用大国，成品油、乙烯、氯碱、合成树脂、化肥和农药等产品产量位居世界前列，形成了门类较为齐全、品种配套的产业体系。这些复杂产品生产多由分散工业企业或者园区完成，安全隐患形势十分严峻，仅就危险化学品而言，中国已成为仅次于美国的全球第二大危化品生产和应用国，目前已建成国家级、省级大型化工园区 200 多个，各类危化品企业 30 多万家，每年危化品总产量超过 18 亿吨。

根据《危险化学品安全生产“十二五”规划》（安监总管三〔2011〕191 号文）统计分析，至 2010 年底，全国有 2.2 万余家危险化学品生产企业取得安全生产许可证，28.6 万余危险化学品经营企业取得经营许可证，并依法关闭了危险化学品企业 9351 家，依法注销危险化学品安全生产、经营许可证 9759 个。规划到 2015 年，我国城镇内存在的高安全风险的危化品生产、储存企业要实现搬迁、转产或关闭。对于监管部门来说，这无疑是一个不小的挑战。

天津 8·12 大爆炸为我们提出了警醒，遇难者 165 人，其中消防应急人员 110 人，还有 8 人失踪。而这起事故背后的一系列违法违禁行为导致了巨量剧毒物品的非法存储运输，而我国范围内这种违规储存、非法经营现象猖獗，安全隐患大量存在。在各类危化品中，氰化物是产量较小的一类。然而，仅仅氰化钠一项，年产量就达 30 万吨，约有 25 万吨在国内即被消化掉。危化品产量迅猛提高的同时，却是相关仓储、物流建设的严重滞后。在高达 5000 余种的常用化工原料中，有 95%以上需异地运输，却仅有 1 万余家物流企业可以承担。复杂的资质申请以及多头监管问题，使一般物流企业轻易不敢进入这一垂直物流细分领域。

2005—2015 年十年间，根据经济观察报分析统计，国家安全生产监督管理总局官方披露的化工企业安全事故数据：除 2008—2009 年由于金融危机，化工企业发展受到影响外，其他年份全国每年发生事故的次数以及事故造成的死亡人数，均呈波动上升的趋势。2005—2015 年共发生 135 起化工安全事故，其中 25 起与全国的 60 个危化品重点县对应，安全事故与生产运输重点地区空间相关性是十分明显的。

表 1 我国已发生重特大化工事故回顾

时间	事件	地点	事故伤亡损失
2015.8.12	天津港特大火灾爆炸	天津滨海新区瑞海公司	事故遇难者165人(消防员99人),失联8人,苯类、挥发性有机物和氰化氢指标超标,直接经济损失700亿元,隐性损失难以估量。
2015.4.6	福建漳州PX项目爆炸	福建漳州古雷半岛	福建漳州古雷PX项目化工厂设备漏油着火,引发重油油罐爆炸,所幸无伤亡。
2014.12.31	广东佛山富华机械公司爆炸	广东佛山	广东富华工程机械制造有限公司发生气体爆炸事故,造成18人死亡,30余人伤。
2014.8.2	江苏昆山工厂爆炸	江苏省苏州昆山	江苏省苏州昆山经济技术开发区的中荣金属制品有限公司抛光二车间发生特别重大铝粉尘爆炸事故,造成146人死亡、114人受伤,直接经济损失3.51亿元。
2014.4.16	江苏南通双马化工爆炸	江苏省南通市如皋市东陈镇	江苏省南通双马化工硬脂酸造粒车间发生爆炸、起火。发生爆炸的楼房原为九层楼房,爆炸后已倒塌成三层。该事故共造成8人死亡,9人受伤。
2013.11.22	山东青岛输油管道爆炸	山东省青岛市黄岛区	中石化输油储运公司山东潍坊分公司输油管线破裂,漏油进入市政管网导致爆燃发生,事故共造成62人遇难。136人受伤。
2013.10.8	山东博兴供气公司爆炸	山东省滨州市博兴县	山东省滨州市博兴县诚力供气有限公司焦化装置的煤气柜在生产运行过程中发生重大爆炸事故,造成10人死亡,33人受伤,直接经济损失3200万元。
2013.6.2	辽宁大连石化油罐爆炸	辽宁大连	中石油大连石化分公司发生爆炸火灾事故,共有三个油渣罐发生爆炸,造成4人死亡,直接经济损失697万元。
2012.2.28	河北赵县化工厂爆炸	河北石家庄赵县生物产业园	河北克尔公司一车间反应釜底部放料阀处导热油泄漏着火,造成釜内反应产物硝酸胍和未反应完的硝酸铵局部受热,急剧分解发生爆炸,继而引发存放在周边的硝酸胍和硝酸铵爆炸,该事故共造成25人死亡、4人失踪、46人受伤。
2010.7.28	南京化工厂爆炸	南京市栖霞区迈皋桥街道	南京塑料四厂地块拆除工地发生地下丙烯管道泄漏爆燃事故,共造成22人死亡,120人住院治疗,其中14人重伤,直接经济损失4784万元。
2010.1.7	甘肃兰州石化工厂爆炸	甘肃兰州	中石油兰州石化公司石油化工厂储罐泄露,现场可燃气体浓度达到极限,发生爆炸,造成6人死亡,6人受伤。
2008.8.26	广西宜州广维集团爆炸	广西宜州	广西宜州广维化工股份有限公司发生爆炸事故,爆炸引发的火灾导致车间内装有甲醇等 易燃易爆物品的储罐发生爆炸。事故造成20人遇难,周围3公里范围内18个村屯和广维集团生活区的11500名群众紧急疏散。
2006.7.28	江苏射阳“7·28”爆炸	江苏省盐城市射阳县	江苏省盐城市射阳县盐城氟源化工有限公司临海分公司发生一起爆炸事故,造成22人死亡。29人受伤。
2005.11.13	吉林石化爆炸	吉林省吉林市	中国石油吉林石化公司双苯厂一车间发生爆炸。造成8人死亡、1人失踪,近70人受伤。爆炸发生后,约100吨苯类物质(苯、硝基苯等)流入松花江,引发松花江水污染事件。
1993.8.5	深圳清水河大爆炸	广东深圳	1993年8月5日与深圳清水河油气库相邻的一危险品仓库发生火灾,并导致连续爆炸,幸未波及油气库。爆炸导致15人丧生、800多人受伤,3.9万平方米建筑物毁坏、直接经济损失2.5亿元。

(资料来源:作者根据公开资料整理)

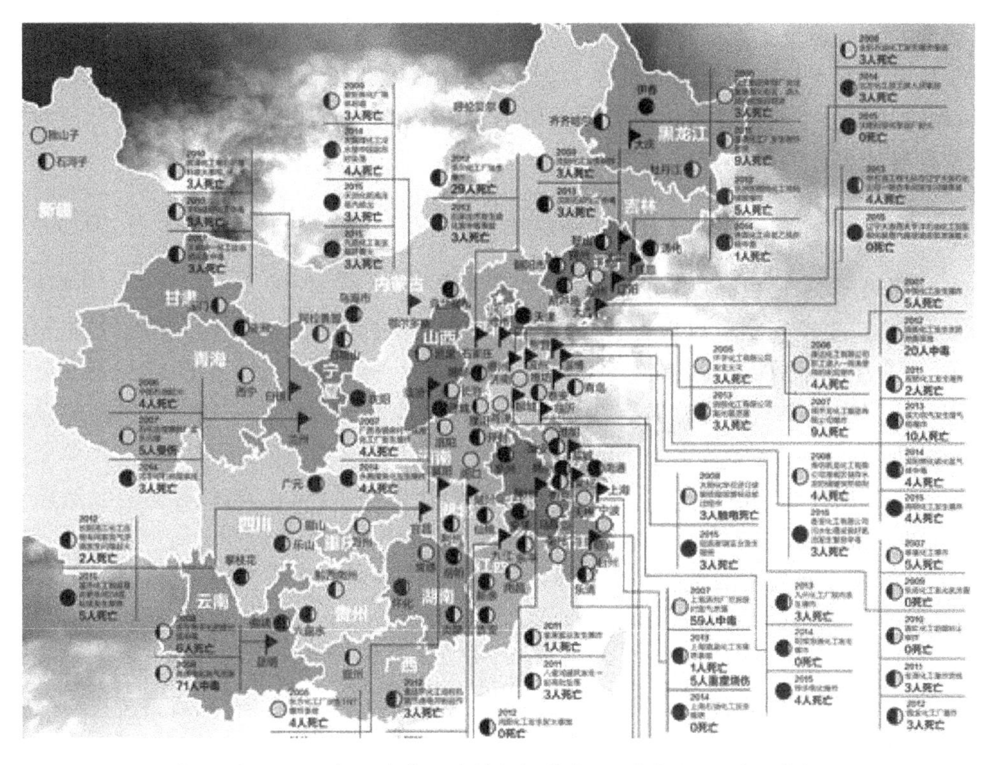

图 1　我国近 10 年重大化工事故空间分布(图片来源:经济观察报)

1　化工事故原因与责任分析

1.1　化工事故高发,企业本身问题严重

在工业企业发生的事故中,化工企业占的比例达到 30%以上,这里面包括生产、存储、运输等环节。化工生产处于高温高压、连续反应状态,所使用的原料和生产过程中的中间产品以及最终产品,如半水煤气、变换气、精炼气、合成气、液氨、甲醇、甲醛、氢气、氯气、氯化氢、乙炔、氯乙烯、氢氧化钠等都具有易燃易爆、有毒有害、有的还具有强腐蚀性,复杂的工艺流程,高度连续性等特点,对安全生产、存储、运输等构成十分不利的因素。

图 2　漳州市古雷经济开发区 4.6 腾龙芳烃爆炸事故
(来源:漳州消防网)

生产安全设备不达标是化工企业安全事故频发的重要原因。例如,在漳州古雷港 PX 项目事故原因分析中,就发现古雷经济开发区腾龙芳烃公司二甲苯装置在停产检修后开车时,加热炉区域爆炸着火,导致该装置西侧约 100 米的中间罐区 607 号、608 号两个重石

脑油储罐和610号轻重整液储罐着火，而起火原因主要还是加热炉焊接工艺存在事故隐患，设备安全事故是重特大化工事故的爆发点。化工企业快速建设，赶工投入生产，甚至拼凑投产，留下隐患，而这往往与企业的管理体制有着密切关系，除了安全意识跟不上外，企业对利润和业绩的追求也是导致事故的隐形原因。

1.2 安全隐患排查，安全监管难以见效

国家及相关部委、局也高度重视化工事故及隐患排查工作，2007年3月28日国务院第172次常务会议通过《生产安全事故报告和调查处理条例》（国务院令第493号），国家安监总局又先后出台了《安全生产事故隐患排查治理暂行规定》（总局令第16号）、《危险化学品建设项目安全许可实施办法》（国家安全监管总局令第8令）、《国家安全监管总局关于危险化学品建设项目安全许可和试生产（使用）方案备案工作的意见》（安监总危化〔2007〕121号）。这些相关制度规定要求不断加大隐患排查和治理工作力度，力求从危险化学品生产、经营、储存、使用、运输和废弃6个环节的事故情况遏制重特大事故的发生。

但是，从我国今年发生的重特大化工事故来看，我们的安全生产基础无疑是十分薄弱的，我国80%的危险化学品生产企业为中小化工企业，大部分中小化工企业安全投入不足，设备老化陈旧，工艺技术落后，本质安全水平低；总体上，危险化学品安全监管力量不足，尤其是基层安全监管机构不健全；危险化学品安全生产领域的先进适用的新技术、新装备、新工艺推广应用力度不够，全国尚有50%以上的省（区、市）、市（地），以及80%以上有化工企业的县（市、区）没有制定化工行业安全发展规划，部分化工园区总体规划、布局不尽合理，园区企业准入门槛低。国家安监局危化品安全十二五规划实施年份几近尾声，从最近几起人员伤亡及经济损失十分巨大的化工事故看，总体安全形势还很难说得到有效遏制。

1.3 “政府”与“企业”安全责任模糊

天津爆炸事故从事故认定责任看，既有政府多部门的管理责任，企业违规储运危化品、安评机构核准程序等都有诸多问题。当然也有企业钻空子、违规操作的责任，一系列环节上都存在巨大漏洞的情况下，完全没有安全底限的行为导致了这次巨大事故的发生，从后续报道的危化品复杂种类与数量看，从政府、企业、咨询机构评价核准等方面都具有不可推卸的责任。还有很多化工企业，即使安全监管部门发现未经建设项目安全设立许可，责令其停止项目建设，仍然边补办危险化学品建设项目安全许可手续，边继续项目建设，即使政府部门明确提出平面布置和部分装置之间距离不符合要求，企业未进行整改、未经允许情况下，擅自进行试车，在试车过程中发生了事故。

表2 8·12天津港爆炸事故多部门责任认定结果

部门\单位	管理性质	责任	违规行为
天津市交通运输委员会	天津港危险化学品经营管理行业主管部门	对危险化学品经营业务负有审批、监管等职责	未认真履行职责，违规发放经营许可证
天津市安全生产监督管理局	安全生产的监督管理部门	对辖区内企业特别是危化品经营企业的安全生产负有监管职责	监管不力，对瑞海公司存在的安全隐患和违法违规经营问题未及时检查发现和依法查处

续表

部门\单位	管理性质	责任	违规行为
滨海新区安全生产监督管理局	安全生产的监督管理部门	对辖区内企业特别是危化品经营企业的安全生产负有监管职责	监管不力，对瑞海公司存在的安全隐患和违法违规经营问题未及时检查发现和依法查处
滨海新区规划和国土资源管理局	辖区各类建设项目的规划管理部门	对辖区内企业经营危险化学品仓储业务规划负有审批职责	明知瑞海公司经营危险化学品仓储地点违反安全距离规定，未严格审查把关，违规批准该公司危险化学品仓储业务规划
天津新港海关			危化品进出口监管活动中对工作严重不负责任，对瑞海公司日常监管工作失察，对其违法从事危化品经营活动未及时发现并查处；给不具备资质的瑞海公司开辟绿色进出关通道，放纵瑞海公司从事违法经营活动
天津港（集团）公司	港区企业管理单位	对辖区内经营企业负有安全生产监管等职责	疏于管理，对瑞海公司存在的安全隐患和违法违规经营问题未有效督促纠正和处置
瑞海国际物流有限公司			以涉嫌重大责任事故罪、非法储存危险物质罪立案侦查
天津中滨海盛安全评价监测有限公司			对提供安全评价报告负责
交通运输部水运局			违法行使职权，帮助不符合安全规定的瑞海公司通过安全评审

（资料来源：2015 年 8 月 27 日最高人民检察院发布消息处理认定结果）

2　化工事故防灾减灾对策提升

2.1　建立健全安全空间与边界距离管控

城市工业灾害频发的背后，与一些工业企业，尤其是化工企业布局或选址不当密切相关。2001 年，国家安监局颁布的《危险化学品经营企业开业条件和技术要求》，其中明确规定危险化学品仓库与周边建筑的安全距离为 1000 米。而天津港爆炸事件中，爆炸地点紧挨滨海新区的主城区，爆炸仓库邻最近住宅万科海港城仅仅 600 米，天津地铁 9 号线始发站东海路站距离爆炸地点更近，附近亦有足球场、会展中心等人流密集场所。从过去几十年的实践来看，早期城市规划中对卫生防护距离的规定就已经相当严格，比如必须包括一个 5～10 千米的隔离带，但后来的相关标准反而降低：依据不同的排毒系数，炼油厂的安全卫生防护距离最小是 400 米，化工厂是 200 米，合成纤维厂是 500 米，但是现在城市与企业的距离与边界已经十分模糊。随着城市的不断扩张，由于化工企业建设选址缺少用地，导致其与城市居民区的距离往往没有按照建厂标准执行。建立一套行之有效、吸收国际经验及规范标准的工业安全空间与边界距离管控体系十分重要，急需组织专家研究制定易燃易爆品危险品等仓库的安全距离标准，改变我国现状规范标准不一，执行不力的局面。

2.2 建立健全危化品产运销全过程监管

深化完善现有的监管制度与政府部门的责权模糊不清的问题，建立健全全过程危化品生产、运输、销售的监管措施。政府部门摸清现有危化品和易燃易爆品仓库的基础上，进一步加强危化品运输车辆的安全管理，推进危化品企业 HSE 管理体系的建立，强化城市工业区、港口区、仓库区等各类危化品安全监管。

作为危化品企业，应当对企业产品安全负有直接责任，危险化学品生产企业应当提供与其生产的危险化学品种类、数量、危险性及编制有相关的责任预案，同政府相关责任监管部门建立动态联络，借鉴国外先进经验，做好物品、物料供应上下游产业企业的联动机制，及时动态掌握各类危化品的生产、运输、销售状态。全过程监管，就是将上下有产品的输入、输出过程动态监管，不同企业之间的数据能够及时校对与核定，防止单一企业违规违法操作。

2.3 加快危化品企业、重大危险源搬迁

合理规划危化品企业用地及园区，加大搬迁危化品企业的力度。从 2014 年开始，工信部与安监总局就一道开始布置在城市人口稠密区对危险化工企业进行搬迁改造，但地方政府与企业的积极性极为有限，相关的工作一直未有明显成效。造成企业搬迁困难的原因主要是搬迁成本过高，一次整体搬迁的花费并非一笔小数目，而且搬迁企业除了要面对用工、运输的成本增加外，搬迁后企业能否如期恢复生产也存在不确定性。据工信部统计，8·12 天津爆炸事故后，全国 1000 多家化工企业主动要求搬迁改造的现象，说明企业搬迁工作量十分巨大。化工产业投资额巨大的项目对地方经济的拉动是巨大的，要建立一整套公开的企业地址规划、审批、安评、环评等机制，将企业、危险源搬迁真正放到安全可靠的选址中去，真正能够起到减少危险，消除隐患的目的。

3 结语

化工重特大事故带来的人员伤亡与经济损失惨重，多起事故教训深刻，我们必须从防灾减灾空间规划与安全生产全过程严格管理两方面入手，将事故灾害发生的主体与受体进行空间隔离与过程分离，从而更好地减少事故发生，避免人员重大伤亡，做到安全生产与可持续发展的结合。

参考文献

[1] 包伟红.石化企业安全生产长效机制的探索与实践[A].//中国职业安全健康协会.中国职业安全健康协会 2009 年学术年会论文集[C].北京：煤炭工业出版社.2009.

[2] 陈松海.论如何提高石油企业员工安全意识[J].中国石油和化工，2013，(07).

[3] 张欣予.构建安全精细化管理模式[N].中国贸易报，2009.

[4] 杨国梁.基于风险的大型原油储罐防火间距研究[D].北京：中国矿业大学.2013.

[5] 陈清光.化工园区生产安全免疫机理与模型及免疫力评估研究[D].广州：华南理工大学.2014.

城市地下空间灾害防治策略探讨

羊娅萍　刘　荆　李海梅

（北京清华同衡规划设计研究院有限公司，北京 100085）

摘　要

当前由于城市的高密度建设对空间容量及规模需求快速加剧，产生了对地下空间的巨大需求。随着城市对地下空间的大规模开发利用，人类在地下空间的活动越来越多，地下空间的安全问题越来越重要。文章首先分析了地下空间的灾害类型及其特点，然后分别从地下空间的规划、设计和管理三个层面研究如何防治地下空间灾害，提出相应的防灾减灾对策。

关键词：地下空间　安全　灾害防治

1　引言

进入 21 世纪以来，随着城市经济的发展和城市化水平的提高，城市密度越来越高，高密度的开发建设激化了城市矛盾，带来了交通拥堵、环境污染、公共空间匮乏、景观丧失等一系列城市问题，地下空间的开发利用成为解决城市人口膨胀与土地资源紧缺矛盾的有效途径。随着大量地铁、地下购物中心、地下停车场和地下公共设施的建设，地下空间的使用人数越来越多、使用频率越来越高。随着地下空间的大面积开发利用，地下空间安全问题凸显出来，特别是在近些年出现的地下空间火灾、爆炸、雨水倒灌等灾害的情况下，如何防治地下空间灾害保证地下空间的安全对地下空间的开发利用至关重要。地下空间的灾害防治需要从规划、设计、施工、管理运营等各个层面进行综合研究。本文主要从规划、设计、管理三个方面对地下空间的灾害防治策略进行探讨。

2　地下空间灾害特点与类型

2.1　地下空间灾害特点

由于地下空间的外围是土壤或岩石，只有内部空间，没有外部空间，一方面它对地震、台风、空袭等很多灾害的防御能力远远高于地面建筑；而另一方面，当地下空间内部出现火灾、爆炸等灾害时，所造成的危害又将远远超过地面同类事件。因此，既要充分利用地下空间良好的防灾功能，又要重视地下空间内部防灾技术的研究，防止灾害的发生。

地下空间环境的最大特点是封闭性，一般只能通过少量出入口与外部空间取得联系，给防灾救灾造成许多困难。首先，在封闭的室内空间中，容易使人失去方向感。特别是那些空间大、布置复杂多样的地下公共设施更容易使人迷失方向，加剧心里恐慌感，使人行动混乱，增加危险性。其次，封闭的地下空间环境只能通过少量的通风口排风，增加烟雾排除的难度，影响疏散和救援。

地下空间位于地面以下，这就使得从地下空间到地面开敞空间的疏散和避难都要有一个垂直上行的过程，这正与内部的烟和热气流的流动方向一致，因此人员的疏散速度必须超过烟和热气流的扩散速度，增加疏散的速度与难度。

2.2 地下空间灾害类型

地下空间灾害类型主要有：火灾、爆炸、地震、进水、停电、犯罪等。日本在1991年曾对1970—1990年间日本国内地下空间发生的灾害以及日本国外发生的灾害事例进行了调查和统计（如表1所示）。结果显示火灾案例约占事故总数的1/3，是最不容忽视的地下空间灾害；空气污染事故也比较多约占20%，其次施工事故、爆炸。水灾案例虽然不多，但由于其对地下设备的损坏，一旦发生之后，它所造成的危害将远远超过地面同类事件。

表1 1970—1990年日本地下空间各种灾害事故统计

灾害类别		火灾	空气污染	施工事故	爆炸事故	交通事故	水灾	犯罪行为	地表沉陷	结构损坏	水暖电供应	地震	雪和冰雹事故	电击事故	其他	合计
发生次数	日本国内	191	122	101	35	22	25	17	14	11	10	3	2	1	72	606
	日本国外	270	138	115	71	32	28	31	16	12	111	7	2	2	74	809
事故比例（%）		32.1	18.1	15.1	7.4	3.7	3.7	3.3	2.1	1.6	1.5	0.7	0.3	0.2	10.2	100

资料来源：中国工程院《中国城市地下空间开发利用研究》课题组。

2.2.1 地下空间火灾

地下空间在地下岩体或土体中，其空间相对封闭狭小，人员出入口数量有限，自然通风和采光条件差，主要依靠人工通风和照明。因此，一旦发生火灾，造成的人员伤亡和损失程度便十分严重。地下空间因其密封性，火灾多以阴燃为主，起火初期难以发现，且有毒气体不易排散、烟害严重。由于地下空间内部结构复杂，有的相互贯通，方向性模糊，人员逃生困难，灭火工作难度大。

2.2.2 地下空间水灾

地下空间处于地面高程以下，根据水往低处流的特点，在洪水到来的时候，地下空间会先于地面建筑发生出入口部灌水，乃至波及整个相连通的地下空间。由于地下空间是一个封闭性的空间，水淹深度的上升速度会比地面快得多，它是水灾危险性极高的空间。灌入地下空间的水还将漫流到更下一层空间，直至最深处，淹没整个地下设施，虽然在灌水过程中一般很少造成人员伤亡，但对于内部设备和储存物质将会造成严重的损失。

2.2.3 地下空间爆炸灾害

地下空间由于上部覆盖的岩土介质和围岩的稳固保护作用而具有良好的抗外部爆炸性能，我国在地下空间的开发利用早期都是以防空袭为主的人防工程。随着人们对地下空间的进一步开发与利用，越来越多的地下空间都建设成为地下商场，地下铁路等公共活动场所，地下空间内部的爆炸事故日益突出。爆炸具有瞬间突发，猝不及防的特性，且杀伤力大，破坏性强，是地下空间要重点防范的灾难之一。在地铁、地下空间等地下结构内爆炸所产生的强烈爆炸波冲击,不但会对地下工程产生破坏,还会波及地面建筑,引起倒塌,进而加重灾害的损失。

2.2.4 地下空间空气污染灾害

地下空间内空气污染事故的发生既有自然因素也有人为的灾害。一方面地下空间结构周围的岩土、地下水中的放射性物质(如镭、铀等)含量也较高,衰变过程中产生各种有害放射线,对长期处于地下空间里生活工作的人群会造成无形的伤害。同时地下空间的封闭环境使得新风难以进入,恒定的温度与湿度利于微生物的滋生,污浊空气。另一方面,人类在地下空间活动频繁容易因意外而引发空气污染事故,如化工用品在地下空间使用、存储或运输过程中出现泄漏造成污染等。另外一个突出的人为灾害便是恐怖袭击。如 2001 年 9 月 2 日加拿大蒙特利尔市中心地铁车站发生毒气袭击事件,40 多名乘客受伤。

3 地下空间安全规划

地下空间资源评价是地下空间开发前期可行性论证与地下资源评估的一项重要工作,通过宏观的地下空间资源评价获得对城市地下岩土层场地安全及可开发性的评价与判断(如图 2)。地质条件是地下空间开发并承载的物理空间环境,地形地貌、基本工程地质条件、水文地质状况、不良地质和地质灾害等地质条件是影响地下空间开发利用安全的重要自然要素。比较常见且对城市地下空间开发利用安全性影响较大的地质灾害类型包括活断层、地裂缝、岩溶、地面沉降、海水入侵等,还有地表岩土层的砂土液化、崩塌、滑坡和泥石流等。

根据地下空间的总体地质条件将地下空间划分四种区域:(1)良好并适宜于建设区域;(2)适宜于建设但须进行局部处理地区;(3)可进行地下空间开发但须进行复杂处理地区;(4)工程建设条件较差区域。地下空间进行开发建设需要根据不同的区域类型,采取不同的建设措施,规避地下空间开发利用的不利地区,保证地下空间开发利用的安全。

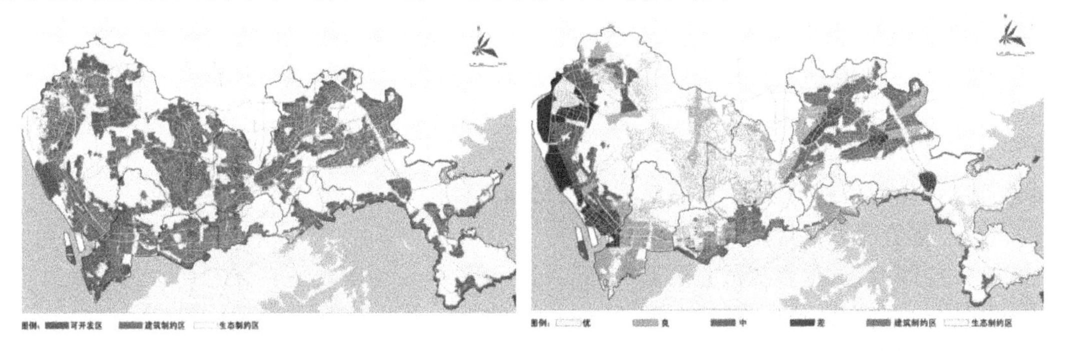

图 1 深圳市浅层(0~10 m)、次浅层(−10~30 m)地下空间适应性分析图

4 地下空间安全设计

4.1 明确的内部构成

4.1.1 简单明了的平面设计

地下空间因为其封闭性一般只能通过少量的出入口与外部空间取得联系。封闭的室内空

间容易使人失去方向感。因此地下空间的平面布局和空间组织应在避免单调和缺乏应有刺激的前提下应该力求简洁，平面设计尽可能规整划一，流线清晰明确，纵向干道和横向连通道应该组成比较规则的网格状通道系统，避免过多曲折，在通道的端头明显位置设置安全出口；内部空间应保持完整，减少不必要的变化和高底错落，便于使用者迅速的了解熟知所处环境，避免在发生灾害时因迷路而加重恐慌感(如图2)。

4.1.2 清晰的标识系统

地面环境和地下环境的差异给使用者认知地下空间环境带来一定的难度，健全的标识系统可以很好的消除这些消极影响，即使人们进入到一个陌生的地下空间环境，也能依靠完善的标识达到目的地。在灾害发生时人们心里极度恐慌的情况下，清晰的标识系统尤为重要，能引导人们迅速的撤离出危险。因此应该在在显眼的位置以及人们需要做出方向决定的地方设置规范化的标识系统，如出入口、交叉口、楼梯等人流必经之处，同时标识系统还应满足紧急情况下的可视性。

图2 简单明了的地下空间平面

4.2 安全迅速的疏散线路

4.2.1 水平疏散设计

从防灾的角度看，为了避免紧急疏散时造成人员拥挤，安全疏散通道应尽可能简洁明了，均匀布置，便于寻找。最大限度地减少人们迷路的可能性，同时要有与最大人流相适应的宽度，以保证人流的快速疏散，防止发生堵塞。特别需要注意的是，在地下空间设计中避免出现袋形走廊，因为地下空间除了通道，再无其他途径逃生。可以将地下广场、中庭等与室外有良好沟通且有鲜明可识别性的节点性空间作为防灾广场—“迅速疏散区”，一旦灾害发生，人员就可以首先转移到迅速疏散区，然后再向地面疏散。

4.2.2 垂直疏散设计

对地下空间而言，垂直疏散是逃避灾害的最关键一环。为实现垂直方向上的安全疏散应注意对疏散楼梯、电梯、自动扶梯的设计。合理布置疏散楼梯的位置，中庭等地下开放空间的楼梯宜设计成开放构造，在深层地下空间疏散楼梯宜结合通畅的换气大厅共同建造。应尽可能使用防烟楼梯间进行疏散。严格按照技术要求进行疏散楼梯设计，包括楼梯的形式、宽度、栏杆的高度等。防烟楼梯间的数目在每个防火分区均不应少于两部，且至少有一部能直通室外。

4.2.3 安全出入口设计

为满足人员迅速疏散的需求，地下空间应有足够数量的出入口，并布置均匀，每个出入口所服务的面积大致相当，以防止在部分出入口人流过分集中，发生堵塞。出入口宽度要与所服务面积的最大人流密度相适应，以保证人流在安全允许的时间内全部通过。对于每个防火单元，安全出口不能少于两个，并宜直接出到室外地面，当人口密集或规模较大时，还应增加安全出口的数量。

4.3 应急避难空间

地下空间中的避难空间主要是为了解决灾害发生时，避免因疏散口少、疏散距离过长、埋深过大、或者有老弱病残人员而设置的一种临时避难、等待转移与救援的安全空间。避难空间是地下建筑安全疏散系统的重要组成部分，它广泛地应用于公路隧道、地铁、地下停车场等各种形式的地下空间。避难空间的设计要满足防火、防烟分区，安全疏散距离等要求，以确保滞留者的安全，让避难空间真正发挥作用。

4.4 有效的防灾设备

灾害发生时，有效的防灾设备能够有效地防止灾害的蔓延，给人们赢得宝贵的逃生时间。有效的监测、警报系统能准确传达紧急情况下的情报与指示。有效的排烟与供气设施能把火灾发生区域的烟排出到外部，且能为相邻区域供给外界气体。有效的自动喷淋系统等灭火设施能有效防止火势的扩大与蔓延。日本有资料表明，98%的有喷水系统的火灾发生区域其火势蔓延的面积不超过 11 平方英尺。应急照明设施能在停电时给人以方向指引，确保迅速疏散。

5 地下空间安全管理

5.1 灾害早期的控制系统

灾害的初始控制系统包括灾害源控制系统、灾害感知系统以及灾害初始控制系统。

5.1.1 灾害源控制系统

灾害都是由某种灾害源所引起，因此在灾害发生之前采取控制灾源的措施，甚至杜绝灾害的发生，是做好灾害防治工作的首要任务。随着城市的发展，地下空间涵盖了交通、商业、娱乐、居住等多种使用功能，使用的多样性使得各种灾害源的出现难以避免，应该采取有效措施加以控制。以地下商业空间为例，应当禁止使用易燃的装修材料，限制易燃和发烟量大的商品数量，对明火的使用加以限制，并禁止吸烟。对餐饮类店铺实行集中布置和统一管理，以控制易燃体的使用。

5.1.2 灾害感知系统

一旦发生灾情，对灾害感知的正确与迅速对灾情控制至关重要。一方面提高感知仪器设备的自动化和灵敏程度，如烟感器、煤气泄漏报警器、有害气体检测器等，使之随时处于完好状态；另一方面设立人工监视系统，安排专职防灾人员实行 24 小时巡逻，以保证及时发现和验证灾情。

5.1.3 灾害初始控制系统

灾害初始控制系统力求在灾害刚出现时就加以清除或使之得到抑制。有效的防灾设施，如自动喷淋系统、气路切断系统、通风排风系统等能有效地将初始灾害控制在有限范围内防止其扩大和蔓延。防火分区和防烟分区的设置对灾害的初始控制也是比较有效，特别是对于火灾，在人员撤离后，关闭防火卷帘门，阻断通风管道，就能使火灾不蔓延、控制灾情。

5.2 灾害扩大的救灾系统

当灾害在初始阶段失去控制，开始扩大和蔓延后，救灾系统的主要任务有两个：一是安全疏散内部人员，二是采取有效的灭灾害措施。

为保证人员的迅速撤离，就必须保证适量的清洁空气，最低限度的应急照明，有效的排烟和隔烟设施，顺畅的逃生通道，位置明显畅通的安全出口，有效的广播、指示牌的指引。通过防灾中心受过训练的工作人员的组织和引导，迅速撤离灾害现场。

在灾害开始蔓延和扩大后，除组织人员疏散外还应动员一切内部和外部力量将灾害在尽可能短的时间内扑灭或消除。地下空间由于其封闭性，主要依靠内部的救灾设施。以火灾为例，保证消火栓、泡沫灭火器等针对于不同燃烧特性的灭火设施的正常使用，就能迅速扑灭火灾。特别值得说明的是，在救灾的过程中，救人是第一位的，对于物资的抢救是尽快控制和消除灾害，万不能以生命为代价去组织抢救。

5.3 防灾减灾系统

为确保各类防灾救灾系统能在灾害发生时能有效地起到救灾灭灾的作用，根据地下空间灾害的发生特点，构建包括灾害事故预防体系、应急救援体系及安全保障体系构成的综合防灾减灾系统。事故预防体系是从根本解决灾害威胁的第一步，包括地下空间内部装备的各种自动防灾、救灾、灭灾设施，将事故消除在萌芽状态。安全保障体系是直接决定灾害发生与否以及造成损失严重程度的保障，包括完善地下空间安全使用的规章制度，建立高度信息化、全面、准确、实时的网络监控系统，将事故控制在可控范围。灾害应急救援体系是最大限度降低事故的损失程度，包括紧急预案、快速响应机制及综合救援等。

6 结语

近些年，随着地铁及地下综合体的发展建设，越来越多的公共活动集聚于地下空间，但是相对于地下空间迅速发展，我们对地下空间的灾害防治管理上还有所欠缺。如何科学、合理、高效、有序地利用地下空间，减少灾害损失是开发地下空间中亟待解决的问题。地下空间的灾害成因是多方面的，也有其自身的特点，我们只有不断加大管理与指导力度，强化前期地下空间可行性论证与地下资源评估等安全规划工作，优化地下空间的安全设计，加强地下空间的安全管理，积极探索地下空间的防灾减灾对策，才能有效减少地下空间灾害的发生，给人们提供更为安全的地下活动空间。

参考文献

[1] 童林旭.地下空间内部灾害特点与综合防灾系统[J].地下空间，1997，**17**(1).

[2] 周云，汤统壁，廖红伟.地下空间防灾减灾回顾与展望[J].地下空间与工程学报，2006，**2**(3).

[3] 彭建，柳昆，阎治国，彭芳乐.地下空间安全问题及管理对策探讨[J].地下空间与工程学报，2010，**6**(1).

[4] 陈志龙，刘坤，伏海艳，杨红禹.城市地下公共空间防灾广场初探[J].地下空间与工程学报，2006，**2**(2).

[5] 熊彦哲.地下空间建筑火灾成因及防灾救灾对策[J].消防技术与产品信息，2010，**8**.

[6] 束昱.洪水来袭，地下空间如何保安全[J].生命与灾害，2011，**7**.

[7] 童林旭，祝文君.城市地下空间资源评估与开发利用规划[M].北京：中国建筑工业出版社.2009.

[8] 陈志龙，刘宏.城市地下空间总体规划[M].南京：东南大学出版社.2010.

五、灾害应急和应急管理

标准化建设 规范化管理
全力打造受灾群众的"避风港"

王忠志

(浙江省民政厅,杭州 310000)

摘 要

"避灾工程"是集减灾、避灾、救灾物资储存等功能于一体,主要用于庇护受灾群众,保障其基本生活的项目。截止2014年底,全省共建成各类避灾安置场所11614个,基本实现了每个县、乡有1～2个避灾安置中心。

关键词:浙江省 避灾安置中心 规范 管理

浙江省地处我国东南沿海,是一个多灾易灾省份,其中台风、洪涝灾害尤为严重。1949年以来,浙江省平均每年有3.3个台风影响,每2年有1个台风登陆,因灾造成人员死亡累计超过1万余人。为有效应对自然灾害,切实保障人民群众的生命安全,习近平同志在浙江任省委书记时提出了"不死人、少伤人、少损失"的防灾减灾救灾工作总目标。根据省委、省政府的部署,从2006年2月开始,浙江省民政系统探索"避灾工程"建设。"避灾工程"是集减灾、避灾、救灾物资储存等功能于一体,主要用于庇护受灾群众,保障其基本生活的项目。截止2014年底,全省共建成各类避灾安置场所11614个,基本实现了每个县、乡有1～2个避灾安置中心、多灾易灾村(社区)均有避灾安置点的工作布局,在救灾工作中发挥了显著成效。围绕"避灾工程"建设,我们主要抓了以下几个方面的工作:

1 强化组织领导,注重协调配合

避灾安置场所建设涉及多个部门,需要共同推进。建设之初,我们就非常注重加强组织领导。各地纷纷成立了由民政、财政、人防、建设、水利、国土、消防等部门组成的工作领导小组,全力推进避灾安置场所建设。2011年起,浙江省在生态省建设中实施了"防灾减灾行动",避灾安置场所建设是其中的一项重要内容,并列入了省政府对各市政府的年度考核目标。2013年,省政府办公厅下发了《关于加强避灾安置场所规范化建设的意见》,明确规定:"各级人民政府对本辖区避灾安置场所建设各项工作负总责，主要负责人要高度重视、大力支持，分管负责人要亲自部署、着力推进。”

各级减灾委员会成员单位和各有关部门各司其职、密切配合，进一步形成了工作合力。民政部门认真做好牵头组织、业务指导、沟通协调、信息汇总等工作；建设部门认真做好避灾安置场所的房屋质量安全检查和鉴定工作，负责建筑工地转移安置人员的协调与管理；公安部门负责维护避灾安置场所的治安秩序和消防安全；财政部门落实避灾安置场所建设、维护、质量检验、物资储备采购和灾民基本生活的经费保障；卫生部门负责避灾安置场所的环境消毒和疾病防控、卫生监督，对病人进行及时救治；国土、人防、教育、文化、体育、电力、电信等部门及避灾安置场所产权单位也按照各自的职责落实相应的工作。

2 落实资金保障，有效整合资源

浙江省坚持政府主导、社会参与，切实加大避灾安置场所建设经费的投入力度。从2006年至今，全省各级累计投入建设资金超过15亿元，其中省级财政资金和福利彩票公益金补助2.5亿余元。各地采取“政府财政投一点、村级集体出一点、社会各界捐一点”的方法，多方筹集建设资金，并在资金拨付上采取先建后补、以奖代补的方法，确保资金用在实处。

各地按照“平灾结合、整合资源、综合利用”的要求，通过盘活区域内可用资源，相应采取确认、修缮、改造、合建等方式，设立避灾安置场所。县级避灾中心主要利用人防疏散基地、体育馆、影剧院、会场、学校和社会福利院等公共建筑物进行建设。乡级避灾中心主要利用乡镇敬老院、文化中心、学校等符合避灾要求的公共设施进行建设。村级避灾点主要利用社区服务中心、老年活动中心、居家养老服务中心及中小学校等公共设施进行建设。通过资源整合，有效解决了基层避灾点建设与管理中存在经费不足、利用率低和管理困难等问题。

3 完善配套设施，规范建管规程

我们先后制定了《浙江省民政厅浙江省建设厅关于印发〈浙江省避灾安置场所建设和管理办法〉(试行)的通知》、《浙江省建设厅村镇避灾场所建设技术规程》、《浙江省民防局浙江省民政厅关于深化防灾减灾救灾工作合作的意见》、《浙江省民政厅关于统一设置城乡避灾安置场所标志的通知》、《浙江省政府办公厅关于加强避灾安置场所规范化建设的意见》、《浙江省民政厅浙江省教育厅关于共同推进校园避灾安置场所建设的意见》等文件，对避灾安置场所的建设和管理提出了具体的、统一的要求。

在内部设施方面，我们要求避灾安置场所要具备基本的生活设施、必要的安全和消防设施、一定的照明和温度调节设施、与场所规模相匹配的物资仓储设施。能够根据安置对象的性别、民族、年龄、身体状况等因素，尽量做到人性化安置；有良好的卫生条件，配有通风透气、饮水用水、排水排污、垃圾收集等基本生活设施；设有运输保障通道、人员上下车集中地和突发次生灾害的应急撤离路线；有明显的人员疏导标志和安置场所功能分区标志，方便群众识别；具有相应容量的仓储设施，供临时存放床铺、被褥、草席、食品、饮用水、应急灯等基本生活物资；规模较大的避灾安置场所，还要配备必要的广播系统以及指挥通信、发电、医疗急救等设施。同时，场所内要张贴悬挂防灾减灾救灾科普知识图片资料，成为宣传阵地。

在运行管理方面，我们对避灾安置场所统一了名称和标识，制作悬挂了统一的标识牌和指示牌，委托浙江省测绘与地理信息局制作了全省避灾安置场所的电子地图并在互联网上公开，以便于引导群众转移安置；规范了避灾安置场所的工作流程，包括避灾安置场所启用、入住登记、生活救助、人员回迁等各项工作流程；健全了避灾安置场所各项管理制度。包括：准入登记制度，安全管理制度，预案管理制度，日常管理制度，责任追究制度等等。

2010—2014年，浙江省共启用避灾安置场所17350个（次）、安置灾民147万人（次），有效地减少了自然灾害造成的人员伤亡，成为受灾群众放心的“避风港”，赢得了基层干部和广大灾民群众的称赞。2010年，“避灾工程”建设项目还入选浙江省十大“民生工程”，获得有关专家和社会各界的一致好评。下一步，我们将按照国家民政部的要求和省政府的部署继续完善避灾安置场所建设，切实保障灾民群众的生命安全，促进经济社会持续稳定发展。

苍南县壹加壹应急救援中心管理机制七大创新参与政府救灾工作

张炳钧

（浙江省苍南县壹加壹民防救援中心，苍南 325803）

摘　要

苍南县壹加壹应急救援中心成立七年多以来参加了200多次各类灾害救援以及1500多次各项爱心活动，共安全转移群众9万多人，救援被困人员3000多人。该中心探索民间救援的运作模式，也逐步慢慢完善内部规章制度、运作机制。

关键词：苍南县　应急救援中心　灾害救援　爱心活动

苍南县壹加壹应急救援中心（以下简称“壹加壹”），成立于2007年7月，目前共有社工19名，志愿者2000多名，下设队伍项目、分会共有46个，其中包括水陆空救援队伍。壹加壹还成立了党支部、工会、团支部、妇委会、法律援助站。

壹加壹成立七年多以来参加了200多次各类灾害救援以及1500多次各项爱心活动，共安全转移群众9万多人，救援被困人员3000多人，特别是温州“7·23”动车事故时，壹加壹空中救援队的参与吸引了全球数百家媒体的关注。资助贫困学生600多名，慰问特殊群体人员7000多人次，志愿服务总时数达10万多小时。并获得第八届中华慈善奖、第八届中国志愿者优秀组织奖等各项荣誉300多项。

壹加壹现有装备主要有（包括志愿者自身的）：挖机、吊车、吊机、动力伞、滑翔伞、应急车辆、GPS全球卫星定位系统及指挥系统、急救包、头盔、雨衣、水鞋、冲锋舟、橡皮艇、手电筒、训练服、头灯带、扁带、主锁、防水袋、登山绳、迷彩靴、军用担架、静力绳、双环轮等数千件装备。

壹加壹通过7年以来探索民间救援的运作模式，也逐步慢慢完善内部规章制度、运作机制等，特别是在政府部门购买方面，更注重购买项目的专业性、长效性，并形成制度化。

1　运作模式创新，主推属地救援模式在全国推广

民间专业救援队是政府部门专业应急救援队伍的有力补充，在多次抗灾救灾中协助政府部门作好人员转移、运送物资、现场救援、医疗防疫、心理干预、灾后重建等工作中发挥了积极作用。他们在信息搜集报告、配合事故救援、协助社会管理等方面有着政府部门专业应急队伍无与伦比的特色和优势：一是数量多、二是离得近、三是情况熟、四是机制活、五是参与全。

因此，在救灾方面壹加壹一直以来在全国主推属地救援模式，也就是哪里发生灾害，应该整合当地的各方面资源参与灾害救援，而不是派一支队伍赶往一个陌生的城市开展救援工作。也得到全国各地民间救援组织的响应，也在全国各大型论坛和会议上推广，如：厦门海峡两岸论坛、清华大学灾害管理论坛、品质公益峰会、长三角救援论坛、腾讯“燕山大讲堂”等都邀请壹加

壹做属地救援主讲。

2　管理机制创新，建咨委会、专委会，有利队伍发展

壹加壹深知，一个组织只有自身具备完善的组织架构才能真正称之为一个完整的组织。壹加壹成立时就制定了工作章程，规定了各项工作制度和程序，积极发挥团队作战精神。理事会是决策机构，共有成员21名，负责壹加壹的章程修改、制度制定、活动组织、账务管理、人员聘任等工作。监事会是监督机构，负责对理事工作进行监督以及必要的账务检查。执委会是执行机构，主要负责中心的日常工作，组织实施理事会的决议等。

在2013年经理事会讨论决定成立咨委会、专委会，咨委会是指导机构，负责对中心各项业务进行指导，并协助做好外联工作，主要成员为社会各界知名人士等为主。专委会是技术机构，为中心各项应急救援提供专业技术上支持，以及做好相关培训工作，主要成员为相关灾害领域学者、专家，当灾害来之前，先由专委会成员提出灾害风险评估。

3　招募机制创新，整合资源、部门联招，充实队伍建设

建立一支积极、主动、专业化的应急救援队伍，是应急志愿服务的起点与人才保证，也是壹加壹直接参与抢险救灾工作的基本载体。所以，招募相关专业救援队员是壹加壹非常重要的一个环节，为了组织发展的需要，壹加壹制订详细的招募方案。

招募原则：是以志愿者自愿参加的前提下，依据应急救援的急迫性、危险性和专业性，壹加壹依据救援需求和应急志愿服务标准择优、综合录取，构建立体化、系统化、综合性的应急救援志愿服务队伍，同时突出青年志愿者和有救援经验的志愿者。

招募标准：依据应急救援的急迫性、危险性和专业性，壹加壹制定一套符合应急救援体系的多层面、全方位的志愿者参与专业化标准，作为志愿者能力考核和准入的条件。

特别是招募方式，壹加壹除了通过电视、网络、广播、海报、宣传单等方式进行社会动员招募之外，更注重和相关部门联招以及整合社会资源。

部门联招。依托政府相关部门、共青团等系统组织、动员组织成员以个体或集体名义报名参与，目前已联合苍南县运管局招募成立出租车防汛志愿者队伍、苍南县卫生局招募成立卫生应急志愿者队伍、苍南县民防局招募成立民防救援队伍、苍南县林业局招募成立森林消防队伍、苍南县气象局招募成立气象灾害宣教队伍、苍南县疾控中心招募成立灾后防疾志愿者队伍、苍南县教育局招募成立心理干预志愿者队伍、苍南县民政局招募成立避灾点志愿者队伍等。

资源整合。对于社会一些有利于救援的其他专业社会团体，如：户外运动组织、冬泳协会、航空运动俱乐部等，与他们进行合作，资源共享。如，整合越野车爱好者组建越野车救援队、整合户外运动人员组建山地救援队、整合冬泳爱好者组建水上救援队、整合航空运动爱好者组建空中搜救队、整合挖土机、吊车等组建重型装备救援队等，而且各乡镇的救援队伍也是整合当地户外、冬泳、野越车爱好者等。

建立志愿者信息数据库：为了使在紧急事态面前能及时找到足够的、专业化的救援人员。因此，壹加壹完善了志愿者注册登记制度，建立志愿者信息数据库，包括志愿者的个人信息、联系方式、专业特长、志愿服务经验等。

4 培训演练机制创新,政府购买保障队伍健康发展

应急志愿服务的急迫性、危险性和专业性对参与灾害救助的志愿者素质提出了更高的要求,不仅要具有专业的抢险救灾技能,还要有应对突发事件的心理素质和反应能力。一支专业化的、素质过硬的、配合无间的应急志愿服务队伍将提高救援速度和救援质量,更好地完成救援任务。因而,为了提升壹加壹应急志愿服务的质量和从容应对突发性事件的紧急救援任务。壹加壹从平常开始注重对社会民众和志愿者应急能力和紧急救援能力的培养,打造一支专业的应急志愿服务队伍。

所以,培训演练工作对民间救援队伍来说就显得非常重要,为了解决培训演练经费等问题,壹加壹也得到了各相关部门的支持,以购买服务的方式,支持壹加壹各项培训、演练等工作。

一是制定培训计划,确定培训内容。灾害救援不仅要发挥志愿者的作用,还要充分调动周边大众和灾民自救,因此,壹加壹应急志愿服务培训分为两个部分:一部分针对普通大众而言,内容主要包括灾害预警意识培育、防灾减灾知识学习、简单救助步骤的介绍等,目的在于提高普通民众的灾害应急能力和灾情处理能力;第二部分针对志愿者,内容主要包括心理素质养成、复杂应急救援能力培育、高科技救援设备的使用、各种环境下的应急救援模拟等,目的在于培养志愿者的综合救援能力和应急心理素质,打造一支素质合格、反应迅速、团队合作的应急志愿服务队伍。

二是开展多种新式的应急志愿服务演习。只有通过实践才能认识到各种理论规划和设计中存在的不足和提高志愿者应对现实突发事件的能力,因此,壹加壹根据不同灾害的特点制定不同的演习计划和灾害应急预案,经常协助相关政府部门开展应急救援演习活动,强化"政府、组织、市民"三者之间的配合、协调能力,提高队伍应对现实问题的解决能力。

三是反复培训救援意识和积累救援知识。由于应急志愿服务技能培训是一个短期行为,培训结束之后很多的由于部分应急志愿者没有机会实践,或者由于时间一长就会忘记了培训的内容,因此,壹加壹为了实现志愿者培训的常规化和循环化,经常通过案例教学、社会实践等提高志愿者的应急救援能力,并通过多次、反复培训培育志愿者的救援意识和积累救援知识等。

从 2007 年开始至今,壹加壹共邀请防汛办、气象台、交警大队、运管所等相关领导为壹加壹队员开展公共应急知识讲课 20 余次,1500 多人次,开展抗击台风实战演练 30 多次,山地救援演练 10 多次,水上救援演练 20 多次,参加全国性的应急救援比赛 1 次。

通过实战演练,丰富志愿者的防台抗台、抢险救援知识,进一步提高志愿者的应急救援能力,务必使志愿者在真正遇到灾难时能够充分发挥作用。

5 激励、保障机制创新,定星级考核、建立服务保障体系

人人都需要激励,志愿者也不例外。激励机制是保证壹加壹志愿者制度长期化,维持应急救援服务体系发展的前提。并为了充分发掘应急志愿者的潜能,调动志愿者的积极性,更好地参与应急救援服务,壹加壹也制订了相关激励的制度。

一是制订《苍南县壹加壹应急救援中心志愿者星级考核评选办法》:为规范志愿者的服务管理,提高志愿者的积极性和提升志愿者的服务质量,弘扬志愿者无私奉献、服务社会的精神,激励和鼓舞全体志愿者,广泛开展多种形式的防灾减灾、抗灾救灾、安老、扶幼、助残、济困、助学、

助医等社会救助活动，积极帮助各种不幸的人和困难群体，推动公益事业发展，促进苍南县社会文明进步，特制订志愿者星级考核评选办法。《壹加壹志愿者星级考核评选办法》根据志愿者服务小时，评选一星级、二星级、三星级、四星级、杰出贡献银星奖、五星级、终身成就金星奖，而根据不同星级的志愿者而伴随必要的社会荣誉和政策优惠等。

二是完善应急志愿服务保障体系。为了免除应急志愿者的后顾之忧，全身心投入到抢险救灾活动中，壹加壹完善了应急志愿者在基本成本补助保障、人身安全保障、身体健康医疗保障等等保障体系。志愿者参与应急救援活动具有志愿性、自治性、非营利性、风险性等特点，都是志愿者凭着爱心和热情在工作。壹加壹充分考虑到既不能让壹加壹队员们冒险吃亏，又不能让队员得不到安全保障。壹加壹为壹加壹队员投保人身意外险，并根据实际情况对参加应急救援过程中志愿者所支付的成本费用给予适当补助，不包括人工费。另外，每年根据参加不同灾害的需要，还为队员配备了相关装备。

6 应急机制创新，实施部门联动，并有效开展防灾活动

壹加壹在抢险救灾、防灾减灾等方面积极发挥作用，做出应有的贡献。在非常态下，壹加壹成为政府应急救援队伍的一支有效补充力量，充分发挥贴近基层、熟悉情况、快捷高效的特点，在当地政府的统一领导、指挥、调度和使用下积极参与抢险救灾和灾后重建等工作。在常态下，壹加壹接受苍南县人民政府办公室的领导，管理和使用，接受县应急委成员单位的工作指导，同时充分利用志愿者业余时间组织开展公共应急知识培训和各种爱心活动。

每次接到台风即将来袭的信息后，壹加壹就会及时召集壹加壹各队伍负责人研究部署参与防台救灾工作，根据队员们所掌握的专业技能和熟悉的地理环境等不同情况分组奔赴重点乡镇协助做好人员转移、物资运送、抢险救灾等工作，尤其是出租车防汛应急服务队、民防应急救援志愿大队、空中搜救队充分发挥队伍自身的专业特长在各项抗灾救灾中发挥突出作用，在多次抗击台风过程中，深入沿海乡镇、偏远山区开展物资伤员运送、灾情定位预警、抗灾救灾临时指挥等工作，发挥了重要作用。特别是，壹加壹空中救援队在参与“7・23”温州动车事故时，吸引全球各大媒体的关注。

特别是近几年以来，每次参与灾害救援，都与相关部门、乡镇进行联动，也成为全县应急联动机制的二级联动单位。除了台风灾害救援以外，壹加壹也参与了日常其他突发事件的处置工作，如：山地救援、水上救援、火灾、群众在家受险等等。据统计 2011 年度至 2013 年度由公安部门、120 急救中心、防汛办等政府部门转接给壹加壹的应急救援事件就有 90 多件。

壹加壹开展各项防灾减灾宣教活动数百次，受教育人员达 10 万多人次。壹加壹也主要采取三种措施积极做好各项应急常识的宣传教育工作。一是通过“志愿者”这个宣传载体做好身边人员的应急常识宣传教育工作：广大志愿者通过参加应急知识培训、演练和应急救援实践，掌握了一定应急救援知识和技能，可以经常组织上街宣传，并向家人、同事、朋友以及被救者宣传自救、互救理念，普及应急救援知识。有些志愿者在各自单位也组织成立了一支应急救援小分队，进一步扩大了社会应急救援力量；二是通过和相关部门合作，开展各项应急常识的宣传教育工作。在每年的“国际民防日”、“世界气象日”、“全省防汛防台日”、“全国防灾减灾日”、“地球日”、“消防日”、“国际防灾减灾日”等特殊日子里，壹加壹联合了防汛、人防、民政、国土、旅游等部门，以寓教于乐的方式，开展应急救援常识宣传教育工作；三是通过网络、报纸、电视、电台等各类新闻媒体，做好各项应急常识的宣传教育工作。壹加壹开通了自己的官方网站，该网站采

取视频、游戏、文字相结合，网站内公众应急避险科普知识广泛，这也是温州市首家公益性公众应急避险常识宣传网站。

7 组织运作创新，探究政府购买合作模式

政府购买其主要方式是："市场运作、政府承担、定项委托、合同管理、评估兑现"。也就是政府将由自身承担的为社会发展和人民日常生活提供的公共服务事项交给有资质的社会组织来完成，并定期按照市场标准相互建立提供服务产品的合约，由该社会组织提供公共服务产品，政府按照一定的标准进行评估履约情况来支付服务费用。

壹加壹刚开始几年也遇到了许多草根 NGO 都要面临的问题，那就是资金困难。救人完全公益，可是油钱、过路费、保险还有各种装备怎么办呢？如果没有合适的解决方法，壹加壹也很难做下去。壹加壹在前两年参加几次应急救援过程中，为志愿者投保意外险、出租车租金、油费、食品、装备、服装以及公益宣传成本费等共支出 30 多万元，而那两年共得到苍南县政府及市、县两级有关部门补助 18 余万元，其他资金主要靠组织者的爱心奉献和垫付。目前苍南县人民政府办公室已协调有关部门尝试探索"谁受益、谁负责"补助的办法，相关部门每年在财政预算方面安排一定资金用于应急管理工作，对非专业应急救援志愿者队伍参与承担该部门的相关工作予以适当补助。同时在为其提供本部门相关专业的培训时，尽量免费提供培训场所，免费讲课，减轻其经济负担。

因此，壹加壹的主要筹资方式还是以政府购买方式为主。据统计 2011 年度政府相关部门购买壹加壹服务项目达 46 万元，2012 年度政府相关部门购买壹加壹服务项目达 121 万元，2013 年度政府相关部门购买壹加壹服务项目达 180 多万元，如：2007 年，防汛办等部门出资 13 万委托壹加壹组建出租车防汛应急服务队；09 年县人防办出资 30 万委托壹加壹组建民防应急救援志愿大队；2010 年，防汛办等部门出资 18 万元委托壹加壹做好防灾减灾的宣教工作；2011 年和 2012 年，苍南县人民医院分别出资 21 万和 27 万委托壹加壹建社工工作站。

8 困难和建议

该组织的发展历程并没有现成的经验可以借鉴，需要摸着石头过河，也是一次不断探索不断完善的过程，凝聚了许多志愿者的心血和汗水，在取得一定成绩和荣誉的背后，发展中确实遇到了许多问题需要更加深入地进行探讨和解决。一是运行经费严重不足。该组织本身属于非营利性组织，没有收入来源，维持日常运转以及紧急时刻的救援行动都需要投入一定的经费，可能由于认识不足来自社会面上的支持微乎其微，虽然苍南县政府高度重视并购买服务的方式给予支持，但还是缺乏稳定的经费来源，直接影响整个队伍的持续发展。二是部分单位和社会认识不够。由于深受传统思维影响，部分部门和民众对非专业应急队伍建设的重要性认识不够到位，认为事故救援天经地义是政府有关部门的事，而且社会捐赠一般都是希望直接把资金给弱势群众，不会把钱给民间组织养队伍用。三是保障机制比较缺失。非专业应急队伍来自基层，社会保障、优抚保障和政治待遇等有关问题还没有引起充分重视。

把突发事件被动营救变为主动预防和紧急营救，政府每年在突发事件的被动营救所花费的人力、物力、财力已经不堪负重，建议政府将民间应急救援力量纳入政府应急保障体系。

协同与整合：我国城市突发事件应急管理模式创新
——基于协同治理理论视角

王　莹[1]　沈晓峰[2]

（1.中国矿业大学文法学院，徐州 221008；2.江苏省盐城市电子政务办公室，盐城 224001）

摘　要

目前我国城市存在突发事件发生种类多、频率高、影响广泛、后果严重的普遍问题。为了提升突发事件的应对能力，城市政府应加快协同与整合的应急管理体制、机制建设，在协同治理理论的引导下，形成政府、社区、非政府组织、公众等多主体共同参与并互相合作的应急网络治理结构，加快由当前以应对为主的政府主导型应急管理分级分类模式，向预防、应对与恢复并重的多主体协同与各类资源整合的城市应急管理模式转变，实现城市应急管理模式的创新。

关键词：城市突发事件　协同　整合　应急管理　模式创新

1　问题的提出

在全世界范围内，地震、火灾、水灾、台风、海啸、传染病、暴力冲突、群体性事件、恐怖主义等突发事件，长期威胁着人类的生产、生活和生存。进入 21 世纪以来，随着现代化和城市化的不断深入，各类突发事件更是层出不穷。例如，2001 年美国的“9・11”事件、2003 年中国的非典、2004 年印尼的海啸、2005 年英国伦敦地铁连环爆炸事件和美国的卡特里娜飓风、2008 年的世界金融危机和中国的汶川大地震、2011 年日本福岛核辐射事件、2014 年韩国沉船事件等，人类逐渐步入如乌尔里希・贝克所言的“风险社会”。

伴随着各类突发公共事件的频繁发生，“应急管理”应运而生。应急管理是针对自然灾害、事故灾难、公共卫生事件和社会安全事件等各类突发事件，从预防与应急准备、监测与预警、应急处置与救援、恢复与重建等全方位、全过程的管理。[1]城市是一个产业、财富、人口高度聚集的地方，影响公共安全的因素多、威胁大，单体的灾害极易引发系列灾害，损失会因人群的聚集而被放大。[2]目前，我国城市中，各种突发事件频繁发生，并具有不确定性、连发性、紧迫性、复杂性的特点，这将给城市居民的生命财产、社会的政治经济秩序乃至国家安全带来巨大影响。因此，如何创新城市突发事件应急管理模式，全面、迅速、理性地应对各类突发公共事件，尽量降低突发事件所带来的损失，加快城市可持续发展，成为应急管理乃至城市管理中亟待解决的一个重要问题。

城市应急管理建设因为突发事件的频繁发生而变得越来越重要，国家也非常重视城市应急管理工作，经过多年的建设，现有应急管理体系一方面成功应对了众多的灾难危机事件；但另一方面，也在某种程度上暴露了它的脆弱性。目前，我国城市应急管理能力仍比较低下，城市应急管理模式还不完善，其一，在当前进入风险社会，各类大型灾难危机愈发增多的背景下，政府主导的应急管理分级分类模式各部门权力分割，社会主体参与不足，难以形成有效的多主体协同与跨部门合作；其二，重在事后处置的应急管理模式其作用非常有限，只能暂时控制事态，并不能解决根本问题。成功的应急管理必须能够发现突发事件产生的根源，去除“病根”，而不只是“头痛医头，脚痛医脚”。在地沟油上餐桌、城市逢雨被淹、群体性事件、渣土车闯红灯撞死人等突发事件的处置问题上，我们尽管能迅速控制住事态，但却难杜绝事件的再次发生，其原因就在于只注重旨在控制事态的应急处置，却忽视了事前的预防以及事后的复原。因此，未来城市应急管理模式理应向协同和整合的方向发展，应当在协同治理理论的引导下，形成政府、社区、非政府组织、公众等多主体共同参与并互相合作的应急网络治理结构，加快向预防、应对与恢复管理并重的多主体协同与各种资源整合的城市应急管理模式转变。

2　文献综述

总体来说，我国学者关于城市应急管理的研究还主要集中在应急管理的理论基础和概念辨析，突发性事件的分类与处置，应急管理的问题与对策，应急管理体制、机制和法制建设，国外应急管理的经验与启示，缺少对现实问题的深剖和理论基础的深究。部分学者开始关注城市应急管理的多主体参与，但仍缺少系统的研究和理论指导，导致我国城市应急管理建设模式缺乏连续性、系统性和整体性、经常是“头痛医头、脚痛医脚”，这为本研究提供了契机。本研究基于协同治理理论，针对城市应急管理存在的问题，主张城市应急管理应将协同与整合相结合，在全面分析城市应急管理各主体的优势和资源的基础上，探索城市应急管理多主体的协同方式与各种资源的整合路径，争取最大限度利用多方资源，实现应急管理的社会化，提出了基于协同治理理论视角的预防、应对与恢复并重的主体协同与资源整合式城市应急管理模式，从治理层面科学应对危机，减少公共危机的发生、降低灾害损失。

3　基于协同治理理论的城市突发事件应急管理分析

3.1　协同治理理论

协同治理理论是一种新兴的理论，它是自然科学中的协同论和社会科学中的治理理论的交叉理论。[4]协同学(Synergetics)是20世纪70年代，德国物理学、斯图加特大学著名教授赫尔曼·哈肯(H. Haken)创立的，它是研究系统在外在参量的驱动下和子系统之间相互协调、相互作用，以自组织方式在宏观尺度上形成空间、时间或功能有序结构的条件、特点及其演化规律的新兴综合性学科。[5]治理理论是20世纪90年代西方国家兴起的新理念，随后便成为学术界中一个重要的研究领域。治理是一种新的管理理念，它倡导多元主体通过多种方式协同对公共事务进行管理。它的主要特征是多元主体、多样手段、协作网络、持续互动。协同治理指的是在公共生活中，公共治理主体的众多子系统构成一个开放、整体的系统，运用法律、行政、科技、知识、信息、舆论等手段，使一个无序、混乱的系统中诸要素或子系统间相互协调、共同作用，从而产生一个有序、合作、协同的系统，实现力量的整合与增值，并使其高效地进行社会公共事务治理，最终达到维护与保证公共利益的目的。[6]

协同治理理论为城市突发事件应急管理提供了有效的分析工具。由于城市人口和生产要素的高度聚集和流动使得城市间的相互依赖性和关联性越来越强，城市的任何一个地方如果发生重特大灾害事故，都会对区域内其他地方产生重大影响，所以，城市应急管理客观上要求政府各部门和社会组织能够在突发事件应对方面实现协同与合作。我们认为，所谓城市突发性公共事件协同治理主要是指在互联网等现代沟通手段的基础上，政府、社区、企业、非政府组织、公众等城市应急管理主体，在突发事件发展的全过程中相互协调、彼此合作，共同预防和应对突发事件，尽可能减少灾难损失，促进公共利益。

3.2 城市应急管理的实例分析

目前，我国的城市应急管理建设存在着“头痛医头，脚痛医脚”的现状，一直是被动应付已经发生的突发事件，要摆脱这种低效率的应对方式，必须从单纯被动地应对突发事件，向积极主动地预防和控制风险的方向转变，充分运用协同治理理论指导应急管理工作的开展。

(1)上海外滩“12·31”特大踩踏事件

2014 年 12 月 31 日 23 点 35 分，上海外滩的陈毅广场发生了严重的群体踩踏事件，造成了 36 人死亡，49 人受伤。此事件引起了人们反思：上海这样的大城市怎么会发生这种事故？我国城市应急管理的能力和水平是不是还不足？2004 年 2 月 5 日元宵节当天，北京市密云县灯展会上发生踩踏事件，造成 37 人死亡，37 人受伤。然而，事隔十年，类似的事故又在上海发生。这反映出目前我国城市应急管理能力急需提高，城市应急管理模式亟待完善。

这些年来，我们一直在大力发展城市的规模和硬件设施，应急管理没有得到相应的重视，不少管理者认为城市突发事件发生的概率非常小，不足以大动干戈，造成了管理的疏忽，事实上即使一个小小的漏洞，也能极大的破坏城市的公共安全。在上海发生的这起踩踏事件中，为什么事先没有在相关地带布置充足的警力呢？在如此狭窄而又人员密集的场所，为什么没有事前的应急管理预案呢？因为没做好事前的预防工作，最终导致了巨大的悲剧。因此，城市管理在注重城市硬件建设的同时，要将应急管理纳入城市发展规划中，进行必要的突发事件事前预防和监管，加强突发事件的预防。

(2)青岛“11·22”中石化东黄输油管道泄漏爆炸事故

2013 年 11 月 22 日 2 时 40 分，青岛中石化管道储运分公司潍坊分公司输油管线破裂，部分原油发生泄漏。10 时 25 分黄岛区海河路和斋堂岛路交会处管道破裂处起火，同时在入海口被油污染的海面上发生爆燃，造成 62 人死亡、136 人受伤，直接经济损失 75172 万元。[7]在事故处置过程中，中石化将漏油的发生情况上报黄岛区政府，但区政府并未上报至市政府，也没有通知海事部门。[7]整个事故的处置遭到了社会多方面的诟病和质疑。22 日凌晨 3 时到 10 时 25 分，从原油泄漏到爆炸期间经历了八个多小时，但由于企业和政府有关部门缺乏对事故的正确判断，既没有采取及时的警戒封路措施，又没能及时疏散周边的居民，导致事故死伤严重。

从根本上来说，从政府到企业，在此次泄漏爆炸事故的处置过程中，都缺少相互协同的观念。政府信息沟通不畅、条块分割等问题使得突发事件应急管理过程中缺乏相应的协同与整合，政府、社会组织和企业都反应迟缓，错失了最佳的应急管理时机，使危机造成的损失严重。如何改变应急管理过程中政府权力过于集中，社会力量无序参与和参与不足的问题，调动非政府组织、企业以及公众等多元主体的力量，通过构建多主体参与的应急管理网络治理结构来共同应对？这是我们提升应急管理能力，有效应对突发事件所要思考的问题。有鉴于此，我们必须对突发事件的应急管理模式进行一定探索和创新。

4 当前我国城市应急管理存在的问题

在长期实践中,我国城市逐步形成了政府统一领导、分类别分部门应对突发事件的应急管理体制,遇到重大突发事件,通常成立由政府分管领导任总指挥的临时性应急机构,负责领导应急处置工作。[8]随着当前突发事件发生的复杂性和动态性趋势日益增强,这种管理模式在突发事件应对过程中显示出以下几个方面的不足。

4.1 政府主导的城市应急管理各区域、各部门协调联动不够

突发公共事件需要各区域和各部门相互配合、共同应对。我国的政府组织和企业均实行自上而下的科层制管理,各个科层均有其职责界限。这种科层管理模式较注重垂直管理,部门的横向职责分工不是很明确,导致各部门和各单位往往只重视辖区范围内或职能领域内的应急处置,对各自所拥有的资源和所掌握的权限往往都不愿放权,所以容易造成突发事件发生后各部门、各区域的协调联动不够,而突发公共事件的发生却是超越各种管理领域和层次界限的,它需要各区域与各部门能够协调合作,共同去应对。

4.2 政府主导的城市应急管理社会组织、公众等多主体参与协同不足

政府应急管理能力的提高,需要全社会的共同参与。非政府组织、社区自治组织、企业和公众在应急管理中可以发挥各自的作用。然而在实践中,不少城市的政府部门、非政府组织成员以及公众,都认为突发事件应对是属于政府和专职人员的工作,对社会参与城市应急管理的认识不足,城市居民和企事业单位的主动参与程度、风险防范意识、自救互救能力都十分薄弱。[8]例如,火灾是城市一种常见的突发性事件,而其中大部分都是人们在用电、用火、用气过程中违章操作而引起的。

4.3 政府主导的城市应急管理资源整合低效

目前我国实行的是分灾种、分部门的应急资源管理模式,应急管理资源分属不同的部门管理和调配,相互之间缺乏资源互补与共享的机制。在这种模式下,各部门根据各自的职能范围进行应急资源储备,各自为政,资源配置的成本很高,各部门各地区之间存在重复建设和资源浪费的情况。由于部门之间缺少必要的沟通,一个部门并不了解其他部门和地区的资源储备情况,在应对突发事件时容易出现资源的需求与供给相脱节,难以及时准确地找到所需的应急资源,应急资源整合的效率低下。

5 协同治理理论视域下城市应急管理的创新模式及实现路径

以国内外城市应急管理失败的教训和成功的经验为基础,从我国城市突发事件的特点和规律出发,笔者提出实现城市应急管理模式创新的以下思路(图 1)。

5.1 推动应急管理从“被动应对型”向“主动保障型”转变

应急管理不仅要注重突发事件的应急处置,还必须加强事前的预防准备和监测预警以及事后的调查评估和善后恢复,必需改变传统的突发事件被动应对型模式,向一个主动保障型的全

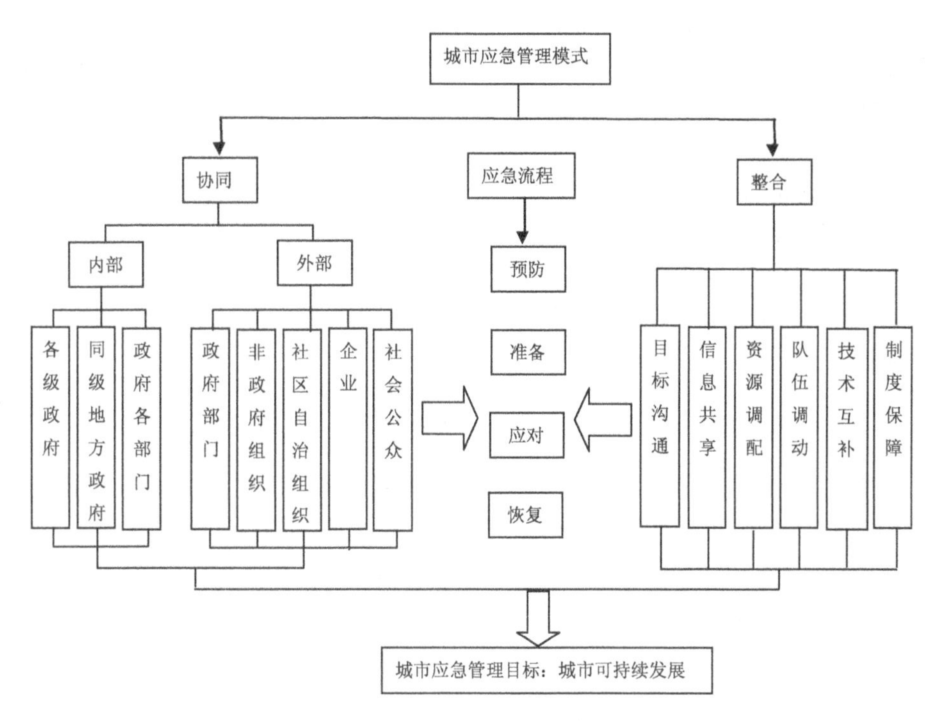

图 1　城市应急管理模式框架

过程应急管理模式转变，将各种危险因素控制在初始状态。

(1)培养防范意识

有效的预防工作可以促进应急管理的顺利进行，而有效的预防工作依赖于防范意识的形成。在应急管理预防工作策略的具体开展、落实以及评估检查总结过程中，一定要加强防范意识，对可能威胁公共安全的一切因素始终保持高度警惕。现代城市公共安全形势严峻，城市居民应当积极主动地学习应急救援相关知识，不断加强自身的公共安全防范意识。政府可以开展一些公共安全教育活动引导城市居民公共安全预防意识的提升，比如在社区和学校开展城市公共安全的专题讲座和演讲、开展类似火灾、地震逃生演习等突发事件发生的情景模拟活动，让居民从模拟突发事件活动中学习如何理性应对随时可能发生的突发事件。总之，要将安全防范意识贯穿于应急管理活动的始终。

(2)实施预防灾难的商讨活动

通过实施政府开展的各种以应急为主题的商讨活动可以有效预防和评估突发性公共事件。如，第七届上海国际减灾与安全博览会将于 2015 年 11 月 4 日在上海举办，为期 3 天，上海国际减灾与安全博览会暨中国(上海)国际减灾与安全产业峰会自 2009 年举办首届以来，已成功连续举办六届，是国内减灾领域内唯一真正政府举办，办展历史最久、行业影响最大、国际参与最多的高端平台。[9]上海国际减灾与安全博览会是全国包括国际各界人士参与的高端平台，在国内安全领域内已经连续举办，具有公益性、权威性的特点。这种形式的灾难预防活动具有多元主体性、功效性、时代性的特点，为城市间以及国家间的城市应急管理交流提供了良好的平台与基础，能够吸取最先进的应急管理的科技与理念，加深各地区、各城市间应急管理合作，对于我国城市突发事件应急管理具有重要的作用。

(3)建立风险评估与监测体系

风险评估与监测的任务是要识别可能发生的危机和可能存在的危害，政府可以通过风险评估和监测的结果来制定相应的突发事件预防和应对措施，从而减少危机发生的可能性，减轻突发事件带来的损失。要想做好应急管理工作必须定期持续地开展风险评估与监测工作。首先，必须做好全面检查城市危险源的工作，尤其是危险场所和行业，并全面评估这些危险源可能带来的危害，对危险源的等级进行标识，定期记录灾害安全情况，周知有关部门并及时向社会公布。其次，在掌握城市危险源的基础上，对可能造成群死群伤的公共场所，生产、使用和运输危险品的企业以及容易爆发突发事件的企业加强管控。再次，加强政府对于危险行业的管制，尤其是危险化学品和化工企业，在项目审批过程中加强对其项目安全性的评估，使安全达标成为项目验收的硬性指标。

5.2 形成各主体共同参与、相互协同的应急管理网络治理结构

应急管理协同与整合效应的实现需要形成各主体共同参与、相互协同的应急管理网络治理结构。这种网络治理结构在组织体制上，是一种扁平化、弹性化的应对网络，并且应急管理主体是包括多元治理主体在内的网络系统；在权力结构上，是政府、非政府组织、企业组织以及公民个人，共同拥有权力和责任并且权力与责任对等的制度化、常规化多元治理结构；在技术支持上，它超越传统面对面的合作方式，利用现代网络与信息技术，扩展了多元主体在时空上以多种方式相互合作的可能性。

(1)政府与社会合作治理

针对当前我国应急管理社会力量参与不足的问题，可以通过建立政府、非政府组织、社区自治组织、企业、公众等多元主体合作的全社会有序参与机制，来加强政府与社会的合作治理，促进多元主体参与应急活动。同时，改革传统的以政府为主导的应急管理模式，利用信息时代网络化的沟通优势，建立政府与社会之间多方合作的应急管理互动平台。然后基于这个互动平台，建立各主体共同参与、相互协同的应急管理网络治理结构，促使政府与非政府组织、社区自治组织、企业和公众树立共同目标、相互信任、资源共享，实现对应急管理的协同治理。

(2)政府间横向网格化协同治理

随着当前突发公共事件的复杂性和联动性日趋增强，应急管理涉及公安、消防、通信、交通、医疗、环境、军事、能源等多个政府职能部门。政府各职能部门间横向协同治理可以有效应对不断变化的突发公共事件和风险。针对我国应急管理过程中相关职能部门之间权责分散、部门主义的现实，突发事件应急管理建设在横向政府间关系设计上可以遵循网格化管理的原则，即将管理对象按照一定的标准划分成若干网格单元，利用现代信息技术和各网格单元间的协调机制，使各个网格单元之间能有效地进行信息交流，透明地共享组织的资源，以最终达到整合组织资源、提高管理效率的现代化管理目标。[10]突发事件的政府间横向网格化协同治理是通过科学划分单元网格、合理设定网格结构的形式、调配网格资源，使应急管理相关的职能部门能够各司其职，加强地区间、部门间的协调与配合，形成合力，共同做好突发公共事件预防与应急处置工作。[10]

5.3 构建整合式应急管理体制和机制

作为一种新的城市应急管理运行模式，整合式应急管理，是指应急管理各要素通过目标沟通、信息共享、资源调配、技术互补、制度保障，来实现相互协作，快速联动，积极关注和回应受灾群众的需求。目前，国家应急管理体制条块分割、部门分割、信息沟通不畅、资源保障机制不健

全等状况阻碍了应急管理体制与机制的健康运行。因此需要通过建立常设的综合性协调部门，用法律规定各主体的权责，建立完备的应急信息沟通机制，合理配置资源来构建整合式应急管理体制和机制。

(1)建立常设的综合性协调部门

在当前的应急管理中，缺少一个具有全面协调、综合决策功能的常设性应急管理核心机构，各部门往往习惯从自身利益出发，较少考虑应急管理的全局，因此需要建立常设的综合性协调部门。城市政府设立应急管理委员会(非常设领导机构)，统一领导全市应急管理工作，对各种突发事件的预防和处置进行指导、组织与协调，并将各种专业协调管理机构(委员会、指挥部等)纳入其统一领导框架；在市政府办公厅设立应急事务办公室(中心)，作为应急管理委员会的办事机构，同时也是常设的综合管理和协调机构，主要负责处理日常应急事务，收集分析信息，制定全市应急计划，组织应急培训、演习、宣传、教育，具体协调上下级政府专业部门、城市政府应急部门和各个单位之间的关系，以保证应急响应过程中各个部门相互配合、协调行动。[11]

(2)以法律形式明确各主体的权限和责任

整合式的应急管理体制和机制需要以法律形式明确应急管理中政府与社会的权责划分以及政府内部的权责划分。首先政府应该赋予社会力量在突发事件应急管理过程中一定的权力，通过培育市民社会，提升社会参与能力来发挥社会力量在应急管理中的作用。其次，通过制定应急预案和立法对政府内部各部门、各机构的权责进行明确划分，由专门机构根据法律来协调和配置各个部门和机构的力量，促进各部门的力量整合。第三，打破各部门、各单位应急救援条块分割、部门分割的现状，明确各自的职责，整合力量。以法律的形式规定城市应急指挥部门在突发事件发生时能够就近调度使用各种资源和力量，并且在应急救援过程中，相关部门和单位都有责任和义务提供相应的支援。

(3)建立完备的应急信息沟通机制

信息是应急联动的基础，也是各主体共同参与应急活动的动力。因此，应当制定信息沟通传递的方案以及突发事件信息操作规范和传递流程，建立完善的应急信息沟通机制。首先，要通过信息公开、与市民互动的网站、专业的应急管理培训系统等多样化的信息沟通渠道保持政府和公众的经常化沟通。其次，运用网络等多种沟通方式，建立纵向沟通与横向沟通相结合的跨部门危机沟通机制，促进政府各部门的交流协作。第三，建立信息技术平台，将突发事件的信息汇集到一个统一的平台，审查通过后向社会统一发布。第四，建立突发事件应急管理的问责机制，当出现发生事故不报、瞒报或漏报而造成严重后果时，需要承担相应的责任并接受一定的惩罚。

(4)合理配置应急资源

应急资源是各主体参与应急管理的载体，也是开展各项应急救援活动的基础。协同与整合式应急管理建设的关键是合理高效地配置应急资源。当前我国的应急物资储备权限分属不同部门，没有形成合力，缺乏整合协调机制。应急物资储备分布不均，布局不尽合理，种类较单一，很大程度上制约着各方主体参与应急管理活动。要想合理配置应急资源，首先，应完善我国现有的应急物资储备体系，统一规划，加强部门行业储备与中央以及地方储备的资源共享，避免资源的重复建设与浪费。其次，规范应急储备相关法规和制度，明确各主体的储备责任，注重统筹规划和综合协调。再次，完善跨部门的储备物资信息共享渠道，建立储备物资目录管理信息系统，健全应急物资的储存、使用和补充程序，为重大突发事件的应急联动提供有力的支撑和保障。[12]

6 结论

目前,我国正处于深化改革与社会转型的关键期,社会矛盾层出不穷、愈演愈烈,各种公共安全事件发生频繁,全国的突发事件应对形势严峻。传统的以应对为主的政府主导型应急管理分级分类模式不能适应当前应急管理形势的需要,城市应急管理建设面临各部门协调联动不够、参与主体协同不足、资源整合低效的困境。协同治理理论主张多元主体共同参与治理,提倡构建一个开放、协作、互补的协同治理网络结构,为城市突发事件管理提供了新的视野。通过构建多主体、开放、协作、互补的协同治理网络结构,充分调动各主体的积极性,发挥各主体的资源优势,共同建设防灾减灾的安全城市。

上海外滩踩踏事件和青岛中石化东黄输油管道泄漏爆炸事故案例,充分暴露了我国应急管理模式存在的突出弊端:重事后反应,轻事前预防;重政府管理,轻社会参与;部门分割,协同不足。通过分析以上两个突发事件案例,我们发现城市是应对突发事件的第一现场,承担着繁重的应急任务,需要协调多方主体。基于协同治理视角的城市应急管理是城市可持续性发展的前提。城市应急管理必须要充分发挥政府、社区自治组织、企业、公众等各类主体的积极性,整合资源,构建一个开放、协作、功能互补的协同治理网络,使得各主体能充分互动合作、取长补短、相互信任,达到资源的最优配置,树立防灾减灾的城市应急理念,培育自救互救的应急文化,组建以社区居民、城市志愿者为主力的城市应急队伍,为城市提供更优质更多的应急服务,建设和谐、平安、幸福的可持续性城市。

参考文献

[1] 闪淳昌.关于我国应急管理的顶层设计[J].中国智库,2013,(12):51.
[2] 唐钧,陈淑伟.全面提升政府危机管理能力,构建城市安全和应急体系[J].探索,2005,(8):74.
[3] 吴鹏森.公共安全的理论与应用[M].北京:中国人民公安大学出版社.2014.105-108.
[4] 李汉卿.协同治理理论探析[J].理论月刊,2014,(01):138.
[5] 于丽英,蒋宗彩.城市群公共危机协同治理机制研究[J].系统科学学报,2014,(11):53-54.
[6] 陆远权,牟小琴.协同治理理论视角下公共危机治理探析[J].沈阳大学学报,2010,(10):105.
[7] 毛凯英.公共危机的协同治理机制——基于两个案例的比较分析[J].中国社会公共安全研究报告,2014,(12):172.
[8] 沈荣华.城市应急管理模式创新:中国面临的挑战、现状和选择[J].学习论坛,2006,(01):49.
[9] 赵汗青.中国现代城市公共安全管理研究[D].长春:东北师范大学.2012:77.
[10] 钟开斌.国家应急管理体系建设战略转变:以制度建设为中心[J].经济体制改革,2006,(09):8.
[11] 沈荣华.城市应急管理模式创新:中国面临的挑战、现状和选择[J].学习论坛,2006,(01):50.
[12] 曹海峰.重大突发事件应急管理联动机制建设路径探析[J].中州学刊,2013,(12):18.

森林生态安全与突发生态事件应急管理研究
——以2013年夏季浙江森林火灾群发事件为例

袁　婵[1]　贾伟江[1]　潘颖瑛[2]　李少虹[2]

(1.浙江省森林公安局,杭州 310000; 2.浙江省林火监测中心,杭州 310000)

摘　要

文章分析了2013年夏浙江森林火灾群发事件的背景、表现及森林生态安全的特点,提出要将森林生态安全提高到国家安全的高度来认识,通过研究应对设防标准、应急预案、参与机制、考核机制、防控机构,提出了建立浙江特色的生态危机突发事件应急管理体系的构想,包括完善预案、生态安全投入机制、预测预报与风险评估机制、应急处置机制、应急沟通与发布机制、法制机制。

关键词:生态安全　森林火灾　应急管理

1　2013年夏天高温干旱天气过程

1.1　2013年夏季高温干旱天气过程与表现

自2013年7月浙江开始出现高温天气以后,高温持续时间近60天,降水量为1951年以来最少,高温干旱记录屡屡被刷新。贵州、云南、湖北、四川、浙江等23个省(区、市)中有530个气象观测站发生极端高温事件,其中,浙江新昌(44.1℃)、奉化(43.5℃)和湖南慈利(43.2℃)达到或突破历史极值。突破连续高温日数记录的达到161站次,远大于平均值36站次,为历史同期最高。部分地区高温中暑人数和用电负荷剧增,森林火险等级极高。据统计,2005—2012年,每年7—8月森林火灾平均发生次数为6.75次,而2013年夏季森林火灾发生次数高达56次。

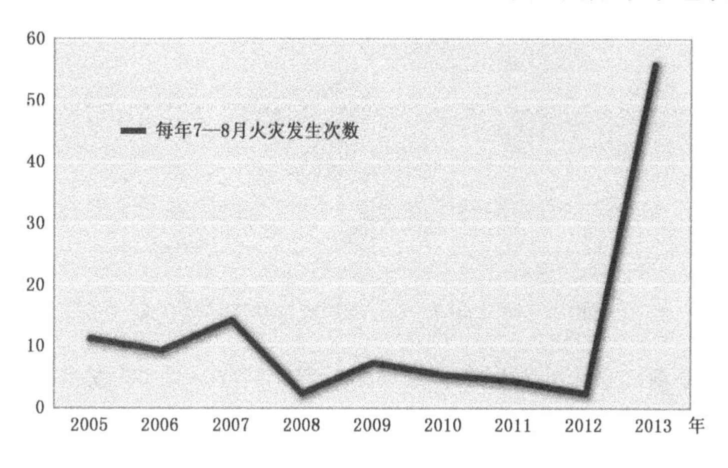

图1　2005—2013年7—8月森林火灾发生次数

此次高温天气波及范围包括江南、江淮、江汉、重庆等整个南方地区，浙江受灾尤为突出，连续出现全国最高温。高温干旱使农业生产遭受重创，部分早稻遭受“高温逼熟”，千粒重降低。据统计7—8月所发生的超过24小时火灾占全年同类火灾总数的73%。

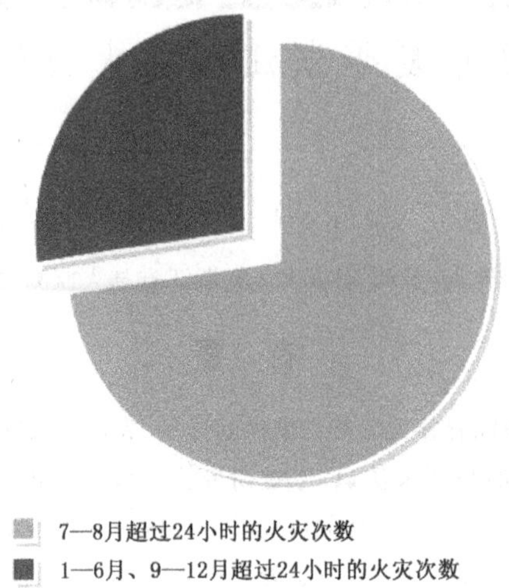

图2　2013年7—8月与其他时间内超过24小时的火灾次数对比

1.2　极端气候频现趋势及森林火灾公共危机的表现

据专家分析，由于气候变暖导致大气环流发生了显著改变，低层空气明显变暖，大气不稳定性增加，未来极端气候事件发生的频率和强度都有所增强，发生时机更难以预测，导致的极端气候亦有可能再次与我们不期而遇，令我们措手不及。

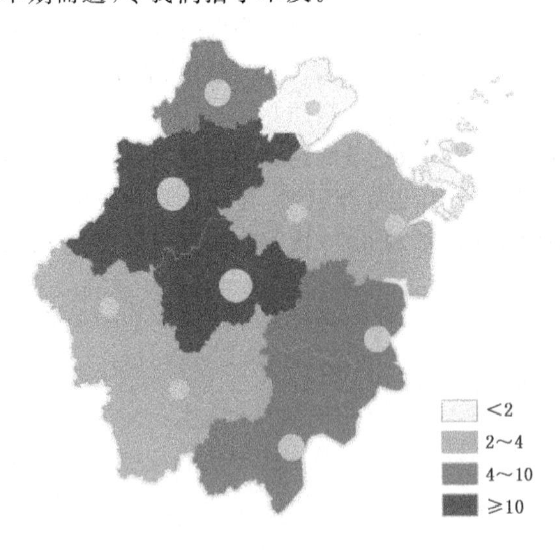

图3　2013年7—8月浙江省森林火灾分布图

据统计，2013年浙江全年共发生森林火灾206起，仅7—8月，就发生森林火灾56起，受害森林面积393.82公顷，占全年森林受害面积的30.9%，出动扑火人员18780人次，共花费扑火经费473.3万元，占全年所花扑火经费的56%。森林火灾导致电网拉闸，影响民众生活；报纸、网络、微博、微信上频现媒体与民众拍摄的火场照片。此次灾害已不止是一场自然灾害，它已经升级为重要的事故灾难、重大的民生问题和敏感的社会话题的混合体，对应急管理工作提出了较为严峻的考验。

2 森林生态安全的特点

2.1 森林生态安全具有整体性的特点

森林是陆地生态系统的主体。在森林生态系统中，一切因素都是相互关联的，部分环境的影响和破坏都会对整体环境造成影响，甚至引发大的灾难。森林火灾发生以后，不仅会给个人、组织和社会造成巨大的经济损失，还会影响生态平衡、造成大量动物的死亡，其释放大量的粉尘和热量会污染空气和环境，林木的消失导致大面积的水土流失，造成新的污染。由森林火灾引发的许多小区域、小范围的环境问题极易蔓延扩大成为大区域、大范围的问题。

2.2 森林生态安全具有不可逆的特点

森林生态环境的承灾能力有一定限度，一旦超出这个限度，就极易造成不可逆转的损失。一场森林火灾往往将几十年甚至上百年才长成的山林烧毁，甚至将一些珍稀野生动物灭绝，土壤大量流失，这些生态问题一旦出现，很难恢复到原样，即使部分修复需要付出极大的代价。

2.3 森林生态安全具有战略性的特点

从时间上来看，森林生态安全既关系到当代人们的生存发展，也关系到子孙后代的福祉；从空间范围来看，森林生态安全，是超越国家、超越名族、超越地理的概念，是人类社会共同的安全战略。森林是陆地最大的生态系统，浙江省全省约60%以上的土地面积为林地，森林生态安全是经济安全、政治安全及国家安全的前提和基础。

3 浙江建立生态危机应急管理机制的必要性

3.1 森林生态环境是林业可持续发展的基本保障

森林生态环境是林业可持续发展的前提和保障，良好的森林生态环境，能促进林业可持续发展，提高人们的生活质量。建立健全完善的森林火灾应急管理机制，就能保障林业生态环境和林业持续发展的良性循环。没有良好的森林生态环境，林业可持续发展就会受到制约。林业发展历史告诉我们，林业可持续发展也要从改善森林生态的方向寻找出路，现代林业的发展就是一个林业生态环境与建设的良性循环。

3.2 提高生态危机应急管理能力可提高生态环境对人类的保障程度

灾害与环境都是复杂的动态系统，互相影响、消长，总体上来看，灾害的恶化引起灾害的加剧，因此引起环境的进一步恶化，直至环境的崩溃。例如，森林火灾将树木烧毁，泥土裸露，引发泥石流，水土流失导致土壤更加贫瘠。只有通过提高森林火灾应急管理能力，提高人类的资源意识、危机意识、环境意识、发展意识，才能保护森林生态环境，提高环境对人类的支撑力度，

3.3 救灾减灾就是发展

从传统的观点来看，救灾减灾只是通过各种措施和行为减轻灾害事故危害的活动，减灾只是没有收益的投入。其实不然，救灾减灾还有一种特殊的产出，是对已有资源和已创造价值的保护。减灾不仅能通过各项措施减少灾害的损失和增加财富的积累，还能够保护环境、维护生态平衡，提高社会的可持续发展。有的减灾项目还能直接创造或者增加财富，如森林防火林带的种植，不仅可以起到阻隔带的作用，所栽种的防火植物枇杷、杨梅等还有很高的经济价值。

4 浙江生态安全所面临的挑战——以森林生态安全为例

4.1 现代化的应急处置设防标准不高

浙江地貌以分割平破碎的低山和丘陵为主，在全国地貌区划上属东南沿海低山与丘陵，华中华东低山与丘陵及江浙冲积平原的一部分，全省地势西南高、东北低，呈阶梯状下降，相对高差大，且坡度很陡，一旦发生森林火灾，火头上山速度很快，扑救十分困难，极易引发较大甚至重大森林火灾，造成人员伤亡。目前浙江引水上山工程布局过于集中和单一，许多地市还处于初步筹划阶段，使得一些地区一旦发生大火，缺乏相关防御防风险能力；应对大火所需的航空消防力量尤为不足，现有的南方航空护林总站设在云南，难以适应森林火灾应急快速反应的需要。

4.2 森林火灾应急预案不齐

2007 年 11 月 1 日，《中华人民共和国突发事件应对法》正式实施，明确了我国要建立统一领导、综合协调、分类管理、属地管理为主的应急管理体制。面对此次猝不及防的森林火灾突发、群发，在积极应对的同时，应急预案还是暴露出一些“软肋”，政府的应急预案由总体预案、专项预案和部门预案构成。其中总体预案是适用于全部突发事件的一般性规定，其特点是规范和指导意义大于操作意义，不强调操作性，专项预案和部门预案则使用于单一类型的突发事件，其专项预案着重考虑各部门在某一类突发事件的协作关系，而对于多类并发的突发事件的协作关系则一般不予规定和考虑。而此次森林火灾引发的综合型灾害，包括电力中断、居民受威胁、大气污染、林木受损、基础设施毁坏等多方面，这些方面环环相扣，有的还存在联动效应，造成恶性循环。因此，既有的预案体系无应对此类事件的综合方案，现存专项预案对并发、连锁灾害的应对方法也缺乏考虑。同时，地方政府缺乏应对此类复合型灾害的应急预案。

4.3 森林火灾公众参与机制不到位

近年来，浙江温州、金华等地，走出了一条森林消防公众参与的新道路。一些有着奉献、团队精神的公众不仅参与到了森林火灾的宣传、防范以及应急演练中，还成立了一些装备精良、训练有素的专业森林消防队伍，这些民间队伍的战斗力很强、布局合理，为当地森林消防建设作出了极大的贡献。与此同时，这些队伍也常常面临着“成长的烦恼”的困惑，存在着政策扶持不到位，资金投入不足，社会关注度不高，扑救安全风险大，队伍稳定性不强等问题。建立健全森林火灾公众参与机制，为这些民间队伍提供一定的政策扶植、资金补偿、保险保障、新闻宣传、演练培训，能有效利用社会资源，拓宽危机预案的社会基础，提高危机预防的有效性。最终减少突发事件可能带来的恐慌，形成沉着应对、团结一致和服从大局的有利局面。

4.4　森林火灾应急管理考核评价方式不合理

目前，全国大部分地区所实行的是以森林火灾次数、受灾程度为主要考核标准。火灾次数与受灾程度一定条件下确实能反映出森林火灾防控工作的部分成效。但森林火灾是客观存在，发生的原因多种多样，森林火灾尤其是较大森林火灾发生后，人类还很难用人力在短时间内将其控制住。唯火灾次数是从的考核方式极易导致基层森林消防部门发生瞒报、漏报的现象。防控森林火灾是一个系统工程，需要教育、民政、宣传、气象、交通、卫生等多个部门的协同努力，而目前的考核评价对象则全部为林业部门。林业部门扮演着“指挥员”与“战斗员”，“教练员”与“运动员”，“管理者”与“临床医生”等多重角色，不合理的考核评价方式必然会影响从业人员的主动性与积极性。

4.5　森林火灾防控机构建设不实

目前全省各地初步建立起森林消防应急管理机构，但存在机构设置不全，行政级别过低，编制过少的问题。据统计，目前浙江省有森林消防任务的92个县级以上森林消防办事机构中，仅有44个单位有独立编制，大多数县（市、区）森林消防办事人员只有1～2人，而且多为兼职人员，部分地区未将森林消防工作经费列入政府年度财政预算，难以适应新形势下繁重而艰巨的森林消防工作要求。上述现象严重制约了森林消防应急管理机构有效履行应急值守、信息汇总职能，使得全省森林火灾应急管理机构在功能履行上出现“小马拉大车”的尴尬局面。其次，资源分配偏少。森林火灾应急管理机构的设置规格与承担职能之间存在一定的不匹配现象，这种不匹配状态往往影响森林火灾应急管理工作的有效开展。

5　构建浙江特色的生态突发公共事件应急管理

浙江特色的生态突发公共事件应急管理“1预5制”，即应急预案、投入体制、预测评估机制、应急处置机制、沟通与发布机制、法制机制。在极端性气候事件发生几率加大，破坏性增强的形势下，“1预5制”应该成为预防和处置生态危机突发事件的常备性工作。

(1)编制完善生态危机应急管理预案，是应对生态危机突发事件的关键环节。在对森林火灾做出预测评估的基础上，要对森林火灾发生前后的各个环节编制详细的预案，如应急森林火灾应急指挥机构的职能、运作方式，各类队伍的运作和调度方案，灾害应急通信系统的应用，紧急情况下交通车辆的征用，灾民的抢救、输送、安置，军队和武警之间的协调等。要尽量在预案中将部门之间的协作操作化和规范化，整合政府指挥系统和各部门指挥系统的有机衔接，协调各部门之间的联合行动，力争做到一旦发生森林火灾，各相关部门能沿用预案立即采取有效联合行动。

(2)建立健全持续稳定的生态安全投入机制，是预防生态危机的主要举措。生态建设不仅需要国家和地方政府的持续投入，还需要非政府组织及个人的积极参与。各级政府要对生态建设做长期安排，从预防森林火灾的机构设施、行政级别、人员配备、经费预算着手，高起点、高标准进行机构建设。要加大应对生态危机基础设施的科技含量，提高应对森林火灾的科技防控能力。要通过建立生态补偿基金的设立，按照“谁投资、谁参与、谁受益”的原则，积极引导民间力量参与森林火灾的预防与治理，鼓励全社会各种投资主体通过各种形式向生态危机应急管理建设投资。

(3)建立健全预测预报与风险评估机制，是积极应对生态危机的前提和基础。要加大基层森林火灾监测设施与设备的建设力度，加强基层监测预报队伍的业务能力培训；对森林火灾发生的风险进行科学的评估，包括自然环境因素（温度、湿度、风向、坡度等）、人为因素（人口密度、人口流动速度、外来人员数量）等因子，要善于运用各种综合模型（生态影响评价模型、生态决策评价模型等）进行综合模拟，最大限度地进行科学、准确的预测预报与风险评估。

(4)建立完善的应急处置机制，是应对生态危机的核心问题。据研究，森林火灾的扑救的最有利时机为火灾发生后1～2小时内，也就是“打早、打小、打了”。如果错过这个黄金时间段，扑救难度将大大增加。这就要求乡镇（街道）政府适当配置应急处置的各种资源，争取在第一时间发现火情并及时处置。当前，基层政府面对着各种生态风险和危害，需要他们第一时间应急和处置，在党政府领导班子成员的选拔配备中，在注重德才条件的前提下，还应注重是否具有处置突发事件的能力和良好的心理素质。

(5)信息渠道的畅通与否和传递信息的效率高低，直接影响着政府对生态危机的处理。完善的通信网络是预测预报、灾情通报、组织指挥、疏散群众、寻求支援的关键环节。及时准确地发布信息，正确引导舆论，有利于应急管理工作的有效开展和社会、人心的稳定。各级政府要加大投入，增加通信平台、设备的投入，建立信息报告以及信息披露机制，防止因信息不对称，灾情混乱造成信息失真，造成新的问题。

(6)加强生态安全的法制建设，是应对生态危机的有力保障。我国的生态安全方面的立法存在着空白和执法力度不够的问题。我国迄今为止已经制定《环境保护法》、《森林法》、《草原法》、《防沙治沙法》、《气象法》、《野生动物保护法》、《水土保持法》、《循环经济促进法》等，这些法律都从具体方面对应对生态危机进行了详细的规定。我国的教育水平、经济发展水平还不高，这就更加证明了生态立法的紧迫性，只有运用法律这个最有约束力的社会规范，才能更好地建立法制型生态危机应急管理。

参考文献

[1] 郝时远.特大自然灾害与社会危机应对机制：2008年南方雨雪冰冻灾害的反思与启示[M]. 北京：北京出版社.2013.23,28.

[2] 黄崇福.自然灾害风险分与管理[M]. 北京：科学出版社.2012.264,270.

[3] 龚志强，王艳娇，王遵娅，等.2013年夏季气候异常特征及其成因分析[J].气象，2014,(1):119-125.

[4] 俊华，马涛，候云先.完善救灾物资储备体系的建议[J].探讨与研究，2012,(10):69-71.

[5] 张永领.我国应急物资储备体系完善研究[J].管理学刊，2010,(12):54-57.

[6] 张鹏.应急管理公众参与机制建设探析[J]. 公共管理，2010,(12):50-52.

[7] 罗小锋.水旱灾害和湖北农业可持续发展[M].北京：中国农业出版社.2007.40-44.

如何提升突发公共事件处置能力
——谈谈关于加强县(区)级应急队伍建设的一些看法

龙湾区应急管理办公室

(浙江温州,310000)

摘　要

随着社会现代化发展加快,各种自然灾害、重特大火灾事故、道路交通事故等突发公共事件频繁发生,呈现出突发性、多发性、连锁性、复杂性和不可预见性的特点。如"12·31"上海踩踏事故、"1·2"哈尔滨仓库大火事故,给国家人民带来巨大生命财产损失和威胁,同时也使政府应急救援工作面临着巨大的压力和挑战。如何提升突发公共事件处置能力成为摆在各级政府面前急需解决的问题。一是要加强应急指挥中心建设,二是要加强应急预案建设,三是要加强应急救援队伍建设。本文着重从国内应急队伍建设的现状出发,结合应急工作时间,探讨县(区)级应急救援队伍建设的一些看法。

关键词:突发事件　应急救援队伍　体系建设

1　应急救援队伍的发展趋势

随着城市化、工业化步伐加快,我国的经济发展和社会安全频受突发公共事件的影响,新材料、新工艺和新能源的广泛使用,火灾、水灾、冰冻、地震、泥石流、化危品泄漏等各种自然灾害事故、突发公共事件、人为灾害事故呈逐年上升趋势,自2003年以来我国每年突发公共事件高达120万起。如今一个"危险无处不在、无处不有"的风险社会正在逐渐形成,如果不对此加以重视和及时有效地进行公共危机管理,那么,我国改革开放的步伐就会放缓,甚至全面建成小康社会的整体目标也难以实现。实践证明,拥有一支反应迅速、机动性强、突击力强、精通业务的应急救援队伍,在突发公共事件发生时进行有效的应急救援,不仅能使造成的损失减到最少,还可以提升政府的公信力,促进社会的自我修复和进步。这种紧急救援机制在减少和控制事故人员伤亡和财产损失方面发挥了重要作用。可见,依托公安消防部队,建立综合应急救援队伍是科学有效的,符合社会发展规律。

2　县(区)级综合应急救援大队存在的瓶颈

然而,近年来,我国高度重视应急救援工作,各大中城市和有关政府部门相继建立应急救援队伍。目前,我国应急救援队伍主要有:由公安消防、特警、武警、解放军、预备役部队和民兵等力量组成的装备精良的骨干应急救援队伍;由政府相关部门组建的有一定专业技术能力、专门处置各类突发事件中专业技术事故(卫生、建设、渔业、电力等)的专业应急救援队伍;由基层政府、有关部门、企事业单位和群众自治组织组建的专兼职应急救援队伍。据统计，我国现已拥有各类应急救援人员500余万，但还存在社会应急救援体系不健全、应急管理能力相对较弱、效能不强、出动缓慢、专业性的应急救援队伍缺乏等问题。建立一支反应快速、技术性强、功能多样的综合应急救援队伍是当前我国面对突发事件应急救援亟须解决的问题。

根据《国务院办公厅关于加强基层应急队伍建设的意见》(国办发〔2009〕59号)，各地方都依托消防大队组建成立综合应急救援大队，主要领导由区消防大队主官担任。在保持原有应急管理工作体制不变的前提下，将安全生产、消防安全、防汛抗旱、公共卫生、地质灾害等专业应急救援队伍纳入综合应急救援大队的调度、作战、训练体系，将应急物资储备单位纳入应急救援体系，将应急志愿者队伍纳入应急社会动员体系，总体上形成了骨干应急救援队伍、专业应急救援队伍、综合应急救援队伍、志愿者应急救援队伍、专家应急救援队伍“五位一体”的应急救援队伍。但是，应急救援机制基本上还存在着多方面问题，建立合理高效的应急救援机制还是一个逐步完善的过程，主要存在以下问题。

一是法律职责不明晰。我国虽然已经颁布了一系列与处理突发事件有关的法律、法规，如《突发事件应对法》、《防震减灾法》、《防洪法》、《安全生产法》等，各地根据这些法律、法规，又颁布了适用于本行政区域的地方性法规。但是，仅仅针对不同类型的突发事件分别立法，相对分散、不够统一，难免出现法律规范之间的冲突。而且各部门都针对自己所负责的事项立法，缺乏沟通和协作，大大削弱了处理突发事件的能力。尤其是针对县级应急救援队伍建设的法律和地方性法规，对相关部门在应急救援中的联动、职责、信息共享、指挥体系等都亟待明确。

二是基层情况不了解。应急联动指挥中心必须及时、迅速、准确地掌握情况，了解信息，熟悉突发公共事件处置流程、各处置单位职能以及各单位的处置能力，才能有效地协调指挥应急救援工作。但当前形势下，应急联动指挥中心的协调指挥工作往往仅限于在办公室开展，难以扎根基层深入了解情况。导致处置单位之间相互协调、调配力量和各自的请示汇报，一定程度上延误了救援时机。灾害事故发生后，不能在短时间内迅速调集救灾力量，从而在很大程度上影响了应急救援工作进程，给整个救援过程带来不必要的麻烦。

三是业务能力不扎实。以公安消防、特警、武警、解放军、预备役部队和民兵等力量为依托组成救援力量是应急救援队伍的主心骨。但消防、特警、武警、解放军、预备役部队和民兵的部队管理模式与政府管理模式完全不同。消防官兵往往年纪轻，在部队服役的期限较短暂，流动性较大，导致应急救援队伍整体存在救援经验不足的情况。这一弊端直接影响了突发公共事件的处置成效，威胁着群众的人身财产安全，也存在着巨大的安全隐患。例如“1·2”哈尔滨仓库大火事故，2015年1月2日13时许，哈尔滨市道外区太古街与南勋街合围地段一仓库起火近10小时，过火仓库发生塌方，导致15名消防战士受伤，其中3名消防战士因伤势过重经抢救无效死亡，带来不良的社会影响。

四是救援装备不齐全。单从消防部队看，应急救援需要的特种器材装备是类型多样、技术要求高、购置价格昂贵，由于受经费、技术等方面的限制，政府不能按需配齐，只能配备一些常用的破拆、救生、照明、排烟、防化等专勤器材及个人防护器材装备，当遇到一些特殊事故、特殊物品的灾害事故时，所需的特种器材缺乏，就显得束手无策，力不从心，望灾兴叹。造成应急救援实力不强，不能满足现场组织指挥和以抢救人员生命为主的实战需要。

3　加强县(区)级综合应急救援大队建设的具体措施

如何将公安消防部队建设成为政府应急救援的主力军,加快消防部队职能向多元化方向发展,使其真正成为地方政府开展社会救援工作的拳头力量,既是消防部队自身建设要求也是政府应急救援大队建设要求。对此,强化综合应急救援队伍建设,从以下几个方面作为突破口。

3.1　整合现有资源,组建综合应急救援平台

高效的应急救援队伍是出色完成各类灾害事故应急救援工作的基本保障,而如何有效让队伍参与救援,应急救援平台的指挥调度必不可少。整合现有社会资源,努力做到完善应急援救体系建设,坚持政府主导、社会参与、分级负责、整合资源、立足实际、突出重点的基本原则。龙湾区现正探索建立一支科学、高效、满足特殊应急救援任务需要的专业救援队伍,并按照"一个中心、一个平台、一支队伍"的模式,来完成应急救援中心、应急救援指挥调度平台、综合应急救援大队和应急补充力量的建设。

一是建立应急救援实体化运作机制。现在应急联动指挥中心只是依托于公安指挥系统的一个平台,如能实现实体化运作机制,整合各应急联动成员单位现有资源、系统和平台,各应急联动成员单位实体在一个指挥中心上班,直接参与指挥中心指挥调度,实现真正的实体化运作机制。再通过对讲手机连线、同一系统平台应用等手段,设立相应特服号码,以快速的信息通信网络、完整的基础信息数据,实现跨部门、跨地区以及不同单位、救援力量之间的"统一接警,统一指挥,协同作战",为地方政府准确、快捷、有序、高效应对各种特殊、突发事件提供指挥部的功能。

二是组建多层次的综合应急救援队伍。依托消防部门建立应急救援大队,按照突发事件类别,依托系统、行业的应急救援队伍建立专业应急救援队伍,并组织有相关救援专业知识和经验的人员建立专(兼)职应急救援队伍。依托共青团组织及各类志愿者组织,建立志愿者应急救援队伍,建立应急管理专业人才库等。

三是健全应急救援联动机制。明确政府统一指挥,以应急救援队伍为主力军,通信、卫生、交通、电力、水利、环保等政府职能部门共同参与的联动机制。一旦发生灾害,可以快速调动、有效保障。充分利用数字化、信息化、网络化技术,建立统一的应急救援联动指挥中心,同时,避免重复投资,确保资源的有效利用。依托消防部队建立应急救援队伍,尝试在原先的"三台合一"基础上,通过与其他部门的连线电话、信息投影等手段,设立相应特服号码,以快速的信息通信网络、完整的基础信息数据,实现跨部门、跨地区以及不同警种、救援力量之间的"统一接警,统一指挥,协同作战",为地方政府准确、快捷、有序、高效应对各种特殊、突发事件提供指挥部的功能。

3.2　加强能力建设,提升综合应急救援水平

应急救援队伍建成初期难免存在组织指挥人员知识结构单一、专业技术水平不高等问题,特别是一些平时难以遇到的救援行动如水灾、地震、化工泄漏等。加之长期以来公安消防部队主要担负灭火任务,应急救援工作起步晚,未形成理论体系。为此,要着力强化应急救援大队能力建设,逐步承担起各类日常灾害事故应急救援工作和重特大灾害事故的突击与攻坚任务。

一是加强救援队伍训练。加强基地化、模拟化、实战化训练。特别是开展特种业务训练之间的协同演练,提升应急救援能力。应急救援队伍建成后,初期难免存在组织指挥人员知识结

构单一、专业技术水平不高等问题，特别是一些平时难以遇到的救援行动如水灾、地震、化工泄漏等。加之长期以来公安消防部队主要担负灭火任务，应急救援工作起步晚，未形成实战体系。为此，要大力加强应急救援训练，进一步提升队伍的应急救援实战能力。可开展以抢救生命为主的侦察搜救、紧急排险等常用基本技能、施救方法等技、战术训练；开展摔伤砸伤、烧伤、中毒溺水等现场紧急救护等技术科目训练；重点加强对复杂的化工、有毒、有害、洞室、隧道、易燃易爆等特殊灾害的抢险救援处置战术训练。

二是健全应急预案体系。救援预案是提高各类突发事件应对能力的有效途径。要在政府统一领导下，按照"瞄准实战、规范实用、体系完整、管理科学"的原则，加强对应急灾害事故的科学分析，从应急救援的组织、职责、任务分工、行动要求、力量调派、基本程序、通信联络方法、各种技术装备和物资配备要求等方面进行细致的谋划，强化预案可操作性。

3.3 把握关键环节，加强应急救援装备配置

按照《温州市综合应急救援大队建设标准（试行）》，若装备全部配备到位，就需约 750 万的经费投入。如何合理安排落实专项经费，按照先重点后一般、先个别后全面的原则，分期、分类投入经费保障，确保救援装备的配备和日常工作的运行是关键的问题。建设经费部分可由当地自行解决，另一部分建议上级财政给予相应扶持。参照《温州市综合应急救援大队建设标准（试行）》（温应急办〔2010〕5 号）文件，在具体配备中，还需解决四个问题。

一是解决逐步配备的问题。要对照标准，结合当地实际，制订计划，分步配备，对同类装备要尽量配套，防止救生类装备配备一点、侦检类和堵漏类装备又配备一点，最终造成所配救援器材不成体系、救援无法发挥整体效应的现象。

二是解决重点配备的问题。根据开展应急救援工作的地理、气候等因素不同，救援事故的类型、频率不尽相同，所需装备也大不相同。比如面对自然灾害、化工火灾等两类处置对象，要优先配置抗洪抗台装备和化工事故处置装备。另外，考虑到泵浦、水罐和泡沫消防车中泵浦消防车不能储水、维修不便，而泡沫消防车既可出水又可出泡沫的实际，县级综合性（消防）应急救援队车辆基本配备上，对常规车要按泡沫车、水罐车、泵浦车的顺序配备。

三是解决超标配备的问题。温州市综合应急救援大队建设标准（试行）》的出台，对各地有序、合理配备救援装备无疑是极大的推动，但考虑到各地的经济水平、典型灾害事故的类别、救援任务的差异，在装备配备过程中，还要把握适度超标配备的原则。如县级综合性（消防）应急救援队基本配备车辆中，在主要救援车辆的技术性能上，对水罐消防车出水性能的泵出口压力，考虑到高层供水能力的需要，要优先考虑 1.8MPa 的泵。

四是解决结合配备的问题。自公安消防部队开展打造消防铁军工作以来，公安部也下发了各地打造铁军的攻坚组配备标准，浙江省也下发了消防部队消防装备配备指导意见（附装备配备标准）。对照这些标准，《县级综合性（消防）应急救援队装备配备标准》有的装备与之重复，尤其是破拆类、救生类涉及的重复装备较多，所以，各地要相互对照，有序配备，避免重复投资，将有限资金投入到刀刃上。着力加强战勤保障力度，是各类应急救援处置的基础保障，应优先配齐配强应急救援支队装备。在充分利用现有装备的基础上，加快各类应急救援装备的配备。重要配备与处置现代灾害事故救援相匹配的各类车辆与器材装备。

我国综合性应急救援队伍建设刚刚起步，在体制、编制、法制和经费保障等方面还没有成熟规定，需要我们进一步探索，作为应急工作者更要积极地去探索，相信今后应急救援队伍处置突发事件能力更加有效，作用更加彰显。

海南省地方政府自然灾害应急管理公众评价分析

黄燕梅　徐艳晴

（海南大学政治与公共管理学院，海口 570228）

摘　要

从海南省自然灾害危机事件应急管理的现状、公众满意度、应急水平、应急资金透明度、应急宣传等方面对公众进行评价分析，结果显示，海南省自然灾害应急管理公众评价的总体满意度并不是很高，建议政府从灾前预警宣传，灾中反应水平、灾后生产恢复，灾后心理干预等方面着手建设一个更为适应海南省自身需要的自然灾害应急管理机制，树立政府的“为民”形象。

关键词：地方政府　自然灾害　应急管理　公众评价

我国自然灾害相对频发且分布区域广，灾害种类较多，因灾造成的损失严重，在世界上属于自然灾害发生最为严重的国家之一。以 2010－2012 年为例，2010 年全国各类自然灾害共造成 4.3 亿人次受灾，因灾死亡失踪 7844 人；农作物受灾面积 3742.6 万公顷，其中绝收面积 486.3 万公顷；因灾直接经济损失 5339.9 亿元。2011 年，各类自然灾害造成全国 4.3 亿人次受灾，1126 人死亡（含失踪 112 人），939.4 万人次紧急转移安置；农作物受灾面积 3247.1 万公顷，其中绝收 289.2 万公顷；房屋倒塌 93.5 万间，损坏 331.1 万间；直接经济损失 3096.4 亿元（不含港澳台地区数据）。[①] 2012 年，我国各类自然灾害共造成 2.9 亿人次受灾，1338 人死亡（包含森林火灾死亡 13 人），192 人失踪，1109.6 万人次紧急转移安置。同时，灾害还导致 2496.2 万公顷农作物受灾，其中绝收 182.6 万公顷；房屋倒塌 90.6 万间，严重损坏 145.5 万间，一般损坏 282.4 万间；直接经济损失 4184.5 亿元（不含港澳台地区数据）。[②]

2007 年 8 月 30 日第十届全国人民代表大会常务委员会第二十九次会议通过的《中华人民共和国突发事件应对法》第三条关于突发事件的界定，把突发事件定义为“突发事件是指突然发生，造成或者可能造成严重社会危害，需要采取应急处置措施予以应对的事件。”把突发事件分为自然灾害、事故灾难、公共卫生事件和社会安全事件四类，并按照社会危害程度、影响范围等因素分为特别重大、重大、较大和一般四级。

为了进一步了解地方政府在自然灾害事件应急管理建设在社会公众中的评价情况，笔者对海南省政府自然灾害应急管理的公众评价进行调研分析，分析地方政府在自然灾害应急管理建设的积极作用及其存在的问题，试图为海南省自然灾害应急管理提供理论依据。

---

① 民政部国家减灾办发布 2011 年自然灾害损失情况 http://www.gov.cn/gzdt/2012-01/11/content_2041888.htm2012 年 01 月 11 日 11 时 13 分。

② 新华网北京 1 月 6 日电（记者 卫敏丽），2012 年各类自然灾害致 2.9 亿人次受灾 1338 人死亡，2013 年 01 月 06 日，http://news.xinhuanet.com/2013-01/06/c_114271109.htm。

1　调查对象与方法

在为期6个月的时间里(2013年10月—2014年4月),针对海南省自然灾害应急管理公众评价这一内容,主要是以问卷调查、访谈等方式进行,在海南省内有选择性的选取有代表性的四个地级市作为调研地,根据当地民众对自然灾害应急管理一系列的评价和看法做出实际的调查。被调查者均为海南省长住居民,所涉职业范围广泛,有教师、农民、学生、医生、政府人员、个体户和企业职工;被调查者学历覆盖本科、专学、高中、初中、中专、小学学历。样本具代表性。本次问卷实际发放问卷253份,其中有效问卷248份,有效率为98.02%。

2　调查结果与分析

海南省的自然灾害中气象、气候灾害是最为常见,也是影响范围最大的一种灾害,其中要数台风和干旱最为猖獗。海南省政府也就这一灾害制定了一套应急管理预案,对于应急管理机制建设高度重视,自然灾害中应对响应机制在不断完善,以使各地方政府能面对灾害时及时做出抗灾行动。但应急管理机制的建设并非一蹴而就的,建设过程中问题仍然存在。

2.1　海南省地方政府自然灾害应急管理公众评价

调查数据表明(图1),海南省自然灾害应急管理公众评价满意度并不是很高。非常满意和满意的比例只占到了33%,而剩下的67%都是或多或少对政府自然灾害应急管理有所不满的。其中,甚至有8%的受访者很不满意政府的自然灾害应急管理。

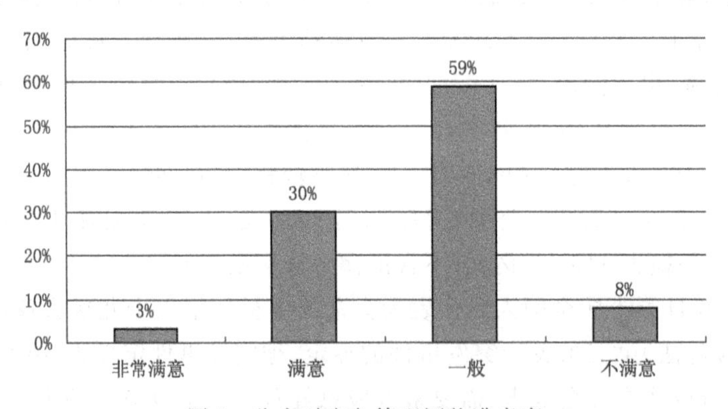

图1　公众对应急管理评价满意度

2.2　海南省自然灾害应急管理灾前预防阶段情况

(1)防灾意识淡薄,信息渠道受阻

调查数据显示,在问及公众是否知道自然灾害的相关信息接收的电话或邮箱,以及所在地区的地方主要灾害监测机构时,二者都有4成以上的受访者人回答不知道,只有22%的受访者知道地方主要灾害监测机构(图2),8%的受访者知道自然灾害相关信息接收的电话或邮箱(图3)。这个数据表明,海南省的公众基本防灾减灾意识有待加强,公众获得自然灾害信息的渠道不是很畅通,同时也反映出政府对于防灾减灾的常识宣传需要更好地普及。所以,政府应急管理过程中，如何注重做好灾前预防工作，同时达到提高群众安全意识的目的是必要的。

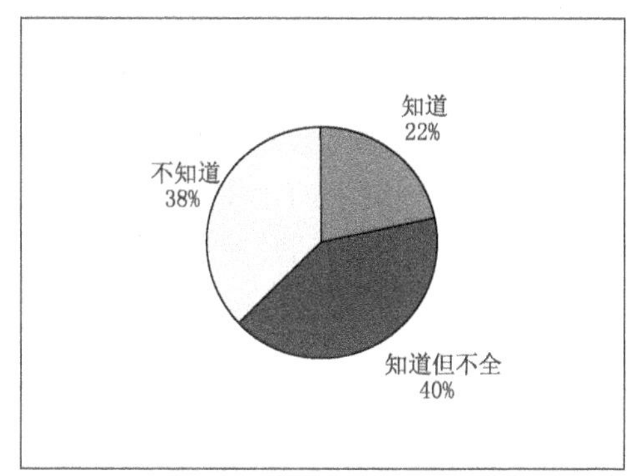

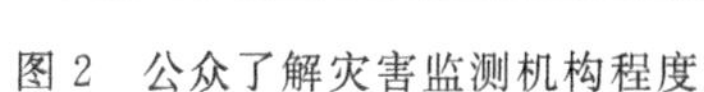
图 2　公众了解灾害监测机构程度

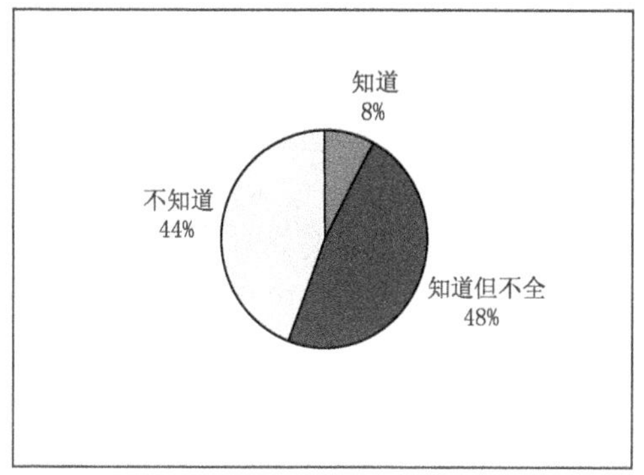

图 3　公众了解灾害信息的电话或邮箱程度

(2)宣传力度不够，预案甚少人知

海南省于 2006 年 8 月出台过一份题为《海南省自然灾害应急救助预案》的文件，从调查数据来看(图 4)，受访者中仅有 17%的人知道这一预案，并了解其内容，对这一事情完全不知情者却占到了 40%，其余则为知道这件事但并不明白其中内容及其意义。这些数据说明，海南省制作预案是值得肯定的，但宣传力度不够，未能普及至公众。

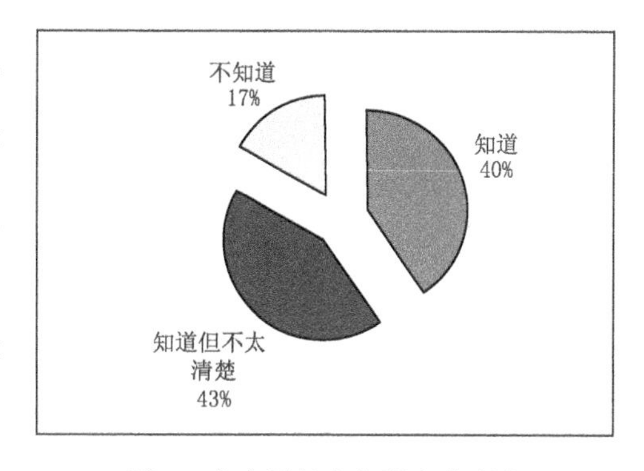

图 4　公众了解应急预案的程度

(3)预警系统完备，演练需再完善

根据公众对于灾害警报系统及日常仿真演练的反馈可以得知，就海南省而言，这样的演练还是有少数地区进行过，但是进行的频率并不高，受访者反馈经常进行的比例只占到了 2.4%。针对海南省而言，台风、干旱、强对流天气等自然灾害的预警和演练是十分必要的，但是，光有预警，却少有演练显然是不够的。

2.3　海南省自然灾害应急管理灾中应对阶段情况

(1)启动预案及时，源头减少损失

针对在自然灾害到来的紧急情况下政府向公众发布各种防范预案这一措施，海南省各地政府是值得被肯定的。据调查数据显示(图 5)，有大约 73%的公众表示在以往的自然灾害发生之时，政府作为领导者，经常有或是偶尔也会向公众发布各种防范预案以及启动相关的预备系统。在灾情发生的第一时间就注意到并对此作出相应的行动，可以从源头上控制灾情的进一步扩大。但是我们也要关注到还有剩下的 27%的公众表示政府没有作出相应行动，当然这其中不免有些是因为公众自身原因没有关注到这些信息，但是也从另一方面说明政府这一工作的面还需进一步扩大，直至所有群众都

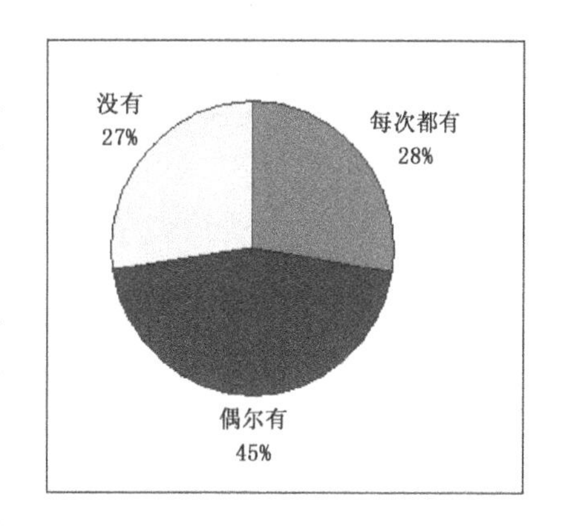

图 5　公众了解政府采取救灾措施程度

能接收到这一信息。

(2)媒体在灾中反应速度灵敏,政府有待加强

调查数据表明,媒体在自然灾害发生之初的反应速度在受访者中被认为是最快的,65%的受访者都觉得媒体的反应速度灵敏。而社区、公民的反应速度和政府的反应速度则没有多大的差别,分别为43%和47%。通过对政府、媒体、社区和公民在反应速度上的比较,明显可以看出政府的反应速度还有待加强,在公众心目中反应速度不及媒体。对于政府而言,8%的受访者认为其反应迟钝,这是政府在应对自然灾害危机事件时的大忌,处理危机事件的反应速度是至关重要的。

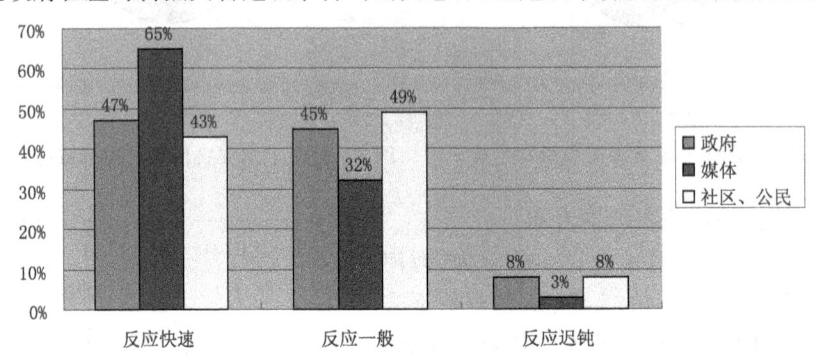

图6 政府、媒体、社区及公民灾中反应速度

(3)救援物资充足,满足救援需要

救援物资在灾前准备阶段就应该是有充分准备的,所以在灾中应对阶段更多强调的是对救援物资的分配与运用是否得当的问题,即在受灾地区公众是否享受到了这些救灾救援设备,是否能满足该地区所有公众的需求。而在调查中显示,超过半数的公众认为对于其所在基层、地区的救护车等紧急医疗救援设备来说是能够应付日常自然灾害的,但是对于应对大的灾害可能还有进一步改进的空间,而这一空间就是需要我们改进努力完善之处,虽然对于公共资源不可能满足每一个人的需要,但是在自然灾害面前,多满足一个人对于救援的需要,就多了一分生的希望。

(4)救援水平一般,自救值得肯定

救援水平在灾情发生之后是至关重要的,救援水平的高低在一定程度上决定着救援的最终成效。灾区救援首先要求的是救援水平。在关于社会志愿救援人员和自救或互救的问题上,调查(图7)显示二者在数据上差不多,觉得水平高的公众很少,仅占5%,而69%的受访者认为这两种救援能应付日常灾害但是在大灾害面前还是需要改进。这说明公众对于自然灾害的了解

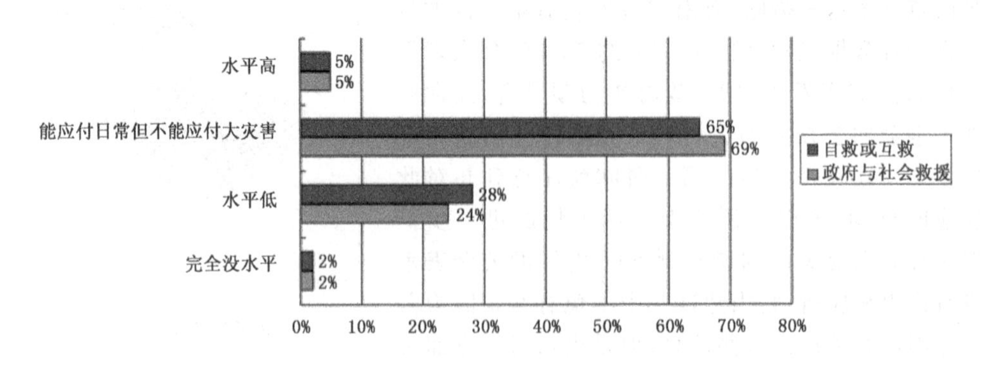

图7 公众对救援水平能力的评价

不断加深，而应对这些灾害的经验也在不断的积累。但同时对政府与社会的救援水平提出了更高的要求。

2.4 海南省自然灾害应急管理灾后恢复阶段情况

(1)重视生活改善，忽视生产恢复

灾后恢复阶段不仅是对这一次救灾行动的结束，也是为下一次救灾防灾行动做准备的一个环节。首先是重建工作，经过自然灾害的破坏，公众的生产和生活都在一定程度上受到其影响，那么政府这时候就需要扮演救济者的角色，对生产、生活提供一定的资金物资的支持。调查数据表明(图 8、图 9)，海南省相关部门对于生活改善相对比较关注，而对于生产方面则有所懈怠。50%的受访者认为灾后生活改善速度很快，而仅仅只有 13%的受访者认为很慢；但是在帮助解决生产恢复资金物资时，却只有 18%的受访者认为有资金并且很多，50%的受访者表示资金不多，其他的则表示没有资金或是不清楚是否有。

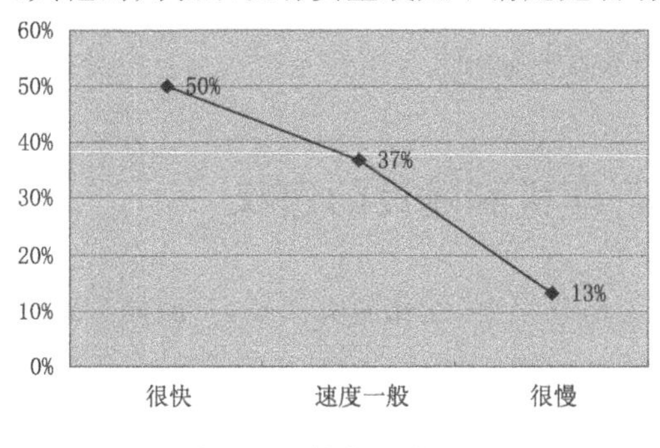

图 8 公众对灾后恢复改善生活的评价

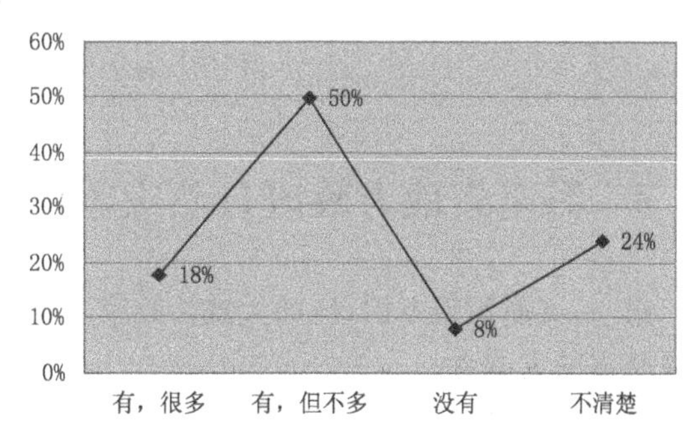

图 9 公众对恢复生产资金了解的评价

(2)救灾资金需透明，心理辅导需加强

救灾资金作为公共支出这一项，在救灾行动结束之后就应该立即公示，让公众有据可查，也更加重视救灾行动。心理辅导这一项一般在经历重大自然灾害时就起到很重要的作用。而就调查而言(图 10)，海南省各地政府在救灾资金这一块有一定的透明度，30%的受访者表示关注过政府关于救灾资金的使用情况问题，但是 52%的受访者表示不清楚、没关注。对于心理辅导的介入方面就有所欠缺，只有 4%的受访者表示有灾后心理辅导，70%的受访者表示不清楚、没关注，而剩下的 26%的受访者则明确表示没有。心理辅导作为灾后心理恢复的一个重要环节需要得到进一步加强。

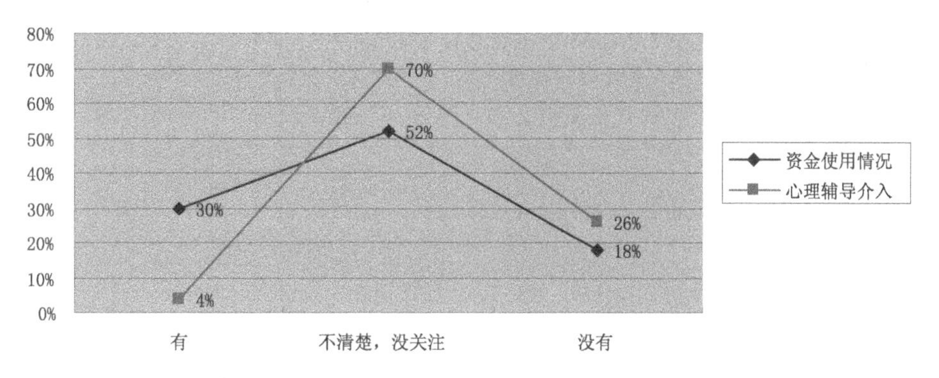

图 10 公众了解救灾资金、心理辅导情况的了解程度

(3)政府灾后处理能力一般

调查数据显示，公众对于政府灾害的处理能力满意度只达到一般的水平。选择处理一般的公众占被调查总人数的61%，比例相当大，不过值得肯定的是认为处理不得力的受访者仅占12%，说明海南省政府的灾后处理能力虽需改进，但能力不可忽视。

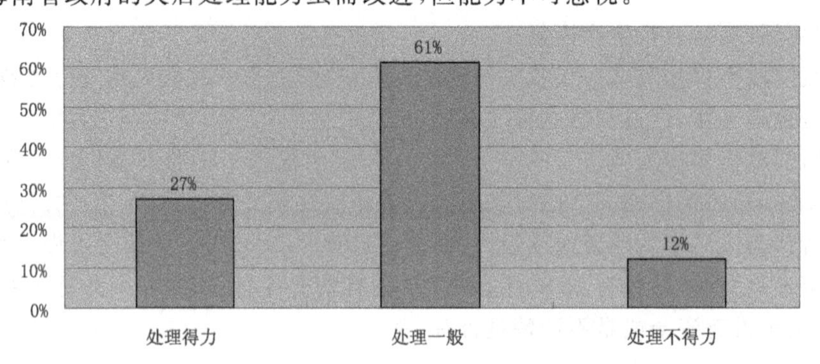

图11　公众对政府处理灾害能力评价

3　海南省地方政府自然灾害应急管理机制建设的建议

第一，灾前预警方面，应加大宣传教育力度，拓宽信息渠道，强化防灾演练，全面提升政府与民众防灾减灾能力。

第二，灾中反应方面，确实提升自然灾害救援水平，努力建设一支真正的地方自然灾害应急队伍。

第三，灾后恢复方面，重视生产恢复，加强灾后心理干预，做好灾后公共卫生工作。

总之，政府应该更加关注公众的需求，确实建设一个更为适应海南自身需要的自然灾害应急管理机制，树立政府的“为民”形象。

参考文献

[1]　何振.湖南地方政府应对重大自然灾害对策调研及其思考[J].湘潭大学学报(哲学社会科学版)，2010，(04).

[2]　耿婷婷.论地方政府自然灾害应急管理的提升途径[J].河北企业，2011，**05**.

[3]　付林，周晶昌.浅议我国地方政府自然灾害应急管理[J].商业经济，2010，**01**.

[4]　王学栋.我国政府对自然灾害应急管理的对策分析[J].软科学，2004，**18**.

[5]　刘宣材.我国自然灾害应急管理存在的问题和对策[J].湖南安全与防灾，2011，**05**.

六、灾后重建和灾前补强

严阵以待战"灿鸿"　灾后救助不松懈
——绍兴市民政局防台减灾救灾工作纪实

楼言昌
（浙江省绍兴市民政局，绍兴 312000）

为应对今年第9号台风袭击，绍兴市民政局严格按照市委、市政府的部署，严阵以待战"灿鸿"，紧紧围绕"不死人、少伤人"的工作目标，切实做好灾前、灾中、灾后三个阶段工作，灾前狠抓防范避灾，灾中迅速救灾报灾，灾后重抓恢复重建，连续作战，毫不松懈。

1　灾前狠抓防范避灾

（1）加强组织领导，思想高度重视。绍兴市防指防台风应急响应一启动，即由市局领导带班，局机关救灾预备队实行24小时值班。7月9日，市民政局召开防台专题会议，及时传达市委市府防台工作会议精神，紧密部署，明确职责，建立局领导联系制度。市局主要领导全面指挥并赴新昌县一线指导防台救灾工作，其他局领导分组深入基层确保各项措施落实到位。及时发出三个通知：《关于认真贯彻国务院领导同志重要批示精神进一步做好防灾抗灾救灾工作的紧急通知》、《关于做好当前防台救灾工作的紧急通知》、《关于进一步加强避灾安置场所启用的函》；先后启动四级、二级两次市级自然灾害救助应急响应。10日20时启动了救助二级应急响应后，全市各级民政部门迅速提升各项应对措施级别，中止双休日，全力以赴投入抗台。

（2）搞好安全排查，确保不留死角。为确保群众生命、财产安全，全力做好避灾场所安全大排查工作，发现问题及时整改，坚决杜绝和禁止避灾安置场所"带病作业"，确保避灾安置场所的安全。同时进一步完善避灾安置场所启用、人员分工、人住登记、生活救助、人员回迁等各项工作流程。灾害预警发布后，避灾安置场所要第一时间启用，相关责任人及管理人员要坚守岗位，24小时值班，认真做好接收转移安置群众的各项准备工作。对辖区内的养老机构、福利企业、居家养老服务照料中心（站）等进行摸底、巡查、监测，确保不留死角，杜绝安全隐患。完成对201所敬老院等福利机构安全排查工作。各级救助管理机构全部24小时在岗待命，对需要救助的流浪乞讨人员及时救援，市救助站落实6名工作人员和2辆救助专用车开展巡街。

（3）强化预案管理，搞好应急演练。市民政局根据《绍兴市自然灾害救助应急预案》，及时修订《绍兴市自然灾害救助应急预案操作手册》。各区、县(市)民政局积极完善应急预案,加强应急演练,增强预案的可操作性。

(4)备足物资,确保受灾群众基本生活。各级民政部门抓紧备足当前急需的物资,特别是水、食品、棉被、衣服等生活必需品,每个避灾点根据容纳人数备足7天的食品、饮用水等应急物品,并与供销超市达成救灾物资紧急供应协议,确保灾害发生后第一时间救灾物资落实到位,切实保障受灾群众的基本生活,帮助灾民度过第一道难关。把受灾群众的健康安全放在首位,严格把好货源关,保证灾民吃得放心。

(5)搞好人员转移安置。做好在危险区域居住群众的转移安置工作,绍兴全市120个镇级避灾安置点在10日下午5时前全部启用,全市紧急转移安置人口104741人,全市共集中安置17510人,确保转移群众的基本生活。

2 灾中迅速救灾报灾

(1)迅速救灾。这次台风对绍兴市造成严重影响,全市受灾人口308256人,农作物受灾面积39582.6公顷,其中绝收面积5942公顷,倒塌房屋323间,严重损坏房屋295间。各地河网水位猛涨,内涝尤为严重,出现道路淹没,村庄停电,民房进水等现象。全市直接经济损失13.33亿元,其中农业损失4.65亿元,工矿企业损失1.79亿元,基础、公益设施损失4.62亿元,家庭财产损失2.01亿元。灾害发生后,市局领导分赴新昌、上虞、嵊州等受灾重点区域开展救灾指导,各受灾区(县、市)民政局也派出工作组,及时全面、准确掌握灾害情况,给受灾较严重的乡镇(街道)及时发放矿泉水、方便面、饼干、雨衣等救灾物资,共计发放衣被2380条,发放其他生活类物资折价91.06万元,安抚灾民,保障了受灾群众的基本生活需求。救灾期间,上虞区紧急启用20只皮筏艇,下拨50套迷彩服、50件军用毛毯等救灾物资,第一时间送到灾区。其中诸暨市、柯桥区就投入抢险人数17901人次,运输设备1962班次,机械设备837台。全市发放生活救助物品方便面1000箱、矿泉水1200箱、衣被2500套、草席4000条等救灾物资,确保群众生活。确保受灾群众有房住、有衣穿、有饭吃、有干净水喝、有病能得到及时治疗。

(2)及时报灾。强化灾情的统计与核查,确保信息报送及时、准确、全面。各级民政部门都安排专职人员负责灾情的统计报告,及时更新数据,实行24小时零报告制度,同时加强与当地防汛办的联系和沟通,确保灾情指标数据的准确性、一致性、时效性,为领导决策提供科学依据。

3 灾后重抓恢复重建

灾情稳定后,各级民政部门继续发扬连续作战精神,重点做好灾民工作,与群众共渡难关。一是进一步安顿好受灾群众的基本生活,对倒房困难对象,安排临时住处,搞好临时救助。二是进一步搞好核灾,确保不漏报、不错报、不虚报,通过实地走访,完成灾情核定,迅速摸清重点受灾区域和对象,为实行分类有重点救助提供可靠依据。同时积极联系农房保险公司,协助做好台风期间农房损坏的理赔工作。三是抓紧恢复重建,对已经倒损的房屋,抓紧制定建设方案,尽快完成布局选址、规划设计和土地征用工作;四是多方筹集资金,加强救灾资金的争取,积极汇报灾情,争取上级支持;五是搞好阳光救灾。加强对救灾资金使用的监督管理,自然灾害生活补助资金资金管理使用实行"四公开一监督"制度,严格按照民主评议、登记造册、张榜公布、公开发放的工作流程,通过"户报、村评、乡审、县定"确定救助对象,确保公平公开公正、专款专用。

植物纤维节能抗灾害建筑在灾后重建中优势探讨

孙成建

(河北绿环新型墙材科技有限公司，张家口 075100)

摘 要

贯彻绿色重建，灾区重建中统筹地质、地表、植物、水气、自然能资源的使用与保持，避免重建中的再次长久性破坏，为灾区的恢复发展保持好绿色资源。保证重建建筑的各项性能，高于发灾区建筑，提高灾民的生活质量，保证良好的抗再次灾害的能力。

关键词：灾后重建　重复模式　永久民居重建　重建成本

1　现有灾区重建中，建筑模式的回顾与利弊

(1)灾区重建目前基本的运行模式为：两次过渡，三次建设，即：临时帐篷—彩钢过渡房—永久建筑；其中要从帐篷过渡到彩钢房，然后经过 2～5 年，再过渡到新建的永久建筑中。例汶川、玉树。见图 1。

图 1　重建程序

(2)这一模式，无论从经济、社会、政治上都存在极大弊病：急需改进。

(3)首先，从经济上讲：这一模式中的前两次建筑都存在极大的浪费，一次较大的灾后重建是一笔巨大的金钱支出，它在建设方面主要是三个部分，巨大的建材投入、巨大的运输量、大量

的建设人员投入；而现有的重建模式中，前两次建设的经济投入基本是有投无回，损失金额巨大，虽然帐篷可以部分回收，但重复使用的次数亦为有限，而彩钢建筑基本无回。

(4)其次，从社会民生上讲；前两次投入虽然解决了应急的灾民安置任务，这是必要的，但毕竟简陋基本的建筑功能无法保障，重要的是以巨大投入换来的是灾民几年中生活在艰难的环境中，没有最大限度地享受到温暖的抚慰，国家和社会热诚的救助，巨大资源供给，民生的重建安定的生活链条中，投入回报比、投入回报的时间比，都不甚理想。

(5)再次，我国是社会主义国家，一方有难，八方支援，是我们的政治传统，无数次的救灾行动证明了我国社会主义国家，有举国之力，赈灾安民的巨大政治能力，这是我们民族自豪，必须坚持，如果加之科学的计划调度，灾后重建的资源，采用新技术、新产品、新模式，使得灾后重建，精于算计，投入合理，物尽其用；快捷实用，最大程度缩短重建周期；体系统筹，急、久相顾，为灾区百姓打造一个不怕再次灾害的，性能优良抗灾可靠的永久家园，如是，我们社会主义国家的举国抗灾亲民的政治本色将更加具有鲜明的时代特征。

2 灾区重建建筑的特征要求

(1)低层民居是灾后重建的大体量房型:建筑以乡镇低层民居为主。由于我国地质特点，以地震为例，多发生在乡镇以民居损坏为主，所以灾后重建的重点在乡镇；主要房型为低层民居。应该将主要资源用于民居重建这个大体量房型上来。

(2)重建建筑要求快，建筑材料的供应快，建筑施工的工期短，建材制造和建筑施工的技术门槛低，可方便吸纳灾民自助建房，最大程度上缩短灾民在彩钢房居留的时间，尽快过上安居生活。植纤建筑体系很好地满足了这个要求。它可以再震后 60 天内完成一个百万平方米建筑构件规模的生产厂的建设，可以在 30 天内培训大量当地灾民，成为从事植纤建筑的拼装施工技工，6 人一组的施工队，可以在 10 天内完成一栋 200 平方米民居的主体安装工程，如果将其纳入救灾预案物资储备序列，可以实现民居部分当年地震，当年重建完成。

(3)植纤节能抗灾害建筑，是由完整的集成式建筑构件构成体系化产品，为灾后快速重建提供了技术和产品的支撑。植纤建筑。见图 2。

自主知识产权专利产品的植纤建筑体系序列清单：

1)省地节能轻体别墅，2)植纤轻钢防火保温柱，3)植纤自保温外墙，4)植纤屋面内墙板，5)植纤高强楼板，6)植纤保温，7)太阳能暖气装置，8)中水节水装置，9)工程竹承重型材，10)植纤建筑万向滑动抗震装置、以及规模化生产的植纤建筑构件生产线，包括:多功能自动轻质墙板机、多功能模具气囊组、自动控制程序等。

(4)重建建筑要求功能优，建筑功能优于非灾区建筑标准。灾后重建首先要保证各项建筑性能优于非灾区建筑。它主要集中体现在两个方面；一是舒适度要求，地震灾区多是高原、深山冬冷夏热，保温隔热是灾区建筑必保的功能；二是抗震性能保证，灾区的地理位置在地震裂带上，重建后的建筑，必须保证具有高于有记录的防震等级，而且，除抗震设防设计等级保证外，还需增加特大震级不死人或尽可能不死人的要求。避免重复灾难的发生。

植纤建筑为实现上述要求，提供了可能。植纤建筑，在四个方面提高抗震性能做出了努力；1)延性结构:植纤建筑的全系构件均为延性材料，在地震作用力破坏瞬间，发生弹性未变，从而释放破坏力，保障建筑安全；2)整体大构件；植纤建筑使用板式大构件，拼装完成胶凝剂干燥后建筑成为一个无缝整体，可有效避免由砖、砌块等小单位砌体在地震破坏力作用下发生的溃散、

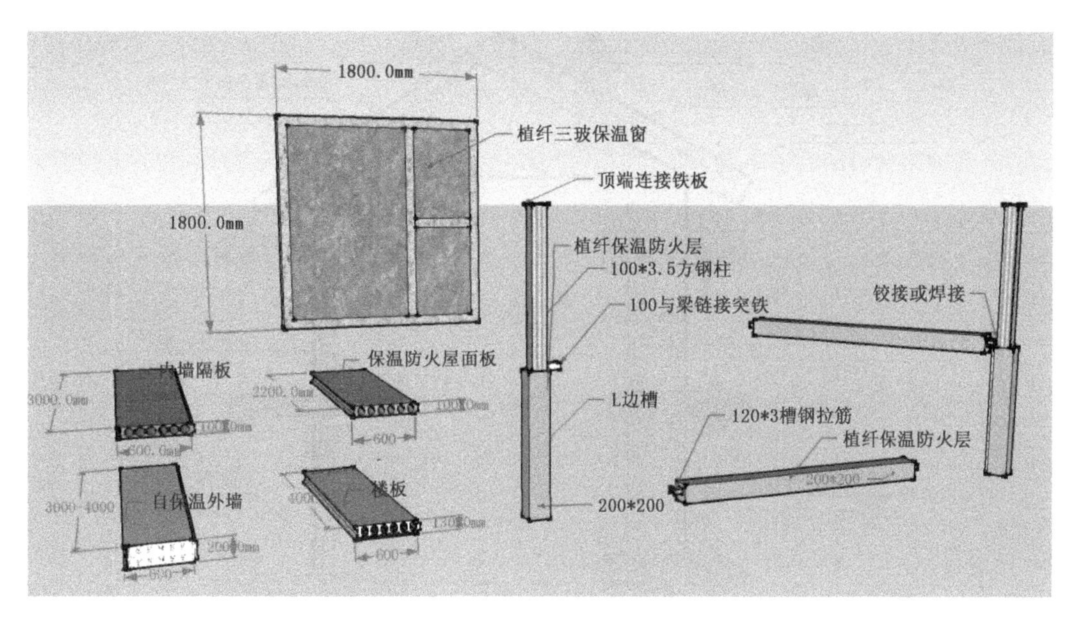

图 2　植纤建筑的构建体系

倒塌灾难;3)双承重体系:植纤建筑采用中国古典民居营造原则,即柱架与山墙双承重体系,保证顶塌墙不到,墙倒顶不掉;4)无伤、少伤损坏方式;植纤建筑的全系构件采用轻体材料制成,建筑自重只是砖混建筑的 10%,在同等震级下,加速度大为减小,并且植纤建筑的损坏方式不同于混凝土建筑的垮塌,亦不同于砖混建筑的倒塌,只是扭曲、倾斜、折裂对人的伤害极小,保证了大震不死人。见图 3 植纤建筑抗震建构。

图 3　植纤建筑抗震建构

植纤建筑具有极高的保温隔热性能,仅以保温外墙为例,植纤外墙的结构热阻 2.7 $m^2 \cdot k/w$ 是砖墙的 5.5 倍(砖 0.456). 并可根据灾区的气候要求进行保温或隔热性能加强,可满足不同灾区的需要,保证灾区重建的建筑舒适、安全。见图 4 植纤建筑外围护结构热阻值。

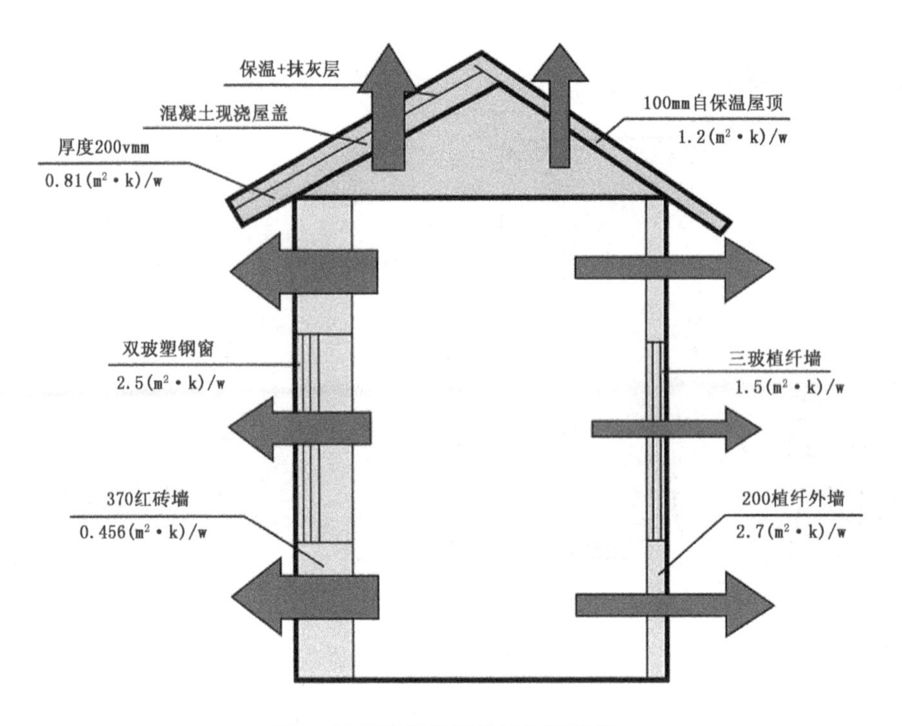

图 4　植纤建筑外围护结构热阻值

植纤建筑外围护结构的平均热阻值高于砖混建筑五倍以上，节能功效高于 65%。

(5)重建建筑应以自救，自建为主，这就要求建筑构件制造本地化；建筑度高度集成化，低技术门槛施工，实现施工自助化。植纤建筑的构件生产极为快捷，建设一个四条生产线，日产 1800 平方米标准墙板产能工厂，可拼装 200 平方米民居 400 套（$4m^2$ 标板＝建筑 m^2）建厂工期 45 天即可投产（简易厂房）。植纤建筑体系具有极高的集成水准，采用整墙预组，按号拼装，技术门槛低，便于灾民自助建设。见图 5 植纤建筑工法图示。

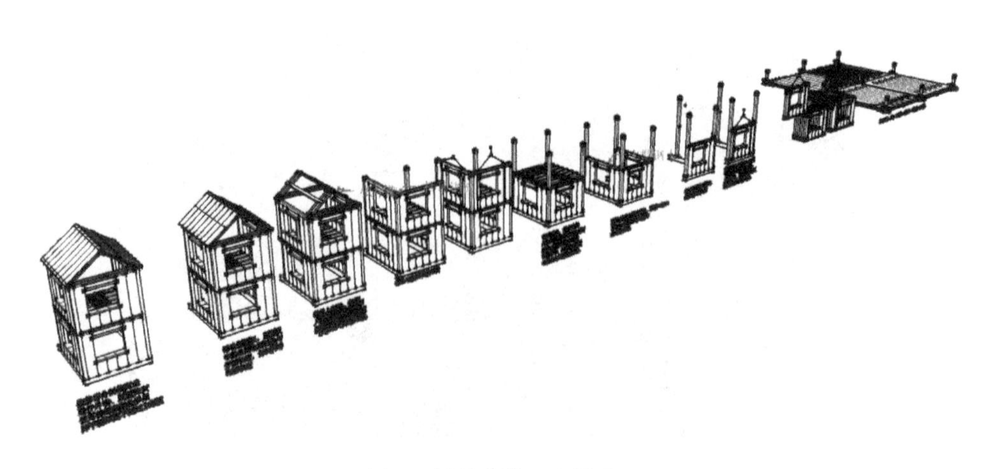

图 5　植纤建筑工法图示

(6)重建建筑要求，性价比高，经济性好：灾后重建，需要大额的财力投入，主要来自国家财政、地方政府财政、社会慈善和灾民自筹的资金，这个资金的聚合是一种区别于其他商业资金的特殊全社会的公益资金，必须有效应用，不能浪费一分。在建筑重建的范畴中，除了保障建筑的主要功能高于普通建筑之外，建筑成本要体现极好的经济性；保证社会公益资金的每一分钱用到刀刃上。植纤建筑在灾后重建中极好的体现其质高、价低的优势，我们参照汶川灾后重建标准，以一栋 80 m^2 建筑面积的民居为例，见表 1。

表 1　砖混建筑与植纤建筑主体造价比较

结构形式	抗震设防（震级）	外墙保温 $(m^2 \cdot k)/w$	外窗 k 值	屋面处理	水电	造价 m^2/元	总价元 $80m^2$
砖混	7	1.8	4.5	挂瓦	有	800	64000
混凝土框架	7	1.8	4.5	挂瓦	有	920	73600
植纤建筑	7.5	2.7	2	挂瓦	有	680	54400

以汶川震后重建的国家补助标准为例，使用植纤建筑，灾民的重建负担不足 2 万元，自筹部分仅为总造价的三分之一，如果灾民自助建设，减除人工费用，灾民自投资金不足万元。

表 2　汶川震后重建国家补助标准

	1～2 人户	3 人户	4 人户及以上
最低收入家庭	2.7～2.9 万元	3～3.2 万元	3.3～3.5 万元
低收入家庭	2.4～2.6 万元	2.7～2.9 万元	3～3.2 万元
一般收入家庭	2.1～2.3 万元	2.4～2.6 万元	2.7～2.9 万元

(7)一户灾民民居的重建综合投入：表中表示的只是永久民居建设的投入，而实际的救灾过程中，还包括：第一序，帐篷的投入(金额暂时不计)、第二序，彩钢房的投入，以 2008 年 600 元/m^2 计算，一户 30 m^2 * 600 元＝18000 元，彩钢与永建两项金额一户砖混＝82000 元。如果采用植纤建筑，其中没有彩钢房环节，只有永建的 54400 元，比较现有重建方式，仅民居建设一项就可节省投入 35%以上。且灾民得到具有比非重建建筑更好性能的永久建筑。

(8)大大节省救灾总投入，植纤建筑的经济性优势，还体现在建筑构件生产和自助集成建设，可以节省大额的重建物资运输成本，植纤建筑从原料、构件生产、建筑施工的人员三大资源，就地解决的比例，可达到 60%以上。这就可以节省下重建总投入(含国家、社会组织、个人)中一笔巨大的资源量，而将这部分节省下来的资源用于灾区恢复的其他民生项目，将使灾后重建的效果更加彰显；同时亦使灾区百姓得到更多实惠；社会主义的优越性更加突出。

3　灾区重建中应贯穿绿色建筑理念

(1)坚持绿色重建的基本原则，灾区的自然条件恶劣，环境状况脆弱，加之震后破坏，环境压力极大；但同时又存在可以重复利用的资源，只要我们坚持绿色重建的理念和原则，加之新技术手段的应用，就可以实现绿色重建，为灾后的发展留下绿色空间。

(2)灾区建筑垃圾是重要重建资源，现有的重建模式中，灾区的建筑垃圾需要投入大量的财力、人力进行清理，不但劳民伤财，而且造成新的污染给灾后的发展留下遗患。植纤建筑体系中，建筑构件制造的大部原料是可重复利用的废料，灾区的建筑垃圾中绝大部分，可重复利用于新民居建设中，见表 3。

表 3　可利用建筑垃圾清单

名　称	加工方法	用　途	替　代	备　注
砖瓦固体料	粉碎成 2 cm 粒	房屋基础混凝土集料	沙、石料	只能用于植纤建筑
木质及大柴秸秆类植物纤维	粉碎 2～3 mm	植纤建筑构件集料	砖、砌块、保温材料	只能用于植纤建筑
灰渣类	过筛	地基夯土层	降低夯土成本	只能用于植纤建筑

植纤建筑之所以能大量重复利用灾区建筑垃圾，是由其自主知识产权的创新技术为支撑的，首先：植纤建筑的自重轻于砖混建筑 90%，地基的载荷小，利用建筑垃圾制作房屋基础，可以满足建筑规范要求。见图 6 植纤建筑地基做法。

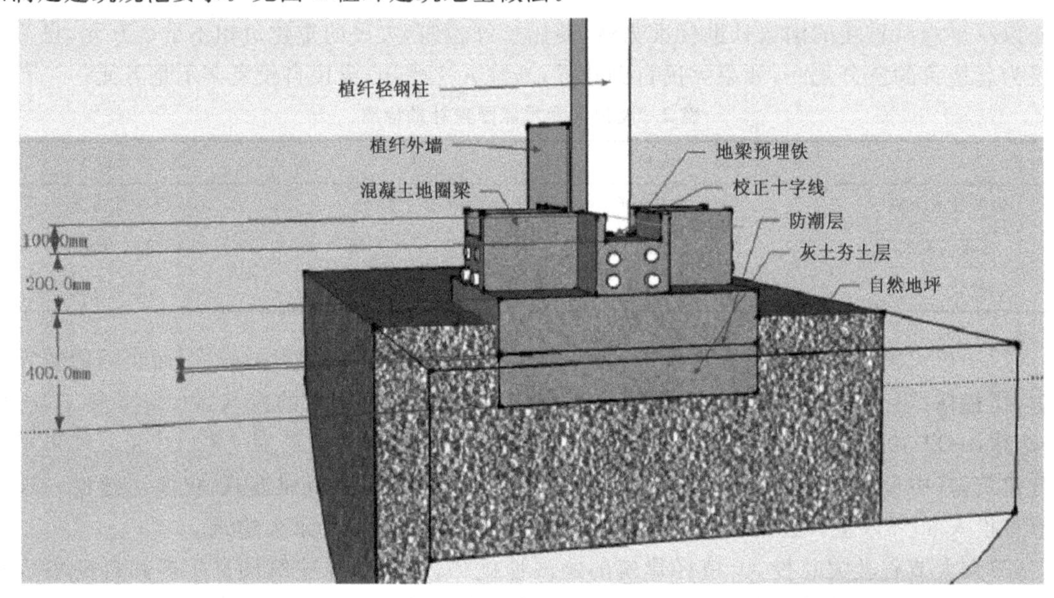

图 6　植纤建筑地基做法

图 6 中可以看出，植纤建筑基础的夯土为自然地坪下沉 40 cm；地圈梁要求硬度 c15；植纤墙板、柱、梁的面密度平均 65 kg/m²，植纤建筑的轻质高强特性可以利用灾区的大部建筑垃圾。见图 7。

图 7　2012 年北京官厅湖月亮岛酒店工程

(3)重建建筑要坚持绿色生态技术路线，灾区的环境状况比较脆弱，在重建中尽量避免使用一次性资源和能源，尽可能减轻对环境再次破坏，为灾后的生产生活留下资源和空间。植纤建筑可以很好地解决这个难题，植纤建筑构件原料的60%使用可再生，年年生长的植物纤维，无论是秸秆、荒草、大柴、藤蔓、锯末其资源量，完全可以满足灾区重建的建材原料供给，即使灾当年复建，倒塌房屋回收的木质材料和就地的植物类纤维物，亦可保障一次重建的建材原料供给，有效地避免开山挖石、建窑烧砖的污染和破坏。

(4)坚持绿色重建，为灾区恢复节支、增收，灾后重建贯彻低碳节能的理念，可以为灾区的产生、生活的全面恢复节支；绿色、节能建筑为灾区人民在建筑全寿命使用期，节省耗能的支出，以我国现行的建筑节能标准65%计，每年可为一户灾民节省一千多元的支出，50年计，是一笔巨大的财富；坚持绿色重建，可以很好地保护当地的自然环境，为灾后的生产发展，生态旅游、百姓增收，提供了保障，一节一增灾区获得了生存与发展的空间。

(5)植纤建筑生态、节能、防灾害的突出特性，为灾区绿色重建提供了技术和产品的支持。植纤建筑现知建筑有害物质为0(不含氡、苯、二甲苯、四甲苯、甲醛)；植纤建筑节能性高于国家标准的65%；植纤建筑抗震设防7.5级、全部建筑构件的燃烧性为A级，是灾区绿色重建的理想房型。

4 灾区重建中统筹安排产业发展空间

(1)重建的统筹计划中，灾后百姓生计，生产的发展是重中之重；重建家园只是灾区重建的序曲，灾区百姓恢复正常生活、发展生产，提高生活收入和质量，是最终的目标。重建中，培养和发展适合未来展开的产业及产业链条，是关乎当地今后生计的战略要求，要精心、负责、重点谋划。

(2)为灾后发展创建产业链，植纤建筑在完成一地的重建的同时，也为当地培育了一个产业，培训了一支产业队伍，设立了一个产业链条，以重建时建设的植纤建筑构件厂为龙头，以自助建房的灾民队伍为支撑，以产业化集成建筑技术为线索，形成了一个完整的新型建筑产业链条，为今后多方向的经济发展，提供了一个选项。河南林县的红旗渠，就是一个成功的案例。

(3)重建的灾区应为绿色崛起的示范区，在绿色重建后的灾区，它向社会诠释了自然、人、建筑之间理性的逻辑关系，警示人类尊重自然，爱护自然，适应自然，从而自觉的按照自然规律的要求，在尽可能维护自然资源少、不被破坏的条件下，解决人的生存需求。“四节一环保”的绿建原则在灾区重建中应得到切实的贯彻。

(4)植纤建筑无论其在建筑原料的生态性、构件制造、建筑施工中时无排放洁净生产方式都将重建对环境的污染降到最低；而且其轻体特性，对当地的地载负荷降到最低；整个建设全程用水量不足砖混建筑的10%，节省和保护了灾区水资源；其建设和全是用寿命期的耗能不足砖混建筑的30%；非石化能源的利用成为建筑耗能的主要来源，很好地利用了灾区较好的自然资源。植纤建筑为灾区的绿色重建，和重建后的绿色发展提供了实现的技术和产品。

(5)植纤建筑应用于灾后重建改变了现有的方式，由两次过渡，三次建设变为一次过渡，两次建设，即从应急帐篷，直接过渡到永久建筑。

深入推进农房保险　优化机制普惠民生

王　铮

（中国人民财产保险股份有限公司浙江省分公司，杭州 310009）

摘　要

浙江省在全国首创以“政府补助推动＋农户自愿交费＋市场经营运作”为运作模式的政策性农村住房保险制度，具有保障对象广泛、保障程度高、农户负担低、理赔标准明确等特点，取得了农户、企业、政府三满意的显著成效。针对实践中存在有进一步提高保额需求、城镇居民无法享有普惠政策、风险区划不够细分、无法验标承保等问题，本文提出了逐步提高保险金额、城镇住房参照农房险全面承保、实行差异化的承保政策、分步开展验标承保的建议，并希望为保险在防灾减灾重建中发挥更重要的作用。

关键词：农村住房保险　主要特点　成效及改进建议

针对浙江省每年台风等灾害造成农房大量倒塌，给广大农民群众带来严重的财产损失的实情，2006 年，在当时习书记的直接领导下，启动了以“政府补助推动＋农户自愿交费＋市场经营运作”为运作模式的全省政策性农村住房保险工作。在救灾减灾工作中引入了市场机制，实现政府责任与有效结合。八年多来，已累计为 8032 万户次农户提供 15371 亿元的农村住房保险保障，为 12.92 万户农户提供了 6.09 亿元的赔款，在稳定农民生活、灾后恢复重建中发挥了重要作用中，得到了人民群众广泛拥护，已成为惠及千百万农民的一项德政工程、民心工程和实事工程，2007 年还被公开评选为本届政府以来人民群众最受欢迎的二十件实事之一。

1　浙江省农房保险主要特点

浙江省政策性农村住房保险围绕“保障灾后农民及时重建家园、恢复基本生活”的目标，实行“政府补助推动＋农户自愿交费＋市场经营运作”的方式，保险公司实行“单独建账、独立核算、以丰补歉、自负盈亏”。与福建、广西等其他省（区）相比，主要特点如下。

（1）保障对象广。实现全面覆盖、普惠于民。全省范围内具有浙江农业户籍的一千万户农户，其自有的一处生活住所（具有农村集体土地性质的房屋）都可参保。一户多宅者，只允许一宅参保。历年农户参保率在 98％以上，基本实现全覆盖。

（2）保险保障相对高，保额统一。农村住房保险承担一切险的责任，因遭受各种自然灾害（地震灾害除外）和意外事故造成农民保险房屋倒塌或严重损毁，都可以得到赔偿。充分考虑我省农村建房成本及财政可支持能力，确定保险金额为每户农户最高赔付 2.25 万元、每间住房最高可赔付 4500 元。

（3）农户负担低。经过历年风险测算，将全省划为两类风险区域，一类高风险沿海地区每户农户每年保费 15 元，其中农户交费 5 元，省财政补助 4 元，县（市、区）财政补助 6 元；其他地区为二类风险区域每户农户每年保费10元，其中农户交费3元，省财政补助3元，县(市、区)财政补助4元。对农村困难户自交保费财政实行全额补助。

(4)理赔标准细，易操作。浙江省条款和理赔标准制订过程中充分征求了民政部门和地方政府、农户的意见，按房屋损失程度将理赔标准分为三级，一级赔偿标准1250元/间，二级赔偿标准为2500元/间，三级赔偿标准为4500元/间。赔偿标准与民政倒房救济标准相衔接，制订了倒塌房屋界定标准，明确了间数计算及三级倒塌标准及赔偿金额，为赔偿提供了详细依据。我省农房险赔偿还体现了对困难户和少房户的政策倾斜，一是规定一户农户房屋不足2间(含)，全部倒塌按11250元赔偿，3间(含)以上不足5间全部倒塌按22500元赔偿；二是赔偿不与受损农房实际市场价值相联系，按标准获得的赔偿可能高于原房屋的市场价值，保证了按新住房标准重建的需要。

为充分保障农户权益，浙江省民政厅制定下发了政策性农村住房保险倒塌房屋界定标准和裁定办法，各级民政部门成立了理赔仲裁办公室，及时开展倒房纠纷裁定工作。由于赔偿标准细致明确，同时又充分考虑到了向弱势贫困人群倾斜，在实践中反映可操作性强，基本未发生过纠纷协调，对整体工作推进起到了积极作用。

(5)政策激励到位：为进一步激发基层和广大农户参保积极性，扩大参保覆盖面，浙江省实行了“三结合”的有效激励机制。一是农户自愿参保与政府补助激励相结合，农户不参保，政府不补助。二是省财政补助与是否完成参保面相结合，以市、县为单位，农户参保面未达到50%的，省级财政不补助。三是中央及其他救灾资金补助与农户参保相结合，中央财政及其他用于恢复重建的救灾资金，将优先支持参加政策性农村住房保险的农户。

2 实施成效

总体看，浙江省政策性农村住房保险的实践取得了明显成效，达到了农户、企业、政府三满意的目标。

——农户得保障。通过农房保险增强了农户倒房恢复重建能力，统筹各级财政补助及救灾资金以及各种政策减免，重建户可从政府和保险公司拿到总造价的三分之二。农户每年仅负担3元或5元的保费，即可获得最高赔偿2.25万元的保障，农村困难户还可得到全额财政补助，部分乡镇村集体经济或企业作为公益还进一步承担了农户自负的保费，农户负担减至最低限度。由于浙江省政策性农房保险保障高、负担轻、服务好的特点，农民群众真正得到了实惠，参保积极性不断提高，同时也真切感受到了政府对广大农民的关心。以农户交纳部分保费自愿参保的形式，不但增加了保障资金的来源，也很好地培育和提高了广大农民的风险意识和参保意识，为今后以保险形式构建农村保障体系打下基础。

——公司可持续。由于方案设计时以浙江省长期农房损失数据为基础进行精算，设定的费率科学，2007—2012年平均满期赔付率为63.7%，随着农房结构的不断提升，抗灾性增强，从2013年开始提高了25%的保险金额，2014年赔付率达到75%，考虑20%的经营费用和5%的营业税，保证了保险公司保本经营。通过承办政策性保险，还提高了公司的声誉，搭建起了与各级政府沟通合作的平台和服务网络，有助于保险公司进一步拓展广阔的农村保险市场，因而保险公司承办积极性较高，实现了可持续经营。

——政府得实效。按2009年最高负担年份，浙江省财政承担保费补贴2950万元左右，各市(县、区)财政承担4169万元，完全在政府承受范围之内。通过保险途径构建农村风险防范体系，提高了农民抵御自然灾害的能力，提高抗灾资源来源和配置效率，增强财政资金的扩大效应，提高灾情报送的准确性等各项政策目标也得以实现。

3 存在问题及对策建议

3.1 存在问题

(1)农户有进一步提高保障程度的需求。随着房屋质量的提升和物价上涨等方面的原因，农村造房成本在不断增加，建成基本保障居住的二开间约 60 平方的平房建造成本在 5 万元左右。目前浙江省政策性农村住房保险的最高赔偿标准为 2.25 万元/户，这与灾后恢复重建住房的实际需要有较大差距。在历年组织的各地农险农房险需求调研中，对农村住房保险所提的需求，主要是提高保险金额以提高保障能力，在灾害发生时给予更多赔偿。

(2)城镇居民房屋同样具有保障需求。随着城乡一体化的推进，越来越多的农村户口将向城镇户口转化，今后城乡居民身份一体化势在必行。同时，同一灾害事故，农村房屋可以得到政策性保险保障，城镇房屋只能由个人承担损失，城镇居民要求共享民生保障的呼声也很高。

(3)不同结构房屋和风险区划经营差异性较大。由于房屋的结构不同以及其处于不同地区，因而其所面临的风险和建造的成本都表现出较大的差异性。例如：嘉兴等地灾害小，农户收入高，房子质量好，历年赔付率都较低。而丽水、温州和台州部分山区县恰恰相反，历年赔付率都很高。而且由于山区房子价值低，统一的赔付标准会诱发道德风险。如何适当体现房屋结构、造价区别，采用差异性的承保理赔政策是进一步需要研究的问题。

(4)验标承保存在困难。在实际经营中发现，部分农户将已不住人的老旧房屋、用于生产经营的房屋等不属于保险范围的房屋投保。由于承保房屋众多，保险公司不可能一一验标承保，在发生灾害理赔时常常产生纠纷。

3.2 政策建议

(1)逐步提高保险金额。根据各级财政负担能力，逐步提高保险保障额度。如农房险保额提高到 5 万元/户，其他承保理赔政策不变，相应一类风险地区温州、台州、丽水保费需提高到 33 元/户，其他二类风险地区保费需提高到 22 元/户。考虑财政负担因素，如适当增加保额，相应各级财政负担见表 1。

表 1 政策性农村住房保险保额及财政负担情况 单位：万元

每户保额	保费规模	省财政补贴	县财政补贴	农户自负	农户每户自负
当前：2.25	10392	2941	4057	3394	3 元、5 元
方案一：4	18475	5228	7212	6034	5.3 元、8.8 元
方案二：4.5	20784	5882	8114	6788	6 元、10 元
方案三：5	23093	6536	9016	7542	6.6 元、11 元

注：参保农户数按 2014 年的 869.04 万户计算，不含计划单列的宁波市。

(2)城镇住房参照农房险全面承保。为体现政策性业务全民普惠，建议将所有城镇住房参照农房险的保险金额、保险责任和赔付方式全面承保，由于城镇房屋结构较农村住房结构要好，因此收费将大幅下降。根据人保总公司按家财险经营历史数据精算，城镇与农村家财险风险比例为 1∶5,且全省城镇房屋可统一按较低二类风险地区农房保费推算,城镇住房保费需2 元/户。

浙江省城镇居民 500 万户,共需收取保费 1000 万元。由于每户收费较低,如由居民承担部分保费收取成本将超过保费,建议全额由财政承担。

(3)实行差异化的承保政策。浙江省统一标准的承保理赔政策有利于体现不同地区、农户之间的互济,也节省工作成本。但随着工作的深入,可进一步细化风险区划划分,以体现公平公正。如在收费不变情况下,进一步提高低风险地区的保障额度和赔付标准,高风险地区保额提升幅度可低于低风险地区。同时,房屋的结构不同,从而造成成本差异较大。在承保中,此类问题容易出现逆向选择和道德风险。如果能够进一步细化风险分区,并区分不同结构房屋的保险条款,会使得制度更为健全。但是,由于浙江省参保农户基数巨大,不可能细化到每一种房型,需要根据成本收益分析的原则进行一定程度的改进。

(4)借助农村保险基层服务体系,分步开展验标承保。目前人保财险公司依托政策性农业保险和农村住房保险的开展正推进农村保险基层服务体系建设,基本形成了"乡镇有网络,村村有人员"的服务格局。对于量大面广的农村住房,可以借助协保员队伍力量分期分批地进行承保验标核对,将无人居住、生产商业用房等不属于承保标的的对象剔除出来,以减少以至消除道德风险事故发生。

浙江省的政策性农村住房保险是在救灾减灾工作中引入市场机制的成功尝试,对充分发挥保险的社会管理职能和改善民生保障的有力支撑方面发挥了很好的典范作用。2012 年,民政部、财政部、保监会联合发布《关于进一步探索推进农村住房保险工作的通知》,要求在全国加快推进农房保险。2014 年 8 月 10 日,国务院以国发〔2014〕29 号印发《关于加快发展现代保险服务业的若干意见》,更是明确将保险提高到现代经济的重要产业和风险管理的基本手段,社会文明水平、经济发达程度、社会治理能力的重要标志。目前在社会公众安全、巨灾风险责任等领域政府已开始引入保险机制的试点,可以预见,保险将在防灾减灾领域发挥越来越大的作用。

七、校园科普教育和平安校园

浅谈我国中小学校园中的气象灾害与防减对策

任咏夏

(浙江省气象学会校园气象协会,温州 325014)

摘　要

中小学校园是国家每年大量资金投入建设的国有资产,中小学老师是培养国家未来人才的教育者。气象灾害则是无处不及,无人不害的自然灾害元凶。笔者通过中小学校园受气象灾害侵袭的历史灾例方式提示,浙江省气象灾害种类、时空格局的分析,提出了中小学校园气象灾害防减对策,从而使浙江省中小学在气象灾害侵袭的过程中,将灾害威胁与损失降到最低程度,有效地保障国家财产、师生生命安全,有效地维护中小学正常的教育教学秩序。

关键词:中小学　校园　气象灾害　防减对策

1　引言

在气象学上,人们把大气变化所产生的各种危及人类生命、财产安全,造成直接或间接损失的天气现象总称为“气象灾害”。据科学家计算,气象灾害占自然灾害总量的70%以上。自人类在地球上诞生以来,深受气象灾害的侵袭、威胁,甚至是灭顶之灾,造成的各种损失不可计数。

我国是世界上气象灾害比较严重的国家,根据《中国灾害史》和《中国自然灾害风险综合评估初步研究》两书统计,从公元前1766年的商代至民国时期的1936年,共3700多年的历史中,历代发生的自然灾害共20100多次,其中气象灾害15300多次,占自然灾害总数的76%以上。近20年来,我国平均每年因各种气象灾害造成的农作物,受灾面积达4800多万公顷,造成人员死亡4400多人,直接经济损失达1800多亿元,受重大气象灾害影响的人口达4亿多人次。

自1902年我国诞生了以班级教学为模式的学校以后,气象灾害立即也瞄准了学校这块神圣的领地,对它进行了无数次的恣意蹂躏与侵袭,不但给学校的教学设施造成了不可估摸的损失,甚至夺取了师生的宝贵生命。

随着现代社会的高度发展,国家对教育事业益加重视,教育的投入也越来越多。根据国家权威部门发布的全国教育经费统计公告显示,2000年投入3849.08亿元,2009年投入

16502.71亿元，2014年我国财政对教育支出22906亿元，这些教育投入使用在中小学的校园建设上的比例几达一半，因此近几年的中小学校园建设在飞跃发展。然而，投入的经费越多，教育就发展得越快，而所受气象灾害的危害与损失则更大，从而使中小学校园中的气象灾害防减越来越显得重要。

2 气象灾害对我国中小学校园构成的危害与威胁

根据历史资料的记载和近年来发生的灾害情况分析来看，气象灾害对我国中小学校园构成的危害与威胁，大致有如下几种情况。

2.1 气象灾害对我国中小学师生生命安全所造成的危害与威胁

危害与威胁中小学师生生命安全的气象灾害案例相当多。其中，人们记忆犹新的是：2005年6月10日下午2时左右，黑龙江省宁安市一场200年一遇的突降暴雨造成了山洪暴发，迅速将该市沙兰镇中心小学变成一片汪洋。水一下子涨到2米多高，造成了105名学生死亡的惨重灾难。2006年8月10日下午5时25分，中国大陆50多年来遭遇的最可怕的一次超强台风，在浙江省苍南县的马站登陆。这个名叫"桑美"的超强台风携着超大风力、超快风速和超强降雨，在浙南闽北六县市肆虐了七个多小时，给人民的生命财产和中小学校园造成了巨大损失。据温州市教育局统计：苍南县有1名教师和13名学生在这次气象灾害中丧生，3名教师因灾失去了父母双亲，2名学生在台风中父母双亡，19名学生因风灾失去父母中的一位。无情的气象灾害不但夺去了师生的宝贵生命，而且还给师生造成了永久性的精神创伤，使他们在今后很长的一段时间里极难摆脱这些巨大的伤痛。如此典型的气象灾害案例还有很多。

2.2 气象灾害对我国中小学教育基础设施所造成的危害与威胁

气象灾害对中小学教育基础设施所造成的危害与威胁的案例则更多。其中，2006年8月浙南的风灾就是比较典型的灾害案例。2006年8月10日，被称为"桑美"的超强台风在浙南闽北的大地上肆虐了七个多小时，使这些地区的校园和校内教育基础设施遭受严重损失。据温州市教育局的调查统计：全市受灾学校659所，校舍倒塌2.6万平方米，围墙毁坏4万平方米，教学仪器受损4000多套，图书资料受损5.5万册，直接经济损失达1.5亿元。其中，苍南县是重灾区，全县共有450多所学校受灾，96%的学校校舍、围墙、教学装备等基础设施被破坏，直接经济损失达1.3亿元。

2.3 气象灾害扰乱我国中小学的正常教学秩序

气象灾害不但危害和威胁中小学师生的生命财产安全，还经常扰乱正常的教学秩序。2006年6月，福建省建瓯市遭遇了50年一遇的暴雨洪水，阻断交通，淹没考场。6月7日开考前的7点钟，建瓯市委、市政府立即召开紧急扩大会议，做出延期高考的决定，并立即向上级部门汇报、申请，结果得到福建省政府和国家教育部的同意。使建瓯市成了全国唯一因气象灾害大规模延期高考和新中国成立以来规模最大的一次高考使用B卷的灾区。又如：2006年8月27日，重庆市继多日高温之后有15个区县气温再次超过40℃。8月28日，重庆市教委出台紧急通知，根据气象部门预报，酷暑将继续，为保障师生身体健康和生命安全，2006年秋季全市中小学、幼儿园报到入学时间将延后至9月5日。延期入学便缩短了施教时间，使得重庆市全市所有学校的教学计划都得修改，施教内容和施教时间都得重新安排。一动百动，一乱百乱，高温酷暑的气象灾害严重地影响了重庆市 2006 年秋季的正常教学秩序。

3 我国气象灾害的种类及其危害性

根据气象学相关著述的介绍，我国是一个气象灾害比较严重的国家，常年的气象灾害共有 7 类 20 多种。全国各地的中小学都有遭受这些气象灾害的可能性。

3.1 我国气象灾害的种类以及造成的灾害与引发的险情

天气现象	灾害总称	灾害种类	造成的灾害	引发的灾害
暴雨 大雨	洪涝	暴雨	山洪暴发	泥石流、山崩
		洪水	河水泛滥	滑坡
		雨涝	城市、农村积水	
久晴 少雨 高温	干旱	干旱	旱灾、缺水	火灾、虫灾、流行性疾病
		干热风	干旱风、焚风	
		高温、热浪	酷暑、高温，流行性疾病	
狂风 暴雨	热带气旋 （台风）	热带风暴	狂风、暴雨、洪水、雷电	摧毁建筑设施、阻断交通、危及人类生命、财产安全
		强热带风暴	狂风、暴雨、洪水、雷电	
		台风	狂风、暴雨、洪水、雷电	
冷空气 寒潮 霜冻 雨凇 结冰 大雪 吹雪	冷	寒潮	沙尘暴、大风	交通事故、停电
		冷害	强降温、低温	
		冻害	冻坏作物、人畜及设施	
	冻	冻雨	路面结冰、冻断电线、树枝	交通事故、停电
		冰害	河、湖、路面结冰	交通事故、停电
		雪害	暴风雪、积雪、阻断交通	交通事故、停电
雷雨 大风 冰雹 龙卷风	风雹	雹害	毁坏庄稼、房屋	
		风害	倒树、倒房、翻车、翻船	交通事故、沙暴
		龙卷风	局部毁灭性灾害	
		雷电	伤害人畜、毁坏电子电器	火灾
阴雨	连阴雨	连阴雨 （淫 雨）	霉变食物、财物	
			压抑作物发育	
雾 霾	其他	浓雾	引发疾病、阻断交通	交通事故

3.2 各类气象灾害对我国中小学校园可能引发的险情

3.2.1 洪涝灾害

洪涝灾害是指因暴雨、大雨等原因而使山间暴发洪水，溪流、河水暴涨，水位异常升高，冲破堤岸，淹没田地、房屋，淹死人畜并引发流行性疾病等灾害现象。洪灾首先危及山区中小学的校舍、围墙、道路和教学设施。同时对师生的生命也会造成威胁。涝灾基本上发生在平原地区，它对平原地区的中小学校舍、围墙、道路和教学设施以及师生的生命安全等都会造成威胁。同时，有时间持续性的涝灾还会扰乱正常的教学秩序。

3.2.2　干旱灾害

干旱灾害是指因久晴无雨、土壤缺水、空气干燥而造成的作物枯死、人畜饮水不足等灾害现象。干旱灾害会导致干热风、高温和热浪，会引发火灾、虫灾、流行性疾病等。在干旱灾害中，尤其是高温灾害给人体健康和正常教学秩序所造成的危害与威胁是相当严重的。

3.2.3　热带气旋灾害

热带气旋灾害是世界上十大自然灾害排名第一的最严重的自然灾害之一，也是我国夏季经常发生的一种气象灾害。热带气旋(尤其是达到台风强度时)是具有极强的破坏力的。它给中小学校所造成的危害是众所周知有目共睹的。特别是我国东南沿海地区，热带气旋在每年的7—9月都会常规光顾，其危害的方式与程度我们已经无数次地领教过。

3.2.4　冷冻灾害

冷冻灾害主要是由北方冷空气南下，气温骤降，危害和影响人们正常生活、工作、学习，甚至出现各类事故的灾害现象。冷冻灾害包括寒潮、冷害、冻害、冻雨、冰害和雪害等六个种类。2007年的冬季和2008年的春季所发生的雪灾，其危害性已经是众所周知的。

3.2.5　风雨雷电灾害

风雨雷电灾害是指大风大雨夹杂着雷电的危害性天气现象。这种天气现象是强对流云的产物。雷雨大风所带来的灾害是相当严重的。它可以揭开屋顶，拔倒大树、电杆，折断树木，摧毁门窗、广告牌，刮翻汽车、船只等。

在雷雨大风的同时，还会出现雷电现象。雷电也是一种常见的灾害性天气现象。它能击毁建筑物、输电和通讯线路、电气机车，引起大火，妨碍航空飞行以及对人们的生产、生活和生命财产造成严重危害。雷雨大风与雷电现象对中小学校和师生的人身安全带来危害是可以想见的，其具体的事例已经很多。

3.2.6　连阴雨灾害

连阴雨灾害是指连续出现4～5天以上的阴雨天气，土壤和空气长期潮湿，日照严重不足，使作物生长发育不良，财物发霉变质严重的灾害现象。连阴雨灾害会严重影响师生的起居饮食，妨碍学习与健康，特别是会影响学校中仪器设备的正常运转与使用，影响图书资料的维护与保管。

3.2.7　浓雾灾害

浓雾灾害是指近地面层悬浮的大量小水滴或小冰晶遮挡人的视线的灾害现象。

浓雾灾害不像风雨雷电那样惊心动魄，它是以"温柔杀手"的形式来危害人们的生命财产安全的。它所造成的危害主要有影响交通、影响供电和影响人体健康等三个方面。一是浓雾灾害会降低能见度，减弱视程，因而引发交通事故，威胁师生人身安全；二是浓雾灾害会使输变电设备的绝缘性能急剧下降，引起因"污闪"跳闸而发生输电线路故障，造成学校照明失常和用电仪器的失灵，影响学校的正常教学秩序；三是浓雾中的不净洁空气会影响人体健康，师生在浓雾中活动，容易罹患各种疾病。

3.2.8　霾灾害

"霾"是指因大量烟、尘等微粒悬浮使大气层形成浑浊状态的一种天气现象。医学研究表明，粒径在2.5μm以下的细颗粒物，极易被人体吸入后直接进入支气管，加重人体的呼吸系统疾病，同时，雾霾也成了"马路杀手"，使驾驶员视线受到了阻挡，给交通安全带来了严重的危害，在霾天气中人会感觉到抑郁、压抑、精神紧张。

4 我国气象灾害的时空格局

气象灾害的发生虽然没有固定的格局，但还是有大致的规律可循。不过，我这里所说的时间和空间格局是从相关的资料中摘取和归纳出来的大致时间格局，目的是给广大中小学师生提供防减气象灾害作参考。

天气现象	灾害总称	灾害种类	时间格局	空间格局
暴雨 大雨	洪涝	暴雨	4—10月	华北、中、南、东北
		洪水	4—10月	华北、中、南、东北
		雨涝	4—10月	华北、中、南、东北
久晴 少雨 高温	干旱	干旱	5—7月，9—10月	华北、南、西南、东北
		干热风	8—10月	全国范围
		高温、热浪	8—10月	全国范围
狂风 暴雨	热带气旋 （台风）	热带风暴	7—9月	沿海、南方
		强热带风暴	7—9月	沿海、南方
		台风	7—9月	沿海、南方
冷空气 寒潮 霜冻 雨凇 结冰 大雪 吹雪	冷	寒潮	冬春两季	华北、西北、东北
		冷害	冬春两季	华北、西北、东北
		冻害	冬春两季	华北、西北、东北
	冻	冻雨	冬春两季	华北、西北、东北
		冰害	冬春两季	华北、西北、东北
		雪害	冬春两季	华北、西北、东北
雷雨 大风 冰雹 龙卷风	风雹	雹害	3—8月	全国范围
		风害	3—8月	全国范围
		龙卷风	3—8月	全国范围
		雷电	3—8月	全国范围
阴雨	连阴雨	连阴雨	3—7月	华中、华南、东北
雾 霾	其他	浓雾	一年四季	全国范围
		重霾	一年四季	全国范围

5 我国中小学防减气象灾害的对策

在恣意肆虐的气象灾害面前，人类是多么渺小的弱势群体。然而，尽管气象灾害凶如猛兽，人类却以无坚不摧的顽强意志与它作永不停歇的斗争，并总结出了一系列防减气象灾害的对策。中小学校是整个社会的有机组成部分，在防减气象灾害的斗争中，既具有社会各行业的共性，又具有自己的独有特点。

5.1 我国中小学教育发展的现状

根据中华人民共和国教育部2014年统计，我国中小学教育发展现状如下。

全国共有小学20.14万所，在校生9451.07万人，教职工548.89万人。普通小学（含教学点）校舍建筑面积64697.19万平方米，设施设备配备达标的学校比例分别是：体育运动场（馆）面积达标学校比例为56.82%，体育器械配备达标学校比例为59.89%，音乐器械配备达标学校比例为58.52%，美术器械配备达标学校比例为58.42%，数学自然实验仪器达标学校比例为61.06%。

全国共有初中学校5.26万所，在校生4384.63万人，教职工395.57万人。初中校舍建筑面积52563.54万平方米，设施设备配备达标的学校比例情况分别为：体育运动场（馆）面积达标学校比例为73.33%，体育器械配备达标学校比例为77.72%，音乐器械配备达标学校比例为76.06%，美术器械配备达标学校比例75.87%，理科实验仪器达标学校比例为81.33%。

全国普通高中有1.33万所，在校生2400.47万人，教职工250.94万人。普通高中共有校舍建筑面积45346.02万平方米，设施设备配备达标的学校比例情况分别为：体育运动场（馆）面积达标学校比例为84.38%，体育器械配备达标学校比例为86.25%，音乐器械配备达标学校比例为84.49%，美术器械配备达标学校比例为84.70%，理科实验仪器达标学校比例为87.63%。

从上述情况看，我国中小学中的人口过亿，在气象灾害面前，他们都是遭灾受害的弱势群体。同时，国家在学校中投入的校舍、教学设施等财产数目非常巨大，一旦遭灾受害，所造成的损失也会非常惊人，因此，气象灾害的防减工作应是我国所有中小学日常工作中的重要履事日程。

5.2 组织常规的校园气象灾害防减指挥机构

虽然气象灾害不会每天光顾，但很多气象灾害常常是突发性的，常有让人防不胜防之忧。因此，广大中小学应将气象灾害的防减列入学校学期或学年的工作计划，并指派分管领导负责；同时还必须建立学校气象灾害防御领导机构，制订常年安全防范措施，明确工作目标与职责，落实到学校各部门、年级段、班级。

另外，学校还应与气象部门建立密切联系，定期请气象部门专家对学校室内外建筑、教学设施进行风险评估，及时排除大气象灾害可能引发的安全隐患。同时还必须建立气象灾害防减工作档案，记录灾害与防减工作的全过程，总结分析得失以利改进与加强；还必须制定各种气象灾害应急预案，定期组织师生进行演练。

5.3 全员动员，学习宣传气象科学知识，提高公众气象科学意识

教育主管部门应将气象灾害与防减措施的知识编入国家与地方课程，学校也应开发气象灾害与防减的校本课程，对青少年学生进行常规的普及教育。除了重视课堂上的课本内容的教育外，还要重视课外的气象科学知识普及教育，开辟专栏，常年向师生普及宣传气象灾害、防范与避险的科学知识；印制与张贴气象灾害预警信号与防御措施，让学生识别信号图标和掌握防御避险方法与技能；还可以建立手机、电子显示屏、广播、天气预报栏等气象灾害预警信息平台等，并不定期地请气象局专家来校进行气象灾害防御避险专题讲座，帮助学生树立大风灾害防御与避险意识与观念；这些都是中小学防减气象灾害的重要步骤。

各地的气象部门在每年的3月23日(即“世界气象日”)都有大规模的气象科学知识普及、宣传的教育,平时也有到中小学宣讲气象科学知识、气象灾害防减对策的任务。因此,我们必须主动与当地的气象部门进行沟通联系,取得他们专业技术的支持。全员动员,学习、宣传、普及气象科学知识,提高全体师生的公众气象科学意识。

5.4 积极开展气象科技活动,努力掌握气象科学技术

气象科技活动是通过活动,使课本知识在课外得到延伸与补充,拓展中小学生的科学视野,掌握气象科学的基础技术,融汇其中的科学方法,为中小学防减气象灾害作基础技术上的积累。

据笔者了解,近年来全国各地中小学都在不同程度地开展气象科技活动。开展活动最长的学校,时间长达五十多年,同时许多地区还多次举办区域性大型的气象科技活动。如:丽水市的大型气象知识竞赛活动,参与人数达10多万中小学生;浙江省气象局和气象学会连年举办气象征文活动,每次都有数千学生参与。我国已有60所中小学被中国气象学会评为“全国气象科普教育基地——示范校园气象站”。同时,我国还建立了多个“校园气象网”,多年运转,有的点击率将近在千万。特别是近年来还有许多地区与学校建立了多个规模较大的校园气象站。

校园气象科技活动的开展,气象科普教育基地的评选,校园气象网的建立等,都是普及气象科学知识,掌握气象灾害防减的有力措施。

5.5 学习掌握《突发气象灾害预警信号及防御指南》

为了增强全民防灾减灾意识,有效地防御和减轻气象灾害,保护国家和人民生命财产安全,中国气象局于2004年8月16日根据《中华人民共和国气象法》,制定了《突发气象灾害预警信号及防御指南》。

预警信号是指由有发布权的气象台站为有效防御和减轻突发气象灾害而向社会公众发布的警报信息图标。预警信号由名称、图标和含义三部分构成。分为台风、暴雨、高温、寒潮、大雾、雷雨大风、大风、沙尘暴、冰雹、雪灾、道路积冰等十一类。同时,还按照灾害的严重性和紧急程度,用蓝色、黄色、橙色和红色等四种颜色,分别代表一般、较重、严重和特别严重四个等级(Ⅳ,Ⅲ,Ⅱ,Ⅰ级)。

《突发气象灾害预警信号及防御指南》是气象台站为有效防御和减轻突发气象灾害而向社会公众发布的警报信息图标,是国家统一规定与规范的气象灾害预警信号,是社会公众和中小学师生获取气象灾害信息的标志。因此,全国的中小学师生都必须认识、熟悉、掌握预警信号,牢记预警信号所表示的灾种与等级。一旦气象部门发布预警信号,就可以在最短的时间内采取最有效的措施与方法来防减气象灾害。

5.6 制定防减气象灾害的措施

气象灾害由灾害源、灾害载体和受害体三要素构成。这三者之间在时间和空间上又是互相联系互相影响的,而且气象灾害往往祸不单行,还会发生次生灾害和衍生灾害。因此,我们在制定减气象灾害措施的时候,首先要了解灾害源,认识灾害载体,有效地保护受害体。所以说防减气象灾害是一项相当复杂的系统工程,只有做好各环节的防减工作,才能获得良好的效果。

5.6.1 制定远近期灾害防减措施

防减气象灾害首先要了解本地经常发生的气象灾害源是什么?经常发生的气象灾害载体是什么?然后,我们在校园建设、教学设备的安装、置放时就要考虑常年可能经常发生或近期可

能发生的气象灾害，事先制定防范措施，以致灾害来临时不致手脚无措，有效地保障受灾体的安全。

5.6.2　建立气象灾害监测系统

中小学建立气象灾害监测系统是建立固定的人员组织，对气象灾害的征兆进行科学分析，与气象部门取得密切联系，随时听取他们的专业技术指导；定时收听气象台站发布的天气预报和灾害警报信息，以便及时采取防减措施。

5.6.3　把握防减气象灾害的原则

防减气象灾害是一项非常复杂的工作，对不同的灾种不同等级的灾害都要采取不同的措施。归纳起来大致是"防、躲、抗救"等三大原则。

防御气象灾害是一项持之以恒常年都不可松懈的工作。所谓"防"就是在气象灾害来临之前就做好防御工作。例如：在台风来临之前，我们事先对学校中的教学设施进行加固，使它能经受12级以上风力袭击；又如在暴雨来临之前，我们事先修筑排水沟，当暴雨来临时所带来的大水能及时排出去，使学校中的所有的受灾体都得到有效的保护；又如及时给校园中的制高设施安装防雷设备等。其实在自然界种类繁多的气象灾害中，还是有许多灾害是可以防御的。

自然界中有许多气象灾害是无法抗御的，所以当这些气象灾害来临的时候，我们必须采取"躲"和"避"的方法来对待。如：台风、暴雨、雷电等气象灾害都具有强大的破坏力，我们是根本无法抵抗的，所以我们只能采取躲避的方法来减灾。

在气象灾害发生的过程中，我们也不能被动地受害，而应该采取科学的方法进行抗御。如：及时排除校园积水；及时疏散、移动受灾体等。灾害过后，我们应该及时组织人力物力，对受灾体进行抢救修复，使损失减少到最低程度。

6　结束语

防减气象灾害是中小学校一项持之以恒常年都不可松懈的工作。随着教育事业的不断发展和教育投入的不断加大，这项工作应该提到学校日常各种工作中越来越重要的位置上。这是一项保障教育事业安全、平稳、持续发展的重要工作，我们应该予以特别充分重视。

参考文献

[1]　王静爱等.中国自然灾害时空格局.北京：科学出版社.2006.12.
[2]　张荣辉等.我国气象灾害的预测预警与科学防灾减灾对策.北京：气象出版社.2005.01.
[3]　汪勤模.中小学气象灾害避险指南.北京：气象出版社. 2007.08.
[4]　任咏夏.中小学校园气象站.北京：中国科学技术出版社. 2006.04.
[5]　任咏夏.中小学气象科技活动指南.北京：气象出版社 .2009.05.
[6]　赵同进.气象灾害.北京：未来出版社. 2005.10.
[7]　明发源等.气象与减灾.北京：解放军出版社. 2006.05.
[8]　中国气象局.突发气象灾害预警信号及防御指南.北京：气象出版社.2004.08.
[9]　阿尼达・加奈利.狂风暴雨. 刘祥和译.台湾：如何出版社.2005.01.
[10]温州教育局."桑美"台风灾害情况统计.2006.10.

学校开展防灾减灾教育活动中存在的问题及解决策略

蒋林锋　张宏云

（浙江省桐乡市崇福镇留良中心小学，桐乡 314511）

摘　要

近年来，随着地震、台风等自然灾害的频繁发生。对人们的生命以及财产安全造成了极大的影响，校园安全更是被全社会所关注。但是，目前许多学校在防灾减灾方面的教育活动还存在着薄弱环节。在防灾减灾教育中师资力量不足，学生的学习时间被统考科目瓜分，学校防灾减灾教学器材有限，没有防灾减灾活动的场所，无法正常开展防灾减灾教育活动。防灾减灾教育是素质教育的组成部分，学生从小接受防灾减灾知识的教育，对行为习惯的养成有重要的作用。我校在加强对学生防灾减灾教育，提高防灾减灾意识做了大量的工作，取得了可喜的成绩。学校健全防灾减灾管理组织，完善防灾减灾制度。把防灾减灾科普教育工作列入学校教育教学工作计划中。营造浓厚的崇尚科学的校园防灾减灾氛围，认真办好"防灾减灾日"活动，召开主题班会，增强学生防灾减灾活动的意识和提高应急逃生能力。利用学校图书室、阅览室和红领巾电视台，引导学生阅读防灾减灾类科普图书。教师的加强辅导与指点，使学生学会遇到灾难逃生方法和减少损失的措施。学校建立防震减灾科普室，开展应急疏散逃生演练，加强防灾减灾知识学科渗透。较好地提高了学生紧急避险、自救自护和应变的意识和能力。

关键词：校园安全　防灾减灾　逃生　应急

我国是世界上自然灾害多发的国家之一，自然灾害种类繁多，发生频率高、强度大，分布广。而近年来，随着地震、地质灾害等自然灾害的频繁发生，灾难将人们从熟睡中惊醒的事例已屡见不鲜。让人们感觉到，在灾害面前人是如此渺小，生命是如此脆弱。自然灾害的发生，造成了资源的巨大损失，造成了人员伤亡和心灵创伤，增加了社会不和谐因素，破坏了自然生态与环境。这就从客观上要求我们，迫切提高防灾减灾教育的必要性。防灾减灾教育要从基础教育着手，列入课堂教学计划中，把防灾减灾教育纳入教育体系。采取多种形式，加强对学生的防灾减灾宣传教育工作。加强对教师防灾减灾的培训，为落实学校开展防灾减灾教学打下扎实的基础。

面对天灾，人们越来越意识到"防"的重要性。而校园更是防灾减灾的重中之重，是关乎祖国未来的大事。

增强师生防灾减灾意识，是减轻灾害影响的重要和有效途径。长期以来，我国缺乏必要的防灾减灾教育资源和教育环境，人们防灾减灾意识很淡薄，学校防灾减灾教育条件薄弱，学生缺乏灾害面前应急知识和能力。

1　开展防灾减灾活动中存在的问题

目前多数学校在防灾减灾方面的教育活动还存在许多薄弱环节，应该引起有关方面的重视和改进。我认为以下几个方面存在的问题亟待解决。

1.1 防灾减灾教育，师资力量不足

防灾减灾教育活动，关系到师生生命财产安全，关系到经济发展和社会和谐稳定。认真做好防灾减灾工作是一项功在当代、利在千秋的大事。防震减灾科普宣传教育是防灾减灾工作的一项重要教育工作。

但是，目前大多数学校教师没有受过防灾减灾知识的专业培训，也没有能开展防灾减灾知识讲座的教师。教师没有专业防灾减灾知识，是影响防灾减灾教育活动的重要原因。

1.2 防灾减灾学习，能用时间不多

家长、学生和教师只重视要统一考试的几门学科。如语文、数学、科学和英语，老师把学生的时间瓜分，学生没有空余的时间学习防灾减灾方面的知识。通过调查发现，有95%以上的学生非常愿意学习防灾减灾知识和参加防灾减灾演习活动，但是学生没有足够的精力和时间学习防灾减灾知识。

1.3 防灾减灾设备，所用经费不足

防震减灾活动，要有一定防灾减灾基础设施为载体。由于学校经费并不宽裕，所以对防灾减灾活动提供资金购买设备有限，无法正常开展防灾减灾教育活动。如印发防灾减灾知识手册，配置相应防灾减灾的书籍、展板、图片、模型和多媒体等宣传材料和设施等。总之防灾减灾活动经费不足是严重制约着防灾减灾教育活动的展开。

1.4 防灾减灾活动，可用场所不够

目前多数学校没有防灾减灾活动的场所。学校用房比较紧张是困扰防震减灾活动重要因素之一，学校领导首先考虑的是保障音乐室、美术室、体育室、实验室、图书室、少先队活动室等专用教室的建设。很少考虑建设防灾减灾活动场所，特别是农村学校，专用教室没有开齐情况下，根本不可能建设防灾减灾活动场所。如我们小学，由于教学用房紧张，防灾减灾活动室和图书室共用5年，既要让学生借阅书籍又要开展防震减灾活动，给学生和教师增添种种麻烦。

1.5 防灾减灾教育，人们意识不强

在现实社会中，更多的人仍然存在侥幸心理，总觉得灾害离自己很远，因此并没有在精神和物质上有更多的准备。

2010年5月，中国地震灾害防御中心主办的《防灾博览》杂志曾介绍了对汶川震区中小学生的防灾减灾意识进行的一次调查结果。调查显示，70%的学生没有接受过防震减灾科普知识教育，85%的受访者表示不会主动阅读有关防震减灾知识的书籍。接受过地震逃生训练的受访者仅占30%，知道地震有相关前兆的仅占35%，不能熟练灵活运用防震知识的占到了90%。而在没有经历地震的其他地区，具备这些知识的人员比例则更低。

2 开展防灾减灾活动的策略

学校开展防灾减灾活动，是向学生传播科学防灾减灾思想和科学防灾减灾精神。科学方法

是宣传防灾减灾活动有效途径，也是素质教育的重要内容。加强对学生进行防灾减灾教育，引导他们参加防灾减灾活动，传授防灾减灾知识，能提高学生的防灾减灾意识。防灾减灾教育也是终生教育，学生从小接受防灾减灾知识的教育对一个人行为习惯的培养有重要的作用，将使人受益终生。为有效地加强对学生防灾减灾教育，我们采取以下策略。

2.1 组织健全，完善防灾减灾教育制度

学校领导十分重视防灾减灾科普教育工作，把防灾减灾科普教育工作列入学校教育教学工作计划中。

(1)建立防灾减灾工作领导小组

成立了以学校校长为组长的防灾减灾教育活动领导小组，加强对全校防灾减灾教育的领导和整体规划，发动全体教师来重视和参与研究防灾减灾教育。教导处安排防灾减灾教学课时，保证防灾减灾活动辅导时间。教科室指导防灾减灾研究，组织教师学习研究理论，提高辅导学生的效率。总务处提供防灾减灾研究的必需材料，做好服务工作。

(2)制订防灾减灾教学计划

学校防灾减灾领导小组，制订教学计划。把防灾减灾科普教育工作纳入学校教学计划，制订详细的防灾减灾活动方案。配备兼职教师，购置防灾减灾知识教材或活动器材。每位在校学生每个学期至少接受4课时以上的防灾减灾知识教育，每学期至少开展一次逃生演习。在掌握防灾减灾科普知识的基础上，辅导学生撰写相关防灾减灾文章竞赛，鼓励学生自觉学习灾减灾科普知识。

(3)完善防灾减灾教育活动制度

制定切实可行的防灾减灾科普教育工作计划及实施制度，不断完善了《防灾减灾科普教育制度》、《防灾减灾科普教育工作制度》、《学生防震减灾应急预案》、《学生防灾应急疏散方案》和《防灾减灾教育工作经费保障制度》等制度，每学期经费按计划投入。

2.2 营造氛围，宣传防灾减灾知识

(1)重视宣传阵地，推动学生防灾减灾活动的开展

营造浓厚的崇尚科学的校园文化氛围。出好防灾减灾黑板报、办好防灾减灾科普宣传窗，做到内容丰富多彩、新颖，吸引学生观看。合理运用校园网络，增加“防灾减灾知识题库”、“防灾减灾小博士”等栏目，及时报道校园防灾减灾活动情况。

(2)认真办好“防灾减灾日”活动，增长学生防灾减灾知识

每年5月12日是全国“防灾减灾日”。进行“防灾减灾日”活动已成为我校防灾减灾日教育的重要特色。学校把防灾减灾作为安全教育的制高点，每次认真组织，精心设计，师生全员参加。现已形成一套完整的体系及几大特色项目：如防灾减灾日征文、手抄小报、网页设计等。“防灾减灾日”活动提高了学生的安全防范意识。

(3)主题班会，增强学生防灾减灾活动的意识

每学期进行一次主题班会，各班师生以“防灾减灾”为主线，班主任用生动的案例对学生进行防灾减灾和安全教育。并结合学校实际情况和学生年龄特点，就校园活动安全、上学放学路上交通安全、家庭生活安全、用火用电安全、传染病防治等方面进行教育与宣传。同时也要求学生要时刻把安全放在首位，珍爱生命，远离危险。班会上让同学们畅所欲言，针对现在学生中缺乏安全意识的现象进行讨论，明确安全的重要性，增强安全防范意识。

引导学生人人参与防灾减灾活动，个个争做防灾减灾的宣传员。举办防灾减灾主题班会有力地增强了学生防灾减灾的意识。通过主题班会，进一步增强了广大师生的自我保护方法，提高学生的防灾减灾和应急处置能力。起到了教育一个学生，带动一个家庭，辐射整个社会的效果。

2.3 引导学习，丰富防灾减灾知识

(1)利用图书，感悟防灾减灾科普知识

学校图书室是学生信息资料中心，是培养学生综合素质的重要阵地，是人类知识文化积累的宝库。图书室对学生而言是第二课堂，在开展防灾减灾活动中我们充分利用学校图书室这一宝贵教育资源，鼓励学生多去图书室看课外书、防灾减灾类图书。如，《全民防灾应急手册》、《当灾难来临》、《中小学防灾减灾读本》、《防震减灾教育》、《地震灾害与防震、避震、救助》、《生命只有一次》、《防震减灾实训手册》、《居民安全用电》和《中小学生防震避险教育读本》等防灾减灾科普方面的图书。同时老师也利用晨间午间去图书室对学生进行阅读辅导，讲解防灾减灾知识，交流防灾减灾信息。学生通过对防灾减灾书籍的不断学习、教师的及时引导与指点，使学生学会遇到灾难逃生方法和减少损失的措施。图书管理教师还专门把防灾减灾方面的图书资料作为学生的推荐阅读书目，图书馆全天候开放，方便学生获取防灾减灾知识。

(2)利用刊物，学习防灾减灾科普知识

防灾减灾科普刊物是传播防灾减灾信息的前沿，让阅读者提高防灾减灾知识素养，了解防灾减灾发展趋势。但一般学生的的家庭对订阅报刊意识淡薄，更没有订购防灾减灾科普类刊物。为此，学校十分重视每年度订购报刊工作，规定了阅览室、班级订购防灾减灾科普类刊物的数量，老师自订的防灾减灾科普类刊物给予经济补助，对在防灾减灾活动中成绩突出的学生奖励订阅适合少年儿童的防灾减灾科普类刊物。

学校、班级和个人订购的多种科普刊物，如《安全与环境学报》、《安全》、《中国个本防护装备》、《气象知识》、《生命与灾害》、《防灾博览》、《城市与减灾》等刊物。丰富的防灾减灾资料，不断更新学生的防灾减灾知识结构和拓宽视野，达到提高学生防灾减灾素质的目的。学校利用防灾减灾科普刊物进行防灾减灾教育活动，成为学校教育和教学研究的一个不可缺少组成部分。

利用报刊，进行防灾减灾科普刊物读书活动，要求学生在学习了防灾减灾刊物后，交流防灾减灾知识和学习方法，并将收集到的有关知识内容，编制成防灾减灾小报，全面提升学生防灾减灾应急能力，为防灾减灾活动的开展奠定了坚实的理论基础。学习防灾减灾科普刊物，是帮助学生在自然灾害面前，提高避灾自救意识，学会逃生技能。

(3)利用影视，传播防灾减灾科普知识

让学生接触更多更新的防灾减灾科学知识。学校红领巾电视台已经成为学校防灾减灾教育活动的一个重要窗口，组织学生观看系列防震减灾影视。学生通过视频资料一方面了解了发生自然灾害前的预兆和防灾减灾自救互救的小常识等。利用影视向学生传播防灾减灾科普知识，拓宽了知识面，激发了学科学、爱科学的兴趣；另一方面看到了灾害给人类带来的巨大灾难，使学生在历史事实面前认识到防御自然灾害必要性和重要性，从小就树立防灾减灾的意识，促进学生全面发展和健康成长。

2.4 措施到位，实施防灾减灾教育活动

(1)建立开放防震减灾科普室

学校建立防震减灾科普室。学生只从书本上学到一些地震知识还是不够的，通过开展第二

课堂教育，组织他们走进防震减灾科普室进行科普活动学习。防震减灾科普室室内，精心布置防震科普知识展板，收集大量防震减灾图片和文本资料，配置多媒体投影仪器等现代电教设备等，能够满足师生们了解地震科普知识的需求。安排具有一定专业知识的教师担任讲解辅导工作，让师生掌握应对突发地震灾害的自救互救技能。

(2)开展应急疏散逃生演练

开展防灾减灾紧急疏散演练。根据学校的实际情况编制了详细的、切实可行的“学校防灾减灾应急预案”。为了避免学生遇到突发事件时造成拥挤踩踏等损伤学生身体的事件发生，学校定期组织学生进行应急疏散演练活动。要事先编制好详细周密的实施方案。每学期安排一次演练活动，让学生参与到防灾减灾实践中去，真正提高学生应对灾害事件的逃生能力。进行形式多样的防灾减灾教育活动，较好地提高了学生紧急避险、自救自护和应变的意识和能力。

(3)加强防灾减灾知识学科渗透

学校教导处每学期的教学计划中，明确要求各学科教师必须将防灾减灾科普知识与学科知识有机结合起来。将防灾减灾科普知识教育与语文、数学、科学、体育、美术、劳技等学科的课堂教学有机整合。依托课堂教学这个主阵地、主渠道，对学生开展有针对性和实效性的防灾减灾教学。学校向各班提供防灾减灾科普教学资料，加强防灾减灾科普与学科知识的渗透，找准切入点，拓宽学生防灾减灾科普知识，保证学生对防灾减灾的认识和基本技能的掌握。

总之，学校进行形式多样的防灾减灾科普知识教育活动，较好地提高了师生紧急避险、自救互救和应急逃生技能。

参考文献

[1] 李引擎.防灾减灾与应急技术.北京:中国建筑工业出版社.2008.
[2] 国家减灾委员会和民政部.全民防灾应急手册.北京:科学出版社.2009.

寻找适合小学生的防灾减灾科普之路

范晓岚

（浙江省嘉兴市桐乡市崇德小学，桐乡 314500）

摘　要

我国是一个自然灾害频发且破坏巨大的国家，浙江省近来也常常受地震、台风、火灾等灾害影响严重。防灾减灾既事关国家的公共安全建设，也事关普通百姓生命安全。学生是未来社会的建造者，更应该学会防灾减灾的方法，学校作为学生学习的主要场所，理应重视学生的防灾减灾安全教育，结合小学生年龄、心理特征，以自救为科普教育目的，通过尝试具有科学性、真实性、趣味性、互动性特征的科普活动，寻找适合小学生的防灾减灾科普之路，使学生能在活动中轻松掌握防灾减灾技能。

关键词：小学生　防灾减灾　科普方法

我国幅员辽阔、人口众多，因受复杂的地质构造、多变的气象、不良的地形地貌等条件的影响，是一个集地震、滑坡、台风、暴雨、冰雹、洪涝、干旱、沙尘暴等众多自然灾害频发且破坏巨大的国家。浙江地处中国东部沿海，既有浙北平原，又有浙西丘陵、浙东丘陵、中部金衢盆地、浙南山地、东南沿海平原及滨海岛屿等六个地形区。不同的地形自然也与不同的灾害类型有密切关系，沿海地区每到夏季大多易受台风、暴雨灾害影响，浙南山地还容易引发滑坡，另外地震也是山地地区容易引发的灾害，以温州为例，近来小震不断，2014 年 9 月文成县在短短 11 天时间内发生 433 次地震，虽然震级不高，没有造成重大人员伤亡，但也影响了当地人民的正常生活，给人们的心理造成了不小波动。

防灾减灾既事关国家公共安全的建设，又事关普通老百姓生命安全和财产安全。学校作为人口密集的公共场所，尤其是作为中小学生群体聚集的场所，在防灾减灾方面更应该做好带头表率的作用，充分响应国家有关部门提出的“教育一个孩子，影响一个家庭，带动整个社会的防灾减灾工作”。然而当问起学生如果发生地震、火灾发生时应该怎么办时，学生的回答并不令人满意，由此可见，许多学校在防灾减灾方面做得还不够好，究其原因，总结如下。

（1）缺乏学校的重视

对于地处杭嘉湖平原地区的学校，由于地势平坦，少有地震类灾害的发生，因此对于地震带来的影响，由于很难切身感受到，因此不管是成人还是小孩都意识淡薄，常常忽略之。

（2）缺乏经常性的活动

一些学校只有在有任务要进行防灾减灾教育时才开展，没有任务便不开展，任务观点思想严重，而学生也往往持着相同的态度，缺乏经常性的防灾减灾活动。

（3）缺乏专业的科普基地

许多在安全科普教育方面做得好的学校，大多坚持每月都做安全宣传教育，每学期坚持进行至少一次的安全演练，但教师所能做到的安全教育最多也只是言传，或结合一些图片和短片，但还是科普形式单一。如果能建设一个科普教育基地，将与灾害相关的图片、模型甚至影片结合在一起，让学生在里面能看，又能动，能自由选择自己想要研究的对象，将更符合学生的学习需要。

笔者认为，学校防灾减灾科普教育面对的对象主要是小学生，因此首先应该确定小学生进行防灾减灾教育时的“目的”是为了学生在关键时刻能够更好地“自救”。在科普教育的方法上更应该体现“科学性”、“真实性”，另外由于小学生心智尚未成熟，理解能力尚未完善，因此在方法的选择上应该注重“趣味性”、“互动性”，尽量使学生在活动中学会防灾减灾的技能。结合学校防灾减灾的实例，笔者认为以下方法对于学生而言，能起到较好的防灾减灾科普效果。

1　结合教材　突显科学性

有些学校已经将防灾减灾教学纳入日常教学，像厦门市海沧区东孚学校已经为防灾减灾教学编制了一套校本课程。而有许多学校还没有做到这一层次，但也可以与学生其他教材结合，例如“科学”教材中有一个单元研究天气，气象与灾害本来就密切相关，学校可以以学习天气内容为契机，进行气象灾害的科普教育。如四年级上册第一单元《天气》第四课《风向和风速》中学习了什么是风速以及测定方法，教师在教学时可以普及台风一般是指风力等级在 12 级以上的风，同时普及台风造成的危害以及如何预防。我校作为桐乡市一所校园气象基地学校，在校园一角配有专门的百叶箱、雨量器和风速风向仪，如图 1 所示，因此学生可以自己进行风速观测和记录，这样不仅将书本知识进行实践运用，也能更好地激发学生学习兴趣。

图 1　学校风速仪

图 2　测量降水量

另外，该单元第五课《降水量的测量》也涉及降水的测量方法以及等级分类，在教学降水的测量时同样可以带领学生在校园气象站内进行实地练习，如上图所示。还可以向学生普及用计算机技术预测未来降水的变化。在中国气象网(http://www.weather.com.cn/)网页上有一个“雷达”链接，如下图所示，主要是利用水分子的基本反射率来反应该云层中雨量的多少，蓝色代表基本不会下雨，黄色代表极有可能下雨，基本反射率数据越大代表下的雨也越大。学生还可以选择不同地区、不同时间段进行动态播放，从而预测接下来的时间某地区是否有可能下雨。学生在掌握雷达查询方法后在家也可以进行查询，这对于台风天气，提前做好防暴雨有着非常重要的意义，学生一旦学会正确预测雨水的到来，还能增强学生的自信心。

学生在掌握了一定操作技能后，教师还可以教授简单的利用卫星云图查看云的变化和特点，这同样可以运用于夏季台风的预测，利用卫星云图有时候学生自己也能看到台风眼，这是学生教材《天气》单元第六课《云的观测》的拓展。

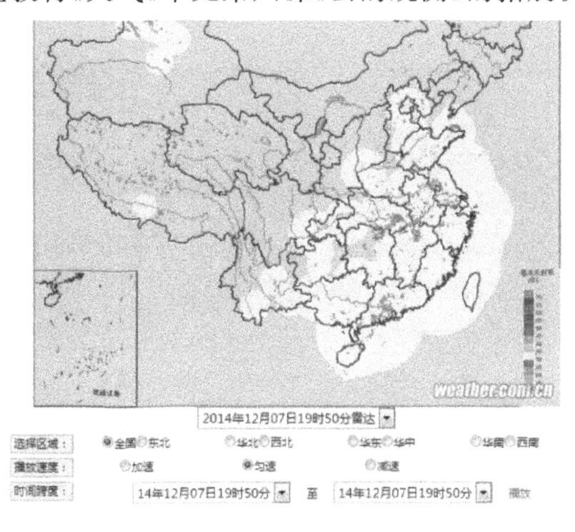

图 3　雷达预测降水量图

图 4　学生机上操作

有了校园气象站学生在学习课本知识的同时还能进行实践操作，掌握了计算机操作技能就能运用计算机技术做一名气象灾害预报员，这样的预报不仅科学可靠，而且对于任何一名学生而言都是一件非常了不起的事情，相信每一位学生都会愿意学习。

2　建设基地　突显趣味性

为了寻找适合学生的科普方法，突显防灾减灾科普的趣味性，增加学生学习防灾减灾方法的兴趣，我校在 2013 年投入资金建设防灾减灾科普基地，同时被评为嘉兴市科普基地、桐乡市防震减灾科普教育基地，基地面积虽然不大，但充分利用空间，共分三块内容。

(1)设计展板，充分利用墙面，在墙上挂上图、文结合的展板，展板内容包括了地震的分类、形成原因以及最重要的当地震发生时在不同的地方，如室内或室外应该如何避险逃生等。对于小学生来说，以图、文结合的形式将更有利于学生思维的接受。

图 5　我校被评为桐乡市防震减灾科普教育基地

图 6　防震减灾科普展板

(2)购买模型，模型包括了地震、火山、断层等模型，模型的展示让学生对这些灾害的形成有一个更直观的认识，同时还设置了一套可操作的地震模拟装置，学生可以在上面用积木搭一幢房子，再模拟地震，比一比谁造的房子更牢固，也可以在上面模拟不同类型的地震波，查看不同类型的地震波造成的破坏有什么区别，让学生在动手动脑的过程中学习地震的形成过程、感受地震带来的危害，大大激发了学生的好奇心和兴趣。

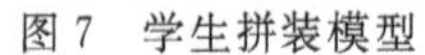

图7　学生拼装模型

图8　模型展示

(3)配备电视，为了给学生有一个更深层的了解，学校在科普基地配备了电视机和电脑，学生可以在这里观看唐山大地震等影片，观看过程中还能引起学生共鸣，激发爱心，进行珍爱生命的情感教育。

3　实地演练　突显真实性

单纯地结合教材对学生进行防灾减灾的科普教育只适合于个别班级，如果想要在短时间内对全校学生进行地震、火灾等灾害的科普教育并对学生思想上形成影响，最有效的便是实地演练。许多实例都证明，逃生演练在真正灾害发生时发挥着重要的作用。五年前，汶川地震发生时，绵阳安县桑枣中学2200多名师生仅用1分36秒成功逃离，无一伤亡。原来，在震前的3年时间里，该校每学期、每月、每星期都会进行安全方面的教育，每学期都进行一次灾害紧急情况预演。

演练虽然不是真的发生地震或火灾，但也要尽量接近真实情况，保证真实性。这个真实性不仅包括演练场所的真实性，还包括演练过程中师、生心理变化的真实性。由于小学生心理尚不成熟，在面对火灾、地震等灾害时缺乏应对常识，还容易引起恐慌，因此小学生的逃生演练又与其他单位的有所区别，需要做得更加细致。例如当学校领导确定某一天要进行火灾逃生演练时，应该提前通知相关工作人员做好准备，并通知教师提前一天对学生进行安全教育，包括如何正确逃生，例如提前带上毛巾，逃生时弯腰前进，不能哄抢，让每一位学生明确逃生路线，适当分散人流等，但不应该告知具体什么时候进行演练，因为真实火灾发生前学生是不知道的，从而保证了真实性，为了模拟真实场景，学校通常还会利用烟幕弹制造大量烟雾，从而造成学生的心理紧张，引起学生的重视。

另外，由于实地演练会受到场地、时间、演练对象等多因素的限制，所以在演练前一定要有详细的计划，并落实教师职责。我校坚持在每次演练前制定详细计划、并告知每一位教师，落实教师职责，提前对学生进行正确逃生教育，保证演练过程的安全顺利，防止踩踏等事故的发生，并在演练之后做好总结，让学生明确在哪些方面做得好，又有哪些方面需要改进。

图 9　学生进行逃生演练

图 10　学生集合听总结

图 11　演练后总结

4　组织活动　突显互动性

防灾减灾的科普教育除了可以通过基地建设、实地演练来实现外，学校或社区还可以通过组织灾害讲座，举行防灾减灾知识有奖竞答，学生策划问卷进行调查等活动来实现，但要注意不管是什么活动都要注意与学生的互动性。小学生持久注意力差，因此如果是讲座，应该中途穿插一些与学生的问答，增强互动性，减少学生开小差的机会，或者提前向学生说明讲座结束后，

图 12　专家做气象灾害讲座

图 13　学生认真听讲座、做笔记

会有竞答比赛，竞答的题目就是讲座中提到的内容，答对的同学还有小礼品颁发，这样一来就可以让学生主动动笔记一记讲座的内容，加深学生的印象，激发学生的积极性。我校在去年就请来了市气象台台长，向整个年级宣传有关气象灾害方面的讲座，学生在听的过程中纷纷拿着笔记录着自己认为重要的内容，讲座结束，还进行了相关的知识竞答，学生们个个踊跃举手抢答。

另外，还可以进行集体的“气象知识我知道”的竞赛活动，在加深学生对所学知识进行巩固的同时，还普及了相关的安全知识。

学校也可以开设一个班级专门进行防灾减灾的兴趣班教学，使一小部分学生先掌握更多的防灾减灾知识，再带动更多的学生。学生在进行学习后，还可以由学生自行设计灾害的问卷，并向全校不同年级的学生发起问卷调查，并自行统计问卷结果，得出结论，将接下去的防灾减灾科普交由学生来完成。相信这样全员参与的多样的活动，不仅学生喜欢，还能轻松达成防灾减灾的科普目的。

图 14　气象灾害知识竞赛

图 15　向同学介绍学习成果

图 16　实施灾害知识问卷

图 17　进行问卷统计

总之，防灾减灾是一项技能，更应将它转化成一项本能，必须从小学生抓起，小学生可塑性强，相信通过开展具有科学性、真实性、趣味性、互动性特征的活动能使学校的防灾减灾之路更顺利地进行，使更多的学生自主参与到防灾减灾的科普活动中，掌握更多的实用性技能。

校园气象站为抵御气象灾害打起一把安全伞

邱良川

(浙江省岱山县秀山小学,舟山 316261)

摘　要

气象灾害长期以来严重地威胁与袭扰着人类社会的不同区域,尤其是学校的校园,引起了国家与各级政府部门的重视,因此,气象灾害的防减教育便成了全社会一项重要而又迫切的任务,特别是学校教育的一项重要的内容。

近年来,许多学校通过校园气象站对学生进行气象灾害防减教育,使青少年学生认知天气、气候规律,倡导科学方法、弘扬科学精神、普及了防灾减灾知识,掌握了一定的防灾减灾本领。其中在中小学校园中建立气象观测站,将气象观测仪器、气象科学知识等科普内容进入课堂,既可以作为学生科学探究的平台,又是学校进行素质教育的载体;让学生及时准确地了解气象信息,积极做好气象灾害防减的应急措施,有效地应对了气象灾害的威胁与袭扰,使学校的师生生命与财产安全得到有效的保障,在校园里打起了一把抵御气象灾害的安全伞。

关键词:校园气象站　防灾减灾教育　作用

1　校园气象防灾教育的意义

气象灾害是不可抗拒的严重自然灾害之一,它的发生是不以人们的意志为转移的,长期以来,气象灾害一直严重地威胁着人类生命与财产的安全。学校是社会重要的组成机构,是培养青少年健康成长的地方,同时这里是弱势群体的聚居地,一不小心,就有可能遭受气象灾害的威胁与袭扰,因此也引起国家领导与各级政府部门的高度重视。

1.1　气象灾害频发,学校师生生命与财产遭受严重威胁

教育部发布中小学安全事故总体形势发布分析报告称,2006 年由于多种事故导致中小学生非正常死亡的数据中,由气象灾害(洪水、龙卷风、地震、冰雹、暴雨、塌方)导致死亡的占 10%。

2005 年 6 月 10 日,黑龙江宁安市沙兰镇沙兰河上游山区突降暴雨,淹没了沙兰镇中心小学。包括沙兰镇中心小学 103 名学生、2 名幼儿在内共 117 人遇难,这次灾害惊动了国务院。

2007 年 5 月 23 日下午四时许,重庆开县一小学遭遇雷击事故,导致该校学生 7 死 44 伤。

最近几年,这样的事例在各校园中还是频频发生。

1.2　气象灾害防减教育引起国家领导和各级政府部门的重视

国家领导同志在中国科学院第 14 次院士大会和中国工程院第九次院士大会上强调指出:“要优化整合各类科技资源,将依靠科技建立自然灾害防御体系纳入国家和各地区各部门发展

规划，并将灾害预防等科技知识纳入国民教育，纳入文化、科技、卫生‘三下乡’活动，纳入全社会科普活动，提高全民防灾意识、知识水平和避险自救能力。”

国务院《气象灾害防御条例》、《国务院办公厅关于加强气象灾害监测预警及信息发布工作的意见》规定：各地学校应当把气象灾害防御知识纳入有关课程和课外教育内容，培育和提高学生的气象灾害防范意识和自救互救能力。各级教育、气象等部门应当对学校开展的气象灾害防御教育进行指导和监督。

《浙江省气象灾害防御办法》也指出：地方各级人民政府、有关部门应当采取多种形式，向社会宣传普及气象灾害防御知识，提高公众的防灾减灾意识和能力。

2 校园气象站是学校开展防灾教育的有效平台

校园气象站是中小学科学、地理、综合实践等学科的共同课程资源。我国在20世纪20年代就已经开始有了校园气象站的萌芽，在解放初期，全国呈现了蓬勃发展的趋势。从20世纪50年代至今，先后经历了六次高潮的发展历程。

最近10余年来，随着我国基础教育课程改革的持续推进，教育部在2011年颁布中小学科学、地理等课程标准中明确提出掌握地球、天气、气候等科学知识的要求，浙江省教育厅在省编课程《人·自然·社会》中也大量增加气象科普与气象灾害预防的教育内容。在此背景下，全国中小学的校园气象站迅速发展。我省在近四年时间里更为明显，从2010年前的40多所已经发展到现在的100余所。

作为校园气象站，承载着科普教育与素质教育的重要内容，气象部门和教育部门都非常重视。中国气象局将其作为气象科普示范工程列入了《气象科普发展规划(2013—2016年)》，提出了针对省、市、县的具体建站任务。教育部则在2011年印发的义务教育科学、地理等课程标准的实施建议中提出了具体的要求和任务，“新课标”给出了具体的教学活动建议：①讨论天气与气候对人类的影响，以及人类活动对气候变化的影响；②模拟演示大气降水的凝结过程；③使用仪器测量气温、降水量、湿度、风向等；④通过查阅资料了解气候资源及其利用；⑤调查当地气候的特点和气象灾害的影响，讨论相应的防灾减灾措施；⑥收集天气谚语并尝试进行解释；⑦收看电视台播发的卫星云图并尝试预报天气变化的趋势。[1]

具体说来，校园建立气象站，对于进行气象科普教育，有以下几点明显的效果。

2.1 学校有了专门的课程

通常学校的课程除了教育部和省规定开设的课程以外，不允许有其他的课程进入校园，但建立校园气象站的学校还可以自设地方课程《气象基础》，这就从课程上保证了气象科普的教育与落实。

2.2 有了专职的教师和专用的课本

凡是建立校园气象站的学校，都配有专职的校园气象辅导教师，像温州市瓯海区丽岙二小还出现了人人能上气象课的崭新局面；同时，为了完成正常的教学任务，对学生进行系统的气象科普与气象知识的教育教学活动，各学校还开发了与之相配套的地方教材和校本课程。

2.3 有了专用的场地和经常的活动

专用的场地就是校园气象站，根据中国气象局科普宣传中心的要求，校园气象站至少要有一块专用的场地，并需要配置百叶箱等设备，能够进行基本的气温、湿度、风向、风速、雨量等常规要素的测量。为此，学校要组织一支学生的观测队伍，保证每天按时完成观测任务，在此基础上，大多数学校还成立了气象社团，进行更深入的气象科学的探究与实践。

2.4 及时了解天气信息，准确掌握天气变化情况

建立校园气象站的学校都在校园内设立了"天气信息台"，由参加气象观测的学生把综合观测得到的相关数据及当地气象部门发布的气象信息公布在平台上，全校师生就可以及时、详细地了解本地的天气信息，同时了解天气预报，并通过他们辐射到家庭和社会。如果遇到突发的天气情况和重大灾害性的天气，学校还可以通过校讯通及时与家长进行沟通联络。

3 秀山小学在气象防灾教育中的做法及初步成效

秀山小学，位于舟山群岛中一个四面环海的小岛，由岱山县所辖。全岛陆地面积 20 多平方公里，岛上常住人口 6000 左右，外来人打工者 4000 左右，岛上有一所小学，近 300 名学生，其中外来学生占 2/3 以上，专职任教教师 22 人。大多数教师的家都在外岛，上班来就要坐船，遇到大风大雾等恶劣天气，这船就不能通航了。如果教师们不能按时到校，那就要停课了，这样的情况是万万不能发生的，因此，所有的师生对天气情况特别地关注。

2005 年，秀山小学建立了"红领巾气象站"，从此，不但学校里的学生们纷纷报名参加气象小组的学习，老师们也都耳濡目染，人人学习气象知识，时时关注气象信息。近十年来，该校在三年级以上班级每周开设一节气象综合实践课，气象小组每天进行气象观测记录。气象社团的成员参加气象科技探究活动，获得全国、省、市级的多项荣誉。校园里犹如春风得雨，到处都盛开着气象科普的鲜花。而气象知识的普及也给学校的工作带来了不少的好处，使学生的学习和生活更加便利和愉快。

2010 年的夏天，学校快要放暑假了，那一天晚上，县城高亭小学正在举行家长会，秀山小学的刘友对校长作为家长也参加了。正当会议开始不久，忽然天空响起了隆隆的雷声，估计大雨马上就要下起来了。这时在台上讲课的高亭小学陆校长急得不知如何是好——是把会议早点结束呢，还是继续开下去。假如这雨下个不停又怎么办呢？

这时，刘友对校长马上跑到讲台上，打开老师用的电脑，查看了舟山天气网上的气象雷达图。马上对陆校长说，这雷雨马上就要下了，现在回家也已经来不及了。好在这次雷雨时间不长，很快会结束的，你就慢慢地继续讲吧。

像这样的气象雷达图，在秀山小学几乎所有的老师都能解读，每逢快要放学时，天快要下雨的时候，班主任老师就会看一下这雷达图，看看还有多少时间要下雨，学生回家是否来得及，好让学生安全及时地回家。

2014 年 4 月 27 日中午，气象辅导员邱良川老师看到了天空中出现了"日晕"，这是一种难得一见的天气现象，而且这日晕也会瞬间消失。见此机会，邱老师就把正在午自修的同学们叫到外面，来认识一下这美丽的日晕，并在现场向大家讲解了日晕产生的条件，并根据"日晕三更雨，月晕午时风"这一气象谚语，预报出可能明天下午会下雨，请大家明天上学时别忘了带雨具。

为了防止学生不重视或忘记，晚上放学后，学校又通过校讯通提醒家长，希望他们配合，要求学生明天上学带好雨具。

第二天上午，天空还是晴朗的，到了下午2点多，大雨果然不约而至，到下半夜，那场雨下了36毫米。

这样的事例在秀山小学是经常遇到的。冬天冷空气来的时候，提醒学生多穿衣服；春天，乍暖还冷的时候就要学生注意保暖。由于有这样贴心的气象服务，每年流行性感冒多发季节，秀山小学学生的感冒发生率总是比其他学校要低得多。

2015年的3月19日下午，北方的冷空气影响本地，岛上刮起了8～9级的大风，根据以往经验，风力达到9级，来往岛上的航船也要停止了。由于学生晚上回家要坐接晚班航船的公交车回家的，如果航船不开，那么晚班的公交车也就没了，这样学生也就没有汽车可以回家。

为了确定晚班航船是否开航，以便及时地组织好学生顺利返家。学校教导处张小燕主任就先查看了天气网中的气象实时信息，又与岱山客运中心取得联系。在确认没有晚班船舶以后，及时地通知班主任，安排好学生乘坐的汽车班次，保证学生安全有序地撤离。

秀山小学的校园里就是这样学习运用气象科普知识，保证了学校工作得顺利进行。

4 结束语

校园气象站是校园气象科普的窗口，向中小学生打开一扇了解气象及相关领域科学技术、掌握自然变化规律、获取防灾减灾知识的科普之窗。学生在学校中学到的科普知识，辐射到千家万户，是防灾减灾宣传中一支不可忽视的正能量。校园气象站又是中小学生科学素质教育的载体，围绕校园气象站、校园气象网能够开展各类校园气象活动，从而使之不仅成为相关课程教学任务的延伸，而且是承担起从更深层次激发中小学生探究科学方法、领会科学精神、培养和激发创造性思维的教育载体。

参考文献

[1] 孙冬燕.中小学校园气象站的科普与教学功能研究[N].中国教育技术装备，2014，(9).

防灾减灾，深扎学生心中

周　耀

（浙江省温州市龙湾区瑶溪第三小学，温州 325000）

摘　要

笔者通过几年的班主任工作，通过创设逼真情境，激发学生的求生欲望；通过责任落实，从而真正把防灾减灾意识融入到行为习惯之中；通过防灾减灾活动融入亲子活动中端正学生参与的态度等措施，把防灾减灾深扎学生心中。

关键词：逼真情境　责任落实　亲子活动　防灾减灾

防灾减灾，对我们大家来说都是再熟悉不过的。自 2009 年起，每年 5 月 12 日为全国“防灾减灾日”。从 2009 年开始，防灾减灾就落户到学校了，面对安全学校头等大事，这几年的宣传和各类活动的落实，是否真的把防灾减灾“落户”到学生心里了呢？

1　谁无暴风劲雨时——调查防灾减灾活动的现状

各校每到 5 月 12 日风风火火开展消防演习、防震演习、防灾减灾手抄报、防灾减灾征文等活动，真的给学生带来防灾减灾的意识了吗？学生真的会保护自己了吗？学生真的发展了吗？在脱去繁华的活动外套后，我们到底会看到怎么样的画面呢？

画面 1：消防演习、防震演习开始了，从响声中学生从教室出来排着整齐的队伍，等着前面的班级跑。看到的画面却是这样的，学生做着老师教的动作，嘴里发出阵阵笑声，更有甚者你推我挡地嬉戏着。这样的画面不是一幅而是一幅幅，令人担忧这样的演习价值在哪里，如何让安全落户到学生心里呢？

画面 2：防灾减灾手抄报，看到的却是班主任布置学生上网从中找模板、找文字等，比赛中更关注于版面的设计和画画功底，这样的活动和比赛意义何在呢？这样的活动，能让学生从心底里认识防灾减灾的意义吗？

画面 3：流于形式的各类活动，比如每学期的安全教育、每学期的防灾减灾班队课，不是班主任下载 ppt 侃侃而谈，就是学生从网上收集资料到讲台桌上读读自己收集的资料，这样的画面比比皆是，我们还自欺欺人的说活动中学生对防震减灾有了深入的了解，真的吗？学生通过老师的侃侃而谈就能学到吗？那又何来差生呢？

从这三个画面中，看到了有效开展防灾减灾活动仍有待提高，面对这些层出不穷的问题，我们还如何处置呢？

2　拨开云雾见月明——开展防灾减灾活动的策略

解决画面中的各类问题，笔者通过尝试觉得以下的策略能够起到一定的作用，不妨我们试一试，让防灾减灾活动落户到学生心间。

2.1 逼真情境，激发学生的求生欲望

面对防震演习、消防演习，笔者见过的一些场面就是一个桶里烧燃油，广播里放出音乐，然后学生模拟电视里的场景用毛巾捂住嘴巴，半蹲往操场跑去。面对这样的情境，如何把防灾减灾意识烙在学生心里呢？

那么，如何创设逼真情境，激发学生的求生欲望？笔者认为首要注重数量，我们的消防演习、防震演习不是为了追求更多的人参与到活动中（仅仅为了参与到活动中），而是要带动学生通过这次活动学会技能和有防灾减灾的意识。因此，防震、消防演习活动要逼真，逼真到一个年级一个年级开展，在每个班级里放几个火源，然后楼梯上放几个火源，通过消防队一起合作开展超逼真火灾现场，让学生在这样的情境中学习技能，比如动作，因为在浓烟中学生会很呛，这一呛让学生把自己的红领巾或者布拿出来捂住嘴巴比起老师说多次更有效果，然后学生也能体验到在浓烟面前站直走比半蹲更难受，因此自然而然就养成了火灾来了就半蹲逃跑；还比如一些其他技能，通过窗户如何逃生，以及在逃生中可能产生的踩踏事件融入其中。让消防演习活动在保证质量的同时提升数量，如果质量不能保证何来数量呢？

学校建立地震演习场地，让演习更加逼真，比如摇晃桥上模拟地震，用摇晃让学生过桥用何种方法更容易、更快速过摇晃桥，从而就会自然形成防震逃生的技能，比如地震来了学生会养成重心偏低快速逃生（身体前倾半蹲）。一个逼真的环境能够让学生真实感受到自己的生命受到威胁，而平常的消防演习、防震演习就像过家家，学生没有危机感，只给他们带来好玩、好笑，还能你推我，我撞你，让演习变成为了演习而演习，对学生防灾减灾意识和技能提升毫无益处，反而产生错误的意识导致真正危险来就手足无措了。

只有在逼真的情景面前，才能激发学生的求生欲望，通过呛一呛、踩一踩，怎能不把防灾减灾深扎心间呢？

2.2 责任落实，提升学生的行为习惯

现在开展防灾减灾活动基本上是学校少先队负责，而班主任实施。笔者认为学校要有一系列的责任制度落实，校长——保安处（大队部）——班主任一级一级分别负责，制定相关细则，主要由班主任负责，让班主任把防灾减灾融入平时的行为习惯教育之中，让学生从小养成，变成为一种习惯一种常规。

大队部开学初制定计划时要详细制定关于各年级防灾减灾的各类活动，然后班主任通过少先队提供的计划，制定本学期的防灾减灾活动开展的计划，从而形成常规化。比如在晨会、大课间等重要场合带队跑到操场，通过班主任前面带队，任课老师队伍监督形成严格、有效的列队出操，让队伍整齐有序养成良好的习惯。这无疑也是提升学生的危机时列队和逃跑的有序性，没有良好的习惯遇到危机会出现恐慌，出现踩踏事件。

看来平常的有序、快速的列队是十分有必要的，让防灾减灾习惯融入到平时的教学之中和常规工作中，以及班级开展的防灾减灾知识竞答活动以形成一种常规，对学生防灾减灾意识的提升是十分有利的。

责任落实到位，对教师、学生来说都是十分有必要的，通过责任的分配，把任务分配到常规教学中，落实到平时的习惯之中，让防灾减灾活动成为一种习惯，形成一种良好的本能，一有危机就能做出正确的选择。

2.3 亲子合作，端正学生的活动态度

亲子合作是父母与子女人际关系、交互反应与沟通的动态系统与历程，亲子之间透过这样的互动过程，可以影响彼此的态度、情感与行动，甚至改变彼此的互动模式。人的一生是由一连串的“危机”所构成的，而人一生都在家庭、学校、社区等环境中生活，要学习面对或应付各种心理危机的挑战，以修正自己并形成个人的人格特质，而在个体成长过程中，父母对孩子的影响更是重要。

综合上述情况，给学生“注射”一枚“强心针”，就是融入亲子合作活动，可以有效端正学生的活动态度，解决学生不安定因素。特别是小学生每次消防演习、防震演习都忽视了家长这个重要因素。在家长的配合下定能端正学生的活动态度，也因为家长的配合能递进亲子之间的情感，这不是一举多得吗？

如何开展防灾减灾亲子活动呢？消防演习、防震演习可以请家长与学生一起合作完成任务，在逼真的情境下让家长与学生一起逃生也是十分有必要的，让学生感受一下亲情。同时在亲子合作下，学生必定会激情高昂，更重视这样的活动，学生的态度显著提升。

同时除了演习之外，开展亲子防灾减灾知识竞赛，可以促进家长与孩子之间的合作，在家长的监督下，孩子对这些理论知识的记忆更加认真和积极，从而让理论扎根学生心中。

我校开展过几次亲子合作，在父母的帮助下，孩子参与活动的积极性极高，而且对活动中的动作和效率、警觉性明显提升，比起以往的活动就没有看到学生推、闹、嬉戏，没有听到讲话、笑声，而是标准的动作快速到达目的地。

亲子合作是开展有效防灾减灾活动的助推器，通过亲子合作，端正学生对防灾减灾活动的态度，才能真正把防灾减灾意识落户在自己心里。

3 宝剑锋从磨砺出——开展防灾减灾活动要持之以恒

面对困难，我们要基于学生的原点，从而提升活动的质量，真正提升学生的防灾减灾意识，从意识出发真正有效落实到学生的心里；让每次活动、出场都能井然有序养成良好习惯，从而面对危机能够冷静、沉着应对，顺利逃离危机，发挥他们深扎心里的“防灾减灾”技能和常识。相信，只有坚持不懈的贯彻才有宝剑锋从磨砺出。

参考文献

[1] 林青青.孩子的心理世界——父母必读·亲子沟通[N].重庆：重庆出版社.2005.
[2] 吕静.小学心理学[N].北京：教育科学出版社.1989.

用心共筑平安校园

——浅谈中小学校园防灾减灾宣传教育存在的问题以及应对策略

李婷婷　涂晓芹

（浙江省温州市龙湾区状元第二小学，龙湾区民政局，温州 325000）

摘　要

中小学校园防灾减灾宣传教育对象是学校师生，目的是广泛普及灾害防范知识，内容与形式应充分考虑学生的接受与理解能力，尽量体现参与性、互动性、普遍性和实用性，实现寓教于乐，使其更容易被普遍接受。文章针对中小学生防灾减灾价值理念缺失的现状以及对学生接受理解能力进行分析，提出优化灾害教育课程、普及并强化应急处突训练、构建防灾减灾校园环境等途径，以强化灾防灾减灾宣传教育效果，提升广大中小学生应对突发灾害的自救互救能力。

关键词：中小学校园　防灾减灾　宣传教育

防灾减灾宣传教育是防灾减灾体系建设的重要基础环节，而校园则是防灾减灾教育的主阵地，有效的防灾减灾教育，是普及防灾科学知识、提升公众防灾意识与技能的重要途径，能使师生在灾害来临时正确应对，最大程度的减少危害。汶川地震中，紧邻重灾区北川的桑枣中学2000余名师生全部安全逃生，无一伤亡，这与该校重视日常防灾减灾教育并坚持长期组织学生紧急疏散演练有直接关系。然而这只是一个孤例，学生仍是汶川地震中伤亡最大的群体之一，惨痛的事实折射出各种防灾教育、技能培训的重要性与紧迫性。作为基层学校的一名教育者，实践中感受到，有效的防灾减灾宣传教育方法，必须针对中小学生防灾减灾价值理念缺失的现状，内容与形式应充分考虑学生的接受与理解能力，尽量体现参与性、互动性、普遍性和实用性，针对中小学生的身心特点和需求，设计完善防灾减灾教育和伤害防范工作的制度和措施，建立健全学校突发事件的应急机制和防灾减灾教育体系，以抗拒风险和减少不安全因素，确保中小学生防灾减灾意识浓厚、熟练掌握技能，促进整体素质提高。

1　校园防灾减灾教育存在的问题

当前中小学生灾害观念薄弱，对各种灾害整体认识肤浅。在一份关于地震知识了解程度的调查中，75.9%的学生选择知道一些，20.5%的学生选择不是很了解。另一份对北京5所中学部分学生的调查表明，被调查者的灾害基础知识得分最低，问卷中只有50%的学生认为生态环境灾害造成的损失最大，在对居住地灾害了解程度的调查中，学生对所在地可能发生的灾害情况非常了解和比较了解的比例很小，多数学生对当地灾害情况仅了解一点或完全不了解。

1.1　学校防灾教育流于形式，缺乏实质性内容

在目前的灾害教育中，传统教育模式占主导地位，主要方式是举办知识讲座、办宣传栏为

多，重知识，少趣味，不仅教学模式单一，方法陈旧，与学生的心理需求也相距甚远，学生参加这类培训的意愿不足。有分析认为："防灾减灾教育是长期的工作，宗旨是有关安全的知识和技能的掌握，帮助养成良好的正确应对灾害的习惯，预防和减少灾害对学生造成伤害，保障学生健康成长。"但调研发现，学校在防灾减灾教育整体设置上还存在很多不足，例如"在具体操作中缺乏系统性、规范性，也没有相应的评价体系。安全教育课多由班主任代课，教育内容空洞，方法死板，形式单一，缺乏操纵性。只告诉学生'不许做'什么，没有告诉学生'能做'什么和怎么做。致使学生在面临安全威胁时无所适从。"[1]

1.2 学校防灾教育方法单一，实践经验不足

学校在防灾教育方面，一味强调学生的安全性，限制了学生的正常教学活动，特别在一些具体操作课，如：体育、实验、手工等课程上"因噎废食"。有的学校为了避免在校园里出现事故，取消诸多实践活动，春游秋游等活动受到严格限制，而且责任到每名班主任、每位任课教师身上，使得许多师生只能埋头于文化课的学习与教课。这种对安全教育的重视，往往走向了另一个极端，《教师报》指出：重视和加强学生安全教育，最主要的是体现对学生的人文关怀思想理念，但安全教育的强化，又使我们的教育教学行为受到了严重冲击，甚至校园会出现一些违背教育改革宗旨的怪相。[2]"学生们许多有意义的活动被无情取消；手工操作课，是只贴不剪，原因是怕幼儿用剪刀危险"[3]这也是许多学校防灾教育方面的一个典型缩影。

2007 年教育部《中小学公共安全教育指导纲要》中要求："学校要在学科教学和综合实践活动课程中渗透公共安全教育内容"[4]，但实践中学科教学公共安全教育内容渗透少之又少，教育方法单一，严重缺乏实践，要么是教师为主导灌输教育，要么是教育行政部门领导管，没有引导学生真正形成并走上自主学习的道路。

2 校园防灾减灾教育存在问题的原因

2.1 防灾教育意识淡薄

受教学任务等客观因素的影响，中小学校工作很难将防灾教育摆在学校工作的首要位置上。一般而言，学校的防灾教育仅仅是局限于专题会议中，或者是教师的口头强调上，部分学校把硬件建设作为防灾教育的首要任务，往往曲解防灾教育的内容，甚至将其等同于防灾减灾设施建设，根本不注重培养学生的防灾避险意识、习惯养成和实际操作。在一些学校发生灾害事故后，总是习惯于找借口，把主观错误归于客观管理漏洞，如教师管理责任分工不明晰，值日制度没落实等，殊不知事故发生的背后是教育的长期缺失。

2.2 防灾教育政策执行不到位

尽管政策法规对防灾教育工作进行了明确规定，大多数学校对《义务教育法》、省市地方专门针对防灾教育下发的各类政策文件精神传达也非常及时，但是有些学校并没有考虑所处的不同地理环境提出可行的具体方案，有些学校还因为自己的地理环境优越，很少发生自然灾害，于是就理所应当的不把防灾教育实施的具体应对措施纳入日常的学校教学管理工作中去。

2.3 教育主体配合欠缺

防灾教育是一项涉及家庭、社会、政府等部门单位的工作，不仅要强调学校的平台作用，还

需要社会、政府、家庭等层面的支持与合作。许多家长只是注重孩子成绩的好坏，对学习之外学校开展的大多数活动并不支持和配合，对孩子是否养成良好的品格也不是非常关心。可见，在升学、就业的沉重压力下，学生学习成绩的优劣就成为大多数家长关注的唯一目的，这一层面的主体提供的助力微乎其微。加之社会层面，对参与防灾教育的公众模范作用很糟，间接导致教育效果不甚理想。

3 强化中小学校园防灾减灾宣传教育效果的策略

防灾减灾教育事关学生安危，也关系到家庭的幸福和社会的和谐，关注防灾减灾教育已成为广大教育工作者的普遍共识。面对当前中小学校园防灾减灾宣传教育存在的问题，要在思想上提高认识，注重优化灾害教育课程，加强防灾技能训练，同时也要采取一些切实可行的具有实际操作性的措施来保证防灾教育的顺利进行。

3.1 优化灾害教育课程

学校要从防灾减灾教育的实体化、具体化和可行性要求出发，立足于教育平台，充分发挥校园教育的优势，在优化课程设置、丰富教育教材、提高教师资源利用等方面有所突破，具体措施如下。

（1）优化课程设置

作为教育的主要阵地，中小学校应积极优化灾害教育的课程设置，开设通识性专业课程或与灾害有关的选学课程，强化灾害知识的传授。灾害教育可以单独设课，也可以与其他学科相结合，采用互相渗透的方针。例如，可以把灾难教育与思想政治教育有效融合，挖掘有效的精神资源，通过思想启迪唤醒中小学生的灾难意识、社会责任感和使命感；在自然课程教学中，适当讲解一些灾难发生的原理、规律、危害，通过答疑解惑解决疑问，进而达到未雨绸缪的目的；在体育课程教学中，传授灾难来临时的逃生技巧和应急能力等内容，使学生形成危机意识。

（2）丰富教育教材

为提高学生的参与度与学习兴趣，灾害教育的教学模式、教学方法、教学手段可以灵活多变，如可以设置网络课程进行讲解或答疑、利用学生喜欢的网络游戏进行灾害仿真练习。此外，教材是教学活动顺利开展的必需品，可以开发一些专业性、指向性较强的灾害教育教材，或编写一些与灾害相关的通俗性读物。2012 年 5 月 28 日，《小学气象科学普及教育读本》在温州首发，该书采取大量小学生易于接受和理解的卡通图片进行形象表达，图文并茂地介绍了了气象科学的基本体系，同时注重介绍气象和不同学科学领域之间的交叉联系，采用规定课时教学与实践相结合的形式对教材进行详细讲解，以全面提高学生的气象科学素质。[5]

（3）加强教师培训

学生的防灾教育需要学校重视、教师传授等多渠道多种形式进行，提高防灾教育的整体水平。保障防灾教育课程应有的学时数配备各阶段的教材读本、音像资料以外，还要利用主题班会、专家讲座、实践演练等环节提高教育效果，加强教师的技能培训、语言行为自律，满足形势发展和社会需要。还应配备专职防灾减灾教育教师。专职教师首先具有一般教师不具有的专业知识和技能，这给防灾教育提供了可靠的知识基础。另外，专职教师更能有效地开展针对性教育，通过学生易于掌握的教育活动，潜移默化中将防灾减灾意识融入到日常学习生活中去。

3.2 深入开展应急处突训练

灾难求生知识真正用到时必定是性命攸关的时刻，每一步都不能出差错，因此要加强防灾减灾教育，让青少年动手实践是非常必要的。只有这样，才能让学生学会在绝境中如何求生，先学会保护自己，再学会怎么救助别人。

(1)积极组织实训

灾害教育不等于一般的知识传授，学生掌握灾害知识只是灾害教育内容的一部分，将知识内化为行动，从而构筑一种理念，方能自觉防灾，所以开展深层次、有梯度、全方位的灾难实训非常有必要。实训的方式可分为多种，如防灾演习演练、情景模拟，观看电影电视、参与知识竞赛、观看实习基地、参加研讨会等。美国学校将“户外教学”广泛运用于灾害教育领域，利用这种教学方式培养学生对灾害知识的迁移和应用能力，学校还与消防部门合作，邀请消防人员亲临学校指导，组织师生共同参与防范灾害的演习。美国儿童从出生就被灌输生命至上的价值观，读幼儿园时就已开始训练他们的逃生技能，美国学校至少一个月举行一次紧急情况下的疏散演习。除了模拟演习外，仿真游戏也是一种有效的教育方式，如联合国与英国一家游戏公司曾设计了一款阻止灾害的教育游戏，游戏中模拟龙卷风、地震、洪水、海啸和森林大火等严重的自然灾害状况，玩家们需要在一定的财政预算和时间限制下拯救尽可能多的居民。

(2)重视开展应急疏散演练

应该看到，应急疏散演练是防灾减灾宣传教育的重要实践环节。要根据学校教学楼结构和班级分布特点，制定相应的防震应急疏散预案，并组织师生学习，从而提高全体教师防震演练的组织能力。灾害的来临时间难料，必须要求每位教职工明确防震演练的具体操作程序，牢记逃生路线，落实责任分工：当堂任课教师为各班的疏散责任人，且应按照教师办公室位置，在每一楼层楼梯处设一名安全疏导员。开展应急疏散演练时，全体教职工各就各位，各班主任、当堂任课教师保持冷静并尽快做到：拔掉电源，组织学生有序地跑到室外空地上，并且远离电线和较高建筑物。

(3)固定举行活动

对中小学生来说，活动是最有效的教育方式。具体可参考海淀教委防震减灾示范校——北京市海淀区民族小学的“五个一”活动：开好一次主题班会，在班级工作中，积极开展“防震减灾”主题教育活动，每班每月都开一次主题班会，活动后各班认真总结，不断改进；播放一次主题纪录片，利用科普时间为学生播放预防灾害的纪录片，让学生了解灾害的发生原因以及防范灾害的方法；每月一次广播，利用红领巾广播时间，对全体学生进行宣传普及教育活动，让防震减灾活动成为常态普及工作；组织一次知识问答，在学生中开展地震知识答题活动，在题目设计上根据学生年龄特点，按照低、中、高三个年龄段分别出题，让每个孩子都能够认识地震，并专设一题由家长向孩子普及地震知识，从而也达到向家长宣传防震减灾相关知识的目的；组织一次参观，根据学校工作安排，积极组织学生外出参观，帮助学生及时梳理在活动中获得的防灾减灾知识，让防患意识在学生心中扎根。

3.3 构建防灾减灾校园环境

一些多年无安全意外事故的学校普遍有一个共同点，就是将精细的日常安全工作运用于学校日常的安全管理工作中，“生命不保，谈何教育”。这些范例提醒我们，要充分发挥学校教育的平台，将放在减灾教育融入到学校的日常工作中去，融入到学生的日常生活中来。具体要做到以下几个方面。

(1)坚持科学防灾

人与自然的较量是一项宏大的社会实践活动，广泛涉及自然灾害、人为灾害、环境公害等诸多领域，因此科学的防灾减灾理念显得非常重要。科学的研究、科学的预防、科学的应对、科学的管理应逐渐被人们所关注与运用，并纳入国家法律法规中。例如，《中华人民共和国防震减灾法》第十一条规定："国家鼓励、支持防震减灾的科学技术研究，逐步提高防震减灾科学技术研究经费投入，推广先进的科学研究成果，加强国际合作与交流，提高防震减灾工作水平。"防灾减灾处处需要科学，汶川地震的调查资料告诉我们，凡是严格按照抗震设防要求和抗震设计规范进行设计，并严格按照设计进行施工的工程，抗震能力都明显高于未经抗震设计的工程；凡是接受灾害预防教育并经常进行避害演练的学校，抗灾害能力明显高于未接受任何灾害教育的学校。这充分说明，防灾减灾离不开科学，科学能让人的实践减少更多的盲目性，树立科学的减灾理念比灾难来临时盼望奇迹降临更有实际意义。

(2)注重因材施教

学校应根据学生年龄特点、认知能力和法律行为能力，设计和完善有关青少年安全保护的相关制度和措施，确定各阶段防灾教育目标，形成教育递进层次，将有关自然灾害的防范、交通安全、防溺水等各方面的防灾减灾知识、技能和能力依次划分到不同阶段。小学阶段重点是日常生活中的保护与交通安全意识和行为的养成；中学阶段重点是伤害事故的防范；高中阶段重点是各种灾害的预防、逃生方法，以及自救与互救知识和技能的教育。[6]每一阶段都要重点掌握突发事件的预防与安全救护的能力和要求，使中小学生随着年龄的增长，安全意识不断提高，防范技能不断增强。

(3)营造良好校园防灾环境

良好的环境有助于理念的养成，作为社会防灾减灾的前沿阵地，营造良好的防灾减灾环境，学校责无旁贷。校内可以设立内部综合性、常规性的危机管理部门，筹建应急小组，固化成员，明确职责。对应急小组不仅要及时加强设备、设施的供应，还应加强组员平时的教育和培训。要在校园内固定醒目标识，在各个教室、各楼层通道处，都张贴疏散路线示意图，确保做到逃生线路人人清楚；还应在校园里竖立各种指示标识，实用颜色鲜艳的清晰大字，对师生起到直观指引作用。

要充分发挥班主任的纽带作用，通过他们指导、督促班级、学生积极开展防灾减灾活动。同时，由于校园拥有操场等开放空间和较为完善的基础设施，是天然防灾避难场所，以学校为阵地，开展防灾减灾宣传教育活动，能带动家庭，形成辐射社会的功效。为扩展宣传场域，烘托特色氛围，可以组建学校宣传队或社团组织，让他们充分利用校园网、电台、电视台、学校报纸等媒体，播报防灾知识、避灾技能等。此外，宣传队或社团组织还应定期走出校园，在不同的场合、地点广泛开展灾害科普宣传，通过当众讲解、发放宣传画、表演小品等喜闻乐见的形式把灾害基础知识、防灾技能传播开去。

参考文献

[1] 王妮，陶元峰．小议校园安全问题[J]．知识经济，2012，(18)：65．

[2] 丁金华．安全教育，安全了谁？[N]．教师报，2005，(12)：4．

[3] 唐清．教育莫入误区[J]．教育职业，1999，(5)．

[4] 李明．构筑防火墙，切实保障校园安全[J]．基础教育改革动态，2010，(11)．

[5] 刘钊．小学气象科学普及教育读本在温州首发[EB/OL]．人民网，2012-05-30．

[6] 白莉，曹士云．中小学公共安全教育和伤害防范中的薄弱环节与对策研究[J]．杭州师范大学学报，2009，(9)．

不可不“睬”的“踩踏”隐患

——浅议小学校园“踩踏事件”的成因及应对措施

吴玉微

(浙江省温州市龙湾区金岙小学,温州 325000)

摘　要

小学校园内的“踩踏事件”是威胁着师生生命安全的主要安全隐患。本文以昆明明通小学“9·26”踩踏事件为引子,阐述教学楼道的设计不当、学校管理的制度疏忽、安全教育的内容缺陷是造成当前小学校园踩踏事件的主要原因。本文也同时指出,合理设计教学楼道、完善学校管理机制以及充实安全教育内容是有效抑制校园踩踏隐患的重要举措。

关键词:校园踩踏　楼设计道　制度完善　安全教育

1　缘起:“9·26”事件,重释概念

2014 年 9 月 26 日,云南省昆明市明通小学教学楼道内发生学生踩踏事件,造成 6 人死亡,31 人受伤。这一学校触目惊心的灾难让多少鲜活的生命停止绽放?给多少原本幸福的家庭蒙上了凝重阴霾?

学校,原本是孩子们快乐学习与生活的场所,是一个安全的避风港湾。然而,由于多种原因,近年来,小学校园内的踩踏事件频频发生,使安全的避风港充满了各种险情。在此,我们不得不对何为校园踩踏事件做一番新的审视。纵观多种阐述,笔者以为,校园踩踏事件是指发生在校园内的,由于有人意外跌倒,后面不明真相的人群依然在前行,对跌倒的人产生踩踏,从而产生惊慌、加剧的拥挤和新的跌倒人数,并恶性循环的群体伤害的意外事件。而在校园内,发生此类事件的以小学生居多。

2　分析:诸多因素,诱发事故

笔者以为,校园发生拥挤踩踏事件的主要原因有以下几点。

2.1　儿童的年龄特点

从埃里克森将人的人格发展分成八个阶段来看,小学阶段的儿童处于“勤奋对自卑”(5～12 岁)阶段。这个年龄段的儿童最重要的是“体验从稳定的注意和孜孜不倦的勤奋来完成工作的乐趣。”也就是说,处于这个阶段的儿童自主意识还不稳定,很多的事情需要靠体验来获得。没有体验过的事情,孩子们很难意识到其不准确行与危险性。因此,这个年龄段的孩子很容易发生危险,受到伤害。尤其是小学低龄段儿童,自主管理能力和安全意识普遍偏低,在行走过程中跌倒事件又屡屡发生,导致在小学校园内的踩踏事件频频出现。

2.2 教学楼通道设计存在漏洞

踩踏事件发生的直接原因是事发瞬间学生过度拥挤。那么,学生为什么会过度拥挤呢?

(1)上、下行走通道少

很多小学教学楼,由于缺乏合理的设计与布局,整幢教学楼就一个楼梯供学生通行,学生上、下楼除了同走一个通道外别无选择。一旦出行学生过多,楼道就会发生拥挤,这就很容易发生踩踏事件。其实,从建筑安全的角度而言,一幢多层教学楼至少应当有两个楼梯,楼层较高且就读班额数较多的教学楼可在四个方向均设有楼梯。因为,楼梯多了就可以分散学生的人流,从而减轻集体疏散时的拥挤压力。

(2)楼梯宽度不足

《农村普通中小学校建设标准》和《城市普通中小学校校舍建设标准》规定:楼梯的宽度应满足使用要求,符合安全疏散和国家防火规范要求。目前,相当一部分学校的教学楼的楼梯宽度为2～3米,甚至很多一部分学校为1.5～2米。由于宽度太窄,小学生们很容易在放学、上操、集会等集体通行高峰期发生拥挤现象。此外,有些教学楼的楼梯与楼梯拐角处的平台呈直角分布,来往学生在此处交汇就处于视觉盲区状态,很容易发生碰撞。如果是大批孩子发生碰撞,那就直接导致了踩踏事件的发生。

2.3 学校教职员工的瞬间疏忽

在小学校园内,学生上下楼梯是件极为寻常的事。老师们虽对孩子有过教育,但不频繁,意识上存在不足够重视。因此,在教学楼道上随意临时摆放物品的现象也很多。正如上述“9·26”踩踏事件,其主要原因便是:该校的体育老师由于一时疏忽,将几块海绵垫放置在楼道口,上课铃声一响,孩子们像往常一样往各自的教室跑去,忽然,海绵垫倒下盖住了走在前面的几个孩子,而后面的孩子不知道有人被盖住了,就踩了上去,大家哭闹一片,没人知道该怎么做。于是,现场一片混乱,由此导致了悲剧的发生。

2.4 学校安全教育存有漏洞

很少有老师将防止踩踏及如何应对踩踏事件的发生作为安全教育的内容。笔者近期曾对我校三个班级(分别为低、中、高三个年段)的学生做过一次简单的问卷调查。发现这三个班级的学生对何为“校园踩踏”及如何应对“踩踏事件”的发生知道的孩子少之甚少。其中,低班36位被调查的低班孩子,知道什么是“踩踏事件”的仅有两人。而且还是从新闻反复报道上海跨年夜的“踩踏事件”中获知。

3 应对:多管齐下,共同预防

针对校园踩踏事件的频繁发生,学校应做好哪些方面的预防工作才能将灾害减少到最低,甚至为零呢?

3.1 教学楼道的设计要合理

小学教学楼道的设计都应当严格执行《中小学建筑设计规范》、《农村普通中小学校建设标准》和《城市普通中小学校校舍建设标准》中的相关规定,保证教学楼的楼梯、通道、照明等设施设备符合相关安全标准和要求。对于目前一些正在使用的校舍,学校应当组织专人进行安全排查，重点检查教学楼的楼梯、通道、照明设施是否符合国家的相关规范和标准。对于不符合要求的，学校应当及时予以改进；学校自身无力解决的，应当上报上级教育行政部门，再由后者报告当地政府，并在政府的统一领导下，会同建设部门提出整改办法。

同时，学校也应该建立校舍的定期安全检查制度，及时消除潜在的安全隐患。对教学楼的楼梯、扶手及楼梯间照明设施定期进行安全检查，及时清理楼道和楼梯间的堆积物，确保楼道、楼梯通畅。对于已损坏的楼梯扶手，学校要及时予以加固。对于损坏的楼梯间照明设施，学校要及时予以修复或更换，以免影响学生的安全通行。

3.2 安全教育的内容需完善

在小学校园内，学校在对孩子们进行安全教育的时候，应该分类、分项，把防“踩踏事件”作为常规的安全教育内容出现在校园的安全教育内容之中。尤其是集中晨会上、班会课上，学校领导及班主任应该将“踩踏事件”作为一个主要的安全教育内容去抓。而非天天谈安全，天天一个调，很多容易发生的安全事故却常常被疏忽。同时，学校也可将“踩踏事件”作为主题，定期出黑板报、宣传报等，让孩子们从这些板报中获取更多有关“踩踏事件”的信息。

3.3 安全提示的粘贴得醒目

学校应当在教学楼楼道、楼梯的墙面上张贴安全通行提示语（如“靠右慢行，不要拥挤，禁止打闹”等），以强化学生的安全通行意识，培养学生安全、文明的通行习惯。

在学生下课、上操、集会、放学时，学校应安排教师在楼道、楼梯值班，负责疏导通行，维持秩序。每一个楼层的楼道、楼梯至少应当有一名教师在值班或辅助管理员，时刻提醒学生慢走、不要拥挤，要及时制止学生做出的打闹、推人等危险性行为，发生危险时要及时、有序地将学生疏散到安全地带。

此外，学校要尽量考虑到一些具有潜在安全隐患的区域，如学生出入较多的地方，在孩子们经常玩耍的区域，张贴一些醒目的标语，提醒孩子玩耍时要避免拥堵，同时也提醒教职员工在放置物品时，充分考虑其可能发生的后果，绝不能因一时疏忽而导致灾难的发生。

3.4 自我保护的能力待提高

学校还应当向学生传授逃生、避险的基本知识和技能。比如，教育学生遭遇拥挤的人流时，一定不要采用体位前倾或者低重心的姿势，即使鞋子被踩掉，也不要贸然弯腰提鞋或系鞋带。当发现自己前面有人突然摔倒了，马上要停下脚步，同时大声呼救，告知后面的人不要向前靠近。当出现拥挤踩踏时，切忌惊慌失措，要保持镇静，听从现场老师的指挥，有序地从现场撤离。若被推倒，要设法靠近墙壁，身体卷成球状，双手在颈后紧扣，以保护身体最脆弱的部位，同时尽量露出口鼻，保持呼吸通畅。

若已发生踩踏，那么可以采取国际上科学认定的“人体麦克法”，即如果你身陷一个人潮汹涌、进退不得的人群之中，为了避免发生踩踏事故，最好的自救方法就是联合你前后左右的人一起采用人体麦克法，有节奏的呼喊：“后退”（或“go back”），以排除踩踏的进一步严重化，并逐步脱离踩踏事件造成的危险。

参考文献

[1] 雷思明．学生拥挤踩踏事故防范安全管理制度(R)．2012．

[2] 郑雪．人格心理学．广州：暨南大学出版社．2001．

八、科普宣传和提升防灾意识

防震减灾科普教育基地发展新模式研究

邹文卫　张　英　周馨媛　郭　心　杨　帆

（北京市地震局，北京 100080）

摘　要

防震减灾科普教育基地是防震减灾社会宣教的重要阵地，在传播防震减灾科普知识、营造防灾安全文化、提高全民防灾素养等方面起着十分积极的作用。新时期，防震减灾科普教育如何实现融合式发展？基地现状如何？存在何种问题？未来如何发展等问题值得我们思考。

关键词：防震减灾科普教育基地　现状　问题　对策

1　研究目的

地震灾害是对人类生存安全危害最大的自然灾害，具有突发性强、破坏性大、成灾性强、防御难度大等特点。我国是世界上地震活动最强烈和地震灾害最严重的国家之一。1976 年 7 月 28 日的唐山 7.8 级地震，2008 年 5 月 12 日四川汶川 8.0 级大地震、2010 年 4 月 14 日青海玉树 7.1 级地震、2013 年 4 月 20 日四川芦山 7.0 级地震，一再证明地震灾害是我国群灾之首。事实警示人们，必须高度关注地震灾害对我们社会的危害，只有未雨绸缪，才能减轻地震灾害带来的损失。

保障我国社会经济发展成果的安全，保证社会均衡的发展，提高全社会的防震减灾意识，加强城市对地震灾害的抵御能力，提高社会公众抵制地震谣言，在地震灾害中的自救互救能力，是各级政府的重要职责，符合国家可持续发展战略要求。增强民众防震减灾意识，是减轻地震灾害影响的重要和有效途径。目前的科学水平和科技手段还不能准确地预测地震，只能通过建筑物抗震设防、对公众进行防震减灾知识普及教育、自救互救训练等方法来减轻地震灾害对人民生命财产的危害。

科普教育，常常通过不同媒介进行，常见的如书本、电视片、杂志文章和网页等。科技馆和博物馆一类的场馆也是重要的科普场所。因此，防震减灾科普教育基地是开展防震减灾宣传教育、增强公众的防震减灾意识，有效提高全社会的防震减灾能力的最佳场所和阵地。

经过多年的努力，我国防震减灾科普教育基地建设工作成绩斐然，不同规模和大小的防震减灾科普教育场馆，形成大、中、小配套结合的网络格局，成为中小学校的校外地震安全教育基地，同时也作为我国防震减灾事业对外展示的窗口，成为对社会公众进行长期的，春雨润物式地震安全教育的平台。

但是，在我国防震减灾科普教育基地的发展过程中，也存在着这样或那样的问题，有的问题甚至成为发展的瓶颈。研究和解决这些问题将为我国防震减灾科普教育工作的深入、持久的发展创造良好的氛围和有利条件。本课题就是通过调研，在大量第一手资料分析研究的基础上提出参考建议，为管理部门制定相关政策和做好科普教育基地的管理提供依据。

2 研究方法

2.1 资料分析

在中国地震局震防司《关于开展国家级防震减灾科普教育基地运维现状调查工作的通知》(中震防函〔2013〕28 号)要求下，全国 96 个被中国地震局授予国家防震减灾科普教育基地按照要求，上报了《国家级防震减灾科普教育基地运维情况调查上报表》和相应的总结，课题组根据这些材料做了分析和研究。

2.2 问卷调查

2014 年 5 月，据课题组在芦山 7.0 地震后对地处四川雅安的四川农业大学开展学生的抽样问卷调查，对学生的应急避险行为和对防震减灾科普场馆的态度和认知问题，调查表明，在经过汶川大地震后，地处汶川地震灾区的农大学生在经历又一次大震袭击时采取不正确的应急避险行为的竟达 76 %，以至于导致 400 余位学生因避险行为不当而受伤，其中 12 人重伤，重伤中有 5 人是跳楼造成的(光明网：修济刚，雅安归来——四川芦山地震应急的几点启示，2013 年 5 月24 日)。而芦山 7.0 级地震在农大所在地的地震烈度仅为Ⅶ度，房屋并没有倒塌或严重破坏的。调查表明，仅有 13%左右的学生参观过地震科普场馆，这提示我们：防震减灾科普教育基地的作用和效能如何发挥到最大还值得研究和探讨。

2014 年 8 月，我们组织了北京市地震系统科普讲解培训和竞赛。在对讲解员的调查中得知，基层讲解员渴望和亟须防震减灾科普知识讲座和讲解的培训，其中包括对防震减灾知识的了解、讲解词的撰写、语言的组织和表达、课件的制作、表情和身体语言的调动等。

2.3 实地调研考察

课题组与调研组考察了位于四川省北川羌族自治县曲山镇任家坪的“5·12”汶川特大地震纪念馆，位于汶川县映秀镇的旋口中学地震遗址及汶川特大地震震中纪念馆，位于大邑县的汶川大地震博物馆，赴山东烟台和潍坊对烟台地震科普教育基地、潍坊防震减灾科普馆进行了考察，重点调研和参观了作为河北省防震减灾科普教育基地的防灾科技学院的防灾工程系实验室，还调研了陕西省高陵县防震减灾科普教育基地。

在调研中，对场馆建设、运维、解说等方面的经验以及其中存在的问题进行了深入的了解和总结。

2.4 经验总结

通过课题组参与的防震减灾科普教育基地的工作实际，结合我们的建设和参与北京市地震与建筑展览馆的设计与规划的体会，对本身的经验进行了总结。

2.5 案例研究

对重点调研对象进行了案例研究。如对北川“5·12”汶川大地震纪念馆、映秀的漩口中学地震遗址及汶川特大地震震中纪念馆。

3 研究对象

主要以有一定规模的大中型防震减灾科普教育基地为主要对象。也对个别小场馆进行了解剖。同时，对于场馆的重要元素——解说员进行了重点研究。

4 防震减灾科普教育基地模式分类

防震减灾科普教育基地的分类：从隶属关系和系统分类，可大致分为：综合科技、文化、旅游、地震、政府直属、企业、园林、教育部门、等。

博物馆（科技馆）模式：这是最常见的一种模式。其形式正规、规模较大，有专业团队进行管理和运作。防震减灾科普教育内容往往是综合性科技馆内容的一部分。如河北省科技馆、沈阳科学宫等。在一般的科技馆中，涉及地震部分的展项主要是振动台和放映地震灾害片的4D影院。

地质公园模式：地质公园一般具有典型的地质特征和科学意义，具有一定的分布规模和范围，具有可观赏性的地质景观，同时又是观光旅游和度假休闲的场所。地震本身就是地质构造运动的结果，因此，有些地质公园内往往有地震遗迹或由地震形成的景观。

地震遗址模式：利用地震破坏的废墟遗址或地震地表破坏遗址，建立的场馆。遗址可分为现代地震遗址与古代地震遗址。现代地震遗址例如唐山地震遗址纪念公园、汶川地震遗址等。古代地震遗址如重庆綦江的小南海地震遗址、山东枣庄郯庐大地震熊耳山地震遗址等。

名人故里模式：在历史名人故里建立的科普教育基地。这类名人通常与地震或地学有关。如河南南阳张衡博物馆、湖北黄冈李四光纪念馆等。

办公场所模式：以地震部门为基础的展馆（办公大楼、台站、实验室），如建在广东省地震局机关大楼的广东省地震科普教育馆。建在陕西省高陵县地震办内的科普教育基地等。

培训中心模式：此类为专业化或半专业化的培训机构，如北京凤凰岭国家地震紧急救援训练基地，广州市中学生劳动技术学校防震减灾科普馆等。

公园和公共休憩空间模式：利用公园或其他休憩场地对游人进行减灾科普，如：建在北京市海淀区曙光花园内的海淀防灾教育公园。

与旅游相结合的开发模式：如山东烟台的烟台市地震科普教育基地、潍坊防震减灾科普馆、建在北京周口店猿人遗址公园内的北京房山区防震减灾科普教育基地等。

大专院校模式：利用大专院校的实验室或实习基地建立的科普场所。这类场所一般具有先进实验设备和雄厚的师资，具有相当的示范作用，如建立在防灾科技学院的防灾工程系实验室。

与其他资源相结合的模式：如建在北京奥运工程建设馆内的北京地震与建筑科学馆。

虚拟模式：利用场景再现以及虚拟现实技术，以及计算机和网络技术，构建在线虚拟地震科普馆。优点是方便、展品可无限扩充和及时更新，不受地域和时间的限制，特别适合于青少年群体，如福建省数字地震科普馆。

科技馆模式、商业模式是以追逐商业利益最大化为主要推动力，特别是以旅游和企业模式为主运营的场馆。政府主导模式是以完成政府目标，如北京市民防系统建设的场馆是以政府折子工程形式完成，在一定投资额下，限时完成建设。窗口展示模式是以显示度为主要推力，如地震部门机关内的场馆。政府主导和商业合作模式是以政府和商业机构各自需求基础上的模式，如山东烟台和潍坊的科普展馆建设。

从规模分：一般从投资额和占地面积来衡量。从我们的研究来看，直接用于布展的投资额一般小于 100 万元，占地面积(指展厅实际面积)小于 200 平方米为小型的。投资额大于 100 万元、小于 1000 万元，占地面积大于 200 平方米，小于 1000 平方米的可归为中型的科普教育基地，投资额大于 1000 万元，占地大于 1000 平方米的为大型的防震减灾科普教育基地。

5　我国防震减灾科普教育基地的基本情况

2004 年 7 月中国地震局下发了《关于印发《国家防震减灾科普教育基地申报和认定管理办法》的通知(中震发防〔2004〕122 号)，开启了以防震减灾科普教育场馆为主体的科普教育基地创建的篇章。据统计，截止 2013 年，全国共建成各级防震减灾科普教育基地 369 处，其中由中国地震局授牌的国家级防震减灾科普教育基地 96 处。有专兼职讲解员 464 人，投资总额达 8 亿元以上，观众年接待能力达千万人次以上。拥有国家级防震减灾科普教育基地的省份有 26 个，全国平均每省拥有国家级防震减灾教育基地为 3 个。

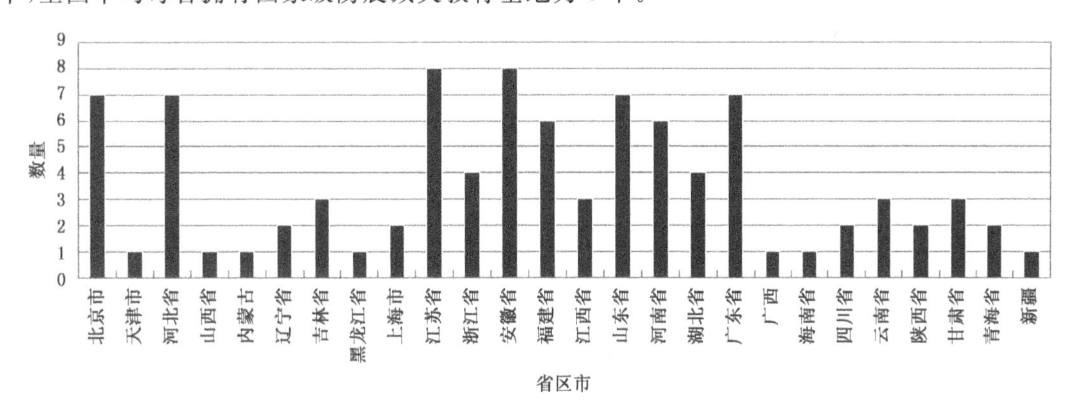

图 1　国家级防震减灾科普教育基地分布

6　科普教育基地取得的成果和经验

6.1　政府重视、抓住机遇

自汶川地震以来，由于防震减灾意识的增强，各级政府对防震减灾科普教育工作的重视，社会公众对应急避险和自救互救知识的渴求，客观上形成了全社会的良好氛围，为科普教育基地的建设提供了客观条件。同时，地震部门也抓住机遇。

6.2　经费来源多渠道

经费来源主要分为以下几种：完全由政府全额投入的，如唐山地震遗址纪念公园。完全由社会捐助建设的，如：北川地震遗址区和纪念馆、科普馆；汶川映秀镇地震遗址与汶川"5·12"大地震震中博物馆。由企业赞助的，如绵竹市汉旺镇的"绵竹市抗震救灾、灾后重建纪念馆"。有完全由私人投资建设的，如四川大邑汶川大地震博物馆。还有多方筹资的，如山东烟台地震科普教育基地建设费用是由地震部门的经营收入和企业共同投资，潍坊防震减灾科普馆的投资是政府、企业，地震部门经营性收入各占三分之一。

6.3　运营模式多样化

从隶属关系和系统分类，综合性的科技场馆：一般隶属于科委或科协部门。有归当地政府直属管理的，如北川地震遗址区和纪念馆、科普馆。归旅游部门管理的，如汶川映秀镇地震遗址与汶川"5·12"大地震震中博物馆、四川省青川县东河口地震遗址公园。有归地震行政部门管理的，如建在地震行政机关楼内的，建在广东省地震局内的广东省地震科普教育馆。归文物部门管理的，如湖北黄冈市李四光纪念馆。由教育部门管辖的，广州市中学生劳动技术学校防震减灾科普馆。由企业管理和运营的，如山东烟台和潍坊的防震减灾科普场馆。

6.4　大中小场馆网格化

初步形成了大中小的防震减灾科普基地网络格局。大场馆起骨干作用，小场馆建在社区，接地气，亲民化。

6.5　形成了具有特色的场馆

建筑外观特色：如唐山地震遗址纪念公园里的唐山大地震罹难者纪念墙，镌刻着在1976年唐山大地震中罹难的24万同胞的姓名，成为每年清明节和"7·28"地震纪念日的人们祭奠唐山地震中逝去亲人的场所。北川地震遗址纪念馆，它的外观形状从空中俯瞰，就是一个闪电的造型，寓意将灾难的瞬间凝固住，或也可以理解为地震灾害中被震开的大地裂缝，反映了灾难巨大破坏力。汶川映秀镇"5·12特大地震震中纪念馆"的独特的杉木纹的外观效果，以及青灰的色调，使整个纪念馆有一种草本的原生态质感，并与周围的青山绿水融为一体，体现天地共生，人与自然和谐共处，新生命蓬勃向上的勃勃生机。

展品展项特色：北川的展示龙门山断裂带与汶川地震关系的展项，把投影和幻影成像技术结合起来，取得了很好的效果。北川和映秀展馆的电子祭奠台、山东潍坊的活动振动台不仅在平时作为展馆的重要展项，在需要时，还可开到城市社区、农村和基层，作为流动的展台，是防震减灾流动科普教育的利器。防灾科技学院防灾工程系灾害模拟实验室的建筑抗震原理演示模型。广东局展厅内的"抗震性能我知道"展项，观众只要输入想知道的房屋建筑物年代、结构类型、平面规则性、场地条件、立面连续性条件，就能知道房屋的抗震性能。广东湛江的火山博物馆的地震科普馆，将震动台与实景结合起来，当观众在振动台上感觉到震动时，临近就会发生地震破坏的场景：山泉中的水就会喷涌而出，电线杆折断，一座桥梁坍塌，在桥上行驶的汽车栽入河中。

活动特色：唐山展馆与每年清明节和"7·28"祭奠震亡者的活动结合起来开展活动。北川、映秀等地的场馆与旅游相结合，场馆的观众就是景区的游客。他们在场馆内学到了抗震救灾的伟大精神，学到防震减灾科普知识，在场馆外了解了震后新区建设的成就，又领略了民族风情和地方风俗，还享受了地方美食和特色商品。

解说有特色：映秀讲解员根据自己的体验和理解进行讲解，生动的讲解，加上观众亲临灾害现场，给人留下了深刻的印象。

7 防震减灾科普教育基地建设中存在的问题

我国防震减灾科普教育基地虽然得到了很大的发展，但在建设和运维过程中也存在许多不足和问题，主要有以下几方面。

7.1 授牌与实际脱节

有些被授牌的国家级科普教育基地有名无实，有的早已消亡，而有些大型的、有相当影响力的防震减灾科普教育基地却未被授予国家级科普教育基地，如北川地震遗址区和纪念馆、科普馆，汶川映秀镇地震遗址与汶川“5・12”大地震震中博物馆。

7.2 缺乏规划和长效机制

从规划评估的角度看，已建成的防震减灾科普场馆，综合性科普场馆内的和社会投资与商业运作结合的场馆效能发挥最好，其次是建在地震遗址、地质公园和旅游景点，建设在办公场所和科研机构的发挥不佳，地处地震观测场点的除个别场馆之外，普遍不佳。在中国地震局授以“国家防震减灾科普教育基地”称号的场馆中，据2013年底的统计资料，现行几种教育基地类型中，效果最好的是那些由政府投资，规模较大、常年开放、有专职工作人员的教育基地，这种基地只占全国总数的13%左右。而相对应的那些以地震部门为基础的基地，由于投资少、布展简陋等原因，效果的发挥不是很好，但这样的基地数量却占大多数，比例大概在54%。但这种统计资料并不完全，很多大型的场馆并未包含在内，其中有北川地震遗址区及纪念馆、映秀地震遗址及汶川“5・12”大地震震中博物馆等。更重要的是，在我国经济、文化发达的中心城市，缺乏综合性的面向公众介绍地震灾害的自然属性和社会属性、保管和展示古今地震文物以及防震减灾工作全方位知识、国内领先、国际一流的防震减灾科普展馆。从根本上远远不能满足社会公众在汶川地震以后对地震安全相关知识和技能的渴求。

从地震遗址保护方面看，地震后，灾区很多地方为了纪念遇难者，并警示后人，把很多地震破坏的废墟保护起来，做地震博物馆或地震主题公园。经过我们考察，选取适当遗址保护是必要的。但现在的问题是遗址保护地点太多，在人多地少的灾区把这么大区域的具有相同特点的多处废墟保护起来是否有必要。反之，有些应该保护的反而没有受到重视。如北川县城旁边山边的断层破裂带，由于断层的破裂错动，造成数公里长、错动最高处达10米左右高的陡坎。断层旁边既有完全被断层上冲错断破坏的房屋，也有旁边离断层仅一二米随断层运动倾斜严重但未倒塌的二层的“倾斜屋”。这个场景对于我们地震的科研、科普都是极有价值的。北川县城地震以后为了保护遗址把整个县城都圈起来了，不让外人进入。但遗憾的是，这样一个具有极高科学保护价值的断层遗址反而被圈在保护范围之外，保护圈离断层也就十数米之遥。南方地区下几场大雨，再加上人为的破坏，这个断层陡坎过不了几年就会很快消失的。日本为阪神地震断层专门盖了一个博物馆，把发震断层保护在屋子里面。我国台湾地区也把南投地震断层作为重要遗址保护了起来，作为科学教育的重要场所。但是我们却很遗憾地只注意到保护建筑遗址，而没有把与地震直接有关的断层遗址保护起来。如果我们也把它好好保护起来，就是一个很好的科普教育基地。

《中华人民共和国防震减灾法》第四十四条规定，政府的行业主管部门有法定义务对各地的防震减灾宣传有指导、协助、督促的义务。在实际情况中看，有关管理部门号召多、文件多，具体的指导和实质性的支持少，致使防震减灾科普场馆的建设处于缺乏统一规划和指导，既没有行业管理部门的指导，也没有行业或专业协会的协助，缺少规范的业务标准或具体的指导意见，处于自我发展、自生自灭的状态。有限的管理也停留在重创建、轻运行，重认定授牌、轻后期管理的问题，缺少长效机制。

由于缺乏规划和论证，也因为是政绩工程，因此有些科普教育场馆建成后在很短时间后就因为种种原因被迫关闭或搬迁，造成了财力和精力的极大浪费。

7.3 场馆建设发展不平衡

防震减灾科普场馆除了发达地区与欠发达地区之间的差距之外，就我国东部地区而言，发展也是不平衡的。场馆建设布局与我国大陆东部地震多发地区与少震区的地震环境也不相一致。

特别要指出的是，北京、上海这样的我国政治、科技文化和经济中心，也是受到地震威胁的特大城市，虽然有一些防震减灾科普场馆，但与其城市地位相比远远不相适应，尤其缺乏充满科技含量和现代元素的，辐射面积广的大型骨干场馆。天津和重庆两个直辖市也存在类似的问题。

地区发展的不平衡还表现在局部地区，场馆建设有供过于求的趋势。如汶川地震后，灾区建起了数个遗址保护区和纪念馆、科普馆，它们的分布过于密集、辐射范围彼此重叠。特别是在映秀镇，这个问题尤为突出。从长远的角度看，有的保护区和场馆很难长期维持和运作下去。

7.4 绩效欠佳

从绩效评估的角度看，目前我国防震减灾科普场所的主要手段是通过平面和文字展示，虽然根据社会发展逐步新增了多媒体、振动台，倾斜小屋、虚拟展示和 4D 影院等等展示手段，但受其人力、物力、技术等多种因素所限，仍然彰显出主要展示手段单一，尤其缺乏互动和参与的项目。同时缺乏一定的规模，接待观众能力有限。科普教育场馆的示范辐射范围不够大。

近几年来，我国各地纷纷建设不同规模和级别的防震减灾科普场馆。但普遍存在的是内容单调雷同，形式和手段贫乏，难以激发公众的观看和参与的兴趣。较突出的问题是文字和图片展示多，而展具和模型、特别是能演示和供参观者动手操作的互动展品少。从社会整体上讲，不能做到资源整合和共享，尤其缺乏专业性的力量专门从事这项工作。

展项设计中的问题：展品或展项没有体现科学性，有的展品甚至有弄虚作假的嫌疑。

如张衡地动仪，是展示我国古代科技成果，和古人聪明才智最好的展具，同时，还可借助这个展品把现代地震仪的基本工作原理介绍给大家。它是我们绝大部分防震减灾科普教育基地的重要展品之一。但是，对于这个展品，很多制作单位为了提高互动性，设计和制作成八条龙的龙口可以把珠子吐出来掉落到蛤蟆嘴里。这样做互动性和吸引性是做到了。但是，它违背了科学性的原则。

另外一个普遍的例子是模拟地震的振动台。很多防震减灾科普场馆现在都有振动台，其形式或为让观众体验震动，或为观众在体验震动的同时进行应急避险的互动演练。但现存在的最大问题是很多振动台振动不是输入的地震波，而是简单的机械往复运动。这样观众体验的不是地震动的真实感受，同时演练也不能按真实的地震环境来演练(譬如体验到P波S波的真实感受和互动)。实际上让振动台模拟地震动的技术并不复杂高深，稍有实力的公司都可实现。

7.5 内容介绍不合理、不规范

展示内容没有统一标准，不够规范、各展馆各自为政、参差不齐。

展示内容出现许多概念和常识性的错误，甚至出现偏差和误导。普遍存在的不合理处就是对地震宏观异常的介绍往往过度的简单化，夸大宏观异常对于地震预报的作用，给观众留下只要观察到动物的异常反应就会地震的印象，这与地震预报目前的实际情况严重不符。特别是有些场馆甚至把地震云也作为地震前兆异常来介绍。不规范的主要还有对地震预报的介绍。同时，缺乏大量的地震预报失败的例子来说明地震预报之难，如美国的帕克菲尔德地震试验场，日本的东海、南海的强震预报等典型案例。同时，有的场馆又缺乏对监测和人类对地震预报探索方面的介绍。

还有的严重缺乏关于抗震设防和建筑抗震的知识，由此而引发的问题就是公众对自己所在地区的房屋建筑类型的抗震情况不甚了了，要么对未达到抗震设防目标的建筑物缺乏认识，产生麻痹思想，要么对符合抗震设防标准的特别是自己所在建筑缺乏信心，容易引发恐慌情绪。

至于地震中的应急避险内容缺乏科学性和合理性。有的直接引用网上的资料，不乏谬误和误导。

我们在北川、映秀调研时发现解说员对地震破坏的解释五花八门，没有科学性。

7.5.1 专业性过强、重点不突出

在有些以社会公众特别是对青少年为受众的场馆，没有以观众为中心设计内容，过多展示了地震专业部门的工作内容，专业性太强。不能通俗易懂、深入浅出，以科普的形式展示出来。有的重点不突出，总想面面俱到，没有达到应有的效果。

7.5.2 内容陈旧、缺乏吸引力

有的场馆展陈的仪器均为已被淘汰的老旧地震观测仪器，而缺乏对现代化监测仪器和技术手段的介绍。给观众造成疑惑和误导。还有就是4D影院普遍缺乏反映地震灾害的片子，所有防震减灾科普场馆放映的片子都是十多年前引进的《灾难启示录》(俗称“老人讲故事”)。没有部门和机构投资为全国场馆的4D影院创作新的片子。许多已经建成的教育基地，特别是早期建立的教育基地，由于主管部门投入较少，建设档次低，教育手段落后，有的甚至从“开张”以来就没有进行过“升级”改造。缺乏多样化的展品和互动体验设备；内容更新与观众互动不足；展示的实物资料和影像资料较少。这种情况反过来又对社会公众严重缺少吸引力，这样就失去了基地的科普教育意义。

7.5.3 片面追求形式的高、精、尖

有的展馆片面追求设备和手段的“高、精、尖”，“声、光、电”，只追求“炫”，而忽视了“实”，缺少了实质性的内容，缺乏内容的科学准确、通俗、易懂和生动有趣。

7.5.4 过于强调娱乐性

有的场馆中都是参与性的展项，文字和展板过少，缺乏线索和串联，有把场馆变为“游艺场”的趋向。只注重“娱乐”，忽略了“科学教育”这个本质。

7.6 场馆运作缺乏技术支撑

我国防震减灾科普场馆目前存在的最主要和最普遍的问题，就是缺乏强大的和标准的技术支撑。

运行中的主要问题还有：有的互动展品缺乏耐用性，因观众使用强度大，或因观众操作不当、野蛮操作的现象，使得损坏率和维修率高。电子设备长期出故障，运营维护费用较高，维修昂贵防震减灾科普宣传设备的专业性有待进一步提高，设备更新不足。

7.7 投资机制的问题

许多科普教育场馆只安排了建设资金，而没有运行资金。除了建设时的一次性投入，对于产品开发前期需要的设计、制作、产品推广等资金短缺。位于中西部的场馆，因本级财政困难，地方基本上没有经费支持，后续开发经费更无从谈起。遗址类场馆内的地震遗迹如断层错动、探槽等因风雨剥蚀而逐渐消融，部分地震破坏建筑逐渐风化和腐蚀，还有的因地质灾害而逐渐被掩埋。这些都需大量资金加以修缮，而目前运行维护资金难以满足修缮需求。

因此，防震减灾科普教育基地始终存在着大馆如何维持运营，小馆如何生存的问题。

7.8 管理存在问题

从业务管理部门的角度讲，一是缺少规范的业务标准或指导意见，使得基层场馆建设中缺乏内容和技术的规范和参考的依据。二是场馆管理缺少长效机制。如“国家防震减灾科普教育基地”工作整体存在着重创建、轻运行，重认定授牌、轻后期管理的问题。有些场馆管理制度不健全，甚至就没有管理制度。场馆无专业技术管理人员，讲解人员未经过专业培训，解说信息更新周期过长。

8 解决问题的途径

8.1 加强规划，合理布局

8.1.1 规划和布局原则

集中优化、办出特色、不遍地开花。在一二线城市，结合城市的文化建设，应该设立大型的防震减灾科普教育基地，起到骨干的纽带作用，并且辐射到相当大的一片区域，充分发挥骨干场馆的支点作用和辐射作用。在地震灾害多发区和地震重点监视区的三线城市，建立中等以上的科普教育基地，并具有一定的辐射作用。在地震多发区和重点监视区县城及以下的乡镇，可发展“防震减灾科普流动车”进行流动宣传教育，出于资金和效益以及管理等方面考虑，不宜大力发展有较大资金投入的科普教育基地。

8.1.2 通过规划立项，建立大型骨干有特色的防震减灾科普教育基地

根据国家“十三五”和“十四五”科技文化发展规划以及防震减灾规划，制定战略目标，做好顶层设计，统筹运作，合理布局。目前运行效果最好的教育基地大多是由政府支持和投资的大型科普教育场馆。因此我们应在各级政府制定的“五年规划”、中、长期发展规划中，积极争取各级政府支持，通过立项建立重点的防震减灾科普教育场馆。在重点城市，特别是一线城市，要有符合城市经济发展水平和国际地位的大型防震减灾科普教育场馆。起到骨干和带头作用，在二

线和区域政治和经济中心城市，也要有符合自己社会经济发展水平、并与城市地位相一致，并能辐射和影响到本辖区的场馆。其余地区则应根据本地区的地震活动情况和各自的资源情况酌情发展，不应强求。广大农村地区更适于建设流动性的防震减灾科普教育项目。

8.1.3 综合利用、提高效益

与综合类的博物馆、科技馆结合，发挥其管理和资源优势，使防震减灾内容成为它们的重要组成部分。与旅游相结合，在著名景区特别是在地学类风景区建设符合景区特点的场馆，与景区风貌和内容有机地结合起来。做到“借船出海”，“借鸡生蛋”。

同时，我们的科普教育场馆在规划和设计过程中，也应考虑能同时进行不同级别和规模的专业或半专业化的训练，使大众教育和专业训练相结合，以共享和节约资源，提高场馆的利用率，也可以使专业培训和大众安全科普教育互相弥补和促进，相得益彰。

8.2 走多元发展之路

8.2.1 发挥政府主导作用

我国是政府主导体制。因此，政府是否有积极性和主观意愿，是建设防震减灾科普教育场馆的决定性因素。

通过政府制定政策，对防震减灾科普场馆建设和运维进行政策支持，为其发展营造良好的政策环境。维护防震减灾场馆相关文化产品的知识产权保护，加大对公益性场馆支持力度和社会化经营场馆的扶持力度，大力发展博物馆文化资本、文化市场，提高政府对防震减灾科普教育的政策支持力度和投资效益，建立市场化、多元化的防震减灾科普场馆及其科普产品投融资政策环境，广泛吸引社会资本投入到防震减灾科普场馆建设和产品市场，切实落实财政税收、社会保障、投融资等配套政策，为防震减灾科普场馆体制改革提供强有力的政策保障，调动场馆的建设积极性和开发具有自身特色的展品。

努力把教育基地建设纳入各级政府的目标考核体系。实践证明：纳入目标考核体系，能够进一步强化各级政府在建设和管理教育基地中的责任，从而拓宽教育基地公共服务的广度和深度，必将促使各级政府对该项工作更加重视和加大投资力度。

8.2.2 充分利用社会资源

防震减灾是一项需要全社会共同参与的系统工程，涉及政府、立法、规划、建设、新闻、教育和地震等几乎所有部门，依据《防震减灾法》都有着不同的工作职责，防震减灾事业是一项全社会的公益事业，地震行业自身力量和资源有限，依靠单打独斗出路有限。所以，充分利用社会资源“借风行船”，多渠道建设科普教育场馆是一条“捷径”。

与有关部门建立协作机制。现有防震减灾科普教育场馆要主动出击，改变以往“守着场馆，等人参观”的被动工作模式，主动对外宣传，与有关部门建立固定协作机制，策划好每年的开放计划和科普活动。特别要加强同当地教育、党校和行政学院、媒体和社区等部门联系，纳入当地全民素质教育计划，实现教育基地与他们之间的资源整合，积极发挥教育基地的优势和特色。

主动利用社会公共场馆。主动利用社会上现有或是待建的大型科技馆、博物馆、安全馆、教育培训中心等各类科普教育展馆，采用协作筹办地震展厅、提供相关科普材料等办法，共同建设防震减灾科普教育基地。这样地震部门不但以最小的投资（或是零投资）和最少的投入，获得最大的防震减灾科普教育效果，同时还可省去展馆运转管理等相关事宜，起到事半功倍的功效。

利用社会公益筹资。争取社会慈善捐助，实现投融资主体的多元化，用善款进行建设和运维，同时引入社会监督机制，有利于场馆的建设和运维，不失为一种长效机制。

8.2.3 加强规范和管理

(1)加强政策性指导,建立评估体系

首先,要指导和规范场馆的建设内容。制定和完善评估制度和指标体系,建章立制,分类制定评定标准,加强挂牌的国家级和省级防震减灾科普教育基地管理,组织有关专家按不同的教育基地类型,制定全国规范标准的建设内容、指导意见和评定验收标准。这样既可避免或减少内容偏差和误导,又使我国教育基地建设有章可循。对于已建成的防震减灾科普场馆,要加强指导。进行精细化的管理,精心剔选内容,去粗取精、去伪存真,提高水平。建立指导管理和退出机制。既然管理部门有文件要求和号召,就必须有检查和管理。应该对现有《管理办法》进行细化和修改,增加防震减灾科普教育基地的后期管理内容。建议各级(国家、省和市)教育基地的主管部门,定期对各自认定的教育基地进行检查、监督、指导和通报,对管理有序、运行效果较好的提出表扬或奖励,对较差的通报批评、限期整改甚至摘牌,从而推动全国各级防震减灾科普教育场馆工作健康持续发展。及时摘牌还可对随意撤除场馆的行为起到一定的约束作用,有防震减灾工作绩效考评的地方,可以把场馆作为一个重要的考评目标,也可起到督促和约束作用。

发挥专业协会的协调指导作用,构建互通有无、工作交流的平台。

(2)开展相关研究

开展防震减灾科普场馆建设、管理相关科学研究。组织专家研究制定全国统一规范的教育基地建设内容标准。开展防震减灾科普教育基地的多样化发展研究,培育和发展新模式。同时,开展相应的科普研究,保证科普教育场馆的可持续发展。

防震减灾科普应注意平时的研究和储备,对于建设场馆更是如此。有关管理部门应该在大震过后及时组织科普方面的考察,为遗址保护、纪念馆的建设提供依据,同时,收集大量第一手的资料为将来的科普研究和教育所用。还有如互动模型的创意和研制,不是凭空拍脑袋就可以想出来的,平时的点点滴滴的积累,才能在需要时迸发出智慧的火花。

(3)加强人才的培养

调动员工的积极性。尤其是要充分发挥优秀人才的中流砥柱作用,选拔一批年富力强、德才兼备、善于经营和管理的人才担任场馆馆相关产品生产和经营的领导工作,以此培养和造就一批高素质、专门化的高端人才。

科普场馆展项或展品的策划、设计和制作,需要复合型的人才,他不仅要懂科学,尤其是地震学科知识和灾害规律,同时要知晓表现艺术和制作技术。因此,加强防震减灾科普教育人才的培养是当务之急,应在相关院校设立科普专业课,进行专业人才的教育和培养。

建设全国性的科普人员培训基地、研究中心,加强对全国基地特别是经济欠发达地区的基地的支持和指导,同时,通过培训工作提高基地管理者、科普工作者的管理水平、科普服务能力;加强全国基地间的交流,资源共享;加强对全国基地的宣传,吸引更多的公众到基地参观学习;进一步发展和壮大全国科普场馆工作人员队伍,满足更多公众不同层次、不同方面的需求。

(4)改善运行模式

建立科学有效的内部管理和运营机制,建立激励机制。转换经营管理体制,引入竞争激励机制,提高场馆资源的使用效率、综合实力和竞争力,增强场馆的活力,推动防震减灾科普教育事业创新和建立起与中国特色社会主义市场经济相适应的减灾文化体制和经营机制。

在有些地方,可以尝试将管理机构与科普场馆合二为一,内设机构的职能就是管理和运维场馆,这样可从机制体制上,人力资源保障上提供强有力的支持。

发挥网络和新媒体作用,集各地资源优势,开办中国防震减灾数字科普馆,将各地有特色的展项和展品数字化，并在集中平台上统一展示。

建立现代、开放、永续发展的防震减灾科普场馆体系，开展与防震减灾科普示范校、安全学校、安全社区建设联动的机制，互相促进、共同发展。

要做到既能"请进来"，还能"走出去"。建立巡回流动展出的运行模式，因此，大力开发建设流动教育基地——大型"防震减灾科普车"等流动设备和展项。扩大场馆的影响力，将科普教育辐射到边边角角。

9 防震减灾科普教育基地建设新模式的探索

从调研中总结出，经过十余年的发展，我国防震减灾科普教育基地已经有了规模，各地在建设过程中形成了一定的发展模式，初步形成了大、中、小配套格局，各地在建设过程中形成了各自的发展模式，但现在呈现的是一种自由发展，各显其能、缺乏梳理的状况。现在欠缺的是行业管理的系统化和规范化以及场馆的优化。如果把各个科普教育基地比作结在树上的果实的话，防震减灾科普教育基地体系就是一棵果树。体系的根本是树干和树根。如果根不深，干不壮，果实也就长不好。基地建设和运维不可能存在单一的建设和管理模式，它已经是而且应该是多种模式并存。但是，多种模式应该在一个体系之下共同和有序地发展。作为体系的树根和树干，体系应该起到监管、调节、支撑等作用。所谓监管就是约束性的，就是有关的法规和政策，还有防震减灾科普教育基地的考评标准和原则。所谓调节就是非约束性和参照性的，如内容指导大纲。支撑就是提供咨询和技术支持。要说新模式就是建立整个体系的模式，在体系内实现法规政策引领下的业务指导标准化、建设资金来源多样化、运维管理多元化、基地评价机制化、奖励整改经常化。用一个简单的公式表示，就是：防震减灾科普教育基地体系新模式＝资金多样化＋管理多元化＋指导标准化＋评价机制化＋换牌经常化。根据以上结论，我们建议：

加强对全国科普教育基地的业务指导，尤其在科普内容方面，建议管理部门或以专业协会（中国灾害防御协会或中国地震学会）的名义成立考评标准和原则，并制定一份内容指导大纲供各地科普教育基地建设和运维工作的参考。

如有可能，实现资源共享，以中国地震局社会服务项目为蓝本，集全国各科普教育基地之大成，建设权威性的网上防震减灾科普教育基地。

日本兵库县的防灾教育及思考

张　英

（北京市地震局宣教中心，北京 100080）

摘　要

无论是灾害教育，还是减灾教育，或是防灾教育从根本上来说其本质、理念都应一样，即关注人的安全与社会的可持续发展。引进他国经验的同时还得兼具本土特色。我国灾害教育的研究应该从介绍式研究转向调查研究、理论研究在内的实质性研究。

日本是地震多发国家，但日本在历次影响较大的地震中遇难人数却相对较少，中小学学生的伤亡数也较少，这是为什么呢？日本为什么能将“地震大国”变为“减灾强国”？原因是多方面的，除了人们常说的政府财政防灾预算充足、日本地震预警系统先进之外，日本中小学之所以能将地震灾害减少到最低，与其有规划、系统地开展灾害教育不无关系，让我们来看看兵库县的案例，借鉴一些经验，也消除一些误解。

关键词：防灾教育　日本　启示　思考

在阪神·淡路地震时，为了支持受灾地的教育复兴，全国的教育相关人员在 2000 年成立了一个具备了专门知识和实践对应能力的“地震·学校支持队（EARTH＝Emergency And Team by school staff in Hyogo）”，以便当其他地区发生灾害请求支持时，能够及时得到支持，开展受灾地区的教育复兴工作。EARTH 是由县内公立学校的教谕（中小学正式教师的职称）、保健教师、职员、学校营养职员、生活顾问等构成，分别编制了“避难所运营班”、“心理辅导班”、“学校教育班”、“学校伙食班”、“研究·计划班”等 5 个班。迄今为止，该支队被派到了北海道有珠火山爆发、鸟取县西部地震、新潟县中越地震等国内灾害现场，此外还参与了苏门答腊海底地震引起的印度洋海啸受灾地，对学校重建、学校避难所的运营、学生的心理辅导等进行了支持。在这些活动的基础上，平时通过在县内外防灾教育研修会等上的演讲、指导帮助等，努力促进各地区防灾体制的完善，推进各学校的防灾教育。

日本阪神·淡路大地震发生后，日本兵库县开展了“全新防灾教育”系列活动。所谓“全新防灾教育”旨在提高学生在灾害中的自我保护的能力，提高其防灾素养，并在传统安全教育的基础上，培养学生的互助以及志愿者精神等“共生”的意识。该教育是旨在培养学生具备人类基本修养和品德，同时兼顾并致力于安抚受灾儿童心灵的教育。

1　全新防灾教育推进计划

复兴十年委员会的经验总结和建议规划当中秉承了“新防灾教育”的要点，力图进一步地充实“兵库的防灾教育”。“兵库的防灾教育”主要旨在使大家能够根据本地区的特点，掌握应对地震等各种灾害的实践能力，在灾害中可以“自救”，同时也要培养大家互相帮助以及志愿者的精神，为安全安心社会建设与维持贡献自己的力量。

全新防灾教育十年的实践，关注情感态度价值观、知识、技能三个层面，有如下特点。一是注重人类的存在和生活方式，培养学生尊重生命：注重人和人的交流；积极参加志愿者活动；多为他人着想的教育理念被渗透。二是旨在加深对科学的理解，学习自然环境社会环境与防灾的关系：学习自然灾害的种类和发生原理；了解地区灾害历史和相应对策；研究今后的防灾体制。三是掌握防灾能力：学习灾害时的自救方法；学习应急处理方法和心脏复苏方法；掌握求生技能；掌握家具固定以及其他防灾准备等技能。

防灾教育推进计划要求：防灾教育要根据学生的不同年龄阶段、学校的实际情况以及地区的特点来制定具体的指导内容，通过多种形式来推进整个规划的实施。因此，各个学校要在指导内容的基础上，确立各自的防灾教育推进计划，丰富指导内容，力图真正地使每一个学生具备适应灾害的能力。在这里，我们举一个初中的例子。

初中防灾教育推进计划：根据学生的实际情况、教育目标、防灾教育的目标以及地区的特点，找出灾害在自然方面和社会方面的主要原因、思考今后的防灾计划；提高在灾害中自我保护的能力和素质；启发学生思考人类应有的存在方式和生活方式，培养学生热爱生命、尊重生命，多为他人考虑，互相帮助以及服务社会的精神。

此计划实施的目的旨在：(1)完善和充实防灾体制。明确教职员工的作用，加强家庭、地区以及相关机构之间的合作；提高发生灾害时的危机管理能力，完善灾害应对手册；日常的安全管理以及避难通道的检查。(2)推进兵库县的防灾教育。通过广泛的开展教育活动推进防灾教育；完善根据学生个人情况采取不同的心理辅导；和地区联合开展高效的防灾训练。(3)提高指挥能力和实践能力。提高教职员工的防灾能力和应急处理能力；充实防灾体制、防灾教育和心理辅导等校内研修活动；相关防灾教育的指导方法和内容的调查和研究。

表1　初中各学年的目标

1年级	2年级	3年级
·使学生对获得的生命存有感激和感谢之情，对人类的未来进行思考。 ·使学生抱有责任感，能够作为家庭以及社会的一员，为了提高集体的生活质量而努力。 ·普及自然灾害知识，要紧抓本地区的特点，提高防灾意识，做好准备工作。	·通过深刻体会受灾群众由于灾害和事故所带来的伤痛，体会生命的可贵，学会尊重生命。 ·理解志愿精神以勤劳的美德，养成积极参与志愿者等活动的态度。 ·了解本地区灾害特点，学习前人预防灾害的经验和教训，完善地区防灾体制。	·使学生认识到生活当中宽容和体贴的重要性，培养学生为公共福利事业献身的精神。 ·理解灾害发生的机理，关心环境改善问题，创造一个良好、安全舒适的生活环境。 ·充分理解学校在灾害发生时的作用，思考学校和社区居民相互之间的关系。
·在灾害来临时具备正确判断周围状况并安全避险的能力。 ·掌握灾害来临时的应急处理方法，明确其意义。		

通过学校传统教学科目、道德、特别活动以及综合学习时间等多种途径开展灾害教育，各有所侧重。如传统教育科目主要培养学生科学的思考能力和判断能力；了解灾害机理，地区的灾害特征，地区间支援以及防灾体制等知识；提高防灾意识；培养志愿者精神；掌握应急处置方法。道德：培养学生尊重生命，公平平等，文化多样性等尊重人权的意识；培养学生的志愿者精神以及宽容、体贴的美德；学会交朋友。

特别活动：培养学生在日常准备方面、灾害时保护自身安全以及正确判断和采取行动的实践能力；互相合作，培养独立克服困难的意志和实践能力；培养自主性和志愿者精神。

综合学习时间：培养志愿者精神和实践等态度的培养；学习地区灾害的历史和防灾体制，培养学生主动思考如何构建安全、安心城市等问题。

除此之外，与我国一样，通过教育一个孩子、影响一个家庭、辐射一个社区的做法相类似，日本也比较注重家庭防灾教育可以家族防灾会议的形式，关注提高防灾意识；灾害的准备—防止家具等的倾倒、准备防灾包；培养志愿者精神等。

社区防灾教育以志愿者参与等各种体验活动、结合具体情境而开展；通过和地区合作开展防灾训练等方式培养学生的防灾能力；召开包括市镇防灾布局、自主防灾组织、消防署、消防团等相关人员参加的防灾教育推进联络会议等形式开展防灾教育。

教育实践引领者认为，仅仅开设一门特别课程，是不能够使学生全面掌握防灾技能这一基础内容的。这提示我们，防灾教育要深入骨髓、融入血液。

因此，兵库县教育委员会计划将防灾内容渗透到各个科目中，将道德教育、特别活动、综合学习时间的内容联系起来，有体系、有规划地推进防灾教育。同时，还要通过实践对学校的教育效果反复地评价和检验，并将经验教训应用于此后的指导规划当中。

我们可以看到，在制定防灾教育指导规划时，有必要从学习指导要领中整理出防灾教育相关的指导内容作为参考。同时，在此基础上，明确防灾教育的目标，全面把握课外读物等的题材也是十分重要的。同时，灾害教育应该多学科协力，多途径开展，不要局限于学校内部。

2 《走近幸福吧——从阪神·淡路大震灾中学习》地方教材

2010 年京大访问研究期间，研究者对神户大学林大造研究员开展了灾害教育教材研究的访谈，其详细介绍了神户教育委员会为纪念 1995 年阪神大地震而制作的灾害教育教材《走近幸福吧—从阪神·淡路大震灾中学习》的由来、编写思路、基本理念、使用范围等问题。对我国开展此类教材的编写具有十分重要的意义。

图 1　神户教材封面

林研究员认为：此教材最大的特点是图文并茂，具体来说，以图像的形式导入，如第一页是星空图，第二页是地震发生的时刻表，第三页是地震后的惨状景观图，第四页是地图与地震被害人数，图像十分直观地表现了地震的危害及损失，其打破了夜空的宁静与酣睡的人们，使其无家可归。接着分"出现过这样的事情"、"保护生命"及"共同生存"三部分介绍了地震的损失及灾后生活;同时介绍地震机理、灾害史及如何预防;国外地震及次生灾害等问题。最后以一首歌曲的歌词结尾,用来缅怀地震中逝去的人们,该教材符合学生心理及年龄特点。

另外,此教材也配有光盘。教材基于传承灾害记忆的理念,学习对生活有用的知识。教材在关注防灾知识的同时,较多关注防灾态度的养成、防灾技能的培养,这些都值得我们借鉴。灾难让人更加成熟,更懂得生命的意义。2008 年后,他国发生灾难后的国民幸灾乐祸心理逐步得到改变。

表 2 《走近幸福吧—从阪神·淡路大震灾中学习》教材目录

出现过这样的事情	01 过去一闪而现之时 02 与金桂一同(凋落) 03 思考生命 04 我们的城市——神户 05 停止的生命线 06 寻求生活情报 07 严酷的避难生活
保护生命	08 与震灾作战 09 神户为什么会发生大地震 10 近来的风灾和水灾 11 日本自然灾害的历史 12 预想的大地震 13 开家庭防灾会议 14 重新鉴定住宅安全 15 先保护自身安全,再考虑如果是你该怎么办。 16 着火了! 17 紧急情况下的应急措施 18 制作地区安全地图 19 遇到这种情况怎么办? 20 不要忽视大自然的暗示
共同生存	21 Scott is dead. 22 See you again! 23 炒面的味道 24 小爱的志愿者日记 25 与一位妇人的相遇 26 倾听受灾地区的抱怨 27 心灵护理 28 与本地区人民一起建立自主防灾组织 29 建设擅于抵御灾害的城市 30 震灾对于外国人而言 31 我们都是地球大家庭的成员 32 为了走近幸福

值得注意的是,此教材类似我国三级课程体系中的地方教材,并非全国推广使用。目前,国内灾害教育读本、教材并非缺乏,反而觉得有泛滥之态,我们应该编写高质量的教材,多出精品,漫画、网络游戏等新形式都应该积极纳入,同时,勿让灾害教育教材也成为一种灾难!我们应积极关注落后地区、关注脆弱性。

3 兵库县舞子高中的教育活动

发生了阪神、淡路大地震后，为实现学校复课、做好儿童与学生的心理护理，兵库县教育委员会投入了全部力量，并且采取、实施了各种政策措施，如，构筑教职员工互助体制、配置重建委员会等。兵库县创造出了独一无二的、珍惜生命、关怀体谅他人、互相帮助为核心内容的"新型防灾教育"。在震后第五年，即2000年，决定在兵库县立舞子高中设置环境防灾科，探索这种"新型防灾教育"在高级中学中的开展模式。经过了两年准备，于2002年4月，在全日本范围内首次开设了防灾专门学科，定员40人。每学年开一个班，三个学年三个班共120人，对防灾专门学科进行了学习。虽然在全日本尚无前例，但在众多防灾相关人士的支持下，这一学科自开设已走过了八年。

环境防灾科在开展教育活动时，考虑如下因素：引发学生的强烈兴趣，不但通过教室里的学习，还要通过亲身体验进行学习，不仅通过被动的学习、而且通过主动的活动提高学习效果等等，以多姿多彩的教学方法展开教学活动。如聘请大量外来讲师授课、校外学习、调查学习与讨论、国际交流、信息发布、志愿者活动等。仅以校外学习为例，对于地震灾害学习而言，参访人与防灾未来中心与野岛断层保护馆必不可少；参观人与自然博物馆，进行六甲山实地考察；神户市消防学校的体验活动、步行考察长田街也带给孩子们珍贵的体验。一年级学生在开始学习地震灾害的第一学期时便参观了这些设施，通过展示和讲述结合自身体验的人学习地震灾害事实、地震损失、援助、地震机制、地震教训等知识。第二学期后半期，在地震灾害学习中加入了阪神大水灾等知识，将学习的知识面扩大到区域性灾害。从自然环境与社会环境两方面对这些灾害进行学习，作为学习总结。这些参观、访问型的学习，包括事前预备学习与事后巩固学习（撰写报告）两个组成部分。

国内媒体曾多次报道此高中的防灾教育开展活动，但是需要值得注意的是，此高中类似我国的职业高中，我国普通高中根本无法、也无必要按此标准开展防灾教育，灾害频发地区的中学可以通过开展特色学校建设等形式借鉴。

我们不应该妄自菲薄、更不应该神化国外经验。目前，我国缺乏系统有规划、具有长期规划且具有长效机制的防灾教育，并非缺乏灾害教育，这需要我们反思并有所作为，灾害教育是可以救命的，并非应景之需。

关于加强防灾减灾宣传教育的思考

余苗苗[1]　陈　雷[2]

(1.浙江省温州市龙湾区机关事务管理局,温州 325000;2.浙江省温州市龙湾区行政管理中心,温州 325000)

摘　要

防灾减灾宣传教育工作是一项长期、系统的工程,尤其对于我国来说,防灾减灾宣传教育显得更为重要。但一些地方防灾减灾宣传教育工作不到位,公众缺乏对灾害的了解,防灾减灾意识淡薄,造成了许多不必要的损失。本文主要通过介绍灾害类别,分析防灾减灾宣传重点内容,查找剖析我国防灾减灾宣传教育工作存在的问题,对防灾减灾工作提出了强化宣传媒体、强化宣传阵地、强化队伍建设及关于救生知识普及"两硬一软"的建议。笔者希望通过本文,能够进一步加强防灾减灾宣传教育工作,增强群众防灾减灾意识,全面推动防灾减灾工作深入开展。

关键词:灾害　防灾减灾　宣传教育

1　防灾减灾宣传教育重点内容

灾害种类繁多,内容涉及面非常广,各地政府宣传防灾减灾工作要把握宣传重点是至关重要的。如何才能在灾难中减少损失,关键在大家对防灾工作的认识、防灾机制及自我急救技能等几方面。防灾知识包括认识灾害的特性、种类、影响及原因,防灾技能包括做好灾害的预防方法、预警和应变措施、健康救护、心理康复,防灾态度包括觉察到灾害发生的必然性、保持灾害发生时正确的态度和价值观、并能够身体力行,做好防灾准备和宣传,可减轻政府与民间组织在灾难救援时的负担并强化其成效[1]。

1.1　自然灾害防灾减灾宣传教育重点

自然灾害防灾减灾知识宣传和教育要根据各地地理位置、地貌特点,结合当地灾害风险隐患的特点,增强宣传教育的针对性。以温州市为例。温州市地处中国大陆环太平洋岸线(约18000千米)的中段,浙江省东南部。全境位于北纬27°03′—28°36′、东经119°37′—121°18′。由于温州地貌复杂,是滑坡、崩塌、泥石流等地质灾害多发区。由于季风气候不稳定,又是洪涝灾害和台风频发区。因此温州自然灾害防灾减灾宣传教育的重点内容要放在台风灾害、洪涝灾害、地质灾害的知识普及上。

掌握自然灾害防灾减灾重点宣传教育灾害种类后,各地要组织开展防灾减灾业务研讨和培训,根据本地区多发易发的灾害风险,针对监测预警、抢险救援、转移安置、应急保障、医疗防疫等重点环节,因地制宜、注重实效,广泛组织开展预案演练活动,切实增强干部群众对预案的掌握和运用能力。

1.2　人为灾害防灾减灾宣传教育重点

以温州市为例。温州市作为沿海地区城市，经济发达，各类厂房分布广，交通完善，设有机场，私家车数量多。温州市在人为灾害防灾减灾宣传中就要重点宣传交通事故自救他救技巧、飞机事故处理技巧、火灾逃生技能等内容。

1.3　加强灾后思想教育和宣传

坚持回头看，加大对重大典型灾害的分析，一方面是总结灾难的经验和教训，提高大家防灾减灾的意识，在类似灾害发生时，避免各类损失并使之达到最低点。另一方面是宣传灾后重建工作，做好群众精神安抚，让群众能够树立灾后重建信心，政府为开展灾后重建工作创造条件。

1.4　加强特定防灾日的宣传

要利用国际减灾日、世界气象日、国家“防灾减灾日”、全国消防日等重要日子，开展专题宣传活动，推进防灾减灾知识进农村、进社区、进企业、进学校，营造浓厚的防灾减灾宣传氛围。

2　防灾减灾宣传教育工作存在的问题

目前，我国防灾减灾宣传教育工作还存在许多问题，各级政府、宣传部门、教育系统等重要单位未将这项工作列入本系统工作计划和任务。

2.1　防灾减灾宣传教育经费不足

据调查，目前我国 660 多个城市中，除位于地震地质重灾区的城市安排有防灾宣传教育经费外，绝大多数城市年度财政支出没有安排防灾减灾宣传经费。[2]因经费问题，各有关部门未把防灾减灾宣传教育工作列入工作计划，造成宣教基础设施不足，宣教队伍不稳定，宣传不到位，致使群众防灾知识贫乏。

2.2　防灾减灾宣传教育形式单一

目前，我国防灾减灾宣传教育主要依靠一些职能部门刊发杂志报纸，宣传教育形式单一，缺乏创新性。各地方宣传部门未重视防灾减灾知识宣传，宣传科普形式不丰富，致使公众面临灾难无法实施自救和他救，进一步扩大灾害损失。

2.3　防灾减灾宣传教育未纳入教育体系

教育部门未把孩子防灾减灾知识纳入教育体系，学生防灾减灾知识匮乏。有资料表明，世界上有许多国家十分重视青少年的防灾减灾教育，如日本、英国等国，10 岁左右的孩子在灾害降临时，都能从容应对，这主要是得益于中小学教育课程中，纳入了防灾减灾的基本知识。而我国的中小学教育，至今还没有开设防灾减灾知识的课程。数据显示，2004 年全国发生各类突发事件 561 万起，造成 21 万人死亡、175 万人受伤。其中，因拥挤受伤、跳楼致死等不当避险造成的伤亡占相当大的比例[2]。

3 加强防灾减灾宣传教育工作的建议

防灾减灾知识是面临灾难的逃生伞，加强防灾减灾宣传教育工作，增强群众防灾减灾意识，能够有效减少灾难过程中带来的生命财产损失。宣传教育工作要综合利用各种资源，让减灾一是渗透到每一公里，全力提升社会公众防灾减灾意识和自救互救能力。

3.1 进一步强化宣传媒体作用

防灾减灾宣传教育工作要充分利用宣传媒体，在应急广播、网络、电视、报纸宣传媒体使用上下工夫。

(1)完善应急广播应用体系建设。广播具有传播速度快、接收方便，覆盖面广和不受电力制约的特点，是灾害发生信息传播的重要途径，被世界各国作为应急处置的重要手段之一。特别在突发公共事件处置上，广播能够及时传达信息、正确引导舆论、有效稳定人心。以 2014 年 12 月 31 日晚上"上海外滩踩踏事件"为案例，如果当时上海应急广播设施完善，政府第一时间通过广播系统对现场人员进行现场指挥，疏散处置，稳定群众情绪，就不会导致 36 死 47 伤的严重后果。在应急广播建设中我们要注重三个推进，一是推进技术开发。加强应急无线电频率资源的研究与规划，强化无线电管理，加大应急无线电频率干扰查处力度，维护空中电波秩序。[3]二是推进信息整合。拓展信息渠道，完善地震、台风、突发事件、交通等信息共享机制，面对灾情确保第一时间发布正确信息，打通交通"生命线"。三是推进覆盖使用。自然灾害应急处置的主要单位是基层街道社区，因此要加大投入，把应急广播建设应用于城乡、街道、社区，应急广播不仅发挥宣传防灾减灾知识，而且在抗灾工作中发挥"一线"战斗作用，指导抗灾救灾工作。

(2)高效利用网络平台。据中国互联网信息中心第 32 次《中国互联网络发展状况统计报告》统计，截至 2013 年 6 月底，我国网民规模达到 5.91 亿，互联网普及率为 44.1%，网民数量巨大，美国波士顿咨询集团研究发现，中国网民平均每日在线 2.7 小时，接近日本和美国等发达国家的水平，网络越来越成为国内民众获取信息的重要渠道。[4]全国各省市政府要对历年灾害情况进行分析总结，建立地方性灾害知识宣传的网站，将气象、水利、地震等各类信息汇总，重点普及地区常发生的自然灾害知识以及日常灾害处置方法，方便群众查阅。2005 年。吉林省创建了全国首家以宣传国家和省减灾救灾工作网"吉林省减灾网"，至今发布各类灾害信息、减灾避灾知识、国内外灾害避险知识、国内外灾害避险经验 4000 余条，平均每天被点击 179 次。[5]同时，还要开通微信、微博等传播平台，以简洁、醒目小篇幅信息发送，吸引网友关注，达到防灾减灾信息普及的目的。

(3)充分发挥电视、报纸等主流媒体作用。电视、报纸是群众关注度最高的媒体之一，特别是电视老少皆宜。电视媒体要发挥防灾减灾传播的主要作用，特别是地方政府，要充分利用电视宣传作用，在注重经济收益的同时，一定不忘民生和公益。电视媒体要花时间、花精力、花心思制作生动形象的灾害知识传播视频、动画、宣传片，创建防灾减灾公益歌曲、公益广告，利用黄金时间、收视率高的时段，播放防灾避险知识，提高知识的普及率。

3.2 进一步强化宣传教育阵地建设

据调查，城市社区居民认为获取急救知识的最佳途径依次是培训 32%，网络 26%，电视 22% ，报刊及杂志 12% 电台广播 8%。[6]同时，绝大部分社区居民希望开设一些应急自救互救方面的培训。可见宣传阵地建设在防灾减灾宣传工作中的重要地位。防灾减灾技能运用需要通过各种模拟练习才能达到最佳效果，因此，政府要积极推进防灾减灾宣传教育阵地建设，为公众提供参与式、体验式的防灾减灾知识文化服务，提高自救互救技能。

（1）政府要建设综合性宣传教育基地。政府要重视防灾救灾工作，把宣传教育基地建设列入民生项目，特别是重灾地区，要将教育基地建设纳入政府考核项目中，确保项目资金、场地、人员到位。未落实建设宣传基地的地方要想法设法建设宣传教育基地，在已有宣传基地的地方要充分利用现有场地和设施，以建设综合性宣传基地为目标，完善宣传基地功能，配置防灾减灾相关专业器材和多媒体设备，开展各类应急演习，全面提升公众应急能力。

（2）利用公安、交警、消防等资源开放主题宣传教育基地。要整合公安、交警、消防部门专业性场地，开展主题性的宣传教育。公安、交警、消防等部门要“走出去，请进来”，邀请机关单位干部、社区居民、学校师生到基地开展如自救演练等的主题演练活动，同时这些单位人员还要到机关部门、学校、企业、社区开展知识讲座，开办技能课堂等活动，普及救灾减灾知识和技能。

（3）合理开发大学防灾减灾实践宣传教育基地。目前，我国部分大学设置了气象、地质等专业，也配置了一些防灾减灾培训基地。大学是向社会输出救灾减灾专业人才的重要渠道之一，大学救灾减灾基地建设情况也影响着大学生的防灾减灾实际能力，因此要重视大学实践基地建设，让理论和实践相结合，合理开发完善基地设施，把大学宣传教育实践基地作为干部学习培训的一个主要战场。

（4）建设防灾减灾宣传教育示范社区。防灾减灾宣传教育要以社区（村）居民为主体，要通过示范社区防灾减灾工作标准化建设，全面带动基层单位防灾减灾宣传工作的开展。一是加强社区预防灾害的软硬件配置，制定防灾减灾计划，注重宣传和培训，定期开展演练。二是注重报警常识、防灾措施、灾害现场逃生技巧、意外伤害急救处理、传染病隔离、急救基本技术等方面内容培训。三是与学校、医院结对，形成一定力量培训师资五队。通过示范带动，全面推进基层社区防灾减灾知识的普及和技能提高。

3.3　进一步强化应急队伍建设

我国已建立了以军队、武警、公安、消防为骨干和突击力量，以抗洪抢险、抗震救灾、森林消防、海上搜救、医疗救护等专业队伍为基本力量，以社会组织和应急志愿队伍为辅助力量的应急救援队伍体系，[7]在现有队伍的基础上，要进一步提高队伍素养，强化队伍建设。

（1）专业救援队伍为骨干。专业救援队伍专业性强、工作任务重、危险高，因此在专业救援队伍建设方面把握三个点：一是扩大专业救援人员渠道，可增加大学定向培养和军转干部等渠道，确保专业救援人员数量和质量；二是加强专业救援队伍的专业化培训，确保人员在救灾中发挥高效作用，减少灾害过程中人员伤亡情况；三是提高专业救援人员待遇，让专业救援骨干能够安心本职工作。同时，在基层要加大灾害信息员配备和培训，确保信息员及时有效完成灾害信息收集、分析、上报工作，广泛动员组织灾害信息员参加国家灾害信息员职业技能鉴定培训，推进灾害信息员职业化进程。

（2）志愿者队伍为补充。鼓励社会力量参与救灾减灾工作中，让众多社会组织和志愿者能够积极配合协助政府开展人员搜救、伤员运输、物资保障、道路抢险、信息传达等工作。

3.4　关于救生知识普及“两硬一软”建议

救生知识通过看、读、听是远远不够的，很难运用到实际应用中，需要通过实践操作才能掌握正确的技术和方法，某些程度上的自然灾害不能避免，但是灾难中自救、他救成为维持生命的一条有效途径。2015 年 2 月 4 日台湾复兴航空空难事件中，林明威从机腹破洞逃出后，先拉起身旁妻子，又赶紧拉起 2 岁的儿子并施以心肺复苏术，一家三口生还。可见在危难关头，紧急救生知识挽救了众多生命，如果人人都能掌握自救互救的方法，遇到危险的时候就有可能在危急中挽救一条生命。因此紧急救生知识普及至关重要。笔者通过对长期社会观察，提出了“两硬一软”三点不成熟的想法。

（1）一硬是将自救互救知识和技能纳入中小学生素质教育中。防灾救灾要从娃娃抓起，要把防灾减灾宣传教育列入教育系统，形成中、小学、幼儿园灾难知识教育大纲，实现教育系统救灾减灾宣传全覆盖，特别是要将救生知识纳入中小学生素质教育考核的一项重要指标。具体的做法可以通过以下途径实现：一是针对各阶段学生的特点，制定内容丰富、不同形式、生动活泼、易于接受的防灾减灾知识，在常识课、自然知识课等理论课堂上普及书面知识，通过如观看动画片，防灾减灾知识竞赛、征文比赛，让知识深刻刻在学生大脑。二是通过劳动课、体育课、卫生课等实践课程，进行学生震灾、火灾等紧急逃生演练，教育部要硬性规定各层级学校开展应急演练的次数。三是要普及救生知识，将救生知识作为学生体育课程考核的一门硬性成绩，作为素质教育的一项基本内容。

（2）二硬是将自救互救知识和技能纳入机动车驾驶证考试的范围。机动车驾驶证考试是我国最热门的考试之一，在中小城市，十八周岁以上的人驾驶证持证率非常高。驾驶证考试也非常成熟，有理论部分和上路部分组成，对交通法则、路考技能都有很严格的要求，但是忽略了对自救知识的普及。在交通事故中，机动车事故是最多的，机动车事故生还率相对其他事故也是较高的，对于掌握救生知识，提高交通事故生还率是非常重要的。因此，笔者认为有必要将救生知识技巧考试纳入驾驶证考试的范围，增设一项自救考核项目，这个对于自救知识的宣传、普及及应用能够起到非常关键的作用。

（3）一软是将救生事迹进行适当表彰嘉奖。政府部门要将个人、集体救生事迹进行正面宣传和适当表彰嘉奖，形成全社会都积极参与救生知识学习、加入救生队伍。具体可以从以下几个方面着手：一是对于新居民来说，很多地方都实行了新居民积分制度管理，政府可以将救生事迹作为新居民加分项目，为今后新居民定居城市提供很好的帮助。二是对于城市居民来说，政府可以适当提供物质和精神奖励，激发公民奉献精神和意识。三是对于机关干部，救生事迹可以作为干部提升的一个加码，鼓励干部多学习，多参与社会救助。通过这些手段，可以在全社会普及救生技能。

参考文献

[1] 张英，王民，李斐，等. 我国部分省市初中生防灾素养调查研究[J]. 灾害学，2012，**27**(2).

[2] 周文彧. 加强城市防灾减灾教育的思考[J]. 中国减灾，2007，(5).

[3] 刘浩三. 统一联动 融合发展 全面推进国家应急广播大业[J]. 中国广播，2014，(10).

[4] 刘仍山. 利用网络开展防灾减灾科普宣教[J]. 中国减灾，2014，(8).

[5] 吉林省民政厅救灾处. 吉林：三管齐下，提高减灾知识的社会认识度[J]. 中国减灾，2014，(12).

[6] 段烿烿，陈琴，顾董琴，丁颖萍，孙一勤. 城市社区居民灾害认识及灾害救护技能培训需求分析[J]. 护理研究，2014，(485).

[7] 姜力. 履行政府主导职责 发挥社会力量作用 努力提升自然灾害治理能力[J]. 中国减灾，2014，(11).

气象知识竞赛的"大数据"分析

赵贤产[1]　何　芹[2]　王灵章[1]

（1.浙江省义乌市气象局，浙江 322000；2.浙江省义乌市廿三里第二小学，浙江 322000）

摘　要

通过分析校园气象知识竞赛结果的"大数据"，在表现出大多数学生已经掌握了基本气象科普知识这一事实之外，也能暴露出一些校园气象科普教与学方面所存在的某些不足之处。以气象知识竞赛的活动形式，的确能促进校园气象科普知识的"教与学"。最后提出一些教学建议。

关键词：气象知识　竞赛　分析

为纪念 2014 年 3 月 23 日世界气象日，义乌市气象局、市科协、市气象学会、市青少年科技辅导员协会等联合组织进行了一次 4 年级气象知识竞赛活动，每所学校设奖状和奖品，其中，一等奖 2 个，二等奖 4 个，三等 10 个，纪念品（奖）80 个。气象知识竞赛题以新教科版 4 年级上册《天气》[1]单元知识为主，略增加气象防灾减灾基本知识和相关气象活动方面的科普题。竞赛之前先进行了针对性的讲解。所有获奖排名，均以气象基本知识前 17 题的准确性为主，兼顾"个人如何做好气象防灾减灾"和"天气日记"作品这 2 题附加题为辅的原则进行颁奖。

1　竞赛题的"大数据"分析

1.1　基本知识题方面

基本知识题方面共有 10 题，正确率占 71.4%。其中，"气象学家一般情况下把风速分为 13 个等级"、"在我们的天气日历中，可以用简化的风速等级来划分风速，数字'1'可以表示微风"和"直"形状符合制作雨量器 、积云图片的分辨等知识掌握均较扎实，准确率达 80%以上；而"多云"图标、红旗朝东飘扬时的方向与风向标的箭头指向、大树下测到的温度符合气温条件等实践性知识方面掌握欠佳，说明天气单元教学中学生实践操作学习有待进一步加强。

1.2　气象防灾减灾知识题方面

气象防灾减灾知识题方面只有 4 题，正确率占 90.3%。其中，正确率最低的是"简单回答你认为个人如何做好气象防灾减灾"，虽然正确率也达 80%以上，但多数学生对"密切关注实时天气预报能有效预防气象灾害"的正确思路还是没有掌握，教学之中尚未落到实处；气象防灾减灾与非气象防灾减灾的科普知识，虽然都属于安全教育知识方面的概念，但应该加以区分。如防火灾与防雷电、防地震与防地质灾害、防台风、防大风等方面的安全教育知识，需分别理清，并讲解清楚，以便在生活中能充分做好针对性地预防工作。

1.3　相关气象活动题方面

相关气象活动题方面也只有4题，正确率仅占59.8%。其中，正确率最高的是“竺可桢是我国现代气象事业创始人，也是我国物候学研究创始者”这题，说明在学生当中宣传气象科学家作为偶像，也属“正能量”，而且很容易接受。纪念“世界气象日”的日期、“空气的温度是从1.5米高度的百叶箱里测量以表示大气冷热程度的物理量”、“夏天，水泥墙、水管‘冒汗’，预示天气的变化是天要下雨了”等气象活动和气象探究方面的科普知识正确率较低，说明气象活动的普及性，或教学与传授方面存在某些不足，有待进一步提升。

1.4　“天气日记”作品方面

所提供的“日常天气日记”作品中，大多数同学都写得比较好，可以评为优秀作品的占63%。除了这些“优秀”作品之外的部分，存在最突出的不足之处，一是所描述的主题不明确，如作品的开头没写日期与天气情况，作品中也没有描述“今天是什么天气或引起什么影响、或影响程度如何”等的情况较多；二是文前文中前后有矛盾的较多，如前面已写明今天天气是“多云”或“阴到多云”，但作品内容中又写上了有几次“下雨”的情况；三是记录天气过程的较多，以记事式叙述而不是描述式叙述的作品较多，综合描述或总结体会作品的较少。因此，针对“日常天气日记”的常规教学实践也有待提升。

其实，所谓天气日记的写法，基本上与自然观察日记相近，但应掌握以下几点：第一，确定内容，注意观察。确定自已熟悉的和了解的来写。第二，掌握格式，真实具体。①题目。写题目有利于把握文章的中心。②题目下写清楚所在省、市、县（区）学校及年级，空一格写作者姓名。③第三行写明日记的时间：即：×年×月×日，星期×，天气情况。④正文。正文的写法灵活多样，一是表格式和坐标式记录；二是可以用记叙、描写、议论、说明、抒情等形式表达。观察自然本身就是科学探究实践活动，所记内容不能虚构，应依据观察的现象如实记录，其结论具有科学性，这对今后的查阅、参考才有作用。⑤有辅导教师，在文末用括号注明教师姓名。第三，养成习惯，持之以恒。写日记本身是个学习、提高的过程，也是对自已坚持意志的培养。由此可见，写天气观察日记就是写你看到一些现象及观察后的感想，你看到了什么就可以写什么。

2　小结与建议

通过分析校园气象知识竞赛结果的“大数据”，在表现出大多数学生已经掌握了基本气象科普知识这一事实之外，也能暴露出一些校园气象科普教与学方面所存在的某些不足之处。

所以，建议一是气象基本知识方面的教学有待进一步实际操作练习的教学，二是防灾减灾需要掌握实时天气预报，气象灾害与非气象灾害的概念应进一步理清，三是气象活动方面知识的科普教学与传授，有待进一步提升，四是针对“日常天气日记”的常规教学实践也有待提升。

参考文献

[1]　郁波等.科学(修订版).北京：教学科学出版社.2003,1-20.

九、动员社会力量参与防灾减灾

对加强社区防灾减灾自组织能力建设的思考

陈　旭

（四川行政学院，成都 610071）

摘　要

社区防灾减灾自组织能力建设是提高社区防灾减灾能力的重要途径。本文阐述了社区防灾减灾自组织能力建设的必要性和重要性，针对制约社区防灾减灾自组织能力建设的四个方面进行分析，提出促进城乡社区防灾减灾自组织能力建设水平提高的对策建议。

关键词：社区　防灾减灾　自组织　能力建设

近十几年来，在全球气候变暖背景下的极端天气事件明显增多，使灾情频率和强度加剧，生产安全和卫生防疫形势也不容乐观，防灾减灾任务十分繁重，严重影响了我国实现可持续发展的进程。虽然我国防灾减灾能力有了明显提高，应对灾害体系逐步从传统"救灾响应型"向"防灾准备型"转变，从"举国救灾"到充分依靠基层自救互救；从条块分割到建立宏观与微观相结合的多层次救灾体系。但是，基层社区作为灾害发生和应对的第一场所，其防灾减灾能力还不能满足现实需求，社区防灾减灾的能动性不足，自组织能力弱，资源短缺，自救互救水平不高，极大地影响着防灾减灾的管理绩效和防灾减灾体系建设。目前，我国社区防灾减灾工作主要靠政府的行政手段在推进，以政府为救灾主体和主导的防灾减灾模式往往弱化了其他社会组织和力量的作用，社区在防灾减灾中的作用未能有效发挥，自组织能力较弱，"等、靠、要"的现象普遍存在。因此，推进社区防灾减灾能力建设，关键还是要加强社区的自组织能力建设，有效的灾害风险管理有助于实现可持续发展。

1　社区防灾减灾自组织能力建设的必要性和重要性

我国灾害高发频发，造成人员伤亡和财产严重损失，使个人、社区和社会的安全都受到影响。社区是社会的基本构成单元，是基层防灾减灾的组织细胞，是广大人民群众工作、生活的重要场所，是防灾减灾的前沿阵地。一次次突发灾害事件证明，社区组织防灾减灾意识薄弱，防灾减灾知识欠缺，应急技能不足，救灾资源缺乏等，都严重影响防灾减灾应对效率的提高。实践证明，灾害发生后，自救互救的救灾效率最高。因此，社区防灾减灾自组织能力建设非常重要。

1.1 社区是防灾减灾的第一响应主体

在灾害发生后，面对突发的灾害，社区不仅要在第一时间内面对，也要在第一时间内处理灾害，城乡社区作为抵御灾害的第一线，在防灾减灾建设方面扮演着独到而无法取代的减少居民伤亡的角色，是防灾减灾的第一响应主体，是开展自救互救的第一场所。在专业应急救援力量还没有到达灾害现场之前，社区组织居民开展自救互救，承担起灾害现场救援主体作用，能有效降低人员伤亡和财产损失。社区综合减灾能力和开展自救互救水平的高低，对于减少人员伤亡、减轻灾害损失意义重大。社区自组织能力建设不仅是社区建设的重要内容和目标之一，也是市场经济条件下经济社会协调发展的本质要求，在防灾减灾以及灾后重建等方面发挥着重要作用。

1.2 社区是开展防灾减灾教育与意识培养的基地

我国防灾减灾工作主要通过灾害监测与预警能力建设来提高灾害预防能力。社区自我开展防灾减灾教育，可以使社区居民及时、完全掌握和了解防灾减灾主要知识和自救常识，知晓应急救灾设备的使用方法，第一时间进行灾害的监测和预警，提高社区防灾减灾能力。通过以社区民众为主体进行应急社区培育与赋权，凝聚社区共识与力量，并通过推动减灾、预防措施，来减少社区的易致灾因子，降低灾害发生的机会，而一旦发生灾害时，民众也能够及时开展灾害应急与救助，并迅速推动恢复与重建工作，最终自主自发地领导社区向着可持续发展目标迈进。

1.3 提高社区防灾减灾自组织能力将有助于构建和谐社会

我国是世界上自然灾害最严重的国家之一，除了自然灾害外，环境污染、安全生产等事故也对人民生命的安全和社会的稳定构成威胁。而社区是城乡建设和发展的重要基础，也是防灾减灾工作的基层落脚点，是社会经济不断发展、人民生活水平不断提高的迫切需要，是建设特色社区、平安社区、文明社区、和谐社区的重要载体。可以说，社区应急管理自组织能力建设程度和发展状况，是居民社区参与防灾减灾程度和社区认同的重要指标，也是评价社区治理的重要尺度。所以加强社区防灾减灾自组织能力建设，动员社区群众成为防灾减灾的实践者和参与者，从而达到社会稳定、社区平安、家庭安居乐业，切实构建社会主义和谐社会起着至关重要的作用。

2 制约社区防灾减灾自组织能力建设的主要方面

社区防灾减灾自组织能力建设，涉及观念意识、组织体系、队伍建设、运行机制、保障制度、社会参与等各个方面，是一项艰巨而复杂的系统工程。结合当前社区能力建设的实际，本文认为制约社区综合防灾减灾自组织能力建设发展主要有以下几个方面。

2.1 社区工作人员的自组织能力偏低

我国社区自组织的发育还处于起步阶段，社区工作人员与西方发达国家相比，防灾减灾自组织能力还有待提高。由于我国城乡社区编制少、待遇较低，很难吸引到高素质人才。从我国社区的实际情况看，居委会工作人员多由街道部门通过变相任命的方式产生，也有一些是下岗职工和其他无法找到工作岗位的人员，文化程度偏低，大多数工作人员只有中学或中专学历，正规大学毕业生不多。业主委员会、妇幼保护会、法律援助中心、义务消防队、安全巡逻队、公益活动中心、志愿者及义工组织等自组织主体在某一具体的社区中则残缺不全，其工作人员尽管具有一定的素质与能力，但与防灾减灾自组织能力建设的基本要求相比，仍存在一定的差距。

主要表现在：社区个别部门对防灾减灾工作的重要性认识不足，对现代社区自组织工作缺乏必要的理解与把握；思维模式和观念陈旧，没有把应急管理工作纳入到重要议事日程。如对安全隐患的排查、风险评估工作还未引起足够的重视，潜在危险源的情况没有很好掌握，信息不灵，难以有效防控突发灾害事件。多数社区工作人员缺乏防灾减灾的专业知识与技能，在社区开展自我管理和自我能力提高的过程中力不从心，仅仅把社区工作视为一种谋生的手段；面对防灾减灾工作往往凭热情来做，凭自己的想象来做，流于形式，虽有把工作做好的主观愿望，但不符合社区防灾减灾的具体要求。

2.2 缺乏有效的自组织建设的体制机制

我国社区防灾减灾自组织能力建设的领导和组织协调尚未形成有效的机制，在社区没有一个明确的综合灾害预防和处置主管部门，一旦发生灾害通常是依靠临时组建。上级行政主管部门的气象、水利、地质、地震、民政等相关部门分工明确，相互独立，队伍建设和救灾保障上自成体系，这些部门在灾害信息的传递和应对处置中，自成体系，各自为政，具体落实到社区这个层面，则缺乏综合的信息沟通和协调联动机制。资源协调能力差、社区和街道经费支持力度不够。社区对居民的凝聚力不够，缺乏为居民提供理想的防灾减灾平台和参与途径，也缺乏必要的基层发动能力和组织协调能力，没有认识到社区中有大量的防灾减灾潜在资源可供利用，对于现存社区的防灾减灾资源信息掌握不够，难以有效地整合社区现有的防灾减灾资源，直接影响着综合防灾减灾效果。

2.3 社区防灾减灾的基础条件落后，预案缺乏针对性

社区防灾减灾的一些基础设施不完善，脆弱性和风险性较大，社区人口数量、建筑物分布、通道空地、生命线设施等应急基础资料和基本数据缺乏，减灾资源普查、灾害风险综合调查评估等方面工作尚未开展，各类灾害风险分布情况掌握不清，隐患监管工作基础薄弱，灾害监测体系还不够健全，预警信息覆盖面和时效性尚待提高，灾情监测、采集和评估体系建设滞后；应急避难场所建设滞后，多数社区没有明确设立应急避难场所，已建成的应急避难场所和疏散场地功能单一，已经不能满足当前避险避难的需要，并且多数缺少规范的警示标示标牌，后续维护管理滞后；基层社区的应急装备、家庭防灾减灾器材和救生工具配备比例不高；社区应急物资储备缺乏，抗灾救灾物资储备体系不够完善，应急通信、指挥和交通装备水平落后，在灾害来临时不能很好地做到快速反应和第一时间处理等。许多社区防灾减灾缺少切实可行的应急预案。从预案的基本情况来看，一些社区虽然制订了有关灾害应急预案，但缺乏实际的可操作性，有的仅仅是为应付上面的检查而设，纸上谈兵，真正当突发事件发生后，往往措手不及。

2.4 社区防灾减灾的社会化参与程度不高

目前，社区防灾减灾规划、灾害风险评估、应急预案的编制大都靠政府来完成，很少吸收当地居民的参与，社区居民对社区的认同感和归属感不强，参与群测群防、疏散演练的积极性不高，责任感不强，社区部门的自治功能虚化。居民虽然生活在社区却没有意识到自己是社区的主人，没有意识到自己对社区的防灾减灾负有责任和义务；认为防灾减灾是政府的职责，与自己关系不大；社区参与人数较少，平时的防灾减灾宣传教育培训等活动人员局限于老年人，而中青

年居民和专业技术人员忙于工作和业务而不能参与到社区防灾减灾工作中；在社区中致力于防灾减灾救灾的民间组织数量较少，专业化和职业化水平不高，这些民间组织更多的是凭借着一腔热情，缺乏运行管理、自律互律能力，缺乏民主参与的深入性和广泛性。此外，综合防灾减灾救灾的民间组织发展还比较缓慢，社区内企业、医院、学校等社会资本和关系没有得到充分动员和利用，在社区防灾减灾能力建设中的自组织作用发挥不够，社区的灾害承受能力差。

3 提高城乡社区防灾减灾自组织能力建设水平

社区防灾减灾自组织能力建设问题是社区提高防灾减灾能力中的重大现实问题。针对以上分析制约社区防灾减灾自组织能力建设的四个方面存在的问题，提出提高城乡社区防灾减灾自组织能力建设水平的如下建议。

3.1 加强防灾减灾宣传教育，提高居民防灾减灾意识

防灾减灾宣传教育是提高居民防灾减灾救灾素质的重要途径。要以国际减灾日、“5·12”防灾减灾日为契机，开展集中和长效相结合的公众宣传活动，并针对社区内不同的群体开展各具特色的防灾减灾活动，重点加强青少年和老年人防灾减灾知识宣传教育。特别是加强对社区中小学校、企业、工程施工单位、医院等相关部门的宣传教育，营造防灾减灾氛围。通过开设专栏、制作展板，发放宣传册、张贴宣传画、开展防灾减灾知识咨询等形式，全方位、多角度地做好防灾减灾宣传工作，大力营造宣传氛围，进一步增强城乡居民防灾减灾意识。采取多种形式，将减灾科普读物、挂图或音像制品发放到社区(村)，推广各级减灾经验、宣传成功减灾案例和减灾知识，提高公民防灾减灾意识和避险自救能力。针对社区内不同群体开展各具特色的防灾减灾进入社区活动。组织“减灾知识进课堂，安全意识传大家”的宣传活动。因地制宜，组织防灾减灾宣传进校园活动。进一步提高学校师生在紧急情况下的自救互救能力，更好地掌握有关防震、防火等知识。

3.2 建立促进社区自组织能力建设的体制机制

搞好社区自组织的制度建设对于防灾减灾自组织能力的提升具有重要意义，能够从根本上促进社区能力建设朝着良性循环的方向发展。离开了有效的动力机制、激励机制和约束机制的构建，社区防灾减灾自组织能力的提升很难有效。在制度建设上，强化社区的凝聚力，促进社区居民的认同感和归属感，建立健全社区居民的民主参与机制，依法履行社区事务的民主选举、民主决策、民主管理和民主监督的权利，促使社区居民有自觉意识和有能力在防灾减灾中实现自救互救；强化社区自治功能，推广社区防灾减灾力量合作制度和社会化的自治运行机制，实现社区居民自治配套制度和自组织体制的创新；完善社区保障、物业管理和社区学习制度，建立防灾减灾人才选拔和使用机制，探索社区在防灾减灾中自组织治理的长效机制；完善社区防灾减灾治理的法律、法规、政策、条例和措施，建立社区自组织的信息网络支持系统，形成防灾减灾中法治化、智能化、科学化的能力建设机制。通过进一步组织领导，建立社区综合防灾减灾工作组织机构，把综合减灾作为构建和谐社区、平安社区的重要工作内容，统一规划、全面部署，进一步夯实社区综合减灾的工作基础。积极推进社区防灾减灾的信息化、网络化管理，搭建原本属于不同条块的防灾减灾资源整合共享平台，实现防灾减灾的社会化、网络化运作。建立社区防灾减灾的指挥、监督、评估三大系统，及时发现问题，提前预防和预警，快速应急处置和信息上报，有

效解决社区防灾减灾自组织能力建设问题。

3.3 完善社区防灾减灾应急预案并加强演练

各类灾害应急预案应该向社区、乡村、企业、学校等基层单位和重点部位延伸。制定预案前要弄清楚本社区人口数量、人员构成、地理形势、潜在风险、抗灾能力等情况，在准确掌握社区存在的灾害隐患及灾害发生规律的基础上，结合社区环境、居民特点和现有救灾减灾能力等现状，因地制宜编制社区应急预案。预案应明确社区灾害应急的组织指挥体系、职责任务、应急准备、预警预报与信息管理、应急响应、灾后救助与恢复重建等方面的内容，规范紧急状态下救助工作程序和管理机制。加强预案的协同管理，定期组织居民开展形式多样的应急预案培训演练活动，定时期、定灾种、定人员进行社区防灾、减灾、避灾、救灾演练，使社区居民了解应急避难场所的分布状况、如何使用该场地等问题，掌握救灾减灾技能，提高自我救护能力。在演练中检验预案，发现问题，及时修订完善预案，提高预案的针对性和可操作性。

3.4 鼓励和引导社区社会力量和居民参与防灾减灾

防灾减灾是需要全社会共同参与的系统工程，社区作为社会的基本构成单元，是防灾减灾救灾的前沿阵地。减灾从社区做起，就是强调要落实社区各项减灾措施，整合各类基层减灾资源，动员社区的每个家庭、每位成员积极参与防灾减灾和应急管理工作，着力提高社区防范防御各类灾害的能力，保障人民群众生命财产安全。要转变政府部门包办防灾减灾工作的单一模式，政府要加强宣传和引导，鼓励支持民间组织和社区居民积极参与防灾减灾能力建设。一方面建立具有监测预警能力、应急准备能力、先期处置和协助救援能力、灾害恢复能力的防灾减灾队伍，培养应急抢险中坚力量；另一方面发动社区居民积极加入社区应急救援志愿者队伍，发挥救灾的辅助作用。社区内各个物业服务企业协助完成政府救灾的部分职能，减轻政府的防灾减灾压力。比如在火灾发生时，物业的保安员或消防员在第一时间实施救火措施，在火灾的初期能有效控制或扑灭火灾，保护好业主免受财产损失和减少受次生灾害的影响。以城乡社区为载体，科学整合各类社会减灾资源，引导企事业单位、非政府组织和广大居民共同参与基层防灾减灾综合能力建设。促进企业与社区开展防灾减灾共建活动，能有效提高社区居民的防灾减灾意识与自救互救技能，夯实基层社区综合防灾减灾能力。

参考文献

[1] 于小艳.基层社会组织参与应急管理的困境与对策[J]. 湖南行政学院学报，2014,(3).

[2] 张小明.我国防灾减灾风险管理能力建设战略[J].中国减灾，2014,(2).

[3] 汪万福，齐芳.社区防灾减灾能力培育[J]. 中国减灾，2011,(8).

[4] 俸锡金.农村社区减灾能力建设的困境与对策[J]. 中国减灾，2009,(10).

[5] 周悦，崔炜.老龄化背景下社区防灾减灾建设研究[J]. 城市发展研究，2014,(11).

[6] 吕方.中国社区减灾面临的挑战[J]. 中国减灾，2010,(03).

[7] 闪淳昌，周玲，钟开斌.对我国应急管理机制建设的总体思考[J]. 国家行政学院学报，2011,(1).

[8] 丁元竹.减灾救灾社会责任及其机制研究[J].江苏社会科学，2008,(06):16-21.

[9] 俞可平.治理与善治[M].北京：社会科学文献出版社.2000.

[10] 杨贵华.自组织：社区能力建设的新视域[M].北京：社会科学文献出版社. 2010.

[11] 王瑞华.社区自组织能力的有机构成及其提升途径[J]. 四川大学学报，2007,(2).

社会组织参与灾害应急的法律对策研究

刘　旭

（河南省社会科学院政治与法律所，郑州 450052）

摘　要

在灾害应急法治中，建设社会协同、公众参与的社会管理格局弥足重要，尤其是社会组织主体的扶持与培育，是推进公共安全社会管理创新的关键环节。在社会风险持续加大，变动风险因素不断增多的背景下，灾害预防与应急准备、灾害监测预警、应急反应与信息报告以及灾后评估与重建形成一个整体，而各个环节都需要社会组织的法治化参与。应当在法律层面将社会组织纳入灾害应急体系，制定完善扶持灾害应急领域社会组织发展的法律法规，完善社会组织参与灾害应急的信息保障、资源整合法律体系，加强灾害应急社会组织自身法治建设，为社会组织参与灾害应急处置奠定法治基础。

关键词：社会组织　灾害应急　法律　对策

参与灾害应急是社会组织融入社会管理的重要路径，对推进社会管理体制创新意义深远。开展灾害应急的社会组织参与是聚集全社会力量，形成灾害应对强大合力的必然选择。新型灾害应急机制要求建立组织机构健全、动员渠道广泛、覆盖城乡的社会组织动员体系，争取包括各级企事业单位、社会组织、社区、宗教组织、家庭和个人在内的社会各阶层和广大公众的支持和参与，促成传统动员体系与新兴动员体系的优势互补，创造全社会协调一致、通力合作的局面，共同对抗并战胜灾害紧急状况。

1　提倡社会组织参与灾害应对的时代背景

灾害应急社会组织动员体系的提出，源于中国由计划经济向市场经济、由传统社会向现代社会转型的深刻时代背景。我国的市场经济改革确立了公有制为主体、多种所有制经济共同发展的基本经济制度，个体、私营等非公有制经济迅猛发展，逐步形成各种所有制经济平等竞争、相互促进的新格局。伴随市场经济改革不断深化，与市场定价机制和竞争机制相适应的社会领域，构成了有别于政治领域的市民社会空间，表露出愈发强烈的独立性与自治性。在公民社会中，契约是行动的规则，自愿是前提，自治为主要内容。新时期应急救灾社会动员的开展，已经不能采取政府全面管控和操纵经济实体的做法。

社会组织应急动员制度的提出，适应了社会主义民主政治发展与传统“统治”模式的新型“治理”模式转型的要求。在传统的政治动员体制下，国家对社会实行全面的管制，政治权力高度集中且无所不能，伴随市场化改革的深化与国家开放度的提升，国家与社会的关系开始分化，国家权力和政治控制呈收缩与减弱的态势。公民权利与市场权利日益成长，国家再也不能强制推行以前那种运动式的、人海战术式的动员模式，社会自治机制的逐步扩大，要求国家行动要更多地依赖与社会群体、经济共同体的协商合作，原本以国家为唯一动员主体动员体制正在逐步转变为多元主体构成的社会自组织动员体系。

社会组织动员理念反映了社会转型期政府角色的变迁及其职能的转变。伴随有限政府的确立与市民社会的成长，传统依靠国家权力强力推动的政治动员模式已经不能适应时代变革的要求，灾害危机的管理应该由偏重政治动员走向依靠社会自主动员，实现从"对社会动员"向"由社会动员"的转变。民主法治国家内的社会动员，已经摒弃了命令和强制的方式，政府活动在公共议政的平台上，激发和凝聚起公众同心协力应对危机的强大意志，并以法治化、制度化的方式付诸行动。在危机状态，国家依据宪法和法律的授权，宣布紧急状态，实施特殊状态下的应急规范，引导或激励政府部门、社会组织和个人形成应对灾害事件的协同参与行为。

2 灾害应急的严峻形势与社会组织法治化参与的现状

社会组织在灾害应急法治体系中发挥独特、不可取代的作用。非政府组织、民间力量与政府机构一道，共同构成灾害应急动员的主体，二者依托组织体系与信息发布渠道，凝聚公众意志，促成动员民众齐心协力处置公共安全危机事件。社会组织利用自身的专业特长和多样性服务，通过提供具有公益性质的社会服务，搭建公共信心传递平台，凝聚社会资源与社会力量，拓展和完善公共安全管理的制度体系，弥补政府在资金、人力以及信息上的不足。

当前，我国正处于经济社会发展的重要战略转型期，自然灾害的频繁发生，事故灾害多发易发，公共卫生事件和社会安全事件集中涌现，将中国推向风险积聚、突发事件频发的时代。伴随工业化、城镇化进程的加快，各种传统非传统安全威胁和不稳定因素增多，公共安全领域内的风险大大增加，这些风险集中表现在：自然灾害天灾不断出现，并且与对自然资源无节制开发所造成的生态环境破坏，以及人类生产生活所形成的工业污染与生活污染，相互交织，加重了灾难危机事件的破坏性；公共设施网络复杂而又脆弱，系统性风险骤升；食品安全、传染病疫情所引起的突发性公共卫生事件发生概率增大；高频率的人员流动与高密度的人口聚集，使得公共安全事件极易向更大范围传播和扩散。

而当前社会组织参与灾害应急的现状已经不适应日益严峻的公共安全形势，社会组织的独立性、专业性以及制度化建设也滞后于公共安全应急的要求。我国民间社会组织的力量依然弱小，缺乏独立自主性，专业分工不足。诸如灾难救助、应急动员、紧急通信等专业应对突发公共事件的社会组织仍很匮乏；灾害应急领域社会组织的组织架构、管理机制、监督机制不健全，自身的危机动员、信息收集与传递、应急处置的能力不足，在应急管理流程中效率低下；基层社区以及农村地区的应急社会组织力量薄弱，公共安全应急体系的基础不牢固。

其一，灾害应急领域社会组织法治建设薄弱首先表现在，社会组织在应急法规、预案中的地位、作用、职责规定得不够具体明确，社会组织参与公共安全应急缺少全面、有效的规范指引。就现行灾害应对体制的法律调整体系而言，《突发事件应对法》、《防洪法》、《防震减灾法》等基本法律，国务院制定的《气象防灾减灾条例》等行政法规，以及国务院部门的多项总体预案、专项预案和部门预案，对社会组织参与灾害应急有关的防灾规划、信息传递、应急救援工作机制规定得并不完备，内容仍然存在针对性和操作性的不足。

其二，应急指挥框架的协调职能亟待进一步拓展，社会组织参与灾害应急信息系统功能有待增强。突发事件应对法确立的统一领导、综合协调、分类管理、分级负责、属地管理为主的应急管理体制，突显以行政为主导和中心的模式，然而，大的灾害事件中又出现各类民间救灾组织、非盈利服务团体以及志愿者群体组织，众多的具有差别管理结构和组织特点的救灾部门与力量，要求传统的部门型、单兵种的灾害应对体制应当向综合型灾害应急中心转换，构筑包括区域、节点和多个管理层次，畅通的指挥系统。

其三，应急资源的管理、整合规范仍不健全，国家应急资源系统与社会组织应急资源体制结合不够紧密。法律中缺少关于多领域资源共享和调用平台建设的内容，应急队伍、物资保障的共享和统一配置机制还没有建立，导致人员、信息等资源难以快速集成，削弱了政府与社会相互增强与促进的应有功效；效率化管理的原则并没有上升到基本原则的高度，对于应急救灾资金的划拨、使用，物质品的调配，相关技术性规则依然薄弱。

其四，灾害应急社会组织规范层次较低，对登记管理和日常监督管理规定得多，对其应有的权利保障不够。社会组织立法带有较重的政治与行政色彩，日常监管依靠相关的政策和内部文件，随意性很大；政府部门设置和执行各种繁琐复杂的审批程序上，对政府活动的监督和对公共事务的参与规定得不够，政府转移、下放职能如何行使和管理的问题，缺乏相应的法律规范。

3 社会组织参与灾害应对与处置的法律对策体系

社会力量自身动员机制的形成，依托于社区等基层单位，借助于非政府团体、志愿者团体等社会组织，紧密贴近群众，使社会动员不留死角。政府和社区、社会组织间建立起有效的合作机制，保持稳定的协作关系和顺畅的沟通渠道，逐步形成党和政府主导、单位和社区及社会组织协同、广大群众积极投入的新型社会动员机制。政府有责任确立社会组织的法律定位，利用法规指引、扶持等手段，整合社会资源，拓宽社会组织参与渠道，构建合作体系与机制，激励社会组织的广泛参与，构建统一指挥、专群结合、协同应对、社会联动的工作体系，实现社会预警、社会动员、快速反应、应急处置的整体联动。

3.1 首先应当在规范层面将社会组织纳入应急预案和指挥体系

在突发事件应急法规、规章，各级政府的应急预案、预案管理办法以及实施细则中写明社会组织在应急管理体系中的地位、权利、责任、参与方式，明确与政府及工作部门的合作协同机制，以法治推进社会组织的规范化进程，给社会组织参与危机管理提供法律依据。在“横向到边、纵向到底”的应急管理预案体系中，将社会组织的参与纳入整体规划，对社会组织的角色、活动平台、行动手段等予以明确。制定各种类型突发性事件的专门预案，要充分吸收社会组织参与，凝聚社会群体的意见，加强公共安全的科学规划与合理布局，科学设定公共安全标准和基础设施建设方案。尤其应当重视社区、农村应急预案编制，推动应急管理进单位、进街道、进社区、进楼院，保证应急预案体系落实到基层。要突出社区基层组织网络在公共安全法治体系中的基础性地位，密切社区居民和当地社会组织的交流与协作，系统整合供水、供电、供暖，交通、通信，气象、防灾等诸多公共安全子系统的各项工作，充分依托社区管理组织，增强社区的居民动员、应急救援、信息预警功能，将公共服务与公共安全统一于社区平台，广泛组织社区居民积极参与到公共安全治理。

为了促进人、财、物、科技等各种资源在应急动员中发挥最大的配置效益，应当将政府部门与社会组织应急救灾系统进行对接与整合，统一对人、财、物等各种资源进行指挥和调度，从而建立起集公共管理、灾害动员、现场应急、执法、救援服务等多方面功能于一体的综合性应急动员体制，形成快速有效，整体协调、相互配合的动员组织指挥体系。实现这一目标，首先应当建立跨部门、跨行业的应急处置与社会组织动员相统一的法律框架，建立一个多维度、多领域和多级次的综合、联动、协作平台，对动员法规和有关部门的应急处置法规、应急预案实施跨界掌握和协调；另一方面，按照“总体筹划、衔接紧密”的原则，无缝衔接综合预案与各部门、各行业的专业预案，使之协调统一、相互补充，从根本上保证社会组织应急动员的及时、有序、高效。

3.2 制定完善扶持灾害应急领域社会组织发展的法律法规

从现代治理理论来看，政府部门只有与民间组织确立合作、协商、伙伴关系，由社会团体、民间组织分担救灾动员的功能，在良性互动中开展对公共事务的管理，才能有效实施社会动员。因此，政府机构应降低门槛，通过法规指引，落实各项优惠措施，扶持民间组织的壮大，在某些与灾害救助有关的领域与行业中，鼓励建立专业的民间组织，广泛吸收公众参与灾害救助行动计划的教育、培训、出版和研究等活动，解除制约社会组织蓬勃发展的诸多束缚。按照培育扶持和依法管理社会组织的方针，修改相关法律法规，改革现行的社会组织审批登记和管理制度，取消前置条件，实行备案制，清除对社会组织的限制与阻碍，为社会组织的加快发展与繁荣创造良好的发展环境。与此同时，为了提高社会组织的政治地位和社会地位，不断发挥其重要作用，也要完善立法，健全体制机制，规定社会组织对政府公共管理活动的监督和对灾害应急决策、行动的参与制度，建立法定的政府应急管理部门与专门领域社会组织定期的、常规化、制度性的交流和意见反馈制度。

按照数量适当、分布合理、设施健全、功能完善的发展原则，把社会组织的培育发展、人才队伍建设、城乡社区建设以及社会公共资源的整合，纳入经济社会发展规划和公共安全保障计划，从思想宣传和制度化建设两个层面加以培育和发展，在文化、技能、组织和管理等方面加以充实，推动应急领域社会组织自治功能明显增强，以及服务应急建设有力有效。要建立健全法律法规保障扶持体系和发展激励机制，有序地转移公共安全管理职能，坚持把更多的公共安全服务事项转交基层社会组织承办；要在资金资助、税收、信贷、场地、用地、资源、人才、待遇等方面出台扶持办法，建立灾害应急领域社会组织发展专项基金和扶持基金，制定专门的财政扶持和税收优惠举措，加大法律体系完善、制度供给、适度监管及必要公共服务等方面的保障扶持力度。

3.3 完善社会组织参与灾害应急的信息保障法律体系

信息系统在整个灾害应急体制中居于至关重要的地位。社会组织的参与涵盖了作为灾害应急系统组成结构的信息的收集、传递、汇总、共享等紧密联系、相互影响的链条。改进灾害应急信息系统首先的方面是，要加强政府的统一指导与宏观统筹，实现社会组织行动计划与国家整体规划的对接，通过设立专门的机构来组织协调社会组织参与灾害应对的活动，建立政府与社会组织之间对信息资源的同享机制，促进政府与社会组织间以及社会组织相互之间的沟通协调与资源共享；其次，在法律中增加与社会组织沟通的先进技术手段，丰富灾害初发时灾害信息搜集与传递的途径，提升灾害实时信息发布和反馈的科技水平；在信息加工处理的阶段，贯彻《突发事件应对法》第40条的规定，推广信息会商制度，通过构建由行政部门、非政府组织有效互动的信息处理机制，推动应急决定具有科学性论证与效率化的基础；再次，法律中应当明确政府在第一时间公布救灾信息的责任，以及公共媒体作为信息共享平台的角色，强化法律约束的效力，缩短灾害刚发生时的“灾害情报空白期”。通过建立面向广大社会组织的灾害信息的政府通报制度，增强应急救灾体制的信息化水平，促成应急救灾中人员行动、资产管理、物质品调用等各类因素与信息系统的结合，发挥各个组成部分与信息系统的协同效应；最后，要运用现代信息和网络技术对社会动员体系进行信息化改造，利用电子邮件、手机短信、公告和在线学习等系统，深入开发信息体系的舆论引导、活动组织和载体建设等功能，实现数据收集、传输、储存、管理的数字化，加快构建上下协调、左右相连、互联互通的信息网络体系，实现国家与社会组织机构在信息资源上的一体化。

相关法律要促进社会组织，尤其是基层社区组织，融入各类突发公共事件的监测预警网络，通过加强公共安全应急的机构、人员和通信等各类监测预警系统建设，做好风险隐患普查和整改，强化风险预警功能，不断提高预测预警水平，增强灾害应急系统的快速应急反应能力。运用现代信息化技术手段，建设面向社会组织的灾害发现、报告、评估、应急响应的信息发布系统，利用社会组织广泛接触群众、贴近群众生活的优势，在信息采集、汇总、使用等环节加强统筹协调，提升社会动员的功能与效率；通过把社会团体和城乡群众自治组织纳入统一互联的社会公共管理信息平台，组建公共安全危机事件的应急预警、报警和信息发布的严密网络，实现社会公共管理信息资源有效发布与及时共享。

3.4 创建政府与社会组织资源整合共享的法律系统

资源是产生救灾用途和应急价值的人、财、物的统称，创建资源管理规范系统的宗旨在于实现资源的优化配置，促进资源要素的有效结合，增进资源配置的效益水平。灾害应急要求有相应的资金投入、物质调配以及人力的动员，现今时代条件下，救灾资金渠道日益拓宽，政府财政、慈善组织筹集与民间捐资并存，而应急物品的种类不一而足，多涉及生存必备品、医疗用品设备以及其他类型的救援装备，指挥人才、管理人员、专家团队则构成资源系统中的人力资源部分。应当研究并制定专门的应急规则体系，规范应急物质的征用、政府鼓励捐助以及对慈善组织资金监管等问题，通过着重推行救灾资金和社会捐助的公开和公示制度，建设应对突发公共事件的社会资源保障机制，协调政府与公益性组织、国家与民间社会力量在资源管理上的差别与冲突；要立足于增强公共安全应急保障能力的宗旨，充分整合各种类型的社会组织在公众救护、医疗服务、公共设施、物资支持、交通、通信、消防、信息等方面的人员和力量，并且以各类慈善团体、基金会组织为纽带，凝聚、整合庞大而分散的民间资源，高效利用现有资源存量，形成应对各类公共突发事件的合力。

《突发事件应对法》提明了应急资源的概念，根据该法第 26 条的规定，县级以上人民政府应当整合应急资源，建立或确立综合性的应急救援队伍。专业应急救援队伍、成年志愿者应急队伍、各单位职工应急队伍，相互补充，形成合成应急、协同应急的力量。作为贯彻这一规定的举措，在政府专门的紧急救援专业队伍之外，政府机构应降低门槛，通过吸引民间资本，发动群众力量，积极发展应对灾害救助的民间社会组织，广泛建立各类专业或非专业的抢险救援队伍。在组建城政府各专业救助力量的基础上，按照救治、保障、医疗、信息、宣传等功能区分，组建以应急救援专业队伍、医疗救援队伍、资源保障队伍、技术专家队伍、应急心理护理队伍和志愿者队伍等为构成的专业或非专业的应急服务队伍体系；应当以社区或专业机构为单位，招募有专业特长的社会志愿者，加强对灾害救助行动的宣传教育和技能培训，积极引导、管理、培育灾害救助专业性社会组织的发展。在广大镇街、乡村，要建立与地域管理职能相匹配的应急救援队伍，通过发挥专群结合救助队伍的作用，逐步整合现有各类专业救援力量，形成“多位一体、统一高效”的应急救援系统。

3.5　加强灾害应急社会组织自身法治建设

要完善立法体系与执法监管，以国务院关于社会团体、民办非企业单位和基金会管理的三个条例为基础，抓紧制定规范社会组织管理的总体法规，规范其法律地位、主体资格、登记成立、组织形式、活动原则、税收待遇、监督管理、内部自律、法律责任等内容，与正待制定或审定的《慈善事业法》、《志愿服务法》、《社会工作者条例》等社会领域法规应当相互衔接，推动形成统一协调的法律体系。进一步完善《民法》等上位法关于法人的分类，增加公益法人或者财团法人等类别，明确民办非企业单位和基金会的法人地位，明确社会组织国际交流和合作的法人地位，确立社会组织法人地位与机关法人地位之间的对等关系。要改变社会组织登记管理法规以程序性规定为主，缺乏实体性规范的现状，结合财政、税收制度等社会政策对社会组织实现分类登记、公益服务购买和税收优惠，增加监督管理和培育扶持的内容，将政府的培育发展和监督管理职责落实到位。灾害应急领域的社会组织要从职能、机构、工作人员、财务等方面与政府及其部门、企事业单位彻底分开；社会组织自主经营、自我管理，拥有独立的利益、独立的事务、独立的意志、独立的权利义务和独立的责任；制定政府保障社会组织自主化、社会化与民主自治的制度，依法保障社会组织独立、公开和自律。

按照法人地位明确、治理结构完善、管理运行规范的要求，制定完善加强灾害应急社会组织内部治理的政策规章，引导社会组织制定相应的自律工作章程、工作程序、工作职责，依法进行自律性管理，依法完善内部自律运作，做到程序规范、管理透明、严格自律，提升公信力和服务能力。社会组织制定本组织章程，明确自身在灾害应急方面的使命和职责，依法规定设立、成员、业务与权利义务、职责等方面的内容，完善与突发公共安全事件应对相适应的管理制度和工作机制，提高有效处置公共危机的专业化服务能力。社会组织依法实行民主管理，民主监督，形成民主决策制度；依法将其活动和财务等情况向社会公开，接受社会力量、捐助者和公众的监督。社会组织达到一定规模，必须接受独立第三方的审计，邀请社会各界代表、专家组成评议团，每年对社会组织的服务项目、收费标准、诚信建设等方面进行评议。

参考文献

[1]　邓正来．市民社会理论的研究．北京：中国政法大学出版社．2002.7.

[2]　康晓光．权力的转移——转型时期中国权力格局的变迁．杭州：浙江人民出版社．1999.102-106.

[3]　张小明．我国减灾救灾应急资源管理能力建设研究．中国减灾，2015，(3).

[4]　孙迎春．现代政府治理新趋势：整体政府跨界协同治理．中国发展观察，2014，(9).

[5]　吴开松．危机管理中的社会动员研究．兰州学刊，2009，(1).

[6]　龙春霞．突发事件应急管理中的社会资本研究——基于社会组织和社会参与的视角．前沿，2010，(23).

社会组织在应急救灾中的作用分析

叶序友

（浙江省科学技术协会，杭州 31000）

摘　要

近年来，由于气候变化而引致的自然灾害逐年递增。面对突发的灾害侵袭，应急救灾体系在不断建设和完善当中，地方的各级政府对灾害预防、应对和灾后重建从机构设置、预案设计、应急演练、人员培训等方面都进行了整体制度构建。充分体现了政府机构对救灾应急工作的高度重视。在救灾管理中，除了充分发挥政府的核心作用之外，还需要关注其他主体的共同参与，为高效、合理和无缝隙地完成救灾工作提供合力。由政府主导型向多元参与自主管理和协同治理的方式转变。

关键词：社会组织　救灾　应急

1　社会组织在救灾应急中作用

自然灾害危机的重要特点之一就是突发性，更是让人意想不到，因此这就需要各方面的力量积极应对、快速行动，在最短的时间之内投入到救援中来。汶川地震发生的当晚，李连杰发起的"壹基金"和南京爱德基金会就行动起来，第一时间发出了关注灾区的声音。地震发生的第二天上午，在《公益时报》的大力支持下，南都公益基金会召集中国扶贫基金会、中国初级卫生保健基金会、中国青少年发展基金会等 57 家基金会和民间组织有关负责人联合做出反应，表达中国民间组织作为社会第三部门对政府的支持，对灾区人民的关心，呼吁各民间组织和公益组织携起手来，充分发挥各自的优势和力量，共同支援灾区。

在"菲特"肆虐、风雨交加的时候，在"菲特"离场、留下满目疮痍的时候，苍南县壹加壹应急救援中心第一时间奋战在抗台救灾的第一线，哪里需要帮助，哪里就有他们的身影，民间救援主力军已成为暴风骤雨中一盏带来希望的明灯。社会组织共有超过 3000 余位志愿者奔赴抗台抢险及灾后救助的前线，为苍南抗台救灾工作献出自己的一份力量。为苍南县全面防御台风、抗击台风、灾后重建以及全国抗震救灾中做出了突出贡献。民政部救灾司副司长胡晓春对社会组织参与减灾救灾工作予以充分肯定，在社会组织参与防灾救灾工作方面，鼓励更大限度地发挥社会组织作用，要探索减灾救灾志愿服务体系建设的方向、模式及可持续性，探索政府与社会组织合作的有效形式与机制创建，有效利用社会组织志愿者发挥其作用，为全国各地的社会组织参与防灾减灾救灾工作提供现实有效的经验。社会组织在救灾应急中的民间作用救灾中，作为政府部门的得力助手和行动补充，社会组织正发挥着越来越重要的作用。

2　社会组织在救灾应急中成长

巨大灾难带来的不仅是伤害和伤痛，也有更深层的人与人之间相互关心的力量、互助的力量。鉴于重大灾难民间公益组织组建形式比较灵活，在重大灾难发生时，可发挥灵活联动的合作关系。“救灾应急响应”，不只是政府，民间亦在行动。从2008年汶川地震到2010年玉树地震，我国民间公益力量历经洗礼，在实践中摸索成长起来，形成了一套日渐专业的民间救灾系统。2012年9月7日，云南昭通地震发生后，这套系统迅速启动、运转起来。不再是盲目地冲进灾区，而是评估先行，有序救援；不再是单打独斗，而是协同合作，哪里需要去哪里。

迅速、有效、协作，灾难发生后，红十字会、中国扶贫基金会、企业家扶贫基金会等一批公益组织第一时间启动“民间救灾应急机制”：现场救援、评估灾情、了解需求、发布消息、筹款、调配物资、捐物……民间公益力量与政府力量协同配合，进行着一场全链条、全天候、专业化的民间灾后大救援。

3　社会组织在救灾应急中的公益精神

美国“9·11”恐怖袭击发生后，最先到达现场施救的是社区消防队，德国莱茵河中国学生遇险事件中，也是波恩市的民间救援队参与救援。这些民间力量拥有强悍的专业救援能力。

社会组织来自民间，具有草根性，是自下而上的社会治理路径，对社会生活的反映最为直接和迅速，尤其是其民间性特征，在救灾应急中对民众的需求反应及时，具有高度的“回应性”特征。

社会组织能够充分汇聚社会闲置资源，参与救灾应急。社会组织的志愿性和非营利性特征，决定了其在号召社会成员参与救灾，贡献包括人力、救援物资、民间专家、资金等资源的过程中发挥着政府组织所无法发挥的作用，人们往往基于对社会组织的信任，不吝于奉献资源。

社会组织的多样性特征，决定了其在救灾应急中能满足公众有异于政府机构的差异性需求，政府应急通常是在紧急情况下统一、大规模供给救灾物资，受众广，能够确保广大民众的基本生活需求，但也存在难以应对灾区民众差异性需求的问题，不同层次和类型的社会组织参与救灾应急能够较好地弥补这一不足。

社会组织在价值观领域倡导的是无偿奉献的公益精神，在救灾应急过程中能够有助于增强民众的自我凝聚能力，带动普通民众投身自救和对他人的救助。

社会组织能够带来信任。社会组织是介于政府与民众之间的桥梁，民众对无法把握的政府给予的信任属于制度信任，而民众更倾向于将信任给予基于熟人社会的情感信任。所以，在救灾应急中，社会组织尤其是当地社会组织更能够带给公众以信任和切实、直接的帮助。社会组织能够将自发的集体行动在灾区最基层协调起来，在特定的地域范围内和瞬时的时间期限内，形成维持社会秩序的力量。

4　社会组织应急管理的协调机制

建立社会组织与政府等其他组织的联系平台，将社会组织纳入社会管理的范畴，赋予一个具体机构具体负责政府与社会组织联系的职能，建立社会组织数据库，并纳入危机管理信息系统之内，以便及时掌握社会组织在救灾应急中能够提供的资源和服务，并及时协调统一调度。建立人道救援物流管理制度，在政府、社会组织、商业部门之间进行沟通协调，确保救灾物资的送达。实际上，只有尽快从根本上建立一种政府与社会民众良性、无间隙互动的灾难救助与应对机制，我们才能最大限度地挖掘社会的自我救助能力，也才能最大限度地减少突发灾难带来的各种损失。

5 社会组织救灾应急中的国民的应急科普

当前，我国已进入以经济建设为中心的新的历史时期，社会转型，经济转轨，在社会主义市场经济体制下，科普工作具有更大生机和活力的关键在于适时地将科普工作置于现实的社会、经济、文化三维坐标下，准确地找到自身的位置，建立与社会体制相一致的运行机制与操作方法，同时选择有时代性的科普选题。由于我国应急科普教育长期不到位，每当危机事件发生时，公众总是高度恐慌和手足无措。而国外就十分重视国民的应急科普教育。美国从幼儿园就开始对学生进行食品安全教育。“9・11”事件以后，美国大学很快就引入了国土安全、反恐和灾难处理等新专业。日本6年小学教育中就有近40个课时教学内容涉及应急科普教育。基层社区应急科普教育体系的重构与完善，要尽快做到基层社区应急科普教育的常态化，将应急科普教育寓于基层社区居民的日常生活之中。

从这个角度来说，虽然如今我们的政府部门依法应对紧急事件的能力正在大幅提升，但我们的民众也迫切需要同步提升。为此，今后我们要进一步着手强化全体国民的应急训练，不仅要着力强化应急意识与理念的培养，更要注意将其转化为现实的应急技能。

6 社会组织救灾应急中的规范管理

社会组织内部治理结构规范、专业化程度较高、信息公开透明、主动接受社会监督的社会组织更具社会公信力，这一点上，港台慈善组织的先进做法可以为内地所借鉴。在项目的运行管理方面，强调参与式管理，组织受益地区的群众参与到项目的运行中，从项目的计划到最后的运行管理都满足当地的需求，组织受益社区的群众成立管理小组进行管理控制。这样的监督管理制度的建立能够确保社会组织救灾应急的公开透明运作。应对自然灾难等各种紧急事件，绝对不能只是政府部门的单打独斗，社会民众的自助自救、互助互救，同样非常关键与重要。虽然如今我们的应急法律已明确对社会民众的自我救助与动员组织能力提出了明确要求，但由于长期缺乏相对系统、规范训练，很多民众的灾难应对意识与应对能力都还十分薄弱，与日本等一些发达国家的国民相比更是有很大的差距。而应急意识与能力的缺位，往往足以在灾难来临时增加各种不必要的伤亡。

7 社会组织救灾应急中建立合作伙伴关系

民间组织与政府的关系应该是伙伴关系而不是行政依赖关系，是平等的合作关系而不是上下级行政隶属关系。把政府不该管的事交给企业、市场和社会组织，充分发挥社会团体、行业协会、商会和中介构的作用，”随着政府职能的转变，政府将为民间组织在危机治理中发挥越来越多的作用提供更广阔的空间。一方面，政府要创造条件，引导、支持民间组织参与到危机事务的治理中来。这样既可以减少政府危机治理的成本，又可以调动各种社会力量，形成政府与社会互动的危机治理合作机制，使政府对危机事务的治理更加及时、科学、有效；另一方面，民间组织要发挥主观能动性，积极参与危机事务的治理和开展各种慈善活动，如协助政府起草法规和政策，参加政府决策过程中的听证，从事行业内部的协调与管理等。

社会力量参与防灾减灾的思考
——以温州市瓯海区为例

陈晓锋

(浙江省温州市瓯海区民政局,温州 325000)

摘　要

我国正处于工业化和城市化快速发展的进程中,各类灾害风险逐渐增多,安全设防问题日益突出。防灾减灾,是社会经济不断发展、人民生活水平不断提高的迫切需要。然而,政府参与防灾减灾的力量毕竟有限,如何提高群众整体灾害的应变能力,让更多的社会力量参与防灾减灾是当前乃至今后的重要发展目标。根据瓯海区防灾减灾工作为例,提出社会力量参与防灾减灾的一些思考。

关键词:瓯海　社会力量　群策群力　防灾减灾

1　瓯海区防灾减灾工作现状

瓯海区是温州现代化大都市主城区之一。全区土地面积467平方千米,占温州市区总面积的42%。1992年撤县设区,设有郭瞿工贸新区、瓯海中心区、梧白科技城、仙丽侨乡文化区、泽雅城郊休闲旅游区、温州生态园等6个城市功能区,下辖12个街道、1个镇、1个省级开发区;251个行政村、85个社区。2012年末户籍人口42.21万人。瓯海区属亚热带海洋季风气候区域,全年四季分明,雨量充沛,多年平均降雨量1700毫米,年总降水量达11.56亿立方米,境内地势西高东低,南高北低,极易造成内涝,特别是1999年9.4瞿溪洪灾,给群众生命财产造成了重大的损失。2013年10月份的23号"菲特"台风,我区受灾人口达13万之多,紧急转移安置人口1.57万人,直接经济损失达2亿多元。

为有效应对自然灾害,瓯海区积极配合上级部门开展各项防灾减灾活动。一是创建综合减灾示范社区。截止2014年,共创建成功全国减灾示范社区4个,省级示范减灾示范社区7个。二是建立健全避灾安置点。截止2014年10月,瓯海区共建立了97个避灾安置点,其中区级避灾安置中心1个,(镇)街道安置中心15个,村(社区)避灾安置点81个,覆盖率为35%以上。三是建立村级灾害信息员队伍。通过政府为其提供社会保险及必要的通讯费用,以志愿者的形式每个村确定一名灾害信息员,同时定期开展培训,持证上岗。四是加强防灾减灾宣传教育。抓住"防灾减灾日"和"国际减灾日"等活动契机,组织集中的宣传教育活动和防灾减灾演练。

2　社会力量参与防灾减灾工作的经验

为积极应对防灾减灾,瓯海区发挥群策群力的作用,积极探索和引导社会力量共同参与。

2.1 加大力度，推行政府购买

当前，通过政府购买，第三方运行的模式已经越来越趋于成熟，但是针对防灾减灾的购买服务比较少，且缺乏社会组织承接服务。为此我区出台《关于推进“三社联动”、创新基层治理的实施意见》，针对防灾减灾服务的购买服务指南、价目概算、价目参考表等，明确双方权利义务，鼓励社会组织参与政府公益招标，按照“费随事转”的原则，实行“一事一议，逐项购买，分项评估，按实支付”，确保社会组织“增收”工作积极性和工作效率提高。今年5月9日，我区通过瓯海区温州市爱心璀璨义工这个社会组织，成功举办大型“5·12防灾减灾日”宣传活动，本次活动内容丰富，现场气氛热烈，从9时开始持续到11时，向现场群众发放各类防灾减灾宣传手册6000多份。活动分为启动仪式、防灾减灾知识宣传咨询和竞猜、图片展板展示、防灾减灾技能现场演练、公益演出等环节，群众在活动中大大增强了防灾减灾的知识。

2.2 创新意识，提升救灾效率

(1)加强应急物资储备，提高应急保障水平。一是制定救灾物资储备应急保障机制，设立区级避灾储备中心，乡镇设立救灾物资储备点，有条件的村(社区)建立储备物资站。通过三级物资储备，瓯海区能从横向和纵向将物资有效运输到位。瓯海区还对救灾物资制定相应的制度，定期进行检查，出入库登记。二是建立区域内的大型超市、商场签署采购协议，对不便长期保存的面粉、食品、纯净水等物资，建立采购供应机制。三是建立快速运输部队，救灾物资专业装卸队伍，保证发生自然灾害时，救灾物资能第一时间运达灾区，保证群众的基本生活。

(2)充分利用三个载体，创新防灾减灾工作。由于瓯海区自然灾害发生集中在几个月份，且避灾安置点使用率每年不超过4次，如果长期单一的开展活动，势必会造成资源极大的浪费，搭建一个公共的服务平台，将是防灾减灾的一个发展趋势。

1)爱心驿站和避灾安置点的融合。爱心驿站是温州市提出的全新的概念，社区作为爱心驿站的运行主体，将爱心驿站申请登记为民办非企业单位，社区负责人任爱心驿站主任。爱心驿站按照民办非企业单位管理办法有关规定制定章程、建立各项工作制度、设定业务活动范围。通常爱心驿站内设有爱心超市(慈善超市)，在防灾减灾功能不变的情况下，可以利用避灾安置点进行功能上的转移，开展日常的帮扶活动，避灾安置点将呈现应急性、阶段性、日常性服务特点。目前，我区在每个街道建有爱心驿站，共计13处，实现了街道全覆盖。

2)文化礼堂与救灾的融合。文化礼堂是“实现精神富有、打造精神家园”的重要载体，是巩固思想文化阵地的重要保障。鉴于文化礼堂的多元化宣传，我区将防灾减灾的有关宣传内容纳入，以群众喜闻乐见的形式，潜移默化的让群众提高防灾减灾能力。有条件的文化礼堂，还通过打造应急综合演练基地，有针对性调整文化礼堂的布局，以满足应急演练需要。随着文化礼堂的建设在我区全面开展，目前逐步实现75个社区全覆盖，确保防灾减灾宣传全覆盖。

3)养老服务与救灾的融合。针对社区内的脆弱老人，我区积极开展居家养老服务中心建设，积极做好与养老产业的有相关公共资源结合。在实行上门服务的时候，对老人讲授防灾减灾知识；在居家养老服务中心，开展安全知识讲座，确保老年人不断提高防灾减灾知识。目前，我区社区居家养老服务中心实现了全覆盖，村级居家养老服务中心今年建成21个，今后的时期内251个村实现全覆盖。为了保障老年人的全覆盖，我区还针对民营养老机构、敬老院开展防灾减灾宣传，通过每月和节假日开展消防安全检查为契机，向老年人和管理人员传递防灾减灾知识。

(3)建立自然灾害保险制度,保障群众切身利益。为了预防、化解和降低潜在的自然灾害风险,完善自然灾害风险分担制度,提高灾害恢复重建资金保障能力和受灾群众恢复重建救助标准,引入保险制度非常有必要。目前,我区正在积极探索以人均1元的标准临时救助保险,有针对性的将灾害风险适当转移到商业化,分担政府管理职能,化解社会矛盾,创建和谐社会的民生工程。目前保险的涵盖意外死亡、意外医疗费用、重大疾病、特殊门诊医疗费用、家庭财产火灾保障,通过临时救助的方式解决灾民的后顾之忧。

2.3 深化认识,强化社会组织力量

社会组织是介于政府与民众之间的桥梁,民众对政府的信任属于制度信任,而民众更倾向于将信任给予基于熟人社会的情感信任。所以,在救灾应急中,社会组织尤其是当地社会组织更能够带给公众以信任和切实、直接的帮助。社会组织能够将自发的集体行动在灾区最基层协调起来,在特定的地域范围内和瞬时的时间期限内,形成维持社会秩序的力量。

从"5·12"汶川特大地震开始,无论灾害救援、安置过渡,还是灾后重建,社会组织均能发挥积极参与和协同作用。社会组织具有反应快速、进入及时、资源调动能力强等优势,但也存在缺乏整体协同能力、缺乏对灾情的准确判断能力、缺乏灾后重建的长期参与能力等局限,一些组织不能找准自已的位置,不能发挥特点优势。为此,瓯海区做了几个方面的工作,强化社会组织力量。

(1)政府重视。对社会组织登记,进行零资金注册,发放牌照。积极支持社会组织参与灾害救援和防灾减灾,特别是需要长期跟进的防灾减灾,通过政府协调机制,购买服务方式,让社会力量积极而广泛的参与,以在群测群防、灾情预报、灾害教育、灾害演练等方面发挥作用。2014年5月,瓯海区防灾减灾志愿者队伍正式成立,该队伍具有较强的专业救援能力,通过社会组织之间选拔精英和专门人才,目前成员已经达到93人,专业从事救援教练2名,并且该志愿者通过政府牵头与乐清、苍南等救援队伍建立长期交流,队伍和救灾能力不断壮大。

(2)规范管理。灾害救援是一个即刻反应、立即投入、高效运转、科学有效的复杂系统,而防灾减灾则在此基础上还需长期监测、及时预警、宣传教育和随时演练等相关的部分,每一个参与力量都需要找准部位、认清灾情科学参与、量力而行。因此对于社会组织参与防灾减灾和灾害救援,瓯海区进行科学的引导,并通过相关的规范准则进行管理。此外,将社会组织朝着专业化发展方向,努力探索引入外来的救援机构。

(3)信息共享。建立社会组织与政府等其他组织的联系平台,将社会组织纳入社会治理的范畴,赋予一个具体机构具体负责政府与社会组织联系的职能,建立社会组织数据库,并纳入危机管理信息系统之内,以便及时掌握社会组织在救灾应急中能够提供的资源和服务,并及时协调统一调度。建立人道救援物流管理制度,在政府、社会组织、企业之间进行沟通协调,确保救灾物资的送达。只有尽快从根本上建立一种政府与社会民众良性、无间隙互动的灾难救助与应对机制,我们才能最大限度地挖掘社会的自我救助能力,也才能最大限度地减少突发灾难带来的各种损失。

2.4 群策群力,抓好防灾救灾工作

防灾减灾的宣传应当要多层面、多领域、多形式开展,不能拘泥于传统的发发传单的方式进行,为此笔者认为要从以下几个方面来抓好群众参与工作,确保防灾减灾取得实效。

(1)多层面的群众参与。针对老年人的防灾减灾,瓯海区通过居家养老照料服务中心、敬老

院、社会养老机构等老年人活动聚集区域开展针对老年人的各类安全逃生宣传；针对青少年在学校开展紧急疏散，将防灾减灾纳入学校日常管理课程；针对外来务工人员，在大型的广场、通过社区干部网格化管理走访的形式，提高自我防范能力。

(2)多领域开展宣传演练。通过部门之间、工业集中区内的企业联合开展宣传演练，有针对性开展地质灾害综合演练、防汛演练、地震逃生演练等，确保群众能够应对各类灾情险情。今年以来，瓯海区8个街道举行了防灾减灾演练，其中地质灾害综合演练1次，火灾演练4次，地震逃生演练3次；瓯海区各敬老院开展了“九九平安行动”，通过对老年人进行了紧急疏散演练和现场灭火培训；瓯海区设有避灾安置点的校园每年针对学生的地震疏散逃生演练；今年9月24日，瓯海区还在大型商场、电镀企业进行了节前紧急疏散逃生演练，强化管理员的防灾减灾能力。

(3)多形式开展宣传教育。每年的“防灾减灾日”和“国际减灾日”在每个社区开展活动，充分利用新媒体中的微信平台、LED电子宣传栏，进行宣传教育。此外，可以通过开展各类有奖知识竞答、群众参与防灾救灾演练等形式，模拟现场，让群众提高防灾减灾意识。

3 防灾减灾工作不足之处

尽管做了很多的工作，但是防灾减灾的形势依然严峻，防灾减灾的问题依然突出，具体表现在以下几个方面。

(1)防灾减灾意识不强。公众的防灾减灾意识及应急能力是防灾减灾体系的重要基础。但是，瓯海区居民防灾减灾的意识仍然薄弱，公众的防灾减灾科普和应急知识相对缺乏，尤其是外来人员因为流动性较大且居住环境较差，无法有效提高防灾减灾意识。

(2)政府财力投入不足。由于防灾减灾系一个有机集合体，需要每个项目都安排经费，但是实际上很多项目的运行缺乏有效经费。例如建设避灾安置点，都是利用原有的厂房、学校、村办公楼、老人协会办公楼等，瓯海区由于避灾场所数量庞大，在短时间内无法解决经费的短板问题，避灾安置场所运行经费无法得到有效保障，造成避灾场所管理的滞后。

(3)激励机制力度不够。对于社会力量参与防灾减灾行动，瓯海区未建立有效的激励机制。

1)灾害信息员补助不足。灾害信息是有效开展救灾工作的前提和基础，也是各级领导科学决策的重要参考依据，灾害信息报送人员在第一时间及时准确地报送灾情信息，不仅关系到自然灾害的预警预报、应急处置、救援救助等各项工作的顺利开展，而且也关系到各级党委、政府和民政部门及时掌握灾情动态和发展趋势，采取积极有效的措施，最大限度地减少人民群众生命财产损失。根据上级的有关文件精神，瓯海区在各村(社区)设置1～2名灾害信息员，但是灾害信息员未落实误工补贴、误餐补贴、及鞋伞等费用的补助，每年仅仅给予200元的交通和通信补助，严重影响了工作积极性和动员效率。

2)志愿者关爱保障不足。志愿者在救灾过程中不同一般的社会组织，他们崇尚社会责任和使命，对确保社会成员的充分介入和社会参与渠道畅通至关重要。当前，瓯海区政府和相关社会组织未建立有效的评价机制，无法满足志愿者的个人需要和社会需要，绩效考评体系缺乏科学性好操作性。

附件 1

关于国家发生大灾后公布灾害白皮书的建议

［按］2014 年 10 月 20—22 日，中国科协综合交叉学术交流项目——“中国防灾减灾之路”研讨会在北京香山饭店召开，来自全国的从事地震、地质、水利、海洋、保险、城市规划、可持续发展等行业 50 多位政府官员和科学、教育工作者经过 8 个专题的研讨，提出如下建议：2008 年汶川地震、2010 年青海玉树地震、2010 年甘肃舟曲泥石流，都是共和国历史上的大灾难。三次灾害发生后，国家作出对灾难死难者举国哀悼的决定，体现了国家对普通人生命的尊重。本建议提出，仅如此，还是不够的，更应做出反思，要公布灾害白皮书。现编发，供参阅。

一、白皮书的必要性

白皮书（White Paper）指由中央政府正式发布的，具有权威性的报告或指导性文本，用以阐述、解决或决策。白皮书是政府就某一重要政策或议题而正式发表的官方报告书。“闹大灾，要发声”，公布灾害白皮书，既体现出承认我们工作上的某些不足，也表明我们有防治这类灾害的决心和信心，以鼓舞全民的士气；采用政府、专家和群众相结合的方式，改进我们的工作，加大对防灾减灾的投入，做好预测预防工作，减少损失。相反，灾后保持缄默，或只做不说，只能说明我们无法直面大灾。

二、白皮书的内容建议

灾害白皮书全文不宜过长。建议主要包括以下三个部分内容组成：

第一，这场灾害有多大。汇总灾情的基本情况及灾前预测预防简况。

第二，我们做了什么。在应急救援方面，有多少部队战士、医疗人员和救援人员参加救灾，多少志愿者参与，投入多少资金和物资，救出多少人，紧急转移安置多少人，搭建多少帐篷，国际救援队和物资、资金援助的情况，以及恢复重建的设想。

第三，今后我们应该干什么。通过调查核实，分析造成这么大灾害的原因，今后如何减轻和避免这类灾害；这次大灾的发生对于其他地区减灾有何种启示。

三、多大的灾害需要发布灾害白皮书

凡国家发布二级以上应急响应的，应发布灾害白皮书。估计，发生概率在几年至十几年一遇。

四、灾害白皮书发布时间的建议

一场大的灾害，搞清楚需要一定的时间。发布时间根据灾情大小而确定。一般来说，在大灾发生后的两个月发布；对于特别严重的灾害，在不超过大灾发生后的半年发布。

五、灾害白皮书的称谓

为了一目了然清楚灾害白皮书的内容，建议针对一个灾害一个称谓，即“灾害发生年份＋灾种＋白皮书”。例如，对汶川地震发布白皮书，可称“2008 年四川汶川地震灾害白皮书”。

六、政府哪个部门负责发布灾害白皮书

灾害白皮书的发布，建议经国务院批准，由国家减灾委员会负责。国家减灾委员会，原名中国国际减灾委员会，2005 年，经国务院批准改为现名。其主要理由是保证灾害白皮书的权威性与可信度。减灾委在其工作任务上应加上灾害白皮书的内容。

姓名	单位（职称、职务）
高建国	中国地震局地质研究所研究员
刘传正	国土资源部地质灾害应急技术指导中心，研究员
程晓陶	中国水利水电科学研究院副总工
[illegible]	河南[illegible]防雷技术服务有限公司 经理
夏明方	中国人民大学清史研究所 所长、教授
[illegible]	[illegible]
陈维升	北京工业大学地震研究所 副研究员
耿庆国	中国地震局 研究员
[illegible]	新疆和田地区安居富民工程建设办公室副组长
[illegible]	[illegible]科普宣传研究中心主任
[illegible]	中国可持续发展研究会办公室 主任
徐道一	中国地震局地质研究所 研究员
李三[illegible]	农业部农展馆研究员
姜[illegible]	北京市东城区地震办公室副主任
[illegible]飞	中国地震局地质所 副研究员
章[illegible]	北京工业大学建工学院讲师
林云芳	中国地震局地球物理所 研究员
[illegible]	中国地震局地球物理研究所 研究员
夏雅琴	北京工业大学地震研究所 副教授

附件 2

关于推进我国西部地区农房抗灾能力建设的建议

［按］2014 年 10 月 20—22 日，中国科协综合交叉学术交流项目——“中国防灾减灾之路”研讨会在北京香山饭店召开，来自全国的从事地震、地质、水利、海洋、保险、城市规划、可持续发展等行业 50 多位政府官员和科学、教育工作者经过 8 个专题的研讨，提出如下建议：2008 年“5·12”汶川地震后，我国采取一省帮助一县方式，震后三年全部完成灾区恢复重建工作。“一方有难，八方支援”，体现了社会主义制度的优越性。目前，我国西部地区很多地方仍很落后，人民生活困苦，一亿人仍未脱贫，农房的抗灾能力很低，将会拖全国抗灾的后腿。此建议，将“一方有难，八方支援”的时间节点靠前，十年后西部地区防灾能力将会有大幅度的提高。现编发，供参阅。

一、云南鲁甸地震损失惨重的根本原因是房屋不抗震

2014 年 8 月 3 日，云南省鲁甸县发生 6.5 级地震，农村房屋以砖混合土木结构为主，普遍未经抗震设防，部分房屋以夯土墙承重且老旧，抗震性能差，这是导致人员大量伤亡的根本原因。

鲁甸县经济水平不高，属国家级贫困县。新建 1 套（栋）房屋，按照当地价格需要 10 万元，云南省政府可以资助 1 万元，剩余的 9 万元修建费需要农民自己解决。当地农民主要依靠花椒种植，人均年收入仅 4000 元，除去花销，如果每年剩余 3000 元，则需要 30 年才能盖得起一间房屋。

2003 年新疆巴楚—伽师 6.8 级地震造成大量房屋倒塌和人员伤亡后，2004 年，新疆维吾尔自治区通过对全区 372 万户城乡居民住房进行抗震普查鉴定，有 235.2 万户群众的住房达不到抗震设防要求。地震加速度≥0.10g 的区域在新疆占 97%，而全国是 53%，也就是说新疆绝大部分地区都是高烈度区。多数地震灾害易发、多发区的群众住房标准低、条件差，急需新建和加固。

2004 年，新疆实施抗震安居房建设。到 2007 年，全区已累计投入抗震安居工程建设资金 321 亿元，其中城乡居民自筹 286.27 亿元，地（市、自治州）县筹集 4.95 亿元、国家支持 11 亿元，自治区配套 8.1 亿元，银行贷款 8.58 亿元，社会帮扶 2.1 亿元。实施抗震安居房建设以来，有 300 余万贫困农牧民彻底告别了世世代代居住的土坯泥巴房或干打垒危房。新疆发生过 60 次破坏性地震，创造无一人死亡的奇迹。目前，新疆已进入第二阶段安居富民工程，对农户重建的投入进一步加大。

二、把“一方有难，八方支援”的时间调整到灾前

2008 年“5·12”汶川地震后，我国东中部 19 省（市）以“一对一”的方式援助灾区 19 个特重灾区县，震后三年全部完成灾区恢复重建工作。2011 年 8 月 20—22 日在北京召开第七届北京—东京论坛，受日本“3·11”地震影响的几位受灾市长来学习汶川地震恢复重建经验，汶川地震灾区恢复重建快的重要原因之一是将援助省的年财政收入的 1%用于受援助县的恢复重建。

但日本学不了，东京府财政收入不可能转移到灾区。至今仍有 26 万灾民居住在临时房屋内。1995 年阪神地震历经 10 年时间完成恢复重建工作。2012 年 10 月 29 日美国“桑迪”飓风，数十万幢住房被毁，恢复重建主要需要灾民自己解决。2005 年 8 月 29 日，“卡特里娜”飓风袭击美国新奥尔良市，3 年后仍有 4 万个家庭住在简易活动房和拖车房内。2009 年 4 月 6 日，意大利拉奎拉发生 5.8 级地震已过去 5 年，政府承诺建造的房屋仍只是临时建筑。

事实证明，“一方有难，八方支援”的救灾方针证明了社会主义制度的优越性，充分体现出国家和全国人民对于灾区恢复重建工作的关心。我国已成为世界第二经济强国，更要如此，而且更加有实力来贯彻好这项工作。

2014 年 8 月 3 日鲁甸地震后，国家分两次投入应急救灾资金 22 亿元。这次鲁甸地震造成倒塌损毁房屋 80900 间，如果这些救灾资金在地震前投入，相当于每间投入 2.7 万元。与目前新疆和田地区安居富民工程对每户投入 2.8 万元相当，鲁甸地震就可以少遭受如此大的损失。

三、采用“一帮一”模式，十年后西部农村抗灾能力增强

汶川地震恢复重建“一帮一”的模式，和新疆抗震安居工程成功抗击地震灾害的经验，对于今后推进中国西部地区农房抗灾能力建设有着极大的启示。“人无远虑，必有近忧”。中国西部地区农房抗震能力低存在着“二缺”：一缺资金，二缺技术。技术上新疆抗震房几十种图纸已很成熟，各地可根据当地的特色设计。国家已经制定了农村自建房的最低抗震标准，要按照标准设计和施工。特困户缺钱的，政府应予补贴。在中国人均 GDP 已经达到 6000 美元以上的时候，应当说我们已经具备了在全国强制这样“一刀切”的宏观条件。采取汶川地震恢复重建模式，一省帮助一县方式，将“一方有难，八方支援”的时间节点提前，帮助西部农村抗灾建设。一个东中部省(市)每年做上西部省(区)几个县，10 年后西部农村抗灾能力必将大幅度提高。

同时，国家还通过这样的援助可以消耗掉一批钢材。

姓名	单位（职称、职务）
高建国	中国地震局地质研究所研究员
郑功成	中国人民大学中国社会保障研究所
程晓陶	中国水利水电科学研究院 副总工
刘传正	国土资源部地质灾害应急技术指导中心，研究员
張德新	河南省新乡市红旗区德新防震技术服务有限公司 经理
夏明方	中国人民大学清史研究所 教授
[illegible]	中铁十七局集团公司 高工
陈维升	北京工业大学地震研究所 副研究员
耿庆国	中国地震局 研究员
[illegible]	新疆和田地区安居富民工程建设办公室副主任
[illegible]	[illegible]科普宣传教育中心 主任
宋红	中国可持续发展研究会办公室 主任
徐道一	中国地震局地质研究所 研究员
李三谋	农业部农展馆 研究员
[illegible]	北京市东城区地震办公室副主任
[illegible]	中国地震局地质所 副研究员
[illegible]	北京工业大学建工学院讲师
林云芳	中国地震局地球物理所 研究员
曾小苹	中国地震局地球物理研究所 研究员
[illegible]	北京工业大学地震研究所 副教授